焙烤食品检验

上海市质量监督检验技术研究院　组织编写

中国医药科技出版社

内 容 提 要

本书系统地介绍了焙烤食品检验理化基本知识、焙烤食品微生物检验基本知识、焙烤食品主要原辅料检验、焙烤食品质量检验项目（发证检验、监督检验、出厂检验）、面包成品检验、饼干成品检验、糕点成品检验、月饼成品检验、裱花蛋糕成品检验、蛋类芯饼（蛋黄派）成品检验、焙烤食品标签检验、焙烤食品包装材料中有害物质检验以及我国焙烤食品相关的标准、实验室质量控制规范等，并提供了许多焙烤食品检验项目原始记录参考模板。本书适用于焙烤食品等相关行业食品安全管理人员、品控人员、检验人员和高职高专食品类专业的学生，也可作为其他有关专业师生和中等专业学校师生的参考教材，对从事焙烤食品生产与检验研究的技术人员也有重要的参考价值。

图书在版编目（CIP）数据

焙烤食品检验/上海市质量监督检验技术研究院组织编写. —北京：中国医药科技出版社，2018.3

ISBN 978-7-5214-0033-5

Ⅰ.①焙…　Ⅱ.①上…　Ⅲ.①焙烤食品-食品检验　Ⅳ.①TS219

中国版本图书馆 CIP 数据核字（2018）第 050297 号

美术编辑　陈君杞
版式设计　张　璐

出版　中国医药科技出版社
地址　北京市海淀区文慧园北路甲 22 号
邮编　100082
电话　发行：010-62227427　邮购：010-62236938
网址　www.cmstp.com
规格　787×1092mm $^{1}/_{16}$
印张　26 $^{1}/_{2}$
字数　477 千字
版次　2018 年 3 月第 1 版
印次　2018 年 3 月第 1 次印刷
印刷　三河市航远印刷有限公司
经销　全国各地新华书店
书号　ISBN 978-7-5214-0033-5
定价　65.00 元

编委会

主　编　彭亚锋　肖　晶　赵　琴

副主编　马跃龙　陈志权　赵　燕　施敬文

编　委　（以姓氏笔画为序）

王紫菲　左　莹　任蕾蕾　刘　丁

刘爱东　李清清　杨晋青　肖　融

吴秀萍　张华燕　张懿翔　俞　淑

曹　扬　裴　炜

PREFACE 前言

随着中国经济的快速发展，人民生活水平得到显著提高，生活节奏明显加快，与世界交往越来越频繁，中国人饮食习惯也逐渐发生变化，越来越多的国人接受面包或蛋糕作为主食。此外，独具特色的传统食品如月饼、点心、馅饼等，更是我国人民庆祝传统佳节必不可少的特色美味。食品市场上焙烤食品不仅琳琅满目、风味各异，而且营养丰富、口味多样，正逐渐成为人们饮食文化生活的重要方便食品、旅游食品、休闲食品，受到越来越多人的喜爱。

据中国产业调研网发布的《中国焙烤食品行业深度调研及发展趋势分析报告》，2011 年，我国烘焙食品行业市场规模为 1654. 71 亿元，2015 年市场规模达到了 2704. 1 亿元。整体来看，行业发展稳定，近五年的增长速度均在 10% 以上，预计未来焙烤食品零售额仍将以 8% 的复合年均增长率增长；从人均消费情况来看，我国焙烤食品年人均产品消费量逐年上升，2009 年和 2015 年人均焙烤食品消费量分别达到 5. 74 千克和 9. 95 千克。而 2015 年日本的人均焙烤食品消费量为 22. 5 千克，从数据上看，我国的人均焙烤食品消费量还有巨大的提高空间，焙烤食品消费市场极具发展潜力。

目前，我国的焙烤食品行业基本形成了独资、合资、国有、民营、私企等多种形式并存的经营体制。国内市场大体可以说是三分天下，三资企业占领高档市场，国有企业居中档，乡镇企业、私营企业占领低档市场。随着中国经济的进一步发展，消费者对焙烤食品也日益呈现出高品位、高质量的要求，这对焙烤行业的企业提出了更高的要求。国内知名连锁烘焙企业已经摆脱传统的前店后厂式经营模式，普遍采用中央工厂生产、多网点经销、大范围配送的经营模式。然而，我国焙烤食品行业绝大部分还是中、小型企业，不仅生产规模小，还存在生产条件差、技术力量薄弱、管理水平落后和从业人员素质参差不齐等现象。近年来，食品安全问题越来越受到我国各级政府的高度关注，我国相关部门先后颁布和实施了许多食品安全相关管理法规和条例。国家卫生和计划生育委员会不断建立完善食品安全标准管理制度，对近 5000 项食品标准进行了清理和整合，新制定发布的食品安全国家标准超过 1000 项，其中通用标准 11 项、食品产品标准 64 项、特殊膳食食品标准 9 项、食品添加剂质量规格及相关标准 586 项、食品营养强化剂质量规格标准 29 项、食品相关产品标准 15 项、生产经营规范标准 25 项、理化检验方法标准 227 项、微生物检验方法标准 30 项、毒理学检验方法与规程标准 26 项、兽药残留检测方法标准 29 项、农药残留检测方法标准 106 项、被替代和已废止（待废止）标准 67 项。为此，上海市质量监督检验技术研究院与国家食品安全风险评估中心、上海市贸易学校共同编写《焙烤食品检验》。

作者在编写本书过程中，得到了中国医药科技出版社、上海市质量监督检验技术研究院、国家食品安全风险评估中心和上海市贸易学校等单位领导、专家的关心与支持，得到许多同行的热心帮助和具体指导，在此，谨向参与该书编写、审定和出版的有关单位和个人表示衷心的感谢！在编写本书过程中，参考和引用了大量相关的资料，未一一列举，谨向文献作者表示衷心的感谢！

限于编者水平，书中内容难免有不妥之处，敬请读者批评指正，更希望读者与我们进行探讨与交流，共同促进我国焙烤食品检验技术的发展。

编　者
2017 年 11 月

CONTENTS
目 录

绪　论

一、焙烤食品检验技术的内容

食品是指各种供人类食用或饮用的成品和原料以及按照传统既是食品又是药品的物品，但是不包括以治疗为目的的物品。《中华人民共和国食品安全法》第一百五十条中规定："食品安全，指食品无毒、无害，符合应当有的营养要求，对人体健康不造成任何急性、亚急性或者慢性危害。"

在社会不断进步、科技迅速发展的今天，国内外食品安全形势不容乐观。一方面是食品原料本身存在不安全的成分，另一方面食品生产、加工和包装等过程可能会给食品带来一些污染，还有不法商人为了牟取暴利而违法添加非食用物质，导致食品的安全性、营养性、感官性状等发生了改变。食品安全要得到保障，必须依靠作为食品安全第一责任人的食品生产经营者依照法律、法规和食品安全标准从事生产经营活动。现阶段，政府部门的质量监督也是必不可少的。质量监督的依据即是食品安全标准，食品检验部门通常按照食品安全标准来检验，通过检验来判断食品是否合乎标准，为质量监督执法部门提供执法依据。

我国食品安全标准包括的内容如下。

（1）食品、食品添加剂、食品相关产品中的致病性微生物、农药残留、兽药残留、生物毒素、重金属等污染物质以及其他危害人体健康物质的限量规定。

（2）食品添加剂的品种、使用范围、用量。

（3）专供婴幼儿和其他特定人群的主辅食品的营养成分要求。

（4）对与卫生、营养等食品安全有关的标签、标志、说明书的要求。

（5）食品生产经营过程的卫生要求。

（6）与食品安全有关的质量要求。

（7）与食品安全有关的食品检验方法与规程。

（8）其他需要制定为食品安全标准的内容。

食品安全标准要得到保障，其中食品检验是一个必不可少的重要手段，常常围绕感官、营养和安全等几个方面进行。作为食品中一个重要组成部分，焙烤食品检验技术内容同其他食品一样，主要包括感官检验技术、理化检验技术和微生物检验技术等。

（一）焙烤食品的感官检验技术

焙烤食品的感官检验是凭借人体的自身感觉器官，包括：眼、鼻、口（包括唇和舌）和手对焙烤食品的品质进行评价。

焙烤食品质量的优劣首先表现在它的感官性状上，因此可以通过感官手段对食品质量进行检验。感官检验不仅能直接发现焙烤食品感官性状在宏观上的异常现象，对焙烤食品感官性状发生微观变化时也能很敏锐地察觉。如，焙烤食品中混有杂质、异物、发生霉变、色泽异常时，人们能够直观地鉴别出来；焙烤食品软硬、组织结构可以通过人们的视觉、触觉来判断。通过感官检验来鉴别焙烤食品的品质，不仅简便易行，准确性高，而且速度快、直观而实用，与仪器分析相比，有很多优点，因而它也是焙烤食品的生产、销售、品管人员所必须掌握的技能之一。但不是所有的有害物质都能影响焙烤食品的感官性状，因此焙烤食品感官检验必须结合焙烤食品理化检验和焙烤食品微生物检验等。

我国现行的国家标准和已经制定的食品安全国家标准对各类焙烤食品及其原辅料都制定了相应的感官指标。

（二）焙烤食品的理化检验技术

焙烤食品理化检验主要是利用物理、化学以及仪器等分析方法对食品中的各种营养成分、食品添加剂、有害有毒的化学物质等进行检验，其中物理检验是利用焙烤食品的一些物理常数与焙烤食品的组成成分及含量的关系，如密度、折光度、旋光度、沸点、凝固点、体积、气体分压等；化学检验是以物质的化学反应为基础，多用于常规检验，如水分、蛋白质、脂肪、矿物质、糖、酸价、过氧化值的检验；仪器检验以物质的物理或物理化学性质为基础，利用光电仪器来测定物质的含量，多用于微量成分的分析，速度快、灵敏度高、自动化程度高，但对预处理的要求较高。

（三）焙烤食品的微生物检验技术

微生物污染是引起焙烤食品腐败变质的最主要原因，如细菌、大肠菌群、霉菌、酵母菌、沙门氏菌、金黄色葡萄球菌、志贺氏菌等，这些微生物广泛存于土壤、水、空气及人畜粪便中。在焙烤食品加工、生产及经营过程中，一定要保持卫生，否则食品原料、半成品或成品将会被微生物污染，在适宜的环境条件下会大量生长、繁殖，使焙烤食品发生一系列变化，最终导致焙烤食品的腐败、变质。

焙烤食品微生物检验技术是运用微生物学的理论与技术，对焙烤食品中的细菌、大肠菌群以及致病菌等进行检验。

二、焙烤食品检验的目的

（一）有利于保证消费者的身体健康

焙烤食品质量监督部门和有关行业协会对焙烤食品质量的监督，其目的是督促生产经营者不断改进生产工艺、提高产品质量、改善贮存条件等，从而达到产品质量法规定的要求，有效地抑制违法违规生产和销售，保障焙烤食品安全和消费者的身体健康。

（二）有利于企业改进生产工艺和管理生产

焙烤食品检验工作在焙烤食品生产中起着“眼睛”的作用，通过对焙烤食品生产所用原料、辅料、食品添加剂的检验，可了解其质量是否符合生产工艺的要求，使生产者做到心中有数；通过对焙烤食品半成品和成品的检验，可以掌握焙烤食品的生产情况，指导生产部门改进生产工艺和改进产品质量，加强生产管理。另外，焙烤食品的检验为企业制定生产计划和经济核算提供了依据。

（三）有利于企业开发新产品和应用新技术

企业在开发新的焙烤食品资源，试制新产品、改进包装和贮运技术以及应用新技术和新设备等方面，一般都要选定适当的项目进行分析检验，再将分析检验结果进行综合对比。因此，焙烤食品检验对指导焙烤食品研发部门改进生产工艺、提高产品质量及研发新产品有积极作用，对于确保新产品的优质和安全尤为重要。

（四）为政府相关部门监管提供依据

依据物理、化学和生物学的一些基本理论，运用各种技术手段，对焙烤食品加工所使用的原料、辅料、食品添加剂、生产的半成品和成品进行质量检验，以及对产品在贮藏、销售过程中的品质、安全及其变化进行监控，为政府部门履行政府职能和有效监管提供依据。

（五）对突发性的食品安全事件提供技术依据

当发生焙烤食品安全事件时，检验机构根据对残留的焙烤食品或同批次产品等做出仲裁检验，为焙烤食品安全事件的调查和解决提供技术依据。

三、焙烤食品的标准

焙烤食品质量标准是食品行业的技术规范，涉及焙烤食品行业各个领域的不同方面，包括焙烤食品产品质量标准、焙烤食品卫生标准、食品工业基础及相关标准、焙烤食品包装材料及容器标准、食品添加剂标准、食品通用检验方法标准、焙烤食品生产卫生管理标准等。因而，焙烤食品标准从不同方面规定了食品的技术要求和质量卫生要求，并与食品安全息息相关，也是食品安全的重要保证。根据标准性质和使用范围，焙烤食品技术标准可分为国际标准、国家标准、行业标准、地方标准和企业标准五大类。

（一）焙烤食品国内检验标准

1. 标准的分级

根据《中华人民共和国标准化法》规定，我国标准分为国家标准、行业标准、地方标准和企业标准四级。

（1）国家标准

国家标准，由国务院标准化行政主管部门编制计划，组织草拟，统一审批、编号和发布。

（2）行业标准

行业标准，由国务院有关行政主管部门负责制定和审批，并报国务院标准化行政主管部门备案。行业标准不得与国家标准相抵触。在相应国家标准批准实施之后，该项行业标准即行废止。

（3）地方标准

地方标准，由省级政府标准化行政主管部门负责制定和审批，并报国务院有关行政主管部门备案。在相应国家标准或行业标准批准实施之后，该项地方标准即行废止。

（4）企业标准

企业标准，由企业制定，由企业法人代表或者法人授权的主管领导批准、发布，由企业法人代表部门统一管理。企业产品标准应在批准发布 30 日内向当地标准化行政主管部门和有关行政主管部门备案。

从标准的法律级别上来讲，国家标准高于行业标准，行业标准高于地方标准，地方标准高于企业标准。但从标准的内容上来讲却不一定与级别一致，一般来讲企业标准的某些技术指标应严于地方标准、行业标准和国家标准。

另外，2015 年 10 月 1 日施行的《中华人民共和国食品安全法》规定："国家鼓励食品生产企业制定严于食品安全国家标准或者地方标准的企业标准，在本企业适用，并报省、自治区、直辖市人民政府卫生行政部门备案。"

2. 标准的分类

（1）按标准适用范围分类

分为国家标准、行业标准、地方标准和企业标准四级。在焙烤食品行业，基础性的卫生标准和安全标准一般均为国家标准，而产品标准多为行业标准和企业标准。但无论哪种标准，其中食品卫生和安全指标必须符合国家标准要求，或者严于国家标准的指标要求。

（2）按标准的约束性分类

分为强制性标准（GB）和推荐性标准（GB/T）。保障人体健康、人身财产安全的国家标准或行业标准和法律及行政法规规定强制执行的标准是强制性标准，其余标准是推荐性标准。《中华人民共和国食品安全法》第二十八条中规定"制定食品安全国家标准，应当依据食品安全风险评估结果并充分考虑食用农产品安全风险评估结果，参照相关的国际标准和国际食品安全风险评估结果，并将食品安全国家标准草案向社会公布，广泛听取食品生产经营者、消费者、有关部门等方面的意见。食品安全国家标准应当经国务院卫生行政部门组织的食品安全国家标准审评委员会审查通过。食品安全国家标准审评委员会由医学、农业、食品、营养、生物、环境等方面的专家以及国务院有关部门、食品行业协会、消费者协会的代表组成，对食品安全国家标准草案的科学性和实用性等进行审查。”；第二十五条中规定“食品安全标准是强制执行的标准。除食品安全标准外，不得制定其他食品强制性标准。”

目前在食品检测中主要涉及以下标准，如 GB 5009.1 ~ 36、5009.76 ~ 79、5009.82 ~ 97、5009.222 ~ 279 等《食品安全国家标准》、GB 4789.1 ~ 36《食品安全国家标准 食品微生物学检验》、GB 2760《食品安全国家标准 食品添加剂使用标准》、GB 2762《食品安全国家标准 食品污染物限量》、GB 2763《食品安全国家标准 食品中农药最大残留限量》和 GB 7718《预包装食品标签通则》、2010 年 04 月 22 日原卫生部公布 66 项新乳品安全国家标准（包括乳品产品标准 15 项、生产规范 2 项、检验方法标准 49 项）。

（3）按在标准系统中的作用分类

分为基础标准和一般标准。基础标准是指一定范围内作为其他标准的基础并普遍使用的标准，具有广泛的指导意义，例如 GB 3100 ~ 3102 量和单位，为基础标准。相对于基础标准的其他标准，则称为一般标准。

（4）按标准化对象在生产过程中的作用来分类

分为原材料标准、零部件标准、工艺和工艺装备标准、设备维修标准、产品标准、检验和试验方法标准及包装标准等。

（5）按标准的性质来分类

分为技术标准、管理标准和工作标准。技术标准主要包括基础标准、产品标准、方法标准、安全、卫生及环境保护标准；管理标准主要包括技术管理、生产管理、经营管理及劳动组织管理标准；工作标准主要包括通用工作标准、专用工作标准和工作程序标准。

（二）焙烤食品国际检验标准

1. 国际标准

国际标准是指国际标准化组织（ISO）、国际电工委员会（IEC）和国际电信联盟（ITU）以及 ISO 确认并公布的其他国际组织制定的标准。

国际标准化组织确认并公布的其他国际组织有许多，下面重点介绍与焙烤食品有关的国际组织及其制定的标准情况。

（1）国际标准化组织（ISO）

ISO 是世界上最大的非政府性标准化专门机构，1946 年成立于瑞士日内瓦，在国际标准化中占主导地位。到目前为止，ISO 有正式成员国 163 个，每一个成员国均有一个国际标准化机构与 ISO 相对应。ISO 负责制定在世界范围内通用的国际标准，以推进国际贸易和科学技术的发展，加强国际经济合作。ISO 的主要活动是制定国际标准，协调世界范围内的标准化工作，组织各成员国和技术委员会进行情报交流，以及与其他国际性组织进行合作，共同研究有关标准化问题。

在国际标准化组织（ISO）的技术委员会中，主管食品的是 ISO/TC 34 食品技术委员会。ISO/TC 34 涉及的范围包括人类和动物食品领域，包括从初经生产到消费的整条食物链，以及动植物繁殖原料，主要涉及相关的术语、取样、测试分析方法、产品规范、包装、储存和运输。ISO/TC 34 下设 1 个工作组和 20 个分技术委员会，分别是：TC 34/CAG 咨询工作组、TC 34/WG 7 转基因和衍生产品、TC 34/WG 8 食品安全管理体系、TC 34/WG 9 食品链中的追溯体系、TC 34/WG 10 食品辐照、TC 34/JWG 11 食品安全管理体系中的审核和认证的需求、TC 34/WG 12 ISO 9001:2000 在农业中的运用、TC 34/SC 2 含油种子、果实和饼粕、TC 34/SC 3 水果和蔬菜产品、TC 34/SC 4 谷物和豆类、TC 34/SC 5 乳和乳制品、TC 34/SC 6 肉、禽、鱼、蛋及其制品、TC 34/SC 7 香料和调味品、TC 34/SC 8 茶、TC 34/SC 9 微生物、TC 34/SC 10 动物饲料、TC 34/SC 11 动物和植物油脂、TC 34/SC 12 感官分析、TC 34/SC 14 新鲜、干制和脱水水果和蔬菜、TC 34/SC 15 咖啡、TC 34/SC 16 食品、饲料、蔬菜、水果等分子生物标志物的分析方法。

ISO 关于食品的标准由基础标准（术语）、分析和取样方法标准、产品质量与分级标准、包装标准、运输标准、贮存标准等组成。目前，ISO/TC34 已出版发行了 840 份标准，123 份正在研制的标准，共有 74 个国家参与其中。

（2）食品法典委员会（CAC）

CAC 成立于 1961 年，是政府间有关食品管理法规、标准问题的协调机构。现有 180 多个成员国，覆盖全球人口的 99%，我国是 CAC 成员国。CAC 下设秘书处、执行委员会、6 个地区协调委员会、21 个专业委员会（其中包括 10 个综合主题委员会和 11 个商品委员会）和 1 个政府间特别工作组。CAC 下设执行委员会，负责 CAC 工作的全面协调。它有一个主席、三个副主席，每两年换届一次。

CAC 工作内容是制定食品法典标准、最大残留限量、操作规范和指南。CAC 的标准涉及各种食品包括肉、水果和蔬菜、鱼，还有食用冰、果汁及瓶装水等。符合 CAC 食品标准的产品可为各国所接受，并可进入国际市场。

1962 年至 1999 年 CAC 已制订的标准、规范数目：食品产品标准 237 个；卫生或技术规范 41 个；评价的农药 185 个；农药残留限量 2374 个；污染物准则 25 个；评价的食品添加剂 1005 个；评价的兽药 54 个。已出版的食品法典共 13 卷，内容涉及食品中农药残留；食品中兽药残留；水果蔬菜；果汁；谷、豆及其制品；鱼、肉及其制品；油、脂及其制品；乳及其制品；糖、可可制品、巧克力；分析和采样方法等诸多方面。

上海市标准化研究院馆藏有CAC出版的全套食品法典，即CAC VOL. 1A－1999 第一卷　一般要求（汇编本）、CAC VOL. 1B－1995 第一卷　一般要求（汇编本）、CAC VOL. 2－1993 第二卷　食品中农药残留、CAC VOL. 2A. PT. 1－2000 第二卷　食品中农药残留－最大限量值（汇编本）、CAC VOL. 2B－2000 第二卷　食品中农药残留－最大限量值（汇编本）、CAC VOL. 3－1995 第三卷　食品中兽药残留（汇编本）、CAC VOL. 4－1994 第四卷　特殊膳食食品（包括婴幼儿食品）、CAC VOL. 5A－1994 第五卷　加工和速冻水果、蔬菜（汇编本）、CAC VOL. 5B SUPP. 1－1995 第五卷　加工和速冻水果、蔬菜、CAC VOL. 6－1992 第六卷　果汁及相关产品（汇编本）、CAC VOL. 7－1994 第七卷　谷物、豆类及其制品以及植物蛋白（汇编本）、CAC VOL. 8－1993 第八卷　油脂及相关制品（汇编本）、CAC VOL. 10－1994 第十卷 肉和肉制品，包括浓肉汤和清肉汤（汇编本）、CAC VOL. 11－1994 第十一卷　糖、可可制品、巧克力及其他制品（汇编本）、CAC VOL. 12－2000 第十二卷　乳及乳制品、CAC VOL. 13－1994 第十三卷 分析与取样方法（第二版）等。

（3）国际葡萄与葡萄酒局（OIV）

国际葡萄与葡萄酒局（International Office of Vine and Wine，简称OIV）是ISO确认并公布的国际组织之一，同时，OIV标准还是世界贸易组织（WTO）在葡萄酒方面采用的标准。OIV是一个政府间的国际组织，由符合一定标准的葡萄及葡萄酒生产国组成，创建于1924年的法国巴黎，在业内被称为“国际标准提供商”。目前拥有法国、意大利等47个成员国，OIV主要是研究关于葡萄的种植，葡萄酒、葡萄汁、食用葡萄和葡萄干的生产、贮存和消费的科学、技术和经济问题，他们的结论由该组织的正式机构审查讨论，然后将意见报告成员国并公之于众。

（4）国际谷类加工食品科学技术协会（ICC）

ICC是ISO确认并公布的国际组织，成立于1955年，其宗旨是制订谷物与面粉检验规则的国际标准。ICC已成为国际谷物科技领域的先驱。

2. 国外先进标准

国外先进标准是指未经ISO确认并公布的其他国际组织的标准、发达国家的国家标准、区域性组织的标准、国际上有权威的团体标准和企业（公司）标准中的先进标准。

（1）未列入《国际标准题内关键词索引（KWIC Index）》的国际组织

如：国际电信联盟（ITU）、国际电影技术协会联合会（UNIATEC）、万国邮政联盟（UPU）国际种子检验协会（ISTA）、联合国粮农组织（UNFAO）、国际半导体设备和材料组织（SEMI）、国际羊毛局（IWS）、国际焊接学会（IIW）、国际棉花咨询委员会（ICAC）等。

（2）区域性组织

如：欧洲标准化委员会（CEN）、欧洲电工标准化委员会（CENELEC）、欧洲广播联盟（EBU）等。

（3）世界技术经济发达国家的国家标准

如：美国国家标准（ANSI）、俄罗斯国家标准（ROCT）、德国国家标准（DIN）、瑞士国家标准（SNV）、瑞典国家标准（SIS）、日本工业标准（JIS）、意大利国家标准（UNI）、法国国家标准（NF）、英国国家标准（BS）等。

（4）国际上有权威的团体标准

如：美国材料与试验协会标准（ASTM）、美国石油学会标准（API）、美国机械工程师协会标准（ASME）、英国石油学会标准（IP）、美国军用标准（MIL）、英国老氏船级社《船舶入级规范和条例》（LR）、美国保险商试验所安全标准（UL）等。

另外，许多检验人员在实际工作常常接触到 AOAC 分析方法、美国食品化学品法典（Food Chemicals Codex，简称 FCC）、US Code（美国法典）和 AACC 标准等。

美国官方分析化学师协会（Association of Official Agricultural Chemists，简称 AOAC）是世界性的会员组织，其宗旨在于促进分析方法及相关实验室品质保证的发展及标准化。1885 年，AOAC 创始人 Wiley 博士开始将 AOAC 分析方法整理出刊并向美国各州发行，这就是 AOAC 标准的前身。1912 年，AOAC 开始正式出刊 AOAC 的官方及标准规定的各项分析方法。全球市场及国际贸易日新月异的发展，使得 AOAC 标准成为开发实验室认证标准的领导地位。上海市标准化研究院收藏有 AOAC INTERNATIONAL 全套 29 种资料，如：《AOAC 官方分析方法》（Official Methods of Analysis，OMA）、《微生物学方法集成》（Compendium of Microbiological Methods）、《食品分析方法》（Food Analysis）、《分析实验室质量认证规则》（Quality Assurance Principles for Analytical Labs 3rd Ed）、《环境分析方法指南》（Guide to Environmental Analytical Methods，4th Edition）、《环境分析手册》（Handbook of Environmental Analysis，4th Edition）、《生化分析基本计算法》（Basic Calculations for Chemical&Biological Analysis，2nd Edition）、《实验室认可实施标准》（Accreditation Criteria for Labs Performing）、《实验室认可研讨会录像》（Video Tape of Lab Accreditation Symposium）、《杀虫剂实验室培训手册》（Pesticides Laboratory Training Manual）、《ISO 17025 质量手册模版》（ISO 17025 Quality Manual Template）、《GLP 基础：食品微生物实验室安全（录像）》（GLP Basics：Safety in the Food Micro Lab）、《调节化学领域的热点》（Current Issues in Regulatory Chemistry）、《无机污染物的分析技术》（Analytical Techniques for Inorganic Contaminants）、《农业化学制品免疫测定的新前沿》（New Frontiers in Agrochemical Immunoassay）、《农用抗生素的化学分析方法》（Chemical Analysis for Antibiotics Used in Agriculture）、《US EPA 杀虫剂化

学方法手册》（US EPA Manual of Chemical Methods for Pesticides）、《营养品标签分析方法》（Methods of Analysis for Nutrition Labeling）、《微检验方法集成》（Compendium of Methods for The Micro Exam 4th Edition）、《饮食纤维分析与应用》（Dietary Fiber Analysis and Applications）、《营养物微生物分析方法》（Methods for the Microbiological Analysis of Nutrient）、《AOCS官方标准与推荐准则》（Official Methods & Recommended Practices of AOCS）、《油脂质量及稳定性评估方法》（Methods to Assess Quality & Stability of Oils & Fat）、《食品相关数据质量与可达性》（Quality and Accessibility of Food－Related Data）、《可视铁罐缺陷标签分类》（Classification of Visible Can Defects Poster）、《食品行业害虫生态学及管理》（Ecology &Management of Food Industry Pests）、《制作与评估方法中统计学的应用》（Use of Statistics to Develop & Evaluate Methods）、《HACCP核心》（The Heart of HACCP）、《实验室基本技巧与技能》（Basic Skills and Techniques for Laboratory Techs）等。

FCC是由美国国家科学院药品研究院下属的食品与营养品委员会负责制订的关于食品化学品标准的综合性集成，是美国食品与药品管理局以及许多国际食品检验权威机构用于鉴定食品化学品等级的重要依据。

US Code（美国法典）是1926年美国人将建国二百多年以来国会制定的所有立法（除独立宣言、联邦条例和联邦宪法外）加以整理编纂，按50个项目系统地分类编排，命名为《美国法典》（United States Code，简称USC），首次以15卷的篇幅发表。1964年又出版了修订版，以后每年还出增刊。该法典根据法律规范所涉及的领域和调整对象，划分为50个主题或“部”（Title），包括农业、食品与药品等内容。

美国谷物化学师协会标准是由美国谷物化学师协会（American Association of Cereal Chemists，简称AACC）负责制订的谷物分析与测试方法标准，AACC标准自1922年问世以来，一直是谷物科技领域的重要检验依据。

第一章　焙烤食品检验理化基本知识

第一节　常用玻璃器皿的洗涤与干燥

在对焙烤食品进行检验时，除了要使用一些专用的仪器设备外，另外还需要一些玻璃仪器和瓷质类器皿，而玻璃仪器和瓷质类器皿是绝大部分分析检验中必不可少的。玻璃仪器种类很多，按用途大体可分为①容器类，如烧杯、烧瓶、试剂瓶等，根据它们能否受热又可区分为可加热的和不宜加热的器皿；②量器类，如量筒、移液管、滴定管、容量瓶等；③其他玻璃器皿，如冷凝管、分液漏斗、干燥器、分馏柱、标准磨口玻璃仪器等。

一、玻璃仪器的洗涤

（一）洗涤要求

除了水分子以外无其他任何杂物；在玻璃仪器壁上留有均匀的一层水膜，而不挂水珠。

（二）常用玻璃仪器的洗涤方法

在焙烤食品检验工作中，洗涤玻璃仪器不仅是一项必须做的实验前准备工作，也是一项技术工作。玻璃仪器的洗涤方法有很多，应根据实验的要求、玻璃仪器受污染的程度以及玻璃仪器的种类选择合适的方法进行洗涤。洗涤仪器一般步骤是：先用水洗，然后用去污粉、洗衣粉或肥皂，污染特别严重的用铬酸洗液等洗涤，最后用蒸馏水冲洗干净。下面介绍一些玻璃仪器的洗涤方法。

1. 烧杯、锥形瓶、量筒、量杯的洗涤方法

焙烤食品检验中常用的烧杯、锥形瓶、量筒、量杯等玻璃器皿，可用毛刷蘸水直接刷洗；如果器皿上附着有机物或污染较为严重，可用毛刷蘸去污粉或合成洗涤剂刷洗，再用自来水冲洗干净，然后用蒸馏水或去离子水润洗 3 次，去掉自来水带来的一些无机离子。

2. 滴定管、移液管、吸量管、容量瓶洗涤方法

为了保证容积的准确性，滴定管、移液管、吸量管、容量瓶等不可用刷子刷洗。用自来水冲洗沥干后用合适的洗液来洗涤，一般要用洗液处理一段时间（一般放置过夜），然后用自来水清洗，最后用蒸馏水（或去离子水）冲洗 3 次。也可以参照以下方法进行洗涤。

（1）移液管的洗涤

先用自来水冲洗移液管，然后用洗耳球吹出管内残留的水分，吸入1/3容积洗液，平放并转动移液管，用洗液润洗内壁，洗毕将洗液放回原瓶；用自来水将移液管内、外壁冲洗至不挂水珠为止，再按以上方法用蒸馏水将移液管洗涤3次，水应从下端尖口放出（或用装有蒸馏水的洗瓶从移液管上口朝下吹洗移液管2次~3次）；最后控干水分备用。

（2）容量瓶的洗涤

先用自来水冲洗内壁，倒出水后，内壁如不挂水珠，即可用蒸馏水冲洗；否则必须用洗液洗。用洗液之前，将瓶内残留的水倒出，倒入少许洗涤液摇动或浸泡，然后将洗涤液倒回原瓶；用自来水充分洗涤后，最后用蒸馏水洗2次~3次。

（3）滴定管洗涤

滴定管洗涤要根据污染程度来选择合适的洗涤剂和洗涤方法。一般用自来水冲洗，零刻度线以上部位可用毛刷蘸洗涤剂刷洗，零刻度线以下部位如不干净，则采用洗液洗（碱式滴定管应除去乳胶管和尖嘴部分，套上滴瓶胶帽堵住滴定管下口，或将橡皮管和尖嘴部分取下，用小烧杯接在管下部，然后倒入洗涤液）。少量的污垢可装入10mL洗液，把管子横过来，两手平端滴定管转动，直至洗液沾满管壁，直立，将洗涤液从管尖放出。如果滴定管太脏，可将洗液装满整根滴定管浸泡一段时间。最后用自来水、去离子水（或蒸馏水）洗净。洗净后的滴定管内壁应被水均匀润湿而不挂水珠。

3. 比色皿的洗涤方法

洗涤比色皿时，只能用手指接触两侧的毛玻璃，避免接触光学面，也不能用硬布和毛刷刷洗。通常用合成洗涤剂或（1+1）硝酸洗涤后，再用自来水冲洗干净，然后用蒸馏水润洗2次~3次。

4. 砂芯漏斗的洗涤

砂芯漏斗一般用于抽滤酸性介质中的固体，砂芯漏斗在使用后应立即用水冲洗。难以洗净的污垢可用酸性洗液浸泡一段时间，再用水抽滤冲洗；必要时用有机溶剂洗涤。

（三）常见洗涤液的配制与使用

在洗涤玻璃仪器时，要针对仪器沾染污物的性质，采用不同洗涤液通过化学或物理作用能有效地洗净仪器。实验室常用的各种洗涤液种类及用途见表1－1和表1－2。

表 1-1　常用洗涤液的配方与使用方法

洗涤液名称	配方	用途和用法	注意事项
铬酸洗液	称 25g 工业用重铬酸钾置于烧杯中，加水 50mL，加热溶解后，冷却至室温。在不断搅拌下缓慢地加入工业硫酸 450mL，溶液呈红褐色，冷却后放置棕色磨口瓶中密闭保存	用于洗涤一般油污。用途广，可浸泡	(1) 使用洗液前，必须先将玻璃仪器用自来水冲洗，沥干 (2) 用过的洗液不能随意乱倒，应倒回原瓶，以备下次再用 (3) 当洗液久用变为绿色时，则失效 (4) 失效的洗液经解毒后方可排放
碱性乙醇洗液	6g 氢氧化钠溶于 6g 水中，加入 50mL 95% 乙醇，装瓶	用于洗涤油脂、焦油和树脂；可浸泡、刷洗	(1) 应贮于胶塞瓶中，久贮容易失效 (2) 防止挥发，防火
碱性高锰酸钾	高锰酸钾 4g 溶于少量水中，加入 4g 氢氧化钠，再加水至 100mL，装瓶	用于洗涤油脂、有机物，可浸泡	浸泡后器壁上会残留二氧化锰棕色污迹，可用盐酸洗去
磷酸钠洗液	磷酸钠 57g、油酸钠 28.5g 溶于 470mL 水中，装瓶	用于洗涤碳的残留物，可浸泡、刷洗	浸泡数分钟后再刷洗
硝酸-过氧化氢洗液	15% ~20% 硝酸加等体积的 5% 过氧化氢	特殊难洗的化学污物	(1) 久贮容易分解，应现用现配 (2) 存于棕色瓶中
碘-碘化钾洗液	碘 1g、碘化钾 2g 混合碾磨，溶于少量水中，再加水至 1000mL，装瓶	用于洗涤硝酸银的褐色残留物	
有机溶剂	如苯、三氯甲烷、乙醚、乙醇、丙酮、二甲苯、甲苯、汽油等	用于洗涤油污，可溶于该溶剂的有机物	(1) 具有毒性、可燃性 (2) 用过的废溶剂应回收，蒸馏后仍可继续使用

表 1-2　常用洗涤液

沉淀物名称	有效洗涤液	用法
新滤器	热盐酸、铬酸洗液	浸泡、抽洗
氯化银	1:1 氨水、10% 亚硫酸钠	先浸泡再抽洗
硫酸钡	浓硫酸，或 3% EDTA 500mL + 浓氨水 100mL 混合液	浸泡、蒸煮、抽洗
汞	热、浓硝酸	浸泡、抽洗
氧化铜	热的氯酸钾与盐酸	浸泡、抽洗
有机物	热铬酸洗液	抽洗
脂肪	四氯化碳	浸泡、抽洗，再换洁净的四氯化碳抽洗

二、玻璃仪器的干燥

凡是已经洗净的器皿，决不能用布或纸擦干，防止再次污染。一般玻璃仪器须根据不同检验要求采用不同的方法来干燥。

（一）晾干

把洗净的玻璃仪器倒置放在干燥架上自然晾干，是一种常用而简单的干燥玻璃仪器的方法，但干燥速度较慢。

（二）烘干

将洗净的玻璃仪器沥干水分后，置于烘箱中烘干，烘箱内的温度最好保持在105℃～120℃。放置玻璃仪器时，应从上层依次往下层的顺序放置，器皿口向上；带磨口玻璃塞的仪器，必须取出活塞；烘箱内的温度降至室温方可取出玻璃仪器。玻璃量器的烘干温度不得超过150℃，以免引起容器体积变化。

（三）吹干

若需急用的玻璃仪器，可采用气流烘干器或电吹风快速吹干的方法。将水尽量沥干，用少量丙酮或乙醇荡洗并倾出，冷风吹1min～2min，待大部分溶剂挥发后，再吹入热风至完全干燥为止。此法要求通风性好，并且要避免接触明火。

第二节　常用玻璃仪器的使用

在焙烤食品检验实验中，经常要使用不同的玻璃仪器，不同的玻璃仪器有不同的用途，下面介绍几种常用玻璃仪器的使用。

一、烧杯的使用

烧杯主要用于配制溶液、溶解试样等；加热时应置于石棉网上，使其受热均匀，一般不宜干烧；杯内的待加热液体体积不要超过烧杯容积的2/3。

二、量筒、量杯的使用

常用于粗略量取液体体积，沿壁加入或倒出液体，它们是测量精度较差的量器，不能加热和烘烤，不能盛热溶液和在其中配制溶液，也不能用作反应容器。

三、称量瓶的使用

称量瓶可分为矮形（扁形）和高形，前者用于测定固体样品中的水分，后者用于称量或烘干基准物样品、基准物质和易吸潮样品，磨口塞要原配。

四、试剂瓶、滴瓶的使用

试剂瓶分为细口瓶和广口瓶两种，细口瓶主要用于存放液体试剂，广口瓶用来装固体试剂；棕色瓶用来存放见光易分解的试剂。滴瓶用来存放需要滴加的溶液。试剂瓶和滴瓶都不能加热，不能在瓶中配制操作过程中会放出大量热量的溶液。试剂瓶存放碱性溶液时应使用橡皮塞，但不能用试剂瓶长期存放碱性溶液。

五、锥形瓶的使用

锥形瓶分为具塞和无塞，适合于加热处理试样和容量分析滴定。不能直接加热，需要加热时要垫有石棉网；磨口锥形瓶加热时要打开塞子，盛装液体不超锥形瓶容积的1/2。

六、单标线吸量管、分度吸量管以及移液器的使用

（一）移液管的使用

移液管是用来准确移取一定体积溶液的量出式玻璃量器，用来测量它所放出溶液的体积，正规名称为“单标线吸量管”，通常称为“移液管”（图1－1）。它是一根中间有一膨大部分的细长玻璃管，其下端为尖嘴状，上端管颈处刻有一条标线，是所移取的准确体积的标志，用来准确移取一定体积的溶液的量器。移液管有1，2，3，5，10，15，20，25，50，100mL等规格。

1. 容量的定义

在20℃时吸量管按下述方式排空而流出的20℃水的体积，以毫升（mL）表示。

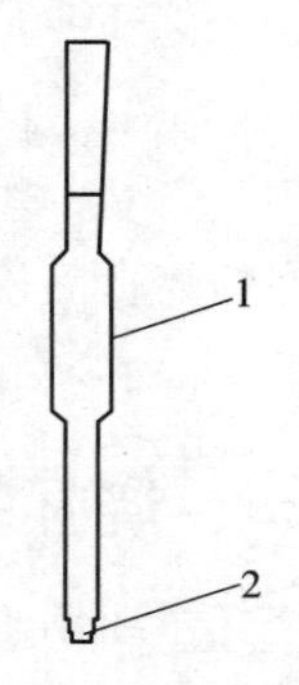

图1－1　单标线吸量管

1－量管；2－流液口

把垂直放置的吸量管充水到高出刻度线几毫米，应除去黏附于流液口的液滴。然后用下述方法把下降的弯液面调定到刻度线。调定弯液面，应使弯液面的最低点与刻度线上边缘的水平面相切，视线应与刻度线上边缘在同一水平面上。将玻璃容器表面与吸量管口端接触以除去黏附于吸量管口端的液滴。仍垂直拿着吸量管，然后将水排入另一稍微倾斜的容器中，在整个排放和等待过程中，流液口尖端和容器内壁接触保持不动。吸量管放液应使弯液面到达流液口处静止。为保证液体完全流出，将吸量管从接收容器移走以前，在无规定的等待时间情况下，应遵守近似3s的等待时间。在规定等待时间的情况下，吸量管从容器中移开前应遵守等待时间的规定（一般为15s）。

2. 移液管的等级允许误差

移液管准确度等级分为A级和B级，其允许误差不超过表1－3的要求。

表1－3　移液管的允许误差　　单位：mL

标称容量/mL		2	5	10	20　25	50	100
容量允差/mL	A	±0.010	±0.015	±0.020	±0.030	±0.050	±0.080
	B	±0.020	±0.030	±0.040	±0.060	±0.100	±0.160
水的流出时间/s	A	7～12	15～25	20～30	25～35	30～40	35～45
	B	5～12	10～25	15～30	20～35	25～40	30～45

3. 使用

（1）检查移液管

检查管口和尖嘴是否有破损和堵塞，若有破损或堵塞则不能使用。

（2）吸取溶液和调节液面

摇匀待吸溶液，将待吸溶液倒小部分于一干净而又干燥的小烧杯中，用吸水纸将移液管尖端内外的水除去，然后用待吸溶液洗3次。方法是：将待测溶液吸至球部或吸量管全长1/3时，立即用右手食指按住管口，取出，横持移液管，松开右手食指并转动移液管，使溶液流遍全管内壁，溶液从下端尖口处放入废液杯内。如此操作，润洗3次～4次即可。

移取溶液时，先将移液管直接插入待测溶液液面下1cm～2cm处，用洗耳球按上述方法吸取溶液。移液管不要插入太深，以免移液管外壁附有过多的溶液；也不要插入太浅，以免液面下降时吸空，移液管应随溶液液面的下降而下降，如图1－2所示，当液面上升至标线以上约1cm～2cm时，迅速用右手食指堵住管口，将移液管提出待吸液面，用滤纸擦去移液管管尖端外部的溶液，左手将盛装溶液的容器倾斜成约30°，移液管管尖紧贴其内壁，使移液管保持垂直，微微松动右手食指，使液面缓慢下降，直到视线平视时弯月面与标线相切时，立即按紧食指使溶液不再流出。

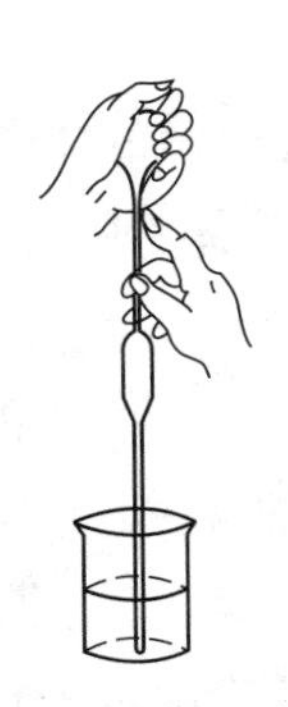

图1－2　移液管的吸液姿势

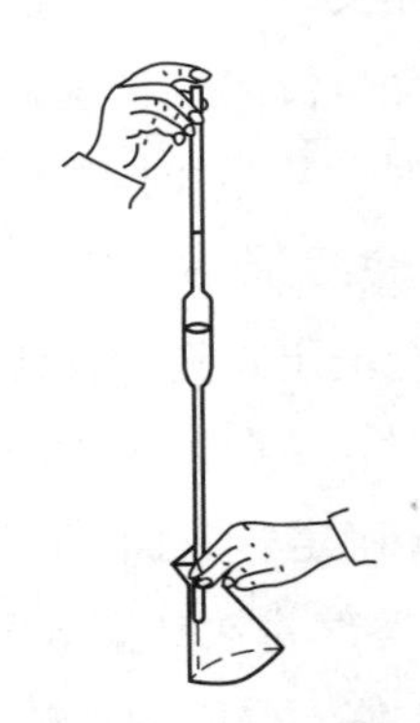

图1－3　移液管的放液姿势

（3）放出溶液

左手拿接收溶液的容器，并将接受容器倾斜约30°，移液管管尖紧贴其内壁，让移液管保持垂直状态，如图1－3所示，使溶液自由地沿壁流下。待液面下降静止后，再等15s，然后取出移液管。

（4）放置

移液管用完后应放在移液管架上。如短时间内不再用它吸取同一溶液时，应立即用自来水冲洗，再用蒸馏水清洗，然后放在移液管架上。

注意：除非特别注明需要“吹”的以外，管尖最后留有的少量溶液不能吹入接受器中，因为在标定移液管体积时，就没有把这部分溶液算进去。在调整零点和排放过程中，移液管都要保持竖直。实际上流出溶液的体积与标明的体积会稍有差别，使用时的温度与标定移液管移液体积时的温度不一定相同，必要时可作校正。

（二）分度吸量管的使用

通常又把具有刻度的直形玻璃管称为吸量管（图 1 - 4）。常用的吸量管有 1，2，5，10mL 等规格。

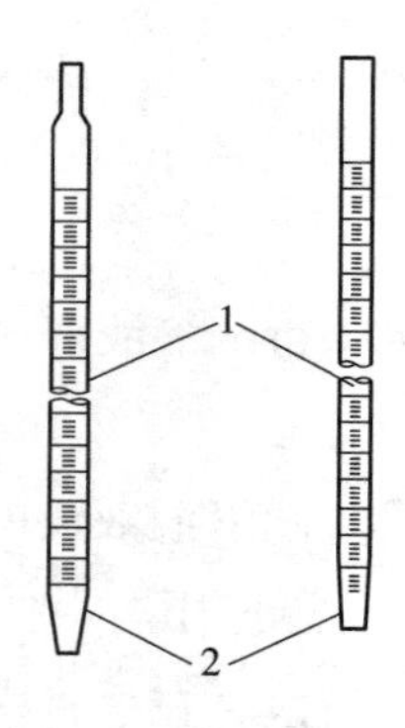

图 1 - 4　分度吸量管

1 - 量管；2 - 流液口

1. 容量定义

（1）不完全流出式吸量管任意一分度线相应的容量定义

在 20℃时，从零线排放到该分度线时所流出的、以毫升表示的 20℃水的体积。在分度线上的弯液面最后调定之前，液体自由流下，不允许有液体黏附在管壁上。

（2）完全流出式吸量管任意一分度线相应的容量定义

在 20℃时，从分度线到流出口时所流出的、以毫升表示的 20℃水的体积。液体自由流下，直至确定弯液面已到流液口静止后，再将吸量管脱离接受容器（指零点在下）。或者从零线排放到该分度线或排放到吸量管流液口的总容量，以毫升表示的 20℃水的体积。水流不受限制地流下，直至分度线上的弯液面最后调定为止，在最后调定之前，不允许有液滴黏附在管壁上（指零点在上）。

（3）规定等待时间 15s 的吸量管任意一分度线相应的容量定义

在 20℃时，从零线排放到该分度线所流出的、以毫升表示的 20℃水的体积。当弯液面高出分度线几毫米时水流被截住，等待 15s 后，调至该分度线。

在总容量排至流液口的情况下，水流不应受到限制，而且在吸量管从接受容器中移走以前，应遵守 15s 的等待时间。

（4）吹出式分度吸量管的任意一分度线相应的容量定义

在 20℃时，从该分度线排放到流液口所流出的（指零点在下），或从零线排放到该分度线所流出的（指零点在上）、以毫升表示的 20℃水的体积。水流应不受限制直到确

定弯液面已到达并停留在流液口为止，但整个排水时将最后一滴液滴吹出。

把干净的吸量管垂直放置，充蒸馏水至高出分度线（指零点在下）或高出零线（指零点在上）几毫米，然后将弯液面降至该分度线或降至零线，将玻璃容器内壁与吸量管口端接触以除去黏附于吸量管口端的液滴。

将水排入另一稍微倾斜的玻璃容器中，在整个排水过程中（对于等待 15s 的吸量管还包括等待期间）口尖端与容器内壁接触，但两者之间要保持不动。

对于吹出式吸量管为了保证液体完全流出，应吹出最后一滴液，再将吸量管从接受容器中移走。

2. 吸量管的等级允许误差

移液管准确度等级分为 A 级和 B 级，其允许误差不超过表 1－4 的要求。

表 1－4 吸量管的允许误差

<table>
<tr><th rowspan="3">标称容量/mL</th><th rowspan="3">最小分度值/mL</th><th colspan="5">容量允差，±mL</th><th colspan="5">水的流出时间/s</th></tr>
<tr><th colspan="2">不完全流出式</th><th colspan="2">完全流出式</th><th rowspan="2">吹出式</th><th>等待 15s</th><th>完全流出式</th><th colspan="2">不完全流出式</th><th rowspan="2">吹出式</th></tr>
<tr><th>A 级</th><th>B 级</th><th>A 级</th><th>B 级</th><th>A 级</th><th>A、B 级</th><th>A 级</th><th>B 级</th></tr>
<tr><td>0.1</td><td>0.001</td><td>—</td><td>0.003</td><td>—</td><td>—</td><td>0.004</td><td>—</td><td>—</td><td>—</td><td>2～7</td><td>2～5</td></tr>
<tr><td>0.1</td><td>0.005</td><td>—</td><td>0.003</td><td>—</td><td>—</td><td>0.004</td><td>—</td><td>—</td><td>—</td><td>2～7</td><td>2～5</td></tr>
<tr><td>0.2</td><td>0.002</td><td>—</td><td>0.005</td><td>—</td><td>—</td><td>0.006</td><td>—</td><td>—</td><td>—</td><td>2～7</td><td>2～5</td></tr>
<tr><td>0.2</td><td>0.01</td><td>—</td><td>0.005</td><td>—</td><td>—</td><td>0.006</td><td>—</td><td>—</td><td>—</td><td>2～7</td><td>2～5</td></tr>
<tr><td>0.25</td><td>0.002</td><td>—</td><td>0.005</td><td>—</td><td>—</td><td>0.008</td><td>—</td><td>—</td><td>—</td><td>2～7</td><td>2～5</td></tr>
<tr><td>0.25</td><td>0.01</td><td>—</td><td>0.005</td><td>—</td><td>—</td><td>0.008</td><td></td><td>—</td><td>—</td><td>2～7</td><td>2～5</td></tr>
<tr><td>0.5</td><td>0.01</td><td>—</td><td>0.005</td><td>—</td><td>—</td><td>0.010</td><td>4～8</td><td>—</td><td>—</td><td>2～7</td><td>2～5</td></tr>
<tr><td>0.5</td><td>0.02</td><td>—</td><td>0.005</td><td>—</td><td>—</td><td>0.010</td><td>4～8</td><td>—</td><td>—</td><td>2～7</td><td>2～5</td></tr>
<tr><td>1</td><td>0.01</td><td>0.008</td><td>0.015</td><td>0.008</td><td>0.015</td><td>0.015</td><td>4～8</td><td colspan="3">4～10</td><td>3～6</td></tr>
<tr><td>2</td><td>0.02</td><td>0.012</td><td>0.025</td><td>0.012</td><td>0.025</td><td>0.025</td><td>4～8</td><td colspan="3">4～12</td><td>3～6</td></tr>
<tr><td>5</td><td>0.05</td><td>0.025</td><td>0.050</td><td>0.025</td><td>0.050</td><td>0.050</td><td>5～11</td><td colspan="3">6～14</td><td>5～10</td></tr>
<tr><td>10</td><td>0.1</td><td>0.05</td><td>0.100</td><td>0.05</td><td>0.100</td><td>0.100</td><td>5～11</td><td colspan="3">7～17</td><td>5～10</td></tr>
<tr><td>25</td><td>0.1</td><td>0.10</td><td>0.200</td><td>0.10</td><td>0.200</td><td>—</td><td>9～15</td><td colspan="3">11～21</td><td>—</td></tr>
<tr><td>25</td><td>0.2</td><td>0.10</td><td>0.200</td><td>0.10</td><td>0.200</td><td>—</td><td>9～15</td><td colspan="3">11～21</td><td>—</td></tr>
<tr><td>50</td><td>0.2</td><td>0.10</td><td>0.200</td><td>0.10</td><td>0.200</td><td>—</td><td>17～25</td><td colspan="3">15～25</td><td>—</td></tr>
</table>

3. 使用

吸量管的使用方法与移液管相似，不同之处在于吸量管能吸取不同体积的液体。吸量管一般只用于量取小体积的溶液，其上带有分度，可以用来吸取不同体积的溶液。但用吸量管吸取溶液的准确度不如移液管。

（三）移液器的使用

1. 移液器工作的基本原理

移液器是通过活塞和弹簧的伸缩运动来实现吸液和放液的。在活塞推动下，排出部分空气，在大气压作用下吸入液体，再由活塞推动空气排出液体。由于弹簧具有伸缩性，在移液器的使用中要配合弹簧的这个特点来操作，就可以很好地控制移液的速度和力度。

2. 移液器的种类

移液器可分为两种：一种是固定容量的；一种是可调容量的移液器。每种移液器都有其专用的聚丙烯塑料吸头，吸头通常是一次性使用，也可以超声清洗后重复使用。

3. 移液器的操作方法

（1）设定移液体积

在设定移液体积时，从大体积调节至小体积时，为正常调节方法，逆时针旋转刻度即可；从小体积调节至大体积时，可先顺时针调至超过设定体积的刻度，再回调至设定体积，可保证最佳的精确度。

（2）枪头（吸液嘴）的装配

对于单道移液器，将移液器端垂直插入吸头，左右微微转动，上紧即可；多道移液器装配吸头时，将移液器的第一道对准第一个吸头，倾斜插入，前后稍许摇动上紧，吸头插入后略超过O型环即可。

（3）吸液和放液

移液之前，要保证移液器、枪头和液体处于相同温度。吸取液体时，移液器保持竖直状态，将枪头尖端插入液面3mm以下。在吸液之前，可以先吸放几次液体以润湿吸液嘴（尤其是要吸取黏稠或密度与水不同的液体时）。可以采取正向吸液和反向吸液两种移液方法。

1）正向吸液　正向吸液是指正常的吸液方式，操作时吸液可将按钮按到第一档吸液，释放按钮。放液时先按下第一档，打出大部分液体，再按下第二档，将余液排出。

2）反向吸液　反向吸液是指吸液时将按钮直接按到第二档再释放，这样会多吸入一些液体，打出液体时只要按到第一档即可。多吸入的液体可以补偿吸头内部的表面吸附，反向吸液方法也可以适用于黏性液体。

（4）移液器的正确放置

使用完毕，可以将其竖直挂在移液枪架上，但要小心别掉下来。当移液器枪头里有液体时，切勿将移液器水平放置或倒置，以免液体倒流腐蚀活塞弹簧。

4. 移液器使用注意事项

（1）吸液和放液时一定要慢吸慢放，控制好弹簧的伸缩速度，绝不允许突然松开，以防溶液吸入过快而冲入移液器内腐蚀柱塞而造成漏气，放液时吸头尖端可靠容器内壁。

（2）不要用大量程的移液器移取小体积的液体，以免影响准确度。同时，如果需要移取量程范围以外较大量的液体，请使用移液管进行操作。

（3）浓度和黏度大的液体，会产生误差，为消除其误差的补偿量，可由试验确定，补偿量可用调节旋钮改变读数窗的读数来进行设定。

（4）可用分析天平称量所取纯水的重量并进行计算的方法，来校正移液器。蒸馏水 20℃时的密度为 0.998230g/cm^3。

（5）移液器反复撞击吸头来上紧的方法是非常不可取的，长期操作会使内部零件松散而损坏移液器。

（6）严禁吸取有强挥发性、强腐蚀性的液体（如浓酸、浓碱、有机物等）。

（7）移液器外壳的清洁，可使用肥皂液、洗洁精或 60% 的异丙醇来擦洗，然后用双蒸水淋洗，晾干即可。移液器内部的清洗，需要先将移液器下半部分拆卸开来，拆卸下来的部件可以用上述溶液来清洁，双蒸水冲洗干净，晾干，然后在活塞表面用棉签涂上一层薄薄的硅酮油脂。

七、容量瓶及其使用

容量瓶是一种细颈梨形的平底玻璃瓶，带有磨口玻璃塞，颈上有标度刻线（图1－5）。一般的容量瓶都是“量入”式的，符号为 In，它表示在标明的温度下，当液体充满到标线时，瓶内液体的体积恰好与瓶上标出的体积相同，有 1，2，5，10，25，50，100，250，500，1000，2000mL 等各种规格。

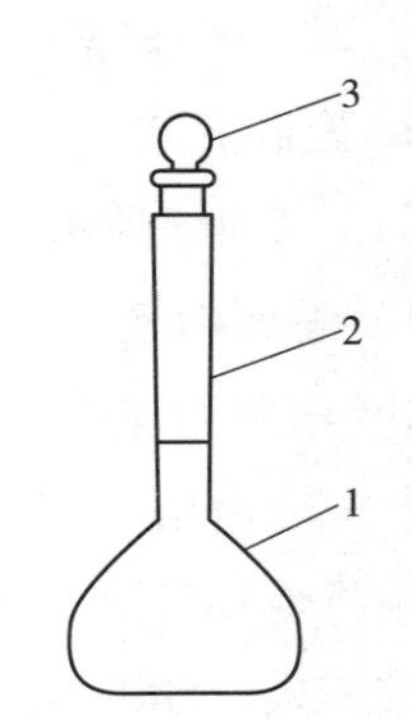

图 1－5　单标线吸量管

1－瓶体；2－量颈；3－瓶塞

（一）容量定义

当容量瓶在 20℃时，充满到刻度线所容纳的 20℃水的体积，以毫升（mL）表示。

（二）容量瓶的容量允误

容量瓶准确度等级分为 A 级和 B 级，其容量允差不超过表 1－5 的要求。

表 1－5　容量瓶的容量允差　　单位：mL

标称容量		10	25	50	100	200	250	500	1000	2000
容量允差	A	±0.02	±0.03	±0.05	±0.10	±0.15	±0.15	±0.25	±0.40	±0.60
	B	±0.04	±0.06	±0.10	±0.20	±0.30	±0.30	±0.50	±0.80	±1.20

（三）容量瓶的使用

容量瓶是用于把准确称量的物质配成准确浓度的溶液，或将准确体积及浓度的浓溶液稀释，广泛应用于分析试验中。

1. 容量瓶的选择

（1）容量瓶大小

根据配制溶液的体积来选择适当规格的容量瓶。

（2）容量瓶的颜色

对光比较稳定的物质，可选用无色容量瓶；对于见光容易分解的物质，选用棕色容量瓶。

（3）标线位置

标线位置距离瓶口太近，则不宜使用。

（4）试漏

如果容量瓶漏水，则不宜使用。检查的方法是，加自来水至标线附近，盖好瓶塞后，用滤纸擦干瓶口和瓶盖。左手食指按住塞子，其余手指拿住瓶颈标线以上部分，右手用指尖托住瓶底边缘，倒立 2min。如不漏水，将瓶直立，再将瓶塞旋转 180°后，再倒立 2min 检查是否渗水。

2. 配制溶液

（1）定量转移溶液

1）稀释溶液　用移液管量取所需体积的溶液放入容量瓶中。

2）溶解固体物质　将准确称取的固体物质置于小烧杯中，选用适当的溶剂用玻璃棒搅拌完全溶解。一手将玻璃棒插入容量瓶，其上部不要碰瓶口，底端靠着瓶颈内壁；另一手将烧杯口紧靠伸入容量瓶的玻璃棒中下部，逐渐倾斜烧杯，使溶液沿玻璃棒和颈内壁流入，如图 1－6 所示。溶液全部转移后，将烧杯紧贴玻璃棒稍微向上提起，同时将烧杯直立，将玻璃棒放回烧杯，但玻璃棒不能碰烧杯嘴。用洗瓶小心冲洗玻璃棒和烧杯内壁数次，每次 5mL～10mL，按上述方法转移至容量瓶。

（2）定容

定量转移溶液完成后，然后用水加至容量瓶的四分之三时，将容量瓶拿起，按水平方向旋转几周，使溶液大体初步混匀。当加水至距离标线约 1cm 处时，等 1min～2min；使附在瓶颈内壁的溶液流下后，再用细而长的滴管加水（注意勿使滴管接触溶液）至弯月面下缘与标线相切。

（3）混合均匀

塞上瓶塞，用左手食指按住瓶塞，其余四指拿住瓶颈标线以上部分；右手指尖托住瓶底边缘，如图 1－7 所示（不要接触瓶底），将容量瓶倒置，使气泡全部上升到顶，再倒转过来，如此反复多次，将溶液混匀，放正容量瓶，打开瓶塞，使瓶塞周围的溶液流下，重新塞好塞子后，再倒转振荡数次，使溶液全部混匀。

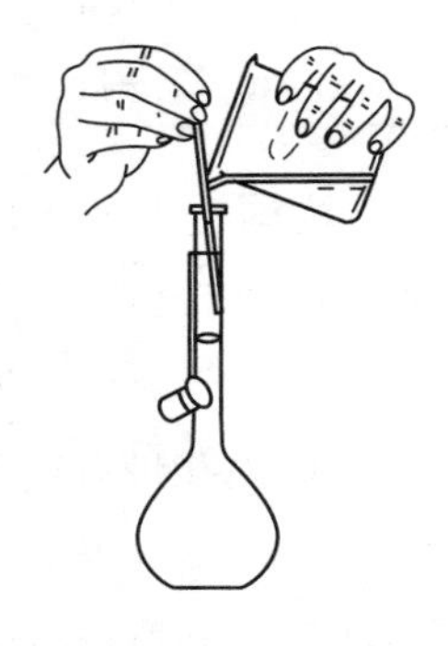

图 1－6　溶液的转移

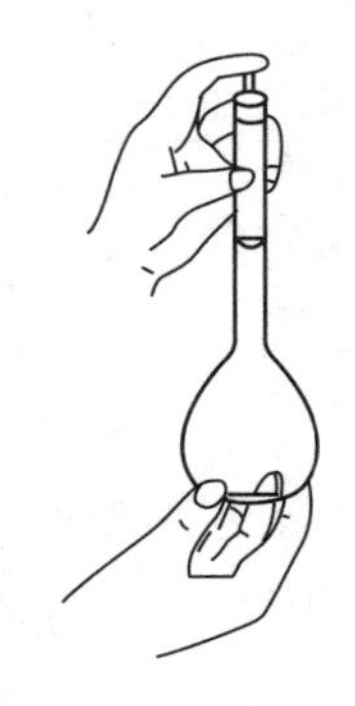

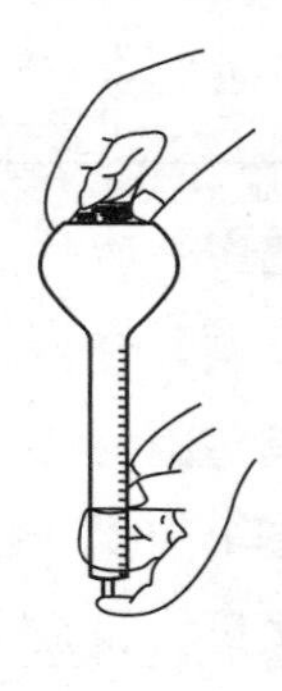

图 1－7　溶液摇匀

3. 注意事项

（1）容量瓶用完后应立即用水冲洗干净。长期不用时，磨口处应洗净擦干，并用纸片将磨口隔开。

（2）不能把容量瓶当加热容器使用，容量瓶不得在烘箱中烘烤。

（3）不能用容量瓶来溶解固体物质，也不能把容量瓶当作试剂瓶使用。

（4）在使用中，用橡皮圈或细绳将瓶塞系在瓶颈上，细绳应稍短于瓶颈。操作时，瓶塞系在瓶颈上，尽量不要碰到瓶颈，操作结束后立即将瓶塞盖好。

（5）热溶液应冷却至室温后再移入容量瓶中并稀释至刻度。

（6）稀释过程中放热的溶液应在稀释至容量总体积 3/4 时摇匀，并冷却至室温后再继续稀释至刻度。

八、滴定管的使用

滴定管是内径均匀、带有刻度的细长玻璃管，下部有用于控制液体流量的玻璃活塞（或由橡胶管和玻璃球组成的阀），活塞（或阀）的下面还有一段尖嘴玻璃管。滴定管是滴定操作时准确测量标准溶液体积的一种量器。滴定管的管壁上有刻度线和数值，“0”刻度在上，自上而下数值由小到大，在滴定管的上端标注适宜使用的温度（一般为 20℃）和有效容量（又叫规格）。准确度等级分为 A 级和 B 级，滴定管的容量允许误差见表 1－6，表中值是在标准温度 20℃时，水以规定的时间流出，等待 30s 后读数所测得的。此允差表示零至任意一点的允差，也表示任意两检定点间的允差。

表1-6 滴定管的容量允许误差

标称容量/mL		1	2	5	10	25	50	100
允差/mL	A级	±0.01	±0.01	±0.01	±0.025	±0.05	±0.05	±0.1
	B级	±0.02	±0.02	±0.02	±0.050	±0.1	±0.1	±0.2

滴定管按其容积不同分为常量、半微量及微量滴定管；按构造上的不同，又可分为普通滴定管和自动滴定管。常见的类型、规格见表1-7，实验室最常用为无塞滴定管和具塞滴定管，具塞滴定管用直通活塞连接量管和流液口的滴定管，称为酸式滴定管（图1-8），用于盛放酸类溶液或氧化性溶液；无塞滴定管用内孔带有玻璃小球的胶管连接量管和流液口的滴定管，称为碱式滴定管（图1-9），用于盛放碱类溶液，不能盛放氧化性溶液，如 $KMnO_4$、I_2、$AgNO_3$等。无塞滴定管和具塞滴定管受溶液酸碱性的限制，聚四氟乙烯旋塞滴定管可不受溶液酸碱性的限制。其他常见的滴管装置见图1-10～图1-13。

表1-7 滴定管常见的类型、规格

类型	级别	规格（标称容量），mL
无塞滴定管	A、B	5，10，25，50，100
具塞滴定管		5，10，25，50，100
三通活塞滴定管		10，25，50，100
三通旋塞自动定零位滴定管		10，25，50，100
侧边旋塞自动滴定管		5，10，25，50
座式滴定管		1，2，5，10
侧边三通旋塞自动滴定管		5，10，25，50

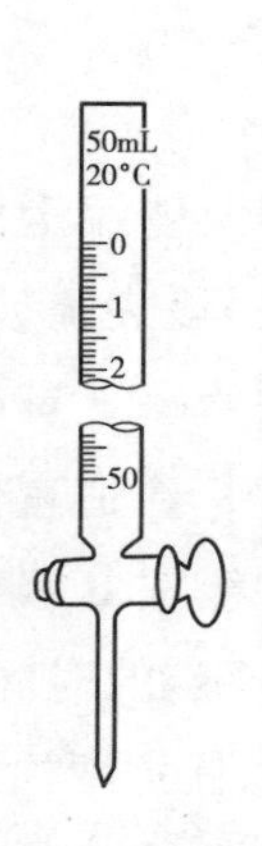

图1-8 酸式滴定管

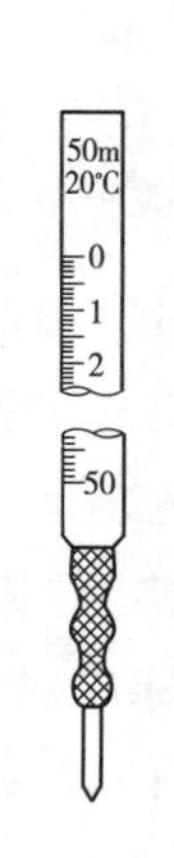

图1-9 碱式滴定管

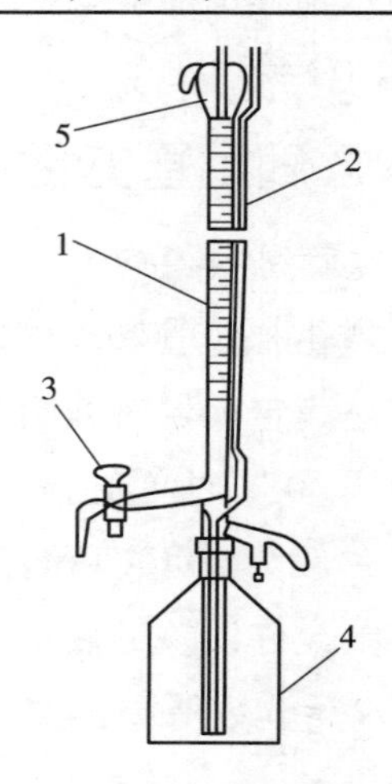

图1-10 侧边活塞自动定零滴定管

1-量管；2-进水管；3-直通活塞；4-储液瓶；5-定零滴定装置

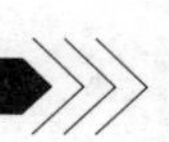

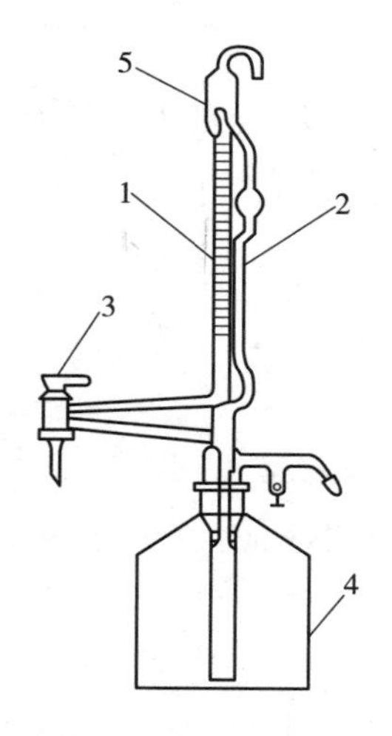

图 1－11 侧边三通活塞自动定零滴定管

1－量管；2－回水管；3－三通活塞；
4－储液瓶；5－定零位装置

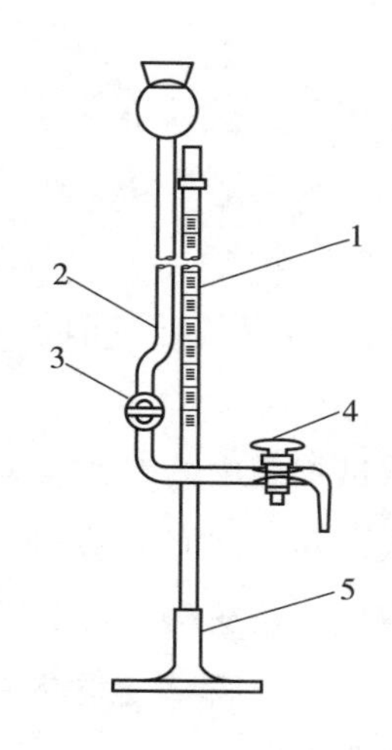

图 1－12 座式滴定管

1－量管；2－注液管；3－进水活塞；
4－出水活塞；5－底座

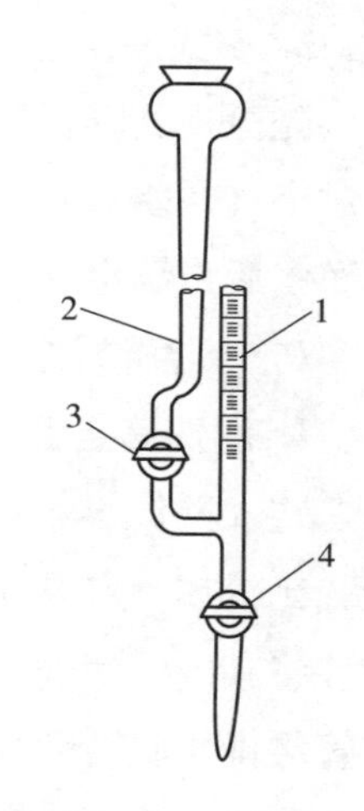

图 1－13 夹式滴定管

1－量管；2－注水管；
3－进水活塞；4－出水活塞

（一）滴定管的准备

1. 酸式滴定管的准备

（1）涂油

先检查活塞与活塞套是否结合紧密，如不紧密将会出现漏水现象，则不宜使用。为了使活塞转动灵活并防止漏水，需要在活塞上涂凡士林油或真空活塞脂。操作方法如下：将滴定管平放于试验台上，取下活塞，用滤纸将活塞、活塞孔、活塞槽擦干；用手指将少许油脂涂抹在活塞的两头。涂得太少，活塞转动不灵活，且易漏水；涂得太多，活塞的孔容易被堵塞。油脂绝对不能涂在活塞孔的上下两侧，以免旋转时堵住活塞孔。将活塞直插入活塞槽中，然后向同一方向旋转活塞，直到活塞和活塞槽上的油脂层全部透明为止，最后套上小橡皮圈。

（2）试漏

用自来水充满滴定管，擦干管壁外的水分，将其放在滴定管架上，直立静置约 2min，观察有无水滴渗出，然后将活塞旋转 180°，再直立静置约 2min，继续观察有无水滴渗出，若两次均无水滴渗出，活塞转动灵活，即可使用。否则，将活塞取出擦干，重新涂油并试漏。

若管尖出口处被油脂堵塞，可将它插入热水中温热片刻，然后打开活塞，使管内的水快速流下，将软化的油脂冲出。油脂排除后，即可关闭活塞。

（3）洗涤

洗涤方法见前面介绍的滴定管的洗涤，倒净水后将滴定管倒置夹在滴定管架上。

2. 碱式滴定管的准备

先检查乳胶管是否已经老化，玻璃珠大小是否适当。若玻璃珠过大（不易操作）或过小（漏水）或不圆或有瑕疵等，应予更换。洗涤方法见前面介绍的滴定管的洗涤，倒净水后将滴定管倒置夹在滴定管夹上。

（二）润洗滴定管、装入溶液、赶气泡

1. 润洗滴定管

装入操作溶液前，应将试剂瓶中的溶液摇匀，使凝结在瓶内壁上的水珠混入溶液，天气比较热、室温变化较大时更应如此。在滴定管装入标准溶液前，先用待装的标准溶液将其内壁润洗，用溶液瓶直接从滴定管上口倒入约10mL待装入的溶液，然后使滴定管缓慢倾斜转动，使溶液润湿全部滴定管内壁，最后将溶液从滴定管下部全部放入废液容器中，如此重复操作共3次。

2. 装入溶液、赶气泡

向滴定管中注入待装溶液至“0”刻度以上2cm～3cm处，将滴定管用滴定管夹垂直固定在铁架台上。对于酸式滴定管，迅速转动旋塞，使溶液快速冲出，即可赶走滴定管下端的气泡；对于碱式滴定管，则弯曲下端橡皮管，如图1－14所示，使出口管管尖向上翘，并挤宽玻璃珠一侧的胶管，使胶管与玻璃珠之间形成一条缝隙，让溶液喷出，带出气泡，使溶液充满全管。排出气泡后，继续装入标准溶液，使之在“0”刻度以上，再放出溶液，调节液面在0.00mL刻度处。

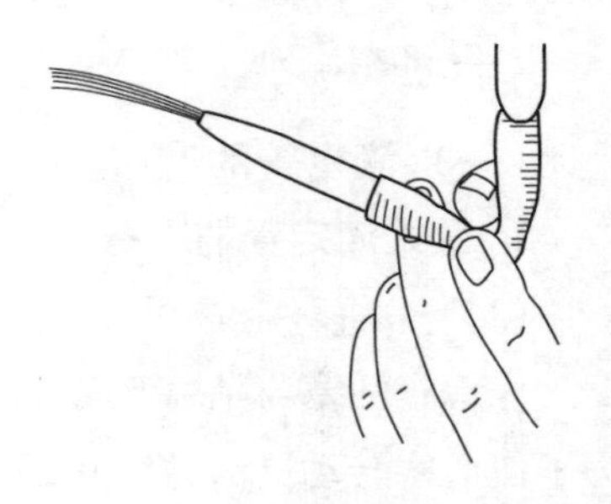

图1－14　碱式滴定管排除气泡

（三）滴定管的读数

滴定管读数不准确，通常是滴定分析误差的主要来源之一。读数时应遵循如下规则。

（1）装满或放出溶液后，必须等1min～2min，使附着在内壁的溶液流下来，再进行读数。如果放出溶液的速度较慢，等0.5min～1min即可读数。

（2）读数时，滴定管可以夹在滴定管架上，也可以用手拿滴定管上部无刻度处，但滴定管要保持垂直状态。

（3）对于无色或浅色溶液，应读取弯月面下缘实线的最低点，即视线与弯月面下缘实线最低点处相切（图1－15）。溶液颜色太深时，视线与液面两侧的最高点水平相切（图1－16）。注意初读数与终读数应采用同一标准。

（4）若为乳白板蓝线衬底的滴定管，应当取蓝线上下两尖端相对点的位置读数（图1－17）。

（5）为了便于读数，可在滴定管后面放一个黑白两色的读数卡（图 1－18）。读数时，将读数卡衬在滴定管背后，使黑色部分在弯月面下约 1mm 处，弯月面的反射层即全部成为黑色。读此黑色弯月下缘的最低点。对有色溶液需读两侧最高点时，可以用白色卡为背景。

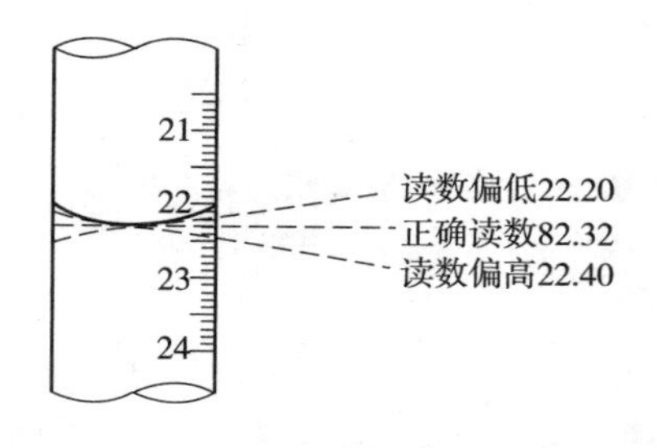

图 1－15　普通滴定管读数

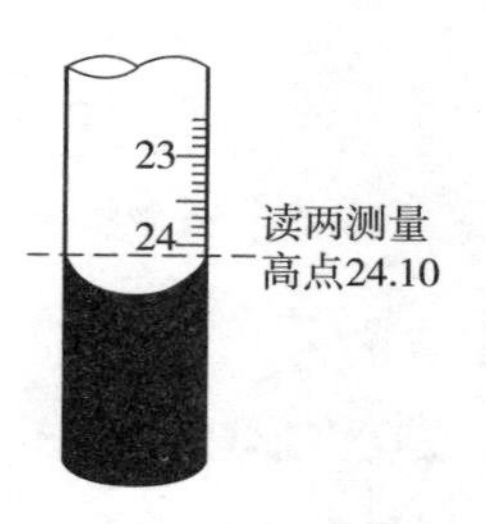

图 1－16　有色溶液读数

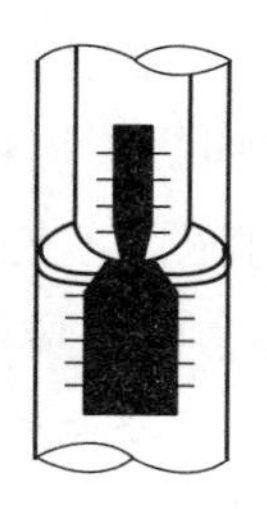

图 1－17　蓝线滴定管读数

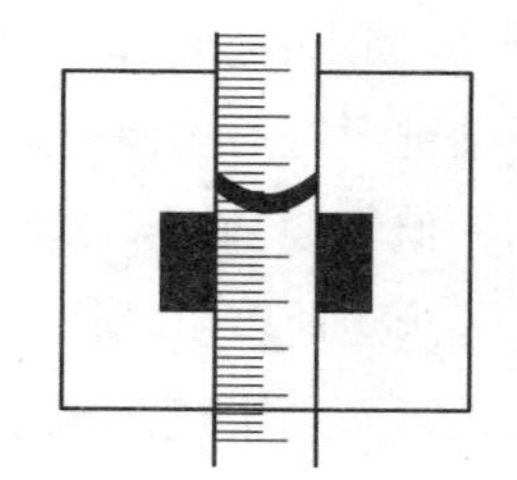

图 1－18　借黑纸卡读数

（6）必须读到小数点后第二位，即要求估计到 0.01mL。

（四）滴定操作

进行滴定时，应将滴定管垂直地夹在滴定管架上。

1. 滴定管的操作

（1）酸式滴定管的操作

用左手控制滴定管的旋塞，拇指在前，食指和中指在后，轻轻捏住旋塞柄，无名指和小指向手心弯曲。转动旋塞时要注意不要向外推，应轻轻向掌心方向拉，掌心不能碰顶旋塞小端，防止推松活塞，造成漏液；也不要过分往里拉，以免造成活塞转动不灵活（图 1－19）。

（2）碱式滴定管的操作

左手拇指在前，食指在后，其余三指夹住出口管。用拇指与食指的指尖捏挤玻璃珠周围右侧的胶管，使溶液从玻璃珠旁边的缝隙中流出（图 1－20）。

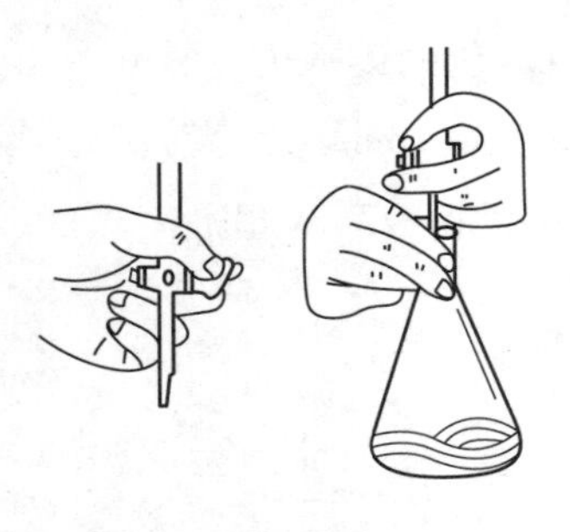

图 1－19　酸式滴定管的操作

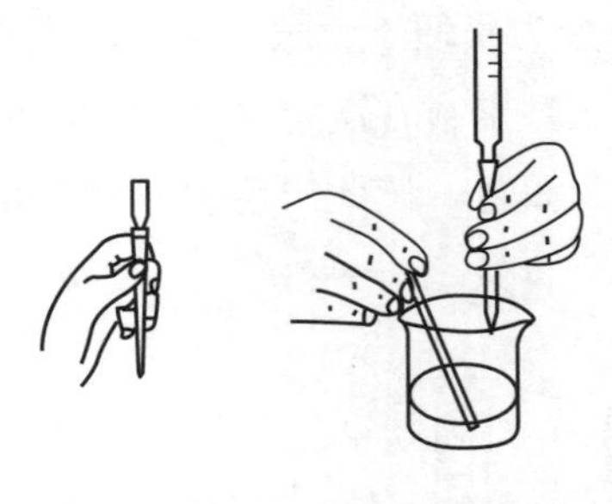

图 1－20　碱式滴定管的操作

2. 滴定方法

滴定一般在锥形瓶或烧杯中进行，滴定台应呈白色或下衬白色瓷板作背景，以便观察滴定过程溶液颜色的变化。滴定前，先记下滴定管液面的初读数，然后用小烧杯内壁碰一下悬在滴定管尖端的液滴。

在锥形瓶中滴定时，用右手的拇指、食指和中指握住锥形瓶瓶颈，使瓶底离瓷板约 2cm～3cm，滴定管管尖伸入瓶口约 1cm～2cm。滴定时，左手握住滴定管滴加溶液，同时右手摇动锥形瓶。摇瓶时微动腕关节，使溶液沿同一方向作圆周运动，使瓶内溶液混合均匀，但不要前后晃动，否则溶液容易溅出；摇动时瓶口不能碰到滴定管尖。滴定开始时，滴定速度可稍快，但不可流成“水线”；接近终点时，应改为加一滴，摇几下；最后，每滴加半滴溶液就摇动锥形瓶，并用洗瓶吹入少量水冲洗锥形瓶内壁，使附着的溶液全部流下，然后摇动锥形瓶，观察是否已经达到终点，如未到终点，继续滴定，直至准确到达终点为止。

在烧杯中滴定时，烧杯放在白瓷板上，滴定管下端处于烧杯中心的左后方处，但不要离壁过近。管尖伸入烧杯内 1cm～2cm。右手持玻棒以圆周方式搅拌溶液，不得擦碰烧杯底和壁以及滴定管尖，左手持滴定管滴加溶液。当滴定近终点时，可用玻璃棒承接悬挂的半滴溶液加入烧杯中。

测定结束后，滴定管内剩余的溶液应弃去，不得倒回原瓶，以免沾污瓶内标准溶液。随即洗净滴定管。

第三节　常用溶液的配制与标定

化学试剂在焙烤食品检验中是绝对不可缺少的物质，对于从事分析检验的工作人员来说，必须了解化学试剂的性质、用途、保管及有关使用等方面的知识。否则，将直接影响焙烤食品检验的成败、准确度的高低及试验成本。

一、化学试剂的基本知识

（一）化学试剂的分类

化学试剂种类很多，规格不一，用途各异。根据 GB 15346—2012《化学试剂 包装及标志》，化学试剂按照门类分为三种：通用试剂、基准试剂和生物染色剂（表1－8）。通用试剂按纯度分为三个等级：优级纯、分析纯和化学纯。除上述化学试剂外，还有许多特殊规格的试剂，如指示剂、光谱纯试剂、生化试剂、生物染色剂、色谱用试剂及高纯工艺用试剂等，还有纯度更低的则有实验试剂（LR）、工业纯等。应根据分析任务、分析方法、对分析结果准确度的要求等选用不同等级的化学试剂，但不应选用低于分析纯的试剂。

表1－8　化学试剂的门类、等级和标志

门类	质量级别	代号	标签颜色	说明
通用试剂	优级纯	GR	深绿色	主体成分含量高，杂质含量低，主要用于精密的科学研究和痕量分析
	分析纯	AR	金光红色	主体成分含量略低于优级纯，杂质含量略高，主要用于一般科学研究和重要的检验工作。
	化学纯	CP	中蓝色	品质略低于分析纯，但高于实验试剂，一般用于工业产品检验和教学的一般分析工作
基准试剂			深绿色	用于标定容量分析标准溶液浓度及 pH 计定位的标准物质，纯度高于优级纯，检测的杂质项目多，但杂质总含量低
生物染色剂			玫红色	用于生物切片、细胞等的染色，以便显微观察

（二）试剂的取用

1. 取用试剂的原则

为了达到准确的实验结果，以保证试剂不受污染和不变质，用试剂时应遵守以下规则。

（1）不能用手接触试剂。

（2）要用洁净的药匙，量筒或滴管取用试剂，绝对不准用同一种工具同时连续取用多种试剂。取完一种试剂后，应将工具洗净（药匙要擦干）后，方可取用另一种试剂。

（3）试剂取用后一定要将瓶塞盖紧，不可放错瓶盖和滴管，用完后将瓶放回原处。

（4）试剂一旦取出，就不能再倒回瓶内，可将多余的试剂放入指定容器。

2. 试剂的取用方法

（1）固体试剂的取用

固体试剂通常存放于广口瓶中，一般用药匙取用。药匙的两端为大小两个匙，分别取用大量固体和少量固体。

称量固体试剂时，必须把固体试剂放在干净的称量纸或小烧杯中；对腐蚀性或易潮解的固体，则必须放在小烧杯或表面皿内称量。

（2）液体试剂的取用

液体试剂通常放在细口试剂瓶中，一般用量筒量取或用滴管吸取。

1）量筒量取　先取下瓶塞并将它仰放在试验台上。用左手的大拇指和中指拿住量筒，右手拿试剂瓶（试剂瓶上的标签要对着手心），然后倒出所需量的试剂。倒完后，瓶口须在量筒上靠一下，再使试剂瓶竖直，以免留在瓶口的液滴流到瓶的外壁。

2）滴管吸取　先用手指紧捏滴管上部的胶帽，赶走滴管中的空气，然后把滴管伸入试剂瓶中，松开手指，吸入试剂，再垂直提起滴管。将试剂滴入试管等容器时，不得将滴管伸进试管，更不允许用自己的滴管到滴瓶中取液，防止污染。滴管只能专用，用完后放回原处。

（三）试剂的保管与配制

试剂配制一般是把固态的试剂溶于水（或其他溶剂）配制成溶液或者液态试剂（或浓溶液）加水稀释为所需的稀溶液。

1. 使用固体试剂配制溶液

配制试剂，先算出配制一定质量溶液所需的固体试剂的用量，然后将称量后的固体试剂置于烧杯等容器中，加少量水搅拌使之溶解。必要时可加热促进溶解，再加水至所需的体积，然后混合均匀即可。

2. 使用液体试剂配制溶液

用液体试剂（或浓溶液）稀释时，先根据试剂或浓溶液密度或浓度计算所需液体的体积，然后量取所需体积的液体，再加入所需水量混合即可。

另外，配制饱和溶液时，所用试剂量应该比计算量稍多，加热使之溶解后，冷却，待结晶析出再用，以保证溶液饱和；配制易水解盐的溶液，需先加入相应的酸以抑制水解或溶于相应的酸溶液中使溶液澄清。

二、常用溶液的配制

（一）溶液浓度的表示方法

溶液的浓度是指一定量的溶液（或溶剂）中所含溶质的量。在国际标准和国家标准中，一般用 A 代表溶剂，用 B 代表溶质。焙烤食品检验中，表示溶液浓度的方法很多，常用有以下几种。

1. B 的质量分数

B 的质量分数定义为：B 的质量与混合物的质量之比，即

$$w_B = \frac{m_B}{m} \tag{1-1}$$

式中　w_B——B 的质量分数；

m_B——B 的质量；

m——混合物的质量。

由于质量分数是相同物理量之比，为量纲一的量，单位为 1，在量值表达上是以纯小数表示，例如，市售的浓盐酸的浓度可表示为 $w_{(HCl)}=0.30$，或 $w_{(HCl)}=30\%$。

2. B 的质量浓度

B 的质量浓度定义为：B 的质量除以混合物的体积 V，以 ρ_B 表示，常用单位为g/L、mg/L、μg/L 等，即

$$\rho_B = \frac{m_B}{V} \tag{1-2}$$

例如 ρ（KOH）=5g/L 氢氧化钾溶液，表示的是 1L 氢氧化钾溶液中含有 5g 氢氧化钾。

3. B 的物质的量浓度

B 的物质的量浓度定义为：B 的物质的量除以混合物的体积，以符号 c_B 表示，单位为 mol/L，即

$$c_B = \frac{n_B}{V} \tag{1-3}$$

式中　c_B——物质 B 的物质的量浓度，单位为摩尔每升（mol/L）；

n_B——物质 B 的物质的量，单位为摩尔（mol）；

V——混合物（溶液）的体积，单位为升（L）。

（二）标准溶液的配制

1. 直接配制法

在分析天平上准确称取一定量的已干燥的基准物质（基准试剂），溶于纯水后，转入已校正的容量瓶中，用纯水稀释至刻度，摇匀即可。常用基准物质的干燥条件和应用见表 1－9。

表 1－9　常用基准物质的干燥条件和应用

基准物质		干燥后的组成	干燥条件（℃）	标定对象
名称	化学式			
碳酸氢钠	$NaHCO_3$	Na_2CO_3	270～300	酸
十水合碳酸钠	$Na_2CO_3 \cdot 10H_2O$	Na_2CO_3	270～300	酸

续表

基准物质		干燥后的组成	干燥条件（℃）	标定对象
名称	化学式			
硼砂	$Na_2B_4O_7 \cdot 10H_2O$	$Na_2B_4O_7 \cdot 10H_2O$	放在装有 NaCl 和蔗糖饱和溶液的密闭器皿中	酸
二水合草酸	$H_2C_2O_4 \cdot 2H_2O$	$H_2C_2O_4 \cdot 2H_2O$	室温空气干燥	碱或 $KMnO_4$
邻苯二甲酸氢钾	$KHC_8H_4O_4$	$KHC_8H_4O_4$	110~120	碱
重铬酸钾	$K_2Cr_2O_7$	$K_2Cr_2O_7$	140~150	还原剂
溴酸钾	$KBrO_3$	$KBrO_3$	130	还原剂
草酸钠	$Na_2C_2O_4$	$Na_2C_2O_4$	130	氧化剂
碳酸钙	$CaCO_3$	$CaCO_3$	110	EDTA
锌	Zn	Zn	室温干燥器中保存	EDTA
氯化钠	NaCl	NaCl	500~600	$AgNO_3$
硝酸银	$AgNO_3$	$AgNO_3$	220~250	氯化物

例1：配制 $0.02000mol \cdot L^{-1}$ $K_2Cr_2O_7$ 标准溶液 250.0mL，需称取多少克 $K_2Cr_2O_7$？

解：已知 $M(K_2Cr_2O_7) = 294.2g \cdot mol^{-1}$

$m = n \cdot M = c \cdot V \cdot M$

$= 0.02000mol \cdot L^{-1} \times 0.2500L \times 294.2g \cdot mol^{-1} = 1.471g$

准确称量 1.471g $K_2Cr_2O_7$ 基准物质于小烧杯中，溶解、转移、定容，再计算出其准确浓度。

例2：已知浓盐酸的密度为 $1.19g \cdot mL^{-1}$，其中 HCl 含量为 37%。计算：

（1）浓盐酸的物质的量浓度；

（2）欲配制浓度为 $0.1mol \cdot L^{-1}$ 的稀盐酸 $1.0 \times 10^3 mL$，需要量取浓盐酸多少毫升？（$c(HCl) = 12mol \cdot L^{-1}$）

解：（1）已知 $M(HCl) = 36.46g \cdot mol^{-1}$

$c(HCl) = (1.19g \cdot mL^{-1} \times (1.0 \times 10^3 mL) \times 0.37) / 36.46g \cdot mol^{-1} = 12mol \cdot L^{-1}$

（2）根据稀释定律

$[n(HCl)]_{前} = [n(HCl)]_{后}$

$V_{(HCl)} = 0.1mol \cdot L^{-1} \times (1.0 \times 10^3 mL) / 12mol \cdot L^{-1} = 8.4mL$

用 10mL 量筒量取 9mL 浓盐酸，注入 1000mL 水中，摇匀，贴上标签，备用。

2. 标定法

很多试剂并不符合基准物的条件，例如市售的浓盐酸中 HCl 很易挥发，固体氢氧化钠很易吸收空气中的水分和 CO_2，高锰酸钾不易提纯而易分解等。因此它们都不能直接配制标准溶液。一般是先将这些物质配成近似所需浓度的溶液，再用基准物测定其准确浓度。这一操作称为标定。标准溶液有两种标定方法，标定结果记录于表 1－10 标准溶液标定原始记录。

表 1－10　＿＿＿＿标准溶液标定原始记录

<table>
<tr><td colspan="2">标定物质名称</td><td></td><td>指示剂</td><td></td><td>标定依据</td></tr>
<tr><td colspan="2">天平</td><td>型号：
编号：
检定有效期</td><td>滴定管</td><td colspan="2">型号：
编号：
检定有效期</td></tr>
<tr><td colspan="2">温度计</td><td>型号：
编号：
检定有效期</td><td colspan="2">溶液温度 $t=$　　℃</td><td>环境温度 $t=$　　℃</td></tr>
<tr><td colspan="2">次数</td><td>1</td><td>2</td><td>3</td><td>4</td></tr>
<tr><td colspan="2">三角烧瓶编号</td><td></td><td></td><td></td><td></td></tr>
<tr><td colspan="2">称量瓶＋标定物质量（g）</td><td></td><td></td><td></td><td></td></tr>
<tr><td colspan="2">称量后质量（g）</td><td></td><td></td><td></td><td></td></tr>
<tr><td colspan="2">标定物质量（g）</td><td></td><td></td><td></td><td></td></tr>
<tr><td rowspan="7">滴定记录</td><td>终读数 V_4（mL）</td><td></td><td></td><td></td><td></td></tr>
<tr><td>初读数 V_1（mL）</td><td></td><td></td><td></td><td></td></tr>
<tr><td>空白值 V_0（mL）</td><td></td><td></td><td></td><td></td></tr>
<tr><td>滴定管校正值 V_3（mL）</td><td></td><td></td><td></td><td></td></tr>
<tr><td>滴定用量 V_t（mL）</td><td></td><td></td><td></td><td></td></tr>
<tr><td>温度校正系数　A</td><td></td><td></td><td></td><td></td></tr>
<tr><td>实际用量 V_0（mL）</td><td></td><td></td><td></td><td></td></tr>
<tr><td colspan="2">标准溶液浓度 C（mol/L）</td><td></td><td></td><td></td><td></td></tr>
<tr><td colspan="2">平均值（mol/L）</td><td colspan="4"></td></tr>
<tr><td colspan="6">计算公式：
$Vt=V_4-V_1-V_0+V_3$
$V_0=V_t(1+\mathrm{A})$
$c=\frac{W}{V_0\times K}$　　　　$K=$</td></tr>
<tr><td>校核人</td><td></td><td>标定人</td><td></td><td>标定日期</td><td>标定地点</td></tr>
</table>

（1）直接标定法

准确称取一定量的基准物，溶于纯水后用待标定溶液滴定，至反应完全，根据所消耗待标定溶液的体积和基准物的质量，计算出待标定溶液的浓度。

例 3：用基准无水碳酸钠标定 HCl 溶液的浓度，称取 0.2023g Na_2CO_3，滴定至终点时消耗 HCl 溶液 37.70mL，计算 HCl 溶液的浓度。

解：已知 M（Na_2CO_3）$=105.99g\cdot mol^{-1}$

$Na_2CO_3+2HCl=2NaCl+CO_2\uparrow+H_2O$

c（HCl）$=2$〔m（Na_2CO_3）$/M$（Na_2CO_3）〕$/V$（HCl）

c（HCl）$=2\times(0.2023g/105.99g\cdot mol^{-1})/37.70\times10^{-3}L=0.1012mol\cdot L^{-1}$

例4：用直接标定法标定氢氧化钾－乙醇溶液。

配制：30g 氢氧化钾，溶于30mL三级以上水中，用无水乙醇稀释至1000mL。放置5h以上，取清液使用。

标定：称取3g（精确至0.0001g）于105℃～110℃烘至恒量的基准邻苯二甲酸氢钾，溶于80mL无二氧化碳的水中，加入2滴酚酞指示剂（$\rho=10g/L$），用配制好的氢氧化钾－乙醇溶液滴定至溶液呈粉红色，同时作空白试验。

计算：准确浓度由式（1－4）计算：

$$c(KOH)=\frac{m}{(V_1-V_2)\times M(KHC_8H_4O_4)} \tag{1-4}$$

式中　c（KOH）——标准溶液物质的量浓度，单位为摩尔每升（mol/L）；

m——邻苯二甲酸氢钾的质量，单位为克（g）；

V_1——标定试验消耗标准溶液的体积，单位为毫升（mL）；

V_2——空白试验消耗标准溶液的体积，单位为毫升（mL）；

M（$KHC_8H_4O_4$）——邻苯二甲酸氢钾的摩尔质量，单位为克每摩尔（g/mol）。

（2）间接标定法

部分标准溶液没有合适的用以标定的基准试剂，只能用另一已知浓度的标准溶液来标定。当然，间接标定的系统误差比直接标定的要大些。如用氢氧化钠标准溶液标定乙酸溶液，用高锰酸钾标准溶液标定草酸溶液等都属于这种标定方法。

（三）配制溶液注意事项

（1）除另有规定外，所用试剂的纯度应在分析纯以上，所用制剂及制品，应按GB/T 603—2002 的规定制备，实验用水应符合 GB/T 6682—2008 中三级水的规格。

（2）标准滴定溶液标定、直接制备和使用时所用分析天平、砝码、滴定管、容量瓶、单标线吸管等均须定期校正。

（3）在标定和使用标准滴定溶液时，滴定速度一般应保持在6mL/min～8mL/min。

（4）称量工作基准试剂的质量的数值小于等于0.5g 时，按精确至0.01mg 称量；数值大于0.5g 时，按精确至0.1mg 称量。

（5）制备标准滴定溶液的浓度值应在规定浓度值的±5%范围以内。

（6）标定标准滴定溶液的浓度时，须两人进行实验，分别各做四平行，每人四平行测定结果极差的相对值不得大于重复性临界极差的相对值0.15%，两人共八平行测定结果极差的相对值不得大于重复性临界极差的相对值0.18%。取两人共八平行测定结果的平均值为测定结果。在运算过程中保留5位有效数字，浓度值报出结果取4位有效数字（原始记录见表1－10）。

（7）标准滴定溶液的浓度小于等于0.02mol/L时，应于临用前将浓度高的标准滴定溶液用煮沸并冷却的水稀释，必要时重新标定。

（8）除另有规定外，标准滴定溶液在10℃～30℃下，密封保存时间一般不超过6个月；标准滴定溶液在10℃～30℃下，开封使用过的标准滴定溶液保存时间一般不超过2个月（倾出溶液后立即盖紧）。当标准溶液出现浑浊、沉淀、颜色变化等现象时，应重新制备。

（9）贮存标准滴定溶液的容器，其材料不应与溶液起理化作用，壁厚最薄处不小于0.5mm。

（四）溶液标签书写格式

1. 标准溶液标签书写格式

标准溶液的配制、标定、检验及稀释等都应有详细记录，其重要性和要求不亚于测定的原始记录。标准溶液的盛装容器应粘贴书写内容齐全、字迹清晰、符号准确的标签。

标准溶液标签书写内容包括：溶液名称、浓度类型、浓度值、介质、配制日期、配制温度、瓶号、校核周期和配制人。图1－21列举标签书写格式，也可以根据实验室的要求设计标签式样。

2. 一般溶液标签书写格式

一般溶液标签的书写内容包括：名称、浓度、介质、配制日期和配制人。

标　准　溶　液

标准溶液名称：________________

标准溶液浓度：________________

标 准 日 期 ：________________

有 效 日 期 ：________________

标　定　　人：________________

校　核　　人：________________

图1－21　标准溶液标签格式

第四节　样品的采集、制备与保存

焙烤食品检验的一般程序为：样品的采集、样品的制备和保存、样品的预处理、成分分析、分析数据处理和分析报告的撰写。本节主要介绍样品的采集、制备与保存。

一、样品的采集

（一）采样原则

焙烤食品采样是指从较大批量食品中抽取能代表其总体样品的方法，采样应遵循下列原则。

1. 代表性

在大多数情况下，待鉴定焙烤食品不可能全部进行检测，而只能抽取其中的一部分作为样品。因此，采集的样品要均匀，有代表性，要反映全部被检食品的组成、质量和卫生状况。

2. 真实性

采样人员应亲临现场采样，以防止在采样过程中的弄虚作假。所有采样用具都应清洁、干燥、无异味、无污染食品的可能。应尽可能避免使用对样品可能造成污染或影响检验结果的采样工具和采样容器。采样过程中保持原有的理化指标，防止成分逸散或带入杂质。

3. 准确性

性质不同的样品必须分开包装，并应视为来自不同的总体；采样方法应符合要求，采样的数量应满足检验及留样的需要；可根据感官性状进行分类或分档采样；采样记录务必清楚地填写在采样单上，并紧附于样品。

4. 及时性

采样应及时，采样后也应及时送检。尤其是检测样品中水分、微生物等易受环境因素影响的指标，或样品中含有挥发性物质或易分解破坏的物质时，应及时赴现场采样并尽可能缩短从采样到送检的时间。

（二）采样的步骤

样品通常可分为检样、原始样品和平均样品。采集样品的步骤一般分五步。

1. 获得检样

由分析的整批物料的各个部分采集的少量物料称为检样。

2. 形成原始样品

许多份检样综合在一起称为原始样品。如果采得的检样互不一致，则不能把它们

放在一起做成一份原始样品，而只能把质量相同的检样混在一起，做成若干份原始样品。

3. 得到平均样品

原始样品经过技术处理后，再抽取其中一部分供分析检验用的样品称为平均样品。

4. 平均样品三份

将平均样品平分为三份，分别作为检验样品（供分析检测使用）、复验样品（供复验使用）和保留样品（供备查或查用）。

5. 填写采样记录

采样记录要求详细填写采样的单位、地址、日期、样品的批号、采样的条件、采样时的包装情况、采样的数量、要求检验的项目以及采样人等。

（三）采样方法和数量

1. 选择采样计划的影响因素

样品的采集分随机抽样和代表性取样两种方法。随机抽样，即按照随机原则，从大批物料中抽取部分样品。代表性取样，是用系统抽样法进行采样，即已经了解样品随空间（位置）和时间而变化的规律，按此规律进行取样。在选择计划过程中必须考虑表1－11中每个影响选择采样计划的因素。一旦确定产品检查目的、产品性质、测试方法和抽样批量，就能提出能提供所需信息的采样计划。

表1－11　选择采样计划的影响因素

必须考虑的因素	问题
检查目的	是否接受或拒绝该批次？ 是否测定该批次的平均品质？ 是否测定产品的变异性？
产品的性质	是均相还是多相？ 单位数量是多少？ 原来的整体是否符合技术规范？ 采样原料的成本？
测试方法的性质	测试是否关键？ 测试完全要花费多少？ 测试是破坏性的还是非破坏性的？
正在调查的总体的性质	批量是否大而均一？ 批量是由更小的容易确定的子批量组成吗？ 总体中单元怎样分布？

2. 采样量

焙烤食品生产所需要的原料种类繁多，有面粉、糖、油脂、罐头食品、乳制品、蛋制品等，而且包装形式各异，要求采取的样品一定要具有代表性，能反映该食品的卫生质量和满足检验项目对试样量的需要，对于各种原料和焙烤食品，取样方法中都有明确的取样数量和方法说明。

采集的数量应能反映该食品的卫生质量和满足检验项目对样品量的需要，一式三份，供检验、复验、备查或仲裁，一般散装样品每份不少于0.5kg。

3. 采样方法

鉴于采样的数量和规则各有不同，采用不同的工具和设备（图1－22～图1－25），一般可按下述方法进行。

（1）液体、半流体食品如植物油、鲜乳、酒或其他饮料，如用大桶或大罐盛装者，应先行充分混匀后采样。样品应分别盛放在三个干净的容器中，盛放样品的容器不得含有待测物质及干扰物质。

（2）粮食及固体食品应自每批食品的上、中、下三层中的不同部位分别采取部分样品混合后按四分法对角取样，再进行几次混合，最后取有代表性样品。

（3）肉类、水产等食品应按分析项目要求分别采取不同部位的样品或混合后采样。

（4）罐头、瓶装食品或其他小包装食品，应根据批号随机取样。同一批号取样件数，250g以上的包装不得少于6个，250g以下的包装不得少于10个。掺伪食品和食物中毒的样品采集，要具有典型性。

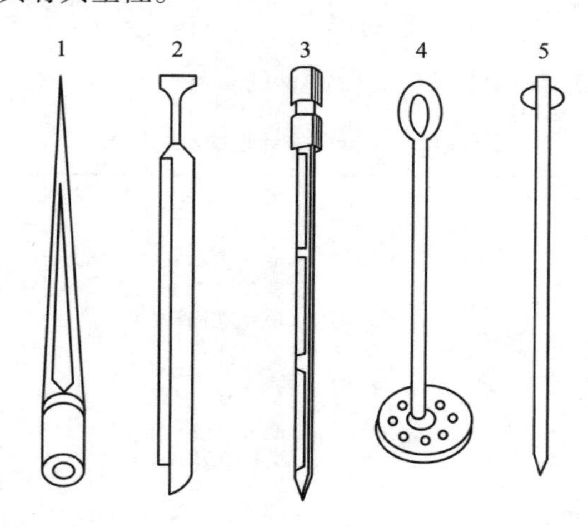

图1－22　采样工具

1－固体脂肪采样器；2－谷物、糖类采样器；3－套筒式采样器；
4－液体采样搅拌器；5－液体采样器

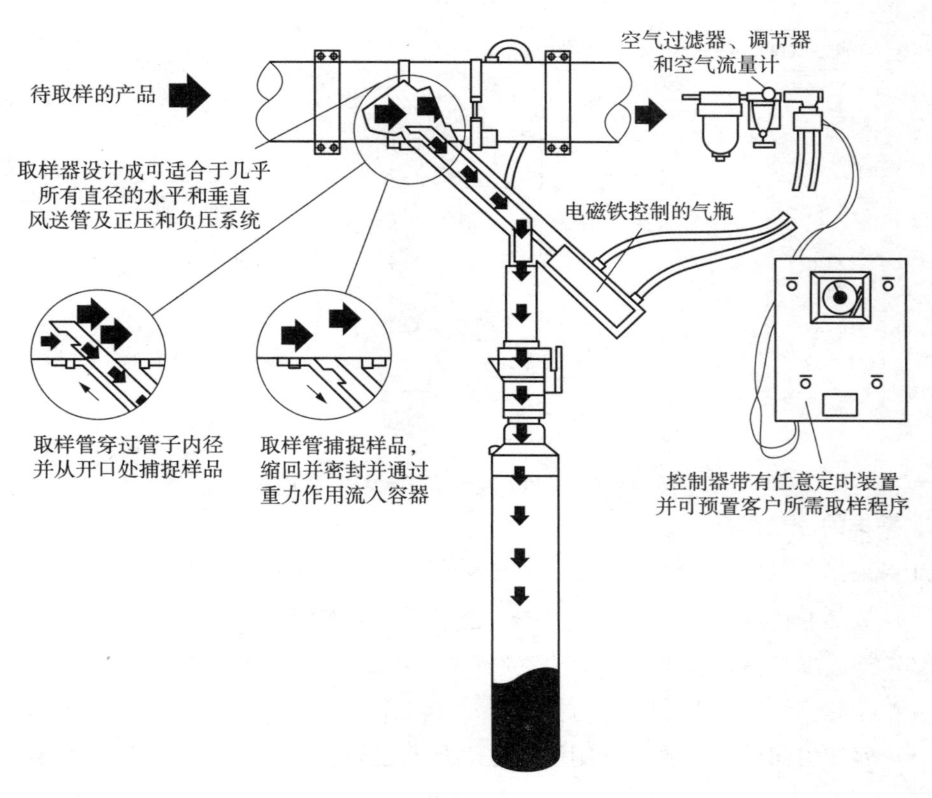

图 1－23　用于粉末、颗粒和球状物料的自动采样器

通过正压或负压的垂直或水平的启动管路系统进行取样

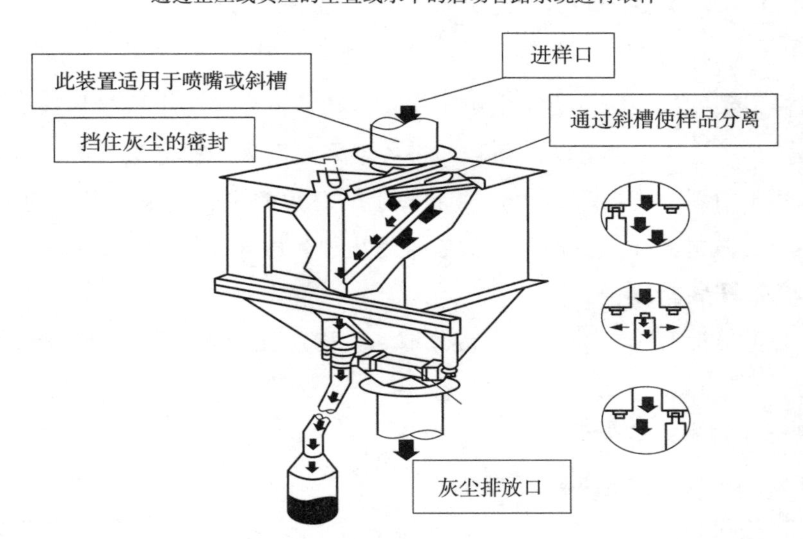

图 1－24　带垂直喷嘴或斜槽的样品收集器

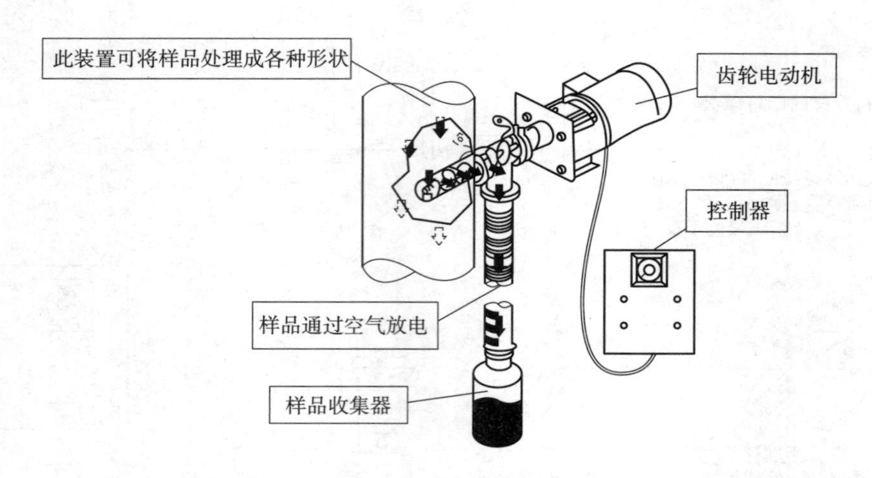

图 1－25　垂直压力低压自动样品收集器

4. 采样的注意事项

（1）采样工具应该清洁卫生。

（2）样品在检测前，不得受到污染，也不得发生变化。

（3）样品抽取后，应迅速送检测室进行分析。

（4）在感官性质上差别很大的食品不允许混在一起，要分开包装，并注明其性质。

（5）盛样容器可根据要求选用硬质玻璃或聚乙烯制品，容器上要贴上标签，并做好标记。

二、样品的制备与保存

（一）样品的分取

由于采样得到的样品数量不能全用于检验，必须再在样品中取少量样品进行检验。混匀的样品再进一步使用四分法制备。即将各个采集回来的样品进行充分混合均匀后，堆为一堆，从正中划“十”字，再将“十”字的对角两份分出来，混合均匀再从正中划一“十”字，这样直至达到所需要的数量为止即为检验样品（图 1－26）。

（二）检验样品的制备

样品的制备是指对采取的样品进行分取、粉碎、混匀等处理工作。样品的制备方法因产品类别不同而异。

1. 检验样品制备前的处理

（1）除去非可食部分

样品在制备前必须先除去非可食用部分，水果除去皮、核；鱼、肉禽类除去鳞、骨、毛、内脏等。

（2）除去机械杂质

应剔除一切肉眼可见的机械杂质，如杂草、泥土、沙石、玻璃等。

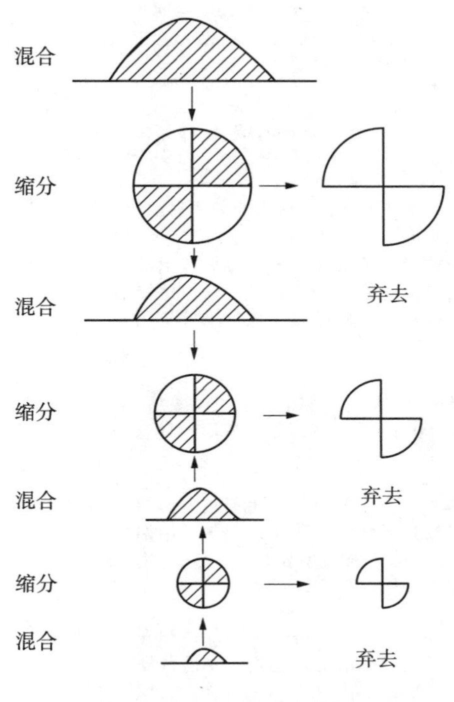

图 1－26　四分法取样图

2. 检验样品的制备

根据检验分析样品的性质和检验的要求，可以采取振动，搅拌、研磨、拌匀、捣碎等方法进行制备。

（1）搅拌

对于液体、浆体或悬浮液体，一般将样品摇匀，充分搅拌。常用的简便搅拌工具是玻璃搅拌棒或电动搅拌器等。

（2）粉碎

对于固体样品，应用切细、粉碎、捣碎、研磨等方法将样品制成均匀可检状态。水分含量少、硬度较大的固体样品（如谷类）可用粉碎机或研钵磨碎并均匀；水分含量较高、韧性较强的样品（如肉类）可取可食部分放入绞肉机中绞匀，或用研钵研磨；质地软的样品（如水果、蔬菜）可取可食部分放入组织捣碎机中捣匀。各种机械和器具应尽量选用惰性材料，如不锈钢、合金材料、玻璃、陶瓷、高强度塑料等。

另外，为控制颗粒度均匀一致，可采用标准筛过筛。对于固体油脂，应加热熔化后再混匀。

由于食品种类繁多，制备方法有差别，具体方法详见表 1－12。

表 1－12　样品的制备和保存

样品类别	制样和留样	盛装容器	保存条件
粮谷、豆、烟叶、脱水蔬菜等干货类	用四分法缩分至约 300g，再用四分法分成二份，一份留样（＞100g），另一份用捣碎机捣碎混匀供分析用（＞50g）	食品塑料袋、玻璃广口瓶	常温、通风良好
水果、蔬菜、蘑菇类	如有泥沙，先用水洗去，然后甩去表面附着水，去皮、核、蒂、梗、籽、芯等，取可食部分，沿纵轴剖开成两半，截成四等份，每份取出部分样品，混匀，用四分法分成二份，一份留样（＞100g），另一份用捣碎机捣碎混匀供分析用（＞50g）	食品塑料袋、玻璃广口瓶	5℃以下的冰箱冷藏室
坚果类	去壳，取出果肉，混匀，用四分法分成二份，一份留样（＞100g），另一份用捣碎机捣碎混匀供分析用（＞50g）	食品塑料袋、玻璃广口瓶	常温、通风良好
饼干、糕点类	硬糕点用研钵粉碎，中等硬糕点用刀具、剪刀切细，软糕点按其形状进行分割，混匀，用四分法分成二份，一份留样（＞100g），另一份用捣碎机捣碎混匀供分析用（＞50g）	食品塑料袋、玻璃广口瓶	常温、通风良好
块冻虾仁类	将块样划成四等份，在每一份的中央部位钻孔取样，取出的样品四分法分成二份，一份留样（＞100g），另一份室温解冻后弃去解冻水，用捣碎机捣碎混匀供分析用（＞50g）	食品塑料袋	－18℃以下的冰柜或冰箱冷冻室
单冻虾、小龙虾	室温解冻，弃去头尾和解冻水，用四分法缩分至约 300g，再用四分法分成二份，一份留样（＞100g），另一份用捣碎机捣碎混匀供分析用（＞50g）	食品塑料袋	－18℃以下的冰柜或冰箱冷冻室
蛋类	以全蛋作为分析对象时，磕碎蛋，除去蛋壳，充分搅拌；蛋白蛋黄分别分析时，按烹调方法将其分开，分别搅匀。称取分析试样后，其余部分留样（＞100g）	玻璃广口瓶、塑料瓶	5℃以下的冰箱冷藏室
甲壳类	室温解冻，去壳和解冻水，四分法分成二份，一份留样（＞100g），另一份用捣碎机捣碎混匀供分析用（＞50g）	食品塑料袋	－18℃以下的冰柜或冰箱冷冻室
鱼类	室温解冻，取出 1～3 条留样，另取鱼样的可食部分用捣碎机捣碎混匀供分析用（＞50g）	食品塑料袋	－18℃以下的冰柜或冰箱冷冻室
蜂王浆	室温解冻至融化，用玻棒充分搅匀，称取分析试样后，其余部分留样（＞100g）	塑料瓶	－18℃以下的冰柜或冰箱冷冻室
禽肉类	室温解冻，在每一块样上取出可食部分，四分法分成二份，一份留样（＞100g），另一份切细后用捣碎机捣碎混匀供分析用（＞50g）	食品塑料袋	－18℃以下的冰柜或冰箱冷冻室
肠衣类	去掉附盐，沥净盐卤，将整条肠衣对切，一半部分留样（＞100g），从另一半部分的肠衣中逐一剪取试样并剪碎混匀供分析用（＞50g）	食品塑料袋	－18℃以下的冰柜或冰箱冷冻室

续表

样品类别	制样和留样	盛装容器	保存条件
蜂蜜、油脂、乳类	未结晶、结块样品直接在容器内搅拌均匀，称取分析试样后，其余部分留样（>100g）；对有结晶析出或已结块的样品，盖紧瓶盖后，置于不超过60℃的水浴中温热，样品全部融化后搅匀，迅速盖紧瓶盖冷却至室温，称取分析试样后，其余部分留样（>100g）	玻璃广口瓶、原盛装瓶	蜂蜜常温 油脂、乳类5℃以下的冰箱冷藏室
酱油、醋、酒、饮料类	充分摇匀，称取分析试样后，其余部分留样（>100g）	玻璃瓶、原盛装瓶酱油、醋不宜用塑料或金属容器	常温
罐头食品类	取固形物或可食部分，酱类取全部，用捣碎机捣碎混匀供分析用（>50g），其余部分留样（>100g）	玻璃广口瓶、原盛装罐头	5℃以下的冰箱冷藏室
保健药品	用四分法缩分至约300g，再用四分法分成二份，一份留样（>100g），另一份用捣碎机捣碎混匀供分析用（>50g）	食品塑料袋、玻璃广口瓶	常温、通风良好

（三）样品的保存

样品在采集后应妥善保存，不使样品发生受潮、挥发、风干、变质等现象，以保证其中的成分不发生变化。一般样品在检验结束后应保留一个月，以备需要时复查，保留期限从检验报告单签发日起计算；易变质食品不予保留；保留样品应加封存放在适当的地方，并尽可能保持其原状。

制备好的样品存放方法具体见表1-12。

另外，样品保存环境要清洁干燥，存放的样品要按日期、批号、编号摆放，以便查找。

第五节 检验样品的预处理

焙烤食品的化学组成非常复杂，既含有蛋白质、糖、脂肪、维生素，又含有钾、钠、钙、铁等各种无机元素；另外，含有因污染引入的有机农药、兽药残留等有机化合物。这些组分之间往往通过各种作用力以复杂的结合态或络合态形式存在，常给测定带来干扰，为了得到准确的分析结果，必须在测定前破坏样品中各组分之间的作用力，使被测组分游离出来，同时排除干扰组分。对于含量甚少的农药、兽药残留、真菌毒素、杂环胺类化合物、多环芳烃等，为了准确地测出它们的含量，必须在测定前对样品进行富集或浓缩。以上这些操作过程统称为样品预处理。

焙烤食品样品的预处理方法，应根据焙烤食品的种类和特点、被测组分的存在形式和理化性质及所采用的分析检测方法等进行选择。常用的预处理方法有以下几种。

一、样品的预处理常规方法

（一）有机物破坏法

有机物破坏法主要用于焙烤食品中无机元素的测定。测定这些无机元素的含量时，通常采用高温或高温加强氧化剂等方法，使结合体中的有机物质发生分解，呈气态而逸散，而被测组分则残留下来。有机物破坏法根据具体操作方法的不同，分为干法灰化和湿法消化两大类。

1. 干法灰化

干法灰化简称灼烧法，通常是将一定量的样品放在坩埚中加热，使其中的有机物脱水、炭化、分解、氧化之后，然后置于高温的灰化炉（马弗炉）中灼烧灰化，使有机成分彻底分解为二氧化碳、水和其他气体而挥发，直至残渣为白色或浅灰色为止，所得的残渣即为供测定用的无机物。除汞外大多数金属元素和部分非金属元素的测定都可采用这种方法对样品进行预处理。

2. 湿法消化

湿法消化简称消化法，通过在样品中加入浓硝酸、浓硫酸和高氯酸等氧化性强酸，并结合加热，有时还要加一些氧化剂（如高锰酸钾、过氧化氢）或催化剂（硫酸铜、硫酸汞、二氧化硒、五氧化二钒等），使样品中的有机物质被完全分解、氧化，呈气态逸出，而待测成分则转化为离子状态存在于消化液中，供测试用。在实际工作中，经常采用需要多种试剂结合一起使用，但使用高氯酸时要先用浓硝酸处理样品，以除去易于氧化的有机物，防止爆炸。

（二）蒸馏法

蒸馏法是利用液体混合物中各组分挥发度不同所进行分离的方法。根据样品中待测定成分性质的不同，可采用常压蒸馏、减压蒸馏、水蒸气蒸馏、分馏等蒸馏方式。

（三）溶剂提取法

在同一溶剂中，不同的物质具有不同的溶解度。利用样品各组分在某一溶剂中溶解度的差异，将各组分完全或部分地分离的方法，称为溶剂提取法或萃取。溶剂提取法很多，常用的方法是浸提法、溶剂萃取法。

1. 浸提法

用适当的溶剂从固体样品中将某种待测成分浸提出来的方法称为浸提法，又称液－固萃取法。如索氏提取法提取脂肪。

2. 萃取法

这种方法又叫溶剂分层法，是利用某组分在两种互不相溶的溶剂中分配系数的不同，使其从一种溶剂转移到另一种溶剂中，而与其他组分分离的方法。此法操作迅速，分离效果好，应用广泛。但萃取试剂通常易燃、易挥发，且有毒性。

（四）色层分离法

色层分离法又称色谱分离法，是一种在载体上进行物质分离的一系列方法的总称。是最广泛的分离方法之一，尤其对一系列有机物的分析测定，色层分离法具有独特的优点。根据分离原理的不同，色谱分离可分为吸附色谱分离、分配色谱分离和离子交换色谱分离等。

（五）磺化法和皂化法

磺化法和皂化法是除去油脂或处理含脂肪样品时常用的方法，也用于农药分析中样品的净化。

1. 硫酸磺化法

此法的原理是油脂遇到浓硫酸就发生磺化，浓硫酸与脂肪和色素中的不饱和键起加成作用，形成可溶于硫酸和水的强极性化合物，不再被弱极性的有机溶剂所溶解，从而使脂肪被分离出来，达到分离净化的目的。用浓硫酸处理样品提取液，再用水清洗，可有效地除去脂肪、色素等干扰杂质。

2. 皂化法

利用氢氧化钾－乙醇溶液将脂肪等杂质皂化除去，以达到净化目的。此法仅适用于对碱稳定的农药（如狄氏剂、艾氏剂）提取液的净化。

（六）沉淀分离法

沉淀分离法是利用沉淀反应进行分离的方法。在试样中加入适当的沉淀剂，使被测组分沉淀下来，或将干扰组分沉淀下来，经过过滤或离心将沉淀与母液分开，从而达到分离目的。

（七）掩蔽法

此法是利用掩蔽剂与样品溶液中干扰成分作用，使干扰成分转变为不干扰测定状态，即被掩蔽起来。运用这种方法可以不经过分离干扰成分的操作而消除其干扰作用，简化分析步骤，因而在食品分析中应用十分广泛，常用于金属元素的测定。

（八）浓缩法

食品样品经提取、净化后，有时净化液的体积较大，在测定前需进行浓缩，以提高被测成分的浓度。常用的浓缩方法有常压浓缩法和减压浓缩法两种，图1－27所示旋转蒸发仪既可以进行常压浓缩，也可以进行减压浓缩。

图1－27 旋转蒸发仪

二、样品前处理新技术

（一）固相萃取

固相萃取（Solid Phase Extraction，简称SPE）是20世纪70年代后期发展起来的一项样品前处理技术。主要通过固相填料对样品组分的选择性吸附及解吸过程，实现对样品的分离、纯化和富集，主要目的在于降低样品基质干扰，提高检测灵敏度。

固相萃取技术的基本原理是样品在两相之间的分配，即在固相（吸附剂）和液相（溶剂）之间的分配，固相萃取技术是一个柱色谱分离过程，其分离机理、固定相、洗脱溶剂和高效液相色谱有许多相似之处，可分为正相、反相、离子交换等多种分离模式，固相萃取的步骤一般包括固相萃取柱的预处理、上样、洗去干扰杂质、洗脱及收集分析物。

（二）固相微萃取

固相微萃取（Solid Phase Microextraction，SPME）是20世纪90年代初兴起并迅速发展的一种样品前处理技术，具有操作简单方便、分析时间短、样品需要量少、无须萃取有机溶剂具重现性好、特别适合现场分析等优点。固相微萃取装置类似于色谱微量注射器，由手柄和萃取头两部分构成，主要是通过萃取头表面的高分子固相涂层对样品中的有机分子进行萃取和预富集。固相微萃取操作步骤简单，主要分为吸萃取和解吸两步，第一步是将针头插入试样容器中，推出石英纤维对试样中的分析组分进行萃取；第二步是在进样过程中将针头插入色谱进样器，完成解吸、色谱分析等步骤。

（三）微波辅助消解法

微波辅助消解法是近20年来样品制备方面最令人振奋的发展成果之一。微波是频率在300MHz～300GHz的电磁波，即波长在100cm至1mm范围内的电磁波，医学及家用等民用微波的频率为2450±50MHz。微波加热不同于一般的常规加热，当微波通过试样时，极性分子随微波频率快速变换取向，分子来回转动，与周围分子相互碰撞摩擦，分子的总能量增加，使试样温度急剧上升。同时，试液中的带电粒子（离子、水合离子等）在交变的电磁场中，受电场力的作用而来回迁移运动，也会与邻近分子撞击，使得试样温度升高。微波辅助消解法一般在密闭容器中进行，可以提高分解效果和减少溶剂用量和挥发性组分损失。

（四）超临界流体萃取技术

超临界流体萃取（supercritical fluid extraction，简称SFE）是一种新型的萃取分离技术，该技术是利用流体（溶剂）在临界点附近某一区域（超临界区）内，它与待分离混合物中的溶质具有异常相平衡行为和传播性能且它对溶质溶解能力随压力和温度的改变而在相当宽的范围内变动这一特性而达到溶质分离的一项技术。

（五）膜分离技术

膜分离是以分离膜为介质，以外界能量或化学位差为推动力，对双组分或多组分溶质和溶剂进行分离、提纯或富集的过程。膜可以分为生物膜与合成膜两大类。

三、样品的检测方法的选择

由于焙烤食品检测的方法有企业标准、行业标准、国家标准和国际标准等，分析工作者应根据样品的特性和实验室的条件选用合适的分析方法。

第六节　检验结果的表示与数据记录

一、有效数字与数字修约规则

（一）有效数字与有效位数

有效数字是指在分析工作中实际上能测量到的数字，一般由可靠数字和可疑数字两部分组成。例如，用分析天平称取试样 18.1889g，这是一个 6 位有效数字，其中前面 5 位为可靠数字，最末一位数字是可疑数字，且最末一位数字有 ±1 的误差，即该样品的质量在（18.1889 ±0.0001）g 之间。

对没有小数位且以若干个零结尾的数值，从非零数字最左一位向右数得到的位数减去无效零（即仅为定位用的零）的个数，对其他十进位数，从非零数字最左一位向右数而得到的位数就是有效位数。例，若 35000 有两个无效零则为 3 位有效位数，应写为 350×10^2，若有 3 个无效零则为 2 位有效位数，应写为 35×10^3；3.2、0.32、0.032、0.0032 均为 2 位有效位数，0.0320 为 3 位有效位数。

（二）有效数字的运算规则

（1）加减法

几个数字相加或相减时，它们的和或差只能保留一位可疑数字，即有效数字的保留，应以小数点后位数最少的数据为根据。例如：

$$121.22 + 1.06127 + 1.829 = ?$$

由于以上数据中以 121.22 小数点后位数最少，它的绝对误差最大，在计算的结果中的绝对误差取决于该数，所以有效数字位数应以它为准，先修约后计算。

$$121.22 + 1.06 + 1.83 = 124.11$$

（2）乘除法

几个数相乘或相除时，它们的积或商只能保留一位可疑数字，即有效数字的保留，应以各数中有效数字最少的那个数为准。例如：$128.48 \times 1.0508 \times 6.231$，取舍后为 $128.5 \times 1.051 \times 6.231$，结果为 841.5。

（3）开方、乘方运算结果的有效数字与原数值的有效数字的位数相同。

（4）在四则运算中，若某一个数据的第一位有效数字大于或等于9，则有效数字的位数可以多取一位。如：9.38 虽然只有 3 位有效数字，但也可看作四位有效数字进行运算。

（5）在计算过程中，可以暂时多保留一位数字，得到最后结果时，再弃去多留的位数。

（6）不能因为变换单位而改变有效数字位数。

（7）在检验分析中遇到的 pH、pM、lgK 等对数值，其有效数字取决于小数部分（尾数）数字的位数，因为整数部分只代表该数的方次。

（8）自然数、倍数、分数、测定次数、π 等，视为有无穷多位有效数字。

（三）有效数字的修约

有效数字的修约，按照 GB/T 8170—2008《数值修约规则和极限数值的表示和判定》，简而言之，就是 4 舍 6 入 5 成双。

1. 进舍规则

（1）拟舍弃数字的最左边第一个数字小于 5 时，则舍去，保留其余各位数字不变。例如：将 14. 2357 修约到个位，结果为 14；将 14. 2357 修约到 1 位小数，结果为 14. 2。

（2）拟舍弃数字的最左边第一个数字大于 5 时，则进一，即保留的末位数字加一。例如：将 166. 4869 修约到只保留 2 位小数，结果为 166. 49。

（3）拟舍弃数字的最左边第一个数字是 5，且其后有非零数字时进一，即保留的末位数字加一。例如：将 11. 8501 修约到只保留 1 位小数，结果为 11. 9。

（4）拟舍弃数字的最左一个数字为 5，且其后无数字或皆为 0 时，若所保留的末位数字为奇数（1，3，5，7，9）则进一，即保留的末位数字加一；若所保留的末位数字为偶数（0，2，4，6，8），则舍去。例如，将数字 19. 1500，9. 1500，0. 91500 分别修约到只保留 1 位小数，结果为：19. 2，9. 2，0. 9。

2. 不允许连续修约

（1）拟舍弃的数字应对原测量值一次修约到所要求的位数，不得连续修约。例如：将 5. 5746 修约到 3 位有效数字，不能先修约到 5. 575，再修约到 5. 58，而应一次修约到 5. 57。

（2）在具体实施中，有时测试与计算部门先将获得数值按指定的修约位数多一位或几位报出，而后由其他部门判定。为避免产生连续修约的错误，应按下述步骤进行。

1）报出数值最右的非零数字为 5 时，应在数值右上角加“+”或“-”或不加符号，以分别表明已进行过舍、进或未舍未进。

如：16.50^{+} 表示实际值大于 16. 50，经修约舍弃成为 16. 50；16.50^{-} 表示实际值小于 16. 50，经修约进一成为 16. 50。

2）如果判定报出值需要进行修约，当拟舍弃数字的最左一位数字为 5，且其后无数字或皆为零时，数值后面有“+”号者进一，数值后面有“-”号者舍去，其他仍

按1. 规则进行。

例如：将下列数字修约到个数位后进行判定（报出值多留一位到一位小数）。

实测值	报出值	修约值
15.4546	15.5^-	15
16.5203	16.5^+	17
17.5000	17.5	18

（四）可疑数据的检验与取舍

在检验工作中，相同工作条件下测得的一批数据总有一定的离散，其中的极值是否离群还需要检验，应当通过统计检验方法，而不是任意处置删除。统计检验可疑数据是否离群有“$4\bar{d}$”法、Q 检验法、Dixon 检验法和 Grubbs 检验法等。

1. $4\bar{d}$ 检验法

$4\bar{d}$ 法即标准偏差的4倍的检验法，适用于4个~6个平行测定值的取舍检验。检验步骤如下。

（1）求一组测定数据中可疑数据以外的其余数据的平均值（$\bar{x}$）和平均偏差（$\bar{d}$）。

（2）计算可疑数据（x_i）与平均值（$\bar{x}$）之差的绝对值。

（3）判断：若 $|x_i - \bar{x}| > 4\bar{d}$，则 x_i 应舍弃，否则保留。

使用 $4\bar{d}$ 法检验可疑数据简单、易行，但统计上不够严格，存在较大的误差，只能用于处理一些要求不高的实验数据。

2. Q 检验法

Q 检验法检验步骤如下。

（1）将测定值由小到大顺序排列，x_1，x_2，x_3，…… x_n，其中 x_1 或 x_n 为可疑值。

（2）计算可疑值与相邻值的差值，再除以极差，得统计值 Q。即：

检验 x_1 时，

$$Q = \frac{x_2 - x_1}{x_n - x_1} \tag{1-5}$$

检验 x_n 时，

$$Q = \frac{x_n - x_{n-1}}{x_n - x_1} \tag{1-6}$$

（3）判断

根据测定次数 n 和要求的置信度查 Q 值表（表1-13）。如 $Q \geq Q_{表}$ 时，则舍弃可疑值，否则保留。

表 1-13　Q 值表

n	3	4	5	6	7	8	9	10
$Q_{0.90}$	0.94	0.76	0.64	0.56	0.51	0.47	0.44	0.41
$Q_{0.96}$	0.98	0.85	0.73	0.64	0.59	0.54	0.51	0.48
$Q_{0.99}$	0.99	0.93	0.82	0.74	0.68	0.63	0.60	0.57

Q 检验法符合数理统计原理，Q 值越大，说明 x_1 或 x_n 离群越远，至一定界限时即应舍弃。Q 检验法具有直观和计算方法简便的优点。

3. Dixon 检验法

Dixon 在 1953 年对 Q 检验法作了进一步改进，按照测定次数不同，采用不同公式计算统计量，因此比较严密。检验步骤为：

（1）测定值由小到大顺序排列，x_1，x_2，x_3，…… x_n。

（2）根据测定次数，在表 1-14 中选择统计量 Q 计算式，计算 Q 值。

表 1-14　Dixon 检验统计量 Q 计算公式

n 值范围	x_1 为可疑值	x_n 为可疑值
3～7	$Q=\frac{x_2-x_1}{x_n-x_1}$	$Q=\frac{x_n-x_{n-1}}{x_n-x_1}$
8～10	$Q=\frac{x_2-x_1}{x_{n-1}-x_1}$	$Q=\frac{x_n-x_{n-1}}{x_n-x_2}$
11～13	$Q=\frac{x_3-x_1}{x_{n-1}-x_1}$	$Q=\frac{x_n-x_{n-2}}{x_n-x_2}$
14～25	$Q=\frac{x_3-x_1}{x_{n-2}-x_1}$	$Q=\frac{x_n-x_{n-2}}{x_n-x_3}$

（3）根据给定的显著性水平 α 和测量次数 n，由查出临界值 Q_α，见表 1-15 所示。

表 1-15　Dixon 检验临界值 Qα 表

n	显著性水平 α		n	显著性水平 α	
	0.05	0.01		0.05	0.01
3	0.941	0.988	15	0.525	0.616
4	0.765	0.889	16	0.507	0.595
5	0.642	0.780	17	0.490	0.577
6	0.560	0.698	18	0.475	0.561
7	0.507	0.637	19	0.462	0.547
8	0.554	0.683	20	0.450	0.535
9	0.512	0.635	21	0.440	0.524

续表

n	显著性水平 α		n	显著性水平 α	
	0.05	0.01		0.05	0.01
10	0.477	0.597	22	0.430	0.514
11	0.576	0.679	23	0.421	0.505
12	0.546	0.642	24	0.413	0.497
13	0.521	0.615	25	0.406	0.489
14	0.546	0.641			

（4）判断。若 Q 大于临界值，舍弃。

4. Grubbs 检验法

Grubbs 检验法也称为 Smiroff – Grubbs 检验法，其检验步骤如下。

（1）测量数据由小到大顺序排列，即 x_1，x_2，x_3……x_n。

（2）计算测量数据的平均值（$\bar{x}$）和标准偏差（s）。

$$\bar{x} = \frac{1}{n}\sum_{i=1}^{n} x_i \text{，} s = \sqrt{\frac{1}{n-1}\sum_{i=1}^{n}(x_i - \bar{x})^2} \quad (1-7)$$

（3）计算统计量 G。

当 x_1 为可疑值时，

$$G_1 = \frac{\bar{x} - x_1}{s} \quad (1-8)$$

当 x_n 为可疑值时，

$$G_n = \frac{x_n - \bar{x}}{s} \quad (1-9)$$

（4）判断。根据测定次数 n 和显著性水平查 Grubbs 检验临界值表（表 1 – 16）。若 $G > G_\alpha$，则舍弃可疑值；否则予以保留。

表 1 – 16　Grubbs 检验临界值 G_α 表

测定次数	显著性水平 α		测定次数	显著性水平 α	
	0.01	0.05		0.01	0.05
3	1.15	1.15	15	2.7	2.41
4	1.49	1.46	16	2.74	2.44
5	1.75	1.67	17	2.48	2.47
6	1.94	1.82	18	2.82	2.50
7	2.10	1.94	19	2.85	2.53
8	2.22	2.03	20	2.88	2.56
9	2.32	2.11	21	2.91	2.58

续表

测定次数	显著性水平 α		测定次数	显著性水平 α	
	0.01	0.05		0.01	0.05
10	2.41	2.18	22	2.94	2.60
11	2.48	2.24	23	2.96	2.62
12	2.55	2.29	24	2.99	2.64
13	2.61	2.33	25	3.01	2.66
14	2.66	2.37	35	3.18	2.81

二、检验结果的表示方法

（一）分析结果的有效数字

在报出分析结果时，分析结果数据≥10%时，保留4位有效数字；分析结果数据在1%～10%之间时，保留3位有效数字；分析结果数据≤1%时，保留2位有效数字。另外，具体情况应视具体要求而定。

（二）单位

检验测试报告所用的单位应该是法定计量单位，不应采用已废止的单位或非规范的单位。法定计量单位包括国际单位制和中华人民共和国国家法定计量单位。

（三）分析结果的数值表达方式

1. 以平均值（$\bar{x}$）表示

在日常例行分析检验中，通常每个试样做两份平行测定，两次测定结果取平均值报告试验结果。

2. “平均值±标准偏差表达”表示

通常测定中，测定次数总是有限的，用有限测定值的平均值只能近似真实值，算术平均值表达形式是算术平均值和标准偏差（$\bar{x} \pm s$）或算术平均值和最大相对偏差或相对标准偏差。

3. “平均值±$\frac{t \cdot SD}{\sqrt{n}}$”表示

这种形式的实质是以大样本平均值（总体均值）代替真值。

$$\mu = \bar{x} \pm \frac{t \cdot s}{\sqrt{n}} \qquad \mu = \bar{x} \pm SD\bar{x} \tag{1-10}$$

4. 中位值

测定数据按大小顺序排列的中间值，即中位值。若数据次数为偶次，中位值是中间两个数据的平均值。中位值最大的优点是简便、直观，但只有在两端数据分布均匀时，中位值才能代表最佳值。当测定次数较少时，平均值与中位值不完全符合。

5. 以“平均值±扩展不确定度”表示

一切分析测试结果都具有不确定度。不确定度就是对测试结果质量的定量表征，测试结果的可用性很大程度上取决于其不确定度的大小。所以，测试结果表述必须同时包含赋予被测试的值及与该值相关的不确定度，才是完整并有意义的。

一般结果情况下，应该与包含因子 K = 2 计算所得的扩展不确定度 U 连在一起表示，U = ku。其形式为：（结果）：（X ± U）（单位），K = 2。

对结果的数值和其不确定度不应给出过多的位数，其数值一般不超过 2 位数。

第七节　分析质量的监控与评价

一、分析检验中的分析误差

焙烤食品分析检验的任务是测定试样中组分的含量，要求测定结果有一定的准确度；否则会导致生产工艺参数不合适、产品不合格和浪费原材料。但是在实际检验工作中，由于主、客观条件的限制，测定结果不可能和真实值完全一致，总伴以一定误差。

（一）误差的分类及产生原因

在检验分析中，对于各种原因导致的误差，按其来源和性质可分为系统误差（systematic errors，E）和随机误差（random errors）两类。

1. 系统误差

系统误差也称为可测误差、恒定误差、偏倚，是由某种固定的因素造成的，它具有单向性和重复性，即系统误差正负、大小都有一定的规律性，当重复进行测定时系统误差会重复出现。若能找出原因，并设法加以校正，系统误差就可以消除。根据系统误差产生原因，可将其分为方法误差、仪器误差、试剂误差、操作误差等。

（1）方法误差

指分析方法本身不够完善所造成的误差。例如容量分析中，由指示剂终点与化学计量点不一致、反应不完全、有副反应发生；萃取分离时分析物在两相间的分配；重量分析中，沉淀的溶解度损失、共沉淀和后沉淀等。

（2）仪器误差

主要是仪器本身不够准确或未经校准所引起的误差。如砝码未经校正；容量瓶和滴定管刻度不准；比色皿光程长；仪表刻度不准确等。

（3）试剂误差

试剂误差是来源于试剂不纯或蒸馏水含有的杂质。

(4) 操作误差

由于操作人员的主观原因造成。例如，对终点颜色判断的习惯性偏深或偏浅；对容量仪器刻度读数习惯性误差。

2. 随机误差

随机误差也称偶然误差，是由一些随机的偶然的因素造成的，其大小、正负不固定。测量时环境的温度、湿度和气压的微小波动等、仪器的性能微小变化等，都将使分析结果在一定范围内波动，引起偶然误差。

偶然误差的产生难以找出确定的原因，似乎没有规律性，但遵循统计规律，具有界限性、单峰性、对称性和补偿性，随着测定次数的增大而规律性越明显，增加测定次数可降低测定的随机误差。

除了系统误差和随机误差外，由于检验人员的操作失误或差错也会引起所谓的“过失”，其本质是一种错误，不能称为误差。

(二) 误差的表示方法

1. 准确度与误差

准确度（accuracy）表示分析结果与真实值相接近的程度，它们之间的差值越小，则分析结果的准确度越高。准确度的高低用误差来衡量，误差越小，准确度越高；误差越大，准确度越低。

误差有绝对误差和相对误差两种表示方法。

(1) 绝对误差（absolute errors）

绝对误差是表示测定值（measured value，x）与真实值（true value，x_T）之差。绝对误差有正、负之分，当误差为正值时，表示测定结果偏高；误差为负值时，表示测定结果偏低。

$$E = x - x_T \quad (1-11)$$

(2) 相对误差（relative errors）

相对误差是绝对误差与真值之比，以百分比表示。

$$E_r = \frac{E}{x_T} = \frac{x - x_T}{x_T} \times 100\% \quad (1-12)$$

相对误差有正、负之分，相对误差更能反映误差在测定结果中所占的百分率，更能反映测定结果的准确度。

2. 精密度与偏差

精密度（precision）指多次平行测定结果相互接近的程度，通常用偏差来衡量所得分析结果的精密度，偏差越小表示精密度越好。在分析检验工作中，有时重复性（repeatability）和再现性（reproducibility）表示不同情况下分析结果的精密度。重复性是

指同一实验室，分析人员用相同的分析法在短时间内对同一样品重复测定结果之间的相对标准偏差；再现性指不同实验室的不同分析人员用相同分析对同一被测对象测定结果之间的相对标准偏差。

（1）偏差（deviation）

各次测定值与平均值之差称为偏差，用 d_i 表示。偏差可用绝对偏差和相对偏差来表示。

绝对偏差是指单次测定值与平均值的偏差。

$$绝对偏差 = d_i = x_i - \bar{x} \tag{1-13}$$

相对偏差是指绝对偏差在平均值中所占的百分比。

$$相对偏差 = \frac{d_i}{\bar{x}} \times 100\% \tag{1-14}$$

（2）平均偏差（average deviation）

平均偏差是指单次测量偏差绝对值之和，除以测定次数。

$$\bar{d} = \frac{\sum_{i=1}^{n} = |x - \bar{x}|}{n} \tag{1-15}$$

（3）相对平均偏差（relative average deviation）

单次测量结果的相对平均偏差为平均偏差在平均值中所占的百分比。

$$R\bar{d}\% = \frac{\bar{d}}{\bar{x}} \times 100\% \tag{1-16}$$

（4）标准偏差（standard deviation）

在一般的分析工作中，单次测定的标准偏差 s 表达式如下。

$$s = \sqrt{\frac{\sum_{i=1}^{n}(x_i - \bar{x})^2}{n-1}} \tag{1-17}$$

（5）相对标准偏差（relative stand deviation）

标准偏差占测量平均值的百分率称为相对标准偏差，也称变异系数（coefficient of variation），其计算式如下。

$$CV = \frac{s}{\bar{x}} \times 100\% \tag{1-18}$$

3. 准确度与精密度的关系

准确度与精密度的关系可以通过图 1－28 说明，图 1－28 表示甲、乙、丙、丁四人用 GB 5009.6 中第一法测定同一公司同批次沙琪玛中脂肪质量分数时所得的结果（设其真值为 29.40%）。其中甲的结果的准确度和精密度均好，结果可靠；乙的分析结果精密度很好，但准确度低；丙的准确度和精密度都低；丁的精密度很差，数据的可信度低，虽然其平均值接近真值，但纯属偶然，因而丁的分析结果也是不可靠的。

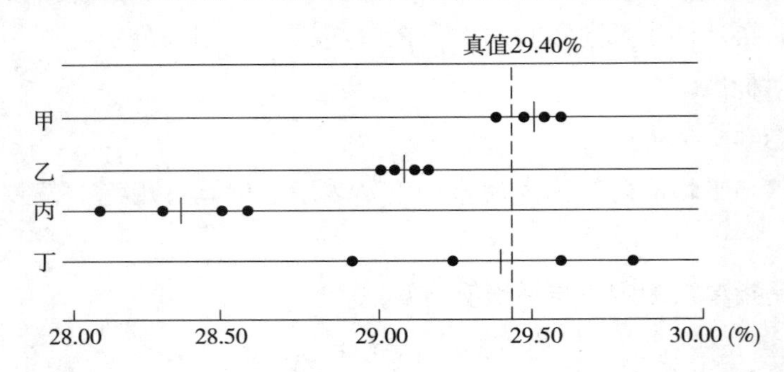

图1-28　甲、乙、丙、丁四人分析结果的比较

● 表示个别测定值，| 表示平均值

由此可见，欲使准确度高，首先要精密度也高，即精密度是保证准确度的先决条件。但精密度高并不能说明其准确度也高，因为可能在测定中存在系统误差。

4. 提高分析结果准确度和精密度的方法

要提高分析结果的准确度和精密度，就必须采取措施，减少分析过程中的系统误差和偶然误差。

（1）选择合适的分析方法

由于各种分析方法的准确度和灵敏度不相同，各种试样的性质和分析测试要求也有差异。因此，在分析之前必须根据试样的组成和要求选择最合适的分析方法。例如，高含量组分分析如选用重量分析法或滴定分析法，因为相对误差较小，所以准确度高，但灵敏度低；低含量组分分析如选用仪器分析法，尽管仪器分析法的相对误差较大，准确度低，但灵敏度高。

（2）减小测量误差

虽然仪器、天平和量器都校正过，但测量时不可避免存在误差，为了保证分析结果的准确度，必须尽量减小各步的测量误差。例在万分之一分析天平的称量误差是±0.0001g，无论采用直接法或间接法，都要读两次平衡点，则两次称量可能引起的最大误差是0.0002g，为了使称量时的相对误差控制在0.1%以下，试样质量就不能太小。从相对误差的计算可得到试样称量的最小质量为：

$$\text{相对误差} = \frac{\text{绝对误差}}{\text{试样质量}} \times 100\%$$

$$\text{试样质量} = \frac{\text{绝对误差}}{\text{相对误差}} \equiv \frac{0.0002}{0.1\%} = 0.2(\text{g})$$

在滴定分析中，一般滴定管可有±0.01mL的绝对误差，那一次滴定需两次读数，因此可能产生的最大误差是±0.02mL，为了使滴定读数的相对误差≤0.1%，一般应控制滴定体积在20mL以上，最好是25mL。

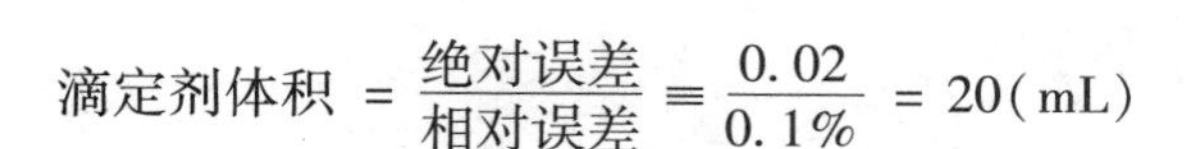

$$滴定剂体积 = \frac{绝对误差}{相对误差} = \frac{0.02}{0.1\%} = 20(mL)$$

（3）增加测定次数减小偶然误差

根据偶然误差的分布规律，在消除了系统误差的前提下，平行测定次数越多，其平均值越接近于真实值。在一般的焙烤食品分析检验中，测定次数为 3 次～5 次，基本上可以获得较为准确的分析结果。

（4）消除测定过程中的系统误差

1）对照试验　对照试验是用组成与待测试样相近，已知准确含量的标准样品，按待检验的方法测定，将对照试验的测定结果与标样的已知含量相比对照。也可用该分析方法与标准分析方法或公认的经典方法同时测定某一试样，并对结果进行显著性检验。如果判断两种方法之间有系统误差，则必须找出原因并加以校正。对照试验是检查系统误差的有效方法。

当试样的组成不清楚时，可以采用“加标回收法”进行试验。这种方法是向试样内加入已知量的被测组分的标准物质，然后进行对照试验，根据加入已知量的被测组分定量回收情况，判断方法是否有系统误差。

$$回收率 = \frac{加入标准物质后的测量值 - 加入前的测量值}{已知加入量} \times 100\%$$

对回收率的要求主要根据待测组分的含量而异，常量组分回收率一般为 99% 以上，微量组分回收率在 90% 。

2）空白试验　空白试验是指在不加待测组分的情况下，按照与待测组分分析同样的分析条件和步骤进行的试验，空白试验的结果称为“空白值”，从试样分析结果中减去“空白值”，可消除试剂、器皿、蒸馏水和环境带进杂质所造成的系统误差。当空白值较大时，应通过提纯试剂、水、器皿、处理或更换等途径减小空白值。

3）校准仪器　校准测量仪器可以减少或消除仪器不准确而引起的系统误差，如滴定管、砝码、单标线吸管与容量瓶等必须校正，以消除因仪器不准所带来的误差。

二、影响分析数据准确性的因素

焙烤食品检验分析数据是否准确，都会受到当前科学技术水平和操作人员的个体差异等诸多因素影响，从而不可避免地产生测量误差。影响分析数据准确性的因素主要有以下几种。

（一）人的因素

从焙烤食品的抽样、检验到最后检验报告的出具都由人来完成，人员的素质、技术熟练程度等会直接影响数据的准确度。一个熟练的分析人员在其操作过程中，准确掌握时限、温度、读数和分析测量中的关键控制点，其测量结果的绝对误差和相对误差都会控制在最低范围。

（二）仪器

测量仪器的校准和正确使用，是获得准确结果的关键因素。在焙烤食品检验中，所使用的检测仪器和试验设备品种繁多，如何对这些仪器、设备进行检定、校验或检验，是保证所用的检测仪器、设备的量值准确可靠、性能完好、提高分析质量的重要方面。同时，仪器的操作必须按操作规程进行。

（三）样品

样品作为被测对象，应具备相应的代表性，样品的抽取应按照 GB/T 2828 标准中的规定进行随机抽取，而不能受人的主观能动性制约，否则同样会影响测量结果的准确性。

（四）器皿和容器

分析工作应根据被测样品的性质及被测组分的含量水平，从器皿材料的化学组成和表面吸附、渗透性等方面选用合适的器皿，并采用适当的清洗方法，才能保证分析结果的可靠性。

（五）实验室环境

实验室环境是指实验室内的温度、湿度、气压、空气中的悬浮微粒的含量及污染气体成分等参数的总括。其中有些参数影响仪器的性能，从而对测定结果产生影响；有些参数则改变了实验条件，直接影响被测样品的分析结果；有时这两种影响兼而有之。例如温度过高，可能使电子仪器和光学仪器性能变差，甚至不能正常工作。温度过高还会造成样品变质，称量不准确。

（六）水和试剂

水是焙烤食品分析中用量最大的试剂，水的纯度直接影响分析结果的可靠性。另外，化学试剂在分析化学中有极其重要的作用，从取样、样品处理到进行测定都离不开化学试剂，它是分析过程中的定量基础之一，不同级别的试剂其用途也不一样。因此，必须根据不同的实验要求，选用相应的水和化学试剂。

（七）方法的合理性

实验室在选择方法时尽量采用国际标准、区域性标准或国家标准中发布的方法，亦要跟国际接轨。方法其实就是实验室的操作规范，它包括了抽样操作、样品处理、测量步骤、测量过程中的重复操作等。

三、实验室质量控制

分析实验的质量控制是控制误差的一种手段，包括实验室内质量控制和实验室间质量控制，其目的是要把分析误差控制在容许限度内，保证分析结果有一定的精密度和准确度，使分析数据在给定的置信水平内，有把握达到所要求的质量。

（一）实验室内质量控制

实验室内质量控制是分析人员对分析质量进行自我控制的过程，它主要反映的是分析质量的稳定性如何，以便及时发现某些偶然的异常现象，随时采取相应的校正措施。

1. 质量控制的基础实验

（1）空白试验值的测定

空白试验值的大小及其重复性如何，在相当大的程度上较全面地反映了一个理化实验室及其分析人员的水平。

（2）检测限的确定

根据实验方法和仪器种类选用适当的方法计算检测限，具体可参见 GB 5009.1。

（3）标准曲线的绘制及线性检验

按统一标准方法测定绘制在线性浓度范围内的标准曲线，写出直线回归方程式，一般其相关系数的绝对值，$|r|>0.999$，则该标准曲线可判断为合格；当标准曲线采取了各种相应的措施以后，其相关系数仍达不到要求，所存在的误差除方法本身的问题外，常是一些分析中的随机误差，此时可应用最小二乘法计算直线回归方程式，再按计算结果绘出校准曲线。

（4）绘制质量控制图

在质量改进中，质量控制图是用来发现过程异常波动的，是对过程质量特性值进行测定、记录、评估并监察过程是否处于统计控制状态的用统计方法设计的图。

常用的分析质量控制图有：均值控制图和回收率控制图。

2. 常规监测质量控制常用的方法

（1）空白试验值

在测定样品的同时，一次平行测定至少两个空白试验值，平行测定相对偏差一般不得大于50%。

（2）平行双样

在测定成批样品时，随机抽取10%～20%的样品进行平行测定，根据平行实验结果可判断有无大误差，估计实验精密度。一般平行测定所得相对偏差不得大于标准分析方法规定的相对标准偏差的两倍。当平行测定的偏差不符合要求时，除对不合格者重新做平行测定外，应再增加测定10%～20%的平行，如此累计，直至相对偏差符合要求。

（3）加标回收率

在测定成批样品时，随机抽取10%～20%的样品进行加标回收率测定，对食品样品要求样品的回收率达85%～110%。

（4）质量控制样品的分析

质量控制样品的基体应尽量与监测样品基体的化学组成和物理性质相同或相似，其浓度应包括监测样品的浓度范围。质量控制样品的前处理必须与监测样品的前处理同批进行，使用同一方法同时测定。如发现质量控制样品的偏差大于测定方法相对标准偏差的2倍，应立即停止测定，采取措施，并对上次质量控制样品以后所测的样品重新测定。

（5）常规监测质量控制

当日常监测样品测定结果发现异常值时，应随机抽取一定数量样品进行重复测定和回收率试验，进一步确证测定数据的可靠性。

（6）分析后的质量控制

样品测定完毕后，必须检查数值是否记录准确，计算有无差错，结果有否复核等。

（7）定期考核

实验室质量管理人员用标准样品或已知数据的样品定期地对检验人员进行实际操作考核，并检查质量控制的基础试验及日常监测工作中有没有进行质量控制。

（二）实验室间的质量控制

实验室间质量控制是在实验室认真执行内部质量控制的基础上进行，其目的是评价实验室间是否存在明显的系统误差，以提高实验室间测定结果的可比性。

1. 标准溶液的校正

实验室间的质量控制通常由中心实验室指导和负责，向各个参加协作的实验室分发均匀、稳定、准确的已知浓度标准溶液，各实验室用此与自己配制的标准溶液进行对比实验，实验室对这两种标准溶液稀释至同一浓度，同时各测定5次以上，测定中可省略样品前处理步骤，并选用方法准确度最佳的浓度范围。两种标准溶液之间的误差不得大于5%。

2. 实验室间测定结果的比对

实验室间测定结果的比对可根据不同目的分为质量考核、实验室技能评价、实验室间分析质量控制和实验室间数据核对等。

第八节　焙烤食品理化实验室管理

一、仪器的管理

（1）实验室的每台仪器设备必须由专人管理。

（2）实验室管理人员由于调离、退休等原因不再担任仪器设备的负责人时要做好仪器设备的交接工作，移交资料（如说明书，使用记录，维修记录等），说明仪器设备现状。接收人要掌握仪器使用方法，清点仪器附备件和有关资料。

（3）实验室的大中型设备的管理必须按要求建立技术档案，各种资料应完整保存，归档资料包括：订货申请、订货合同、说明书、安装调试验收报告、仪器零配件、登记表、维护记录、检定证书、测试报告等。

（4）仪器设备的登记建档、账目管理、报废等工作由实验室财产管理员负责；仪器设备负责人负责仪器设备的验收、使用操作、功能开发、维护维修，办理借用手续，建立、健全岗位责任制度，制定仪器管理制度等具体工作，并督促其他仪器设备使用人员严格按要求操作仪器设备。

（5）实验室大型仪器设备实行专人操作使用和培训使用两种形式，特别贵重及操作复杂的仪器设备由专人操作使用，一般大型仪器需经过培训取得仪器管理员认可后方可使用，并在使用过程中接受仪器管理员的监督指导。

（6）建立定期检查和维护制度，使仪器保持最佳状态，预防事故的发生。当仪器设备发生较严重故障时，应及时提出损坏及维修报告，严禁擅自拆卸仪器设备。

（7）实验操作应严格按照各仪器设备的操作规程进行，遇有仪器运转异常应立即向相关管理人员报告，不得隐瞒事故。

（8）管理员要做好仪器设备的使用状态和运行时间等的记录，并按年度作好仪器设备的利用率统计，作好文件的归档工作。

（9）检验员在每次实验结束后应及时清理废弃物，按要求关好、收好仪器，并如实准确填写使用记录，及时切断电源、水源，以免发生事故。

二、化学药品及危险品管理

化学危险品为易爆炸品、压缩气体和液化气体、易燃液体和易燃固体、自燃物品和遇湿易燃物品、氧化剂和有机过氧化物、氰化物、毒害品和腐蚀品及放射性物品等。

1. 运输、装卸化学试剂、化学危险品，应当遵守下列规定。

（1）轻拿、轻放，防止撞击和倾倒。

（2）碰撞、互相接触容易引进燃烧、爆炸或造成其他危险的化学危险品，以及化学性质相抵触或防护、灭火方法相抵触的化学危险品不得混装混运。

（3）遇热、遇潮容易引起燃烧、爆炸或产生毒气的化学危险品，在装运时应当采取隔热、防潮措施。

（4）装运化学试剂、化学危险品时不得客货混装，必须有专人押车和装卸。

2. 严格检查和验收，做好发放的登记工作。

3. 存放化学试剂、化学危险品的仓库必须具备防火、防盗、防水、防潮、通风、防晒、防静电、避雷、安全坚固等功能，并配备必要的消防和防护设备，并确保通往库房的消防通道畅通无阻。

4. 危险品库内外，严禁烟火和使用明火，电灯应使用保险开关，杜绝一切可能产生火花的因素。库外设置警戒线，非保管人员一律谢绝入内。

5. 管理人员在储存、保管化学试剂、化学危险品时必须做到以下几点。

（1）化学试剂、化学危险品应当分类、分项存放。

（2）遇火、遇潮容易引起燃烧、爆炸或产生有毒有害气体的化学试剂，不得在露天、潮湿、漏雨和低洼容易积水的地方存放。

（3）受阳光照射容易产生燃烧、爆炸或产生有毒有害气体的化学试剂，不得在露天、潮湿、漏雨和低洼容易积水的地方存放。

（4）化学性质相抵触或防护、灭火方法相抵触的化学试剂及化学危险品，不得在同一仓库和同一储存室存放。

（5）遇木材燃烧的化学危险品，如过氯酸等不能直接放在木架上。

（6）对可挥发成有毒气体或可挥发气体与空气混合后易引起爆炸的化学药品应严密封存，经常检查，并放在阴凉通风处。

（7）遇水燃烧、怕冻、怕晒的化学危险品，不能放在室外。

（8）存放易燃易爆物品的仓库，夏季应有降温措施，库内温度不得超过30℃。

（9）对储存的化学危险品，必须做到定期检查，防止变质、泄露、自燃和爆炸。

（10）对剧毒物品（氰化物等）必须按照“双人保管，双人收发，双人领料，双本账，双锁”的“五双”制度严格保管，对收发、领用等环节要严格管理。

6. 凡使用化学试剂、化学危险品的单位，必须专人领用，专柜保管，并指定专人负责落实管理责任，确保存放和使用安全。

（1）各实验室领用化学危险品时，应根据实际需要用多少领多少（领取所用最低数量），以确保安全。

（2）领用剧毒品时，如氰化物、砷化物等，必须详细写明用途。

（3）剧毒物品领用和保管必须由使用单位负责人指定熟悉业务知识的2人负责。

（4）领用的剧毒、易爆物品有多余时，凡未开封的，应立即退回。已经开封的，要妥善保管，确保安全。

（5）对剧毒品的盛装容器，废渣、废液要及时进行安全化处理。

7. 仓库管理人员应具有高度的责任心，积极做好防火、防盗、防水、防潮、防静电、防高温等工作，以确保化学试剂及化学危险品安全保存和使用。认真做好定期巡查，并做好安全日志。

8. 实验室的各种化学药品均要粘贴标签，注明名称、有效期，特殊的要注明注意事项。

三、常见化学危险品

（一）常见的化学危险品

（1）闪点在45℃及45℃以下的易燃液体（如：乙醚、汽油、二硫化碳、丙酮、苯、乙醇、丁醇等）。

（2）易燃、容易自燃及遇水燃烧的固体（如：赤磷、黄磷、钾、钠、电石等）。

（3）易燃及助燃气体（如：氢气、乙炔气、煤气、氧气等）。

（4）易燃药品及能成为爆炸混合物或引起燃烧的氧化剂（如：氯酸钾、氯酸钠、硝酸钾、过氧化钠、硝酸等）。

（5）腐蚀性药品（如：强酸、强碱、溴、甲醛、氢氧化钠等）。

（6）剧毒药品及放射性药品。

（二）常见的剧毒品

常见的剧毒品有氰化物、砷化物、氯化物、磷化锌、磷化铝、氰酸、硒黑、硒粉、巴豆、醋酸铍、氯锇酸铵、醋酸苯汞、苯甲氰醇、四乙基铅、马钱子碱、汞及其化合物、铊及其化合物、亚硫酸糊剂和灭散白蚁酸酚等。

四、实验室管理制度

（一）实验室管理办法

（1）所有进入实验室的人员都必须遵守实验室有关的规章制度。

（2）注意人身及设备的安全，做实验时要有安全措施。

（3）实验室的设备昂贵，未经管理人员许可，任何人不得擅自开关或使用实验室中的任何设备。

（4）不得将与实验无关的人员带入实验室。

（5）由于责任事故造成仪器设备的损坏，要追究使用人的责任直到赔偿。

（二）管理人员职责

（1）应熟悉仪器、设备的使用方法及特性。

（2）爱护仪器设备，正确使用，做好维护保养工作。定期对仪器、设备进行检测，发现故障及时安排维修，提高设备完好率。

（3）严格遵守各项规章制度和工作流程，按照标准操作规程操作仪器和进行检测工作。

（4）努力学习业务知识，提高技术水平。

（5）认真负责做好检测工作，力求减少质量差错，杜绝质量事故，提高检验结果的准确性和可靠性。

（6）负责对进入实验室的申请做出安排调整。

(7) 指导使用者正确使用仪器。

(8) 保持实验室的整齐清洁、防火、防盗，保证仪器设备安全。

(9) 保持实验室的清洁卫生。实验室内不得任意堆放杂物，废物要及时清除，临时有用的物品要堆放整齐。

(10) 做好仪器设备的管理工作，建立分类账，做到账物相符。

(11) 做好仪器设备的自检工作。保证按期检定。

(三) 实验室安全制度

(1) 实验室由专人负责实验室设备及人身的安全。

(2) 加强四防（防火、防盗、防水、防事故）。

(3) 来实验室工作的人员，必须有实验室工作人员在场或经过上机操作培训与考核。

(4) 实验前要全面检查安全，实验要有安全措施。若仪器设备在运行中，实验人员不得离开现场。

(5) 易燃、易爆物品必须存放在安全处，严禁带电作业。

(6) 如遇火警，除应立即采取必要的消防措施灭火外，应马上报警（火警电话为119)，并及时向上级报告。火警解除后要注意保护现场。

(7) 如有盗窃和事故发生，立即采取措施，及时处理，不得隐瞒，应及时报告主管和保卫部门，并保护好现场。

(8) 实验工作人员在检测前必须熟悉检测内容、操作步骤及各类仪器的性能，严格执行操作规程，并作好必要的安全防护。

(9) 进行有毒、有害、有刺激性物质或有腐蚀性物质操作时，应戴好防护手套、防护镜。

(10) 实验室内使用的空调设备、电热设备等的电源线，必须经常检查有否损坏，移动电气设备，必须先切断电源。电路或用电设备出现故障时，必须先切断电源后，方可进行检查。

(11) 实验室应配有各类灭火器，按保卫部门要求定期检查，实验室人员必须熟悉常用灭火器材的使用。

(12) 实验室内不准吸烟和吃食物。

(13) 高压气体钢瓶的存放应满足实验环境条件的规定。

(14) 下班前，实验室人员必须检查操作的仪器及整个实验室的门、窗和不用的水、电、气路，并确保关好。

(15) 与实验室无关的易燃、易爆物品不得随意带入实验室。

第二章　焙烤食品检验微生物基本知识

第一节　焙烤食品微生物检验的一般程序

焙烤食品微生物检验的一般步骤，应符合食品微生物检验的要求，可按图 2 – 1 的程序进行。

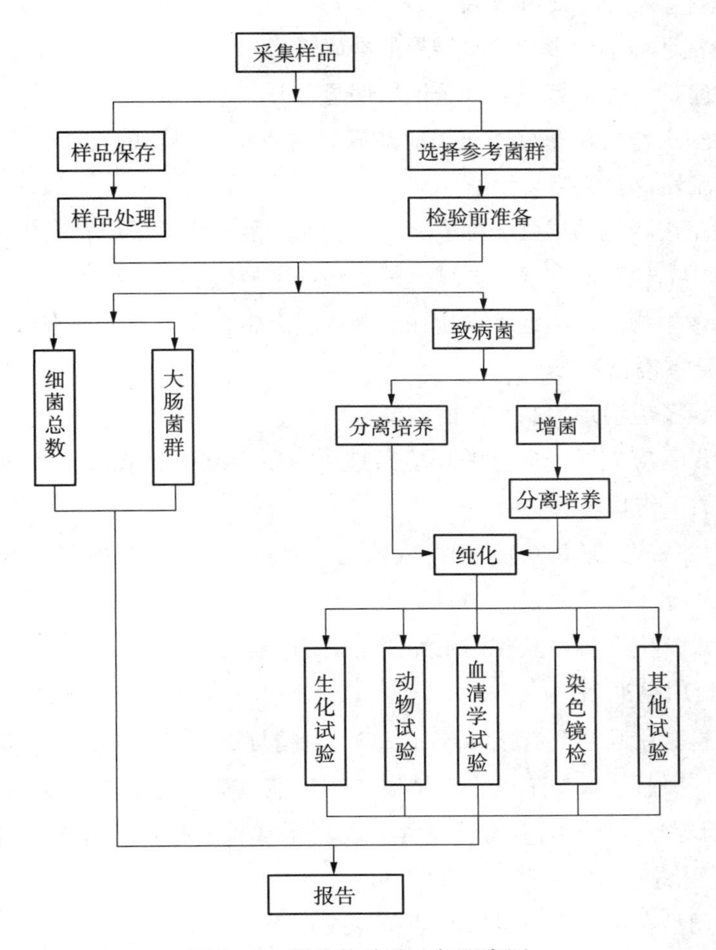

图 2 – 1　微生物检验一般程序图

根据 GB 4789. 1—2016 的要求，主要包括以下几个部分。

一、实验室基本要求

（一）检验人员准备

（1）检验人员应具有相应的微生物专业教育或培训经历，具备相应的资质，能够理解并正确实施检验。

（2）检验人员应掌握实验室生物安全操作和消毒知识。

（3）检验人员应在检验过程中保持个人整洁与卫生，防止人为污染样品。

（4）检验人员应在检验过程中遵守相关安全措施的规定，确保自身安全。

（5）有颜色视觉障碍的人员不能从事涉及辨色的实验。

（二）实验室环境与设施准备

（1）实验室环境不应影响检验结果的准确性。

（2）实验室的工作区域应与办公区域明显分开。

（3）实验室工作面积和总体布局应能满足从事检验工作的需要，实验室布局宜采用单方向工作流程，避免交叉污染。

（4）实验室内环境的温度、湿度、洁净度及照度、噪声等应符合工作要求。

（5）食品样品检验应在洁净区域进行，洁净区域应有明显标示。

（6）病原微生物分离鉴定工作应在二级或以上生物安全实验室进行。

（三）实验室设备准备

（1）实验设备应满足检验工作的需要。

（2）实验设备应放置于适宜的环境条件下，便于维护、清洁、消毒与校准，并保持整洁与良好的工作状态。

（3）实验设备应定期进行检查和/或检定（加贴标识）、维护和保养，以确保工作性能和操作安全。

（4）实验设备应有日常监控记录和使用记录。

（四）检验用品准备

（1）常规检验用品主要有接种环（针）、酒精灯、镊子、剪刀、药匙、消毒棉球、硅胶（棉）塞、吸管、吸球、试管、平皿、锥形瓶、微孔板、广口瓶、量筒、玻棒及L形玻棒、pH试纸、记号笔、均质袋等。现场采样检验用品：无菌采样容器、棉签、涂抹棒、采样规格板、转运管等。

（2）检验用品在使用前应保持清洁和（或）无菌。

（3）需要灭菌的检验用品应放置在特定容器内或用合适的材料（如专用包装纸、铝箔纸等）包裹或加塞，应保证灭菌效果。

（4）检验用品的储存环境应保持干燥和清洁，已灭菌与未灭菌的用品应分开存放并明确标识。

（5）灭菌检验用品应记录灭菌的温度与持续时间及有效使用期限。

（五）培养基和试剂准备

（1）培养基和试剂的制备和质量要求按照 GB 4789.28—2013 的规定执行。

（2）检验试剂的质量及配制应适用于相关检验。对检验结果有重要影响的关键试剂（如血清、抗生素等）应进行适应性验证。

（六）质控菌株的准备

（1）实验室应保存能满足实验需要的标准菌株。

（2）应使用微生物菌种保藏专门机构或专业权威机构保存的、可溯源的标准菌株。

（3）标准菌株的保存、传代按照 GB 4789.28—2013 的规定执行。

（4）对实验室分离菌株（野生菌株），经过鉴定后，可作为实验室内部质量控制的菌株。

二、样品的采集

（一）采样原则

（1）样品的采集应遵循随机性、代表性的原则。

（2）采样过程遵循无菌操作程序，防止一切可能的外来污染。

（二）采样方案

（1）根据检验目的、食品特点、批量、检验方法、微生物的危害程度等确定采样方案。

（2）采样方案分为二级和三级采样方案。二级采样方案设有 n、c 和 m 值，三级采样方案设有 n，c，m 和 M 值。

n：同一批次产品应采集的样品件数；

c：最大可允许超出 m 值的样品数；

m：微生物指标可接受水平的限量值（三级采样方案）或最高安全限量值（二级采样方案）；

M：微生物指标的最高安全限量值。

注 1：按照二级采样方案设定的指标，在 n 个样品中，允许有≤c 个样品其相应微生物指标检验值大于 m 值。

注 2：按照三级采样方案设定的指标，在 n 个样品中，允许全部样品中相应微生物指标检验值小于或等于 m 值；允许有≤c 个样品其相应微生物指标检验值在 m 值和 M 值之间；不允许有样品相应微生物指标检验值大于 M 值。

例如：n = 5，c = 2，m = 100CFU/g，M = 1000CFU/g，含义是从一批产品中采集 5 个样品，若 5 个样品的检验结果均小于或等于 m 值（≤100CFU/g），则这种情况是允许的；若≤2 个样品的结果（X）位于 m 值和 M 值之间（$100CFU/g < x \leq 1000CFU/g$），

则这种情况也是允许的；若有3个及以上样品的检验结果位于m值和M值之间，则这种情况是不允许的；若有任一样品的检验结果大于M值（>1000CFU/g），则这种情况也是不允许的。

（3）各类食品的采样方案按食品安全相关标准的规定执行。

（4）食品安全事故中食品样品的采集。①由批量生产加工的食品污染导致的食品安全事故，食品样品的采集和判定原则按（1）和（2）执行。重点采集同批次食品样品。②由餐饮单位或家庭烹调加工的食品导致的食品安全事故，重点采集现场剩余食品样品，以满足食品安全事故病因判定和病原确诊的要求。

（三）各类食品的采样方法

1. 预包装食品

（1）应采集相同批次、独立包装、适量件数的食品样品，每件样品的采样量应满足微生物指标检验的要求。

（2）独立包装小于、等于1000g的固态食品或小于、等于1000mL的液态食品，取相同批次的包装。

（3）独立包装大于1000mL的液态食品，应在采样前摇动或用无菌棒搅拌液体，使其达到均质后采集适量样品，放入同一个无菌采样容器内作为一件食品样品；大于1000g的固态食品，应用无菌采样器从同一包装的不同部位分别采取适量样品，放入同一个无菌采样容器内作为一件食品样品。

2. 散装食品或现场制作食品

用无菌采样工具从n个不同部位现场采集样品，放入n个无菌采样容器内作为n件食品样品。每件样品的采样量应满足微生物指标检验单位的要求。

（四）采集样品的标记

应对采集的样品进行及时、准确的记录和标记，内容包括采样人、采样地点、时间、样品名称、来源、批号、数量、保存条件等信息。

（五）采集样品的贮存和运输

（1）应尽快将样品送往实验室检验。

（2）应在运输过程中保持样品完整。

（3）应在接近原有贮存温度条件下贮存样品，或采取必要措施防止样品中微生物数量的变化。

三、样品检验

（一）样品处理

（1）实验室接到送检样品后应认真核对登记，确保样品的相关信息完整并符合检验要求。

（2）实验室应按要求尽快检验。若不能及时检验，应采取必要的措施，防止样品中原有微生物因客观条件的干扰而发生变化。

（3）各类食品样品处理应按相关食品安全标准检验方法的规定执行。

（二）样品检验

按食品安全相关标准的规定进行检验。

四、生物安全与质量控制

（一）实验室安全要求

应符合 GB 19489—2008 的规定。

（二）质量控制

（1）实验室应根据需要设置阳性对照、阴性对照和空白对照，定期对检验过程进行质量控制。

（2）实验室应定期对实验人员进行技术考核。

五、记录和报告

（一）记录

检验过程中应即时、客观地记录观察到的现象、结果和数据等信息。

（二）报告

实验室应按照检验方法中规定的要求，准确、客观地报告检验结果。

六、检验后样品的处理

（1）检验结果报告后，被检样品方能处理。

（2）检出致病菌的样品要经过无害化处理。

（3）检验结果报告后，剩余样品和同批产品不进行微生物项目的复检。

第二节 焙烤食品微生物检验染色法

细菌的涂片和染色是微生物学实验中的一项基本技术。由于微生物细胞含有大量水分（一般在 80% 甚至 90% 以上），小而透明，除了观察活体微生物细胞的运动性和直接计算菌数外，绝大多数情况下都必须经过染色后，才能在显微镜下进行观察。

一、染色的基本原理

微生物染色的基本原理，是借助物理因素和化学因素的作用而进行的。物理因素是细胞及细胞物质对染料的毛细现象、渗透、吸附作用等。化学因素则是根据细胞物质和染料的不同性质发生的化学反应。目前常用碱性染料进行简单染色。是因为细菌的等电点较低，通常带负电荷，而碱性染料在电离时，带正电荷，因此碱性染料很容易与细菌结合而着色。常用的简单染色的染料有美蓝、结晶紫、碱性复红等。

微生物实验室一般常用的碱性染料有美蓝、甲基紫、结晶紫、碱性复红、中性红、孔雀绿和蕃红等，在一般的情况下，细菌易被碱性染料染色。

二、制片和染色的基本程序

微生物的染色方法很多，各种方法应用的染料也不尽相同，以下列举了常用的染色步骤，简单染色不需要脱色和复染。

（一）制片

取干净的载玻片，在无菌条件下滴一小滴生理盐水（或蒸馏水）于中央，用接种环以无菌操作挑取培养物少许，置水滴中，混成悬液并涂成直径约1cm的薄层，为避免因菌数过多聚成集团，可在载玻片一侧再加一滴水，从已涂布的菌液中再取一环于此水滴中进行稀释，涂布成薄层，若材料为菌悬液（或液体培养物），直接涂布于载玻片上即可。

（二）干燥

最好在室温下自然干燥。有时为了使之干得更快些，可将标本面向上，手持载玻片一端的两侧，小心地在酒精灯上高处微微加热，但切勿离火焰太近或加热时间过长，以防温度太高破坏菌体形态。

（三）固定

标本干燥后即进行固定，固定的目的有三个：①杀死微生物，固定细胞结构；②保证菌体能更牢的黏附在载玻片上，防止标本被水冲洗掉；③改变染料对细胞的通透性，因为死的原生质比活的原生质易于染色。

固定常常利用高温，手执载玻片的一端（涂有标本的远端），标本向上，在酒精灯火焰外层快速来回通过3次~4次，共约2s~3s，待冷后，进行染色。如用加热干燥，固定与干燥合为一步。

（四）染色

标本固定后，滴加染色液。染色的时间视标本与染料的性质而定，有时还要加热。染料作用标本的时间平均约1min~3min，涂片（或有标本的部分）应该浸在染料之中。

若作复合染色，在媒染处理时，媒染剂与染料形成不溶性化合物，可增加染料和细菌的亲和力。

（五）脱色

用醇类或酸类处理染色的细胞，使之脱色。可检查染料与细胞结合的稳定程度，鉴别不同种类的细菌。常用的脱色剂是95%酒精和3%盐酸溶液。

（六）复染

脱色后再用一种染色剂进行染色，与不被脱色部位形成鲜明的对照。

（七）水洗

染色结束，用小水流从标本的背面把多余的染料冲洗掉，被菌体吸附的染料则保留。

（八）干燥

着色标本洗净后，将标本晾干，或用吸水纸把多余的水吸去，然后晾干或微热烘干，用吸水纸时，切勿使载玻片翻转，将菌体擦掉。

（九）镜检

干燥后的标本可用显微镜观察。

三、染色方法

微生物染色方法一般分为单染色法和复染色法两种。前者用一种染料使微生物染色，但不能鉴别微生物。复染色法是用两种或两种以上染料，可以协助鉴别微生物。亦称鉴别染色法。常用的复染色法有革兰氏染色法和抗酸性染色法，此外还有鉴别细胞各部分结构的（如芽孢、鞭毛、细胞核等）特殊染色法。食品微生物检验中常用的是单染色法和革兰氏染色法。

（一）单染色法

用一种染色剂对涂片进行染色，简便易行，适于微生物的形态观察。常用碱性染料进行单染色，如美蓝、孔雀绿、碱性复红、结晶紫和中性红等。若使用酸性染料，多用刚果红、伊红、藻红和酸性品红等。

单染色一般要经过涂片、固定、染色、水洗和干燥五个步骤。

染色结果依染料不同而不同。

石炭酸复红染色液：着色快，时间短，菌体呈红色。

美蓝染色液：染色慢，时间长，效果清晰，菌体呈蓝色。

草酸铵结晶染色液：染色快，着色深，菌体呈紫色。

（二）革兰氏染色法

革兰氏染色法是1884年由丹麦病理学家Chtristain Gram创立的，是细菌学中最重要和广泛使用的一种鉴别染色法。可将细菌分为革兰氏阳性菌（G^+）和革兰氏阴性菌（G^-）两大类。

革兰氏染色法的基本步骤为：先用初染剂结晶紫进行初染，再用碘液媒染，用酒精（或丙酮）脱色，最后用复染剂（如番红）复染。阳性菌保留初染剂的蓝紫色，阴性菌的初染剂被脱色剂洗脱而染上复染剂的红色。有芽孢的杆菌和绝大多数的球菌，以及所有的放线菌和真菌都呈革兰氏阳性反应；弧菌，螺旋体和大多数致病性的无芽孢杆菌都呈现阴性反应。

革兰氏染色的结果是由阳性菌和阴性菌细胞壁的结构和组成不同决定的。当结晶紫初染后，所有细菌都被染成初染剂的蓝紫色。碘与结晶紫结合成结晶紫-碘的复合物，从而增强了染料和细菌的结合力。脱色时，两种细菌细胞壁的差异决定了脱色效果的不同。革兰氏阳性细菌的细胞壁主要是由肽聚糖形成的网状结构，壁厚，类脂质含量低，乙醇脱色时细胞壁脱水，使肽聚糖层的网状结构孔径缩小，透性降低，使结晶紫-碘复合物不易被洗脱而保留在细胞内，经脱色和复染后保留蓝紫色。革兰氏阴性菌的细胞壁肽聚糖较薄，但类脂含量高，脱色处理时，类脂质被乙醇（或丙酮）溶解，细胞壁透性增大，使结晶紫-碘复合物容易被洗脱，用复染剂复染后，细胞染上红色。

革兰氏染色法包括初染、媒染、脱色、复染四个步骤，基本程序为：制片→固定→初染→媒染→脱色→复染→水洗→干燥→镜检。其具体操作方法如下。

1. 涂片固定

取洁净的载玻片，在中间滴一滴蒸馏水，以无菌接种环分别挑取少量菌体涂片，干燥，固定。

2. 初染

滴加草酸铵结晶紫初染剂于涂面上，染1min~2min，倾去染色液，小水滴冲洗至洗出液无色，甩干。

3. 媒染

加碘液覆盖涂面染1min。水洗，用吸水纸吸去水分。

4. 脱色

加95%酒精数滴，并轻轻摇动进行脱色，20s~30s后水洗，吸去水分。

5. 复染

在涂面上加蕃红染色液染1min~2min后，水洗。干燥，镜检。

6. 镜检

用油镜观察。染色的结果，菌体被染成蓝紫色为革兰氏阳性菌，被染成红色为革兰氏阴性菌。

第三节　焙烤食品微生物检验常用仪器、玻璃器皿

一、常用仪器

（一）培养箱

培养箱亦称温箱，系培养微生物的主要仪器。使用与维护如下。

（1）取放物品时应随手关闭箱门，以维持恒温；不应放入过热或过冷之物。

（2）箱内可经常放入装水容器一只，以维持箱内湿度。

（3）培养物不宜与培养箱最底层直接接触。

（4）箱内培养物不应放置过挤，以保证培养物受温均匀。

（5）各层金属孔架上放置物品不应过重，以免将金属孔架压弯滑脱。

（6）定期消毒内箱，可每月一次。方法为断电后清水擦净。

（7）不准作烘干衣帽等其他用途。

（二）水浴箱

系由金属制成的长方形箱，盛以温水，由自动调节温度装置控制水温。箱盖皆呈斜面，以便水蒸气所凝结的水沿斜面流下，以免水滴落入箱内的标本中。箱内水至少每周更换一次，并注意清洁箱内沉积物。

（三）干热灭菌器

亦称烘箱，其构造与培养箱基本相同，底层下的电热量大，关闭箱门通电后，可使箱内空气温度升至250℃以上。主要用于玻璃器皿的灭菌，亦可用于烤干经洗净后的玻璃器皿。使用烘箱时应注意以下几点。

（1）需要灭菌之玻璃器皿如平皿、试管必须洗净并干燥后再行灭菌，事先将器皿用纸包裹或塞以棉塞。

（2）不宜放得过挤，不得使器皿与内层底板直接接触。

（3）接通电源后使温度逐渐上升至160℃，维持2h可达到灭菌目的。如超过170℃以上，器皿外包裹的纸张、棉塞会被烤焦甚至燃烧。

（4）灭菌完毕后不能立即开门取物，须关闭电源，待温度自动下降至50℃以下再开门取物。

（5）用于烤干玻璃器皿时，温度为120℃左右，持续30min，并打开顶部气孔方便水蒸气散出。

（四）高压蒸汽灭菌器

高压蒸汽灭菌器可用于培养基、玻璃器皿、耐高热试剂、采样器械、纱布等的灭菌。

高压蒸汽灭菌器的种类有手提式、直立式及横卧式等多种，原理基本相同。

用法与注意事项如下。

手提式与直立式高压蒸汽灭菌器用时须加水，放入待灭菌物品后，将器盖盖好并将螺旋拧紧。用煤气或电热加热，开放排气管，使器内冷空气完全排出后关闭。一般卧式高压蒸汽灭菌器为加水式的。

待器内蒸汽压力上升至规定温度时（一般为115℃或121℃）开始计时，持续15min～20min，即达到完全灭菌目的。

灭菌完毕，不可立即开盖取物，须关闭电（热）源，并待其压力自然下降至零时，方可开盖。亦不可突然开大排气门进行排气减压，以免因器内压力骤然下降使瓶内液体沸腾，冲出瓶外。

灭菌物品不要塞得过紧。不耐高热高压之物品，不能用此法灭菌。

（五）普通光学显微镜

1. 显微镜的构造

显微镜的构造分光学部分和机械部分（图2－2）。

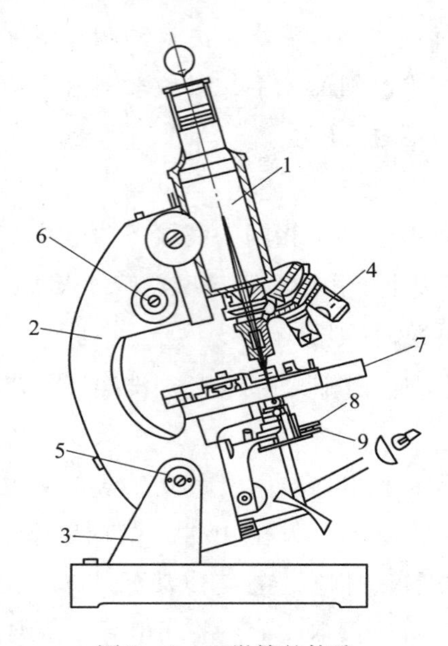

图2－2　显微镜的构造

1－镜筒；2－镜臂；3－镜座；4－物镜回转盘；5－调节关节；6－调节螺旋；7－载物台；8－光圈；9－次台

（1）光学部分

1）目镜：镜筒上端，其上刻有放大倍数，常用的有5×、10×及15×，镜中可自装黑色纫丝一条（通常用一段头发），作为指针。

2）物镜：为显微镜最主要的光学装置，位于镜筒下端。一般装有三个，分为低倍镜（10×）、高倍镜（40×）、油镜（100×）。镜头长度愈长，放大倍数愈大，反之，放大倍数愈小。

3）集光器：位于载物台下方，可上下移动，起调节和集中光线的作用。

4）反光镜：装在显微镜下方，有平凹两面，可转动以将最佳光线反射至集光器。

（2）机械部分

1）镜筒：在显微镜前方的金属圆筒，光线从中通过。

2）镜臂：在镜筒后面，呈圆弧形，为握持部。

3）镜座：是显微镜的底部，呈马蹄形，用以支持全镜。

4）回转盘：在镜筒下端，上有 3 个 ~4 个圆孔。可以转动，用以调换各物镜。

5）调节关节：介于镜臂和镜座间，为镜筒作前后倾斜变位的支持点。

6）调节螺旋：在镜筒后方两侧，分两种。粗螺旋用于镜筒较大距离的升降。细螺旋位于粗螺旋的下方，调节镜筒作极小距离的升降。

7）载物台：在镜筒下方，呈方形或圆形，用以放置样品。中央有孔，可以透光。台上装有弹簧夹可固定被检标本。弹簧夹连接推进器，能使标本前后左右移动。

8）光圈：在集光器下方，可进行不同程度的开闭，调节射入集光器的光线。

9）次台：装于载物台下，可上下移动，上安装有集光器的光圈。

2. 显微镜的使用方法

（1）将低倍物镜转自中央，眼睛移至目镜上，转动反光镜和调节粗螺旋使镜筒升降至适合高度。光源为间接日光或人工日光灯。以天然光为光源时，宜用反光镜的平面，采用人工灯光时，宜用反光镜的凹面。

（2）放置标本于载物台上，弹簧夹固定，捻动推进器螺旋，使其移至适当位置，即可用低倍镜或高倍镜配合粗细螺旋调节距离，进行观察，根据需要可上下移动集光器和缩放光圈，以获得最适合的光线。找到待检部位后将其移到视野中央。

（3）如用油浸镜观察，光线宜强，可将光圈开大，集光器上升与载物台相平，并在标本上滴一小滴香柏油，然后眼睛从镜筒侧面看着，慢慢拧动粗螺旋使镜筒下移，直到油镜浸于油滴内，注意勿使油镜与标本片相撞，移目至目镜，一面观察一面拧粗螺旋使镜筒缓缓上移，待看到模糊物像时，换用细螺旋调节至物像清晰为止。

（4）显微镜放大倍数为目镜和物镜单独放大率的乘积。如使用接目镜为 10×，接物镜为 100×，则物像放大倍数为 10×100＝1000 倍。

（5）如长时间使用显微镜观察标本，必须端坐，凳和桌的高度要配合适宜，否则容易疲劳。观察活菌液标本或使用油镜时，载物台不可倾斜，以免油滴或菌液外溢。

（6）观察标本时，两眼应同时睁开，以减少疲劳。

3. 显微镜的保护

（1）显微镜是很贵重和精密的仪器，使用时要十分爱惜，各部件不要随意拆卸。搬动时应一手托镜座，一手握镜臂，放于胸前，以免损坏。

（2）要保持显微镜的清洁，使用前后均应以细布和软绸分别擦拭机械部分和光学部分。

（3）油镜使用后，立即以擦镜纸拭去香柏油。如油已干，可用擦镜纸沾少许二甲苯擦净，并随即用干的擦镜纸拭去余留的二甲苯。

（4）显微镜用毕和清洁后，需将低倍镜移至中央，或将各物镜转成“八”字形，集光器下移，然后轻轻放回镜箱。

（5）显微镜要放置在干燥的地方；要避免灰尘，避免阳光曝晒并远离热源。

二、常用玻璃器皿

微生物检验室所用玻璃器皿，以中性硬质玻璃制成。能耐受高热、高压。

（一）种类及用途

1. 试管

要求管壁坚厚，管直而口平。常用有以下几种规格。

（1）74mm（试管长）×10mm（管口直径），适于作康氏试验。

（2）85mm×15mm，较前者粗短，适宜凝集反应。

（3）100mm×13mm，适于作生化反应试验、凝集反应及华氏血清试验。

（4）120mm×16mm，适于作斜面培养基等。

（5）150mm×15mm，较前者稍长，常用作培养基容器。

（6）200mm×25mm，用以盛较多量琼脂培养基，作倾注平板用。

2. 培养皿

主要用于细菌的分离培养。常用培养皿有50mm×10mm、75mm×10mm、90mm×10mm、100mm×10mm等几种规格。活菌计数一般用90mm×10mm规格。培养皿盖与底的大小应适合。

3. 三角烧瓶

多用于贮藏培养基、生理盐水等溶液，有50mL、100mL、150mL、200mL、250mL、300mL、500mL、1000mL、2000mL等多种规格，其底大口小，便于加塞。

4. 塑料瓶

用于贮藏生理盐水等稀释液，主要是500mL规格，配有瓶盖。

5. 刻度吸管

刻度吸管简称吸管，用于准确吸取小量液体。壁上有精细刻度，有1mL、2mL、5mL、10mL等。推荐用橡皮球法使用吸管。

6. 试剂瓶

磨口塞试剂瓶分广口和小口，容量30mL~1000mL不等。视贮备试剂量选用不同大小的试剂瓶。有棕色和无色两种，前者盛贮避光试剂用。

7. 玻璃缸

缸内常盛放石炭酸等消毒剂，以浸泡用过的载玻片、盖玻片、吸管等。

8. 玻璃棒

直径3mm~5mm的玻璃棒，做搅拌液体用。

9. 玻璃珠

常用中性硬质玻璃制成，用于打碎组织、样品和菌落等。

10. 滴瓶

有橡皮帽式、玻塞式几种滴瓶，有棕色和无色两种，容量有30mL或60mL，贮存染色液。

11. 玻璃漏斗

分短颈和长颈两种。漏斗口径常用为60mm～150mm。分装溶液或过滤用。

12. 载物玻片、凹玻片及盖玻片

载物玻片供涂片用，凹玻片供制作悬滴标本和血清学检验用。盖玻片用于覆盖载物玻片和凹玻片上的标本。

13. 发酵管

测定对糖类的发酵用，常将杜汉氏小玻璃管倒置于含糖液的培养基试管内。

14. 注射器及大小针头

1mL～20mL注射器供作动物试验和其他检验工作用。规格有多种，视用途和注射途径选用相适针头。

15. 量筒、量杯

为实验常用器具，大小不一，使用时不宜装入温度很高的液体。

第四节 消毒与灭菌

一、消毒和灭菌的概念

消毒和灭菌两个词在实际使用中常被混用，但它们的含义有所不同。消毒是指应用物理、化学或生物学等方法杀灭物体表面和内部的病原菌营养体的方法；而灭菌是指杀死物体表面和内部的所有微生物（包括病原微生物和非病原微生物）的繁殖体和芽孢，使之呈无菌状态。方法分为物理灭菌法和化学灭菌法两大类。具有消毒作用的药物称为消毒剂，对于细菌芽孢无杀灭作用。

无菌是不含有活的微生物的意思。防止微生物进入机体或物体的方法叫无菌技术或无菌操作。进行微生物学实验操作时，须特别严格注意无菌操作。

二、消毒和灭菌的常用方法

（一）物理灭菌法

物理灭菌法分为光、热及机械等方法，可随不同需要选择采用。凡供细菌学检验用的培养基及器械，常用热力灭菌，但遇易被热破坏的液体培养基可用过滤法除去细菌。常用的物理灭菌法是加热灭菌。其原理为加热使菌体蛋白变性凝固，酶失活，细菌死亡。包括湿热灭菌和干热灭菌两种。

1. 火焰灭菌法

实验室内使用的接种环、金属器械等耐燃烧物品可用火焰灭菌法。

2. 干热灭菌法

是利用热空气进行灭菌的办法，须在烤箱内进行。适用各种玻璃器皿、金属制品等，一般加热至160℃，经2h～3h即可达到灭菌目的。

一般常用的玻璃器皿，在洗净晾干后，才能灭菌。玻璃仪器在灭菌前必须经正确包裹和加塞。常用的包扎和加压方法为：平皿用纸包扎或装在金属平皿筒中；三角瓶在棉塞与瓶口外包上厚纸，用棉绳扎紧；吸管口塞上棉塞，多余棉花可以烧灼去除，放入金属筒中或用纸包扎。在干热灭菌器内160℃ 2h灭菌。

3. 湿热灭菌法

常用的湿热灭菌法有巴氏消毒法、煮沸消毒法、流通蒸汽消毒法、间歇灭菌法及高压蒸汽灭菌法。

（1）巴氏消毒法

有些食物会因高温破坏营养成分或影响质量，如牛奶、酱油、啤酒等，所以只能用较低的温度来杀死其中的病原微生物，这样既可杀死液体中致病菌的繁殖体，又不破坏液体物质中原有的营养成分，保证了食品卫生。具体方法有两种：一种方法是以61.1℃～62.8℃消毒30min；另一方法是以72℃消毒15s～30s，现多用后一方法。此法为法国微生物学家巴斯德首创，故名为巴氏消毒法。

（2）煮沸消毒法

许多器械如手术刀、剪子、镊子、胶管、注射器等，可用消毒器或铝锅等进行煮沸消毒。细菌的繁殖体煮沸10min～30min即可被杀死，而芽孢需煮沸1h～2h才被杀死，如在水中加入1%碳酸钠或2%的石炭酸，则效果更好。

（3）流通蒸汽消毒法

用阿诺灭菌器或普通蒸笼进行，其温度接近于100℃，15min～30min可杀灭繁殖体，但芽孢不被杀死。

（4）间歇灭菌法

上述方法在常压下，只能起到消毒作用，而很难做到完全无菌。有些物质不能加热至100℃以上，如含血清的培养基等。为了消灭其中的芽孢，须用间歇灭菌法。方法是用阿诺灭菌器或用蒸笼加热至100℃，15min～30min，杀死其中的营养体。然后冷却，放入37℃恒温箱中过夜，让残留的芽孢萌发成营养体。第2天再重复上述步骤，可杀死新繁殖体。如此重复3次左右，所有的芽孢将被杀死，可达到灭菌的目的。必要时，加热温度可低于100℃，如用75℃，而延长每次加热的时间至30min～60min或增多加热次数，也可收到同样效果。

（5）高压蒸汽灭菌法

高压蒸汽灭菌法是食品检测和微生物学实验室、发酵工业、医疗保健中最常用的一种灭菌方法，是常用的最有效的灭菌法。它是在115℃或121℃的蒸汽压下延续15min～20min，杀死所有的细菌芽孢。此法适用于耐高温的物品灭菌。如普通培养基、生理盐水、耐热药品、金属器材、玻璃制品和敷料等。用以加压灭菌的仪器叫高压蒸汽灭菌器。在加压蒸汽灭菌中，重要问题是，在恒压前一定要排尽灭菌锅中的冷空气，否则表上的蒸汽压与蒸汽温度之间不具对应关系，会大大降低灭菌效果。

4. 过滤

凡不能耐受温度或化学药物灭菌的药液、毒素、血清可以用此法。采用机械方法，用一种滤孔比细菌还小的滤膜，做成过滤器。通过过滤，把各种微生物菌体留在筛子上，从而达到除菌的目的。这种方法适用于对热不稳定的体积小的液体培养基的灭菌。最大优点是不破坏培养基中各种物质的化学成分。但是比细菌小的病毒仍然能留在液体培养基内。

5. 紫外线

常用低压水银石英研制的紫外线照射灯作为室内空气消毒，因为这种照射灯是杀菌力最强的波长。用紫外线照射灯，距1.5m～2m，照射1m^{2}的区域，经照射30min后，可成为一无菌区域。但紫外线的波长对各种微生物的致死作用不一，微生物菌龄、分布密度、照射时间及距离等对消毒效果均有密切关系。在消毒照射时，工作人员应配戴保护眼镜。

（二）化学灭菌法

使用化学药物进行灭菌的方法叫化学灭菌法。一种化学药物是抑菌还是杀菌，常常不易严格区分。同一化学药物，在低浓度时能抑菌，在高浓度时则可杀菌。能抑菌的化学药物称抑菌剂，能杀菌的化学药物称消毒剂。由于消毒剂没有选择性，因此对一切活细胞都有毒性，对人体组织细胞也有损伤作用，故只能用于体表、器械、排泄物和周围环境的消毒。常用的化学消毒剂有：石炭酸、来苏水（甲醛溶液）、氯化汞、碘酒、酒精等。

第五节　焙烤食品的微生物学检验

一、焙烤食品的卫生学检验

本部分结合现行食品安全国家标准（GB 4789—2016）的要求，对每一种焙烤食品都必须检测的项目——菌落总数和大肠菌群的测定进行介绍，也对焙烤食品相关标准中要求的致病菌检验沙门氏菌、志贺氏菌、金黄色葡萄球菌、霉菌和酵母菌的国标检验方法进行了介绍。考虑到方法的可操作性和可比性，大肠菌群和金黄色葡萄球菌仅对标准规定的第二法（平板计数法）进行介绍。

（一）菌落总数的测定

1. 实验目的

食品中菌落总数的测定，目的在于了解食品在生产过程中，从原料到成品受外界污染的情况；也可以应用该方法观察细菌在食品中繁殖的动态，确定食品的保存期，以对被检样品的卫生学评价提供依据。

食品有可能被多种微生物污染，每种细菌都有它一定的生理特性，培养时应用不同的营养及生理条件（如不同的温度、时间、pH 值、需氧性质等）去满足要求，才能将各种细菌培养出来。但在实际工作中，一般只用一种常用的方法去做菌落总数的测定，即国标中规定的平板计数法，其定义为“食品检样经过处理，在一定条件下（如培养基、培养温度和时间等）培养，所得每克（g 或 mL）检样中形成的微生物菌落总数。”该结果只包括一群在平板计数琼脂上生长发育的嗜中温需氧菌或兼性厌氧菌的菌落总数。

食品中菌落总数的多少，直接反映着食品的卫生质量。如果食品中菌落总数多于10 万个，就足以引起细菌性食物中毒；如果人的感官能察觉食品因细菌的繁殖而发生变质时，细菌数大约已达到10^6 ~ 10^7个/g（mL 或 cm^2）。食品的变质与菌落总数的增多有一定联系，但有时也会遇到食品中细菌含量很高，即使已达到同种食品已变质时的细菌数，而食品并未有任何变质现象的情况。有时食品污染程度很严重，含有大量细菌，但由于时间短暂或细菌繁殖条件不具备，就见不到变质发生。如：细菌难以生长的一些干制食品和冰冻食品，它们的细菌多少，就可以表明在生产、运输、贮藏等过程中卫生管理的状况。

从食品卫生观点来看，菌落总数越多，说明食品质量越差，病原菌污染的可能性愈大；当菌落总数少量存在时，病原菌污染的可能性就会降低。但并不是绝对的。还有一些情况，如在一些菌落总数低的食品中（如罐头食品），曾有细菌繁殖并产生了毒素，但是由于环境限制使细菌不能延续生长繁殖，而毒素仍在食品中保留。这种情况不能单凭菌落总数一项指标来评定食品卫生质量的优劣。还有一些食品，如酸泡菜、发酵乳等发酵制品，也不能单凭菌落总数来确定卫生质量，因为其本身含有微生物。

综上所述，食品中菌落总数的测定对评定食品和卫生情况起着一定的卫生指标作用，但还必须配合大肠菌群检验和病原菌检验，才能做出全面准确的评定。

2. 实验设备和材料、培养基和试剂

（1）设备和材料

恒温培养箱：36℃ ±1℃，30℃ ±1℃；冰箱：2℃ ~5℃；恒温水浴箱：46℃ ±

1℃；天平：感量0.1g；均质器；振荡器；无菌吸管：1mL（具0.01mL刻度）、10mL（具0.1mL刻度）或微量移液器及吸头；无菌锥形瓶：容量250mL、500mL；无菌培养皿：直径90mm；pH计或pH比色管或精密pH试纸；放大镜或（和）菌落计数器。

（2）培养基和试剂

1）平板计数琼脂（plate count agar，PCA）培养基。

成分：胰蛋白胨5.0g；酵母浸膏2.5g；葡萄糖1.0g；琼脂15.0g；蒸馏水1000mL。pH 7.0±0.2。

制法：将上述成分加于蒸馏水中，煮沸溶解，调节pH至7.0±0.2。分装试管或锥形瓶，121℃高压灭菌15min。

2）磷酸盐缓冲液。

成分：磷酸二氢钾（KH_2O_4）34.0g；蒸馏水500mL。pH 7.2。

制法，贮存液：称取34.0g的磷酸二氢钾溶于500mL蒸馏水中，用大约175mL的1mol/L氢氧化钠液调节pH至7.2，用蒸馏水稀释至1000mL后贮存于冰箱。稀释液：取贮存液1.25mL，用蒸馏水稀释至1000mL，分装于适宜容器中，121℃高压灭菌15min。

3）无菌生理盐水。

成分：氯化钠（NaCl）8.5g；蒸馏水1000mL。

制法：称取8.5g氯化钠溶于1000mL蒸馏水中，121℃高压灭菌15min。

4）1mol/L氢氧化钠（NaOH）。

成分：氢氧化钠（NaOH）40g；蒸馏水1000mL。

制法：将40g氢氧化钠固体放入烧杯中，用330mL左右蒸馏水溶解。将溶解的氢氧化钠溶液冷却至室温，将冷却后的氢氧化钠溶液全部转移到1000mL容量瓶中。

5）1mol/L盐酸（HCL）。

成分：37%的浓HCl 8.3mL；蒸馏水91.7mL。

制法：取浓盐酸体积8.3毫升，加入91.7mL水中。

3. 检验程序

菌落总数的检验程序见图2－3。

4. 操作步骤

（1）样品的稀释

1）固体和半固体样品：称取25g样品置盛有225mL磷酸盐缓冲液或生理盐水的无菌均质杯内，8000r/min～10000r/min均质1min～2min，或放入盛有225mL稀释液的无菌均质袋中，用拍击式均质器拍打1min～2min，制成1∶10的样品匀液。

液体样品以无菌吸管吸取25mL样品置盛有225mL磷酸盐缓冲液或生理盐水的无菌锥形瓶（瓶内预置适当数量的无菌玻璃珠）中，充分混匀，制成1∶10的样品匀液。

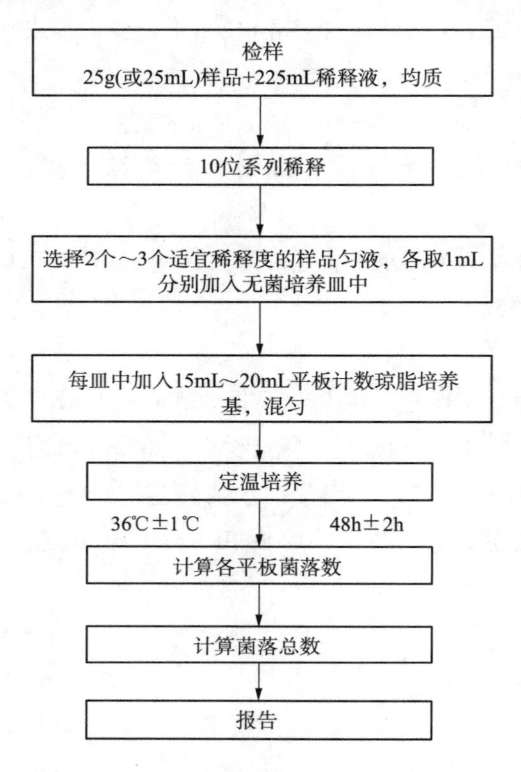

图2-3　菌落总数的检验程序

2）用1mL无菌吸管或微量移液器吸取1∶10样品匀液1mL，沿管壁缓慢注于盛有9mL稀释液的无菌试管中（注意吸管或吸头尖端不要触及稀释液面），振摇试管或换用一支无菌吸管反复吹打使其混合均匀，制成1∶100的样品匀液。

3）按2）操作程序，制备10倍系列稀释样品匀液。每递增稀释一次，换用一次1mL无菌吸管或吸头。

4）根据对样品污染状况的估计，选择2个~3个适宜稀释度的样品匀液（液体样品可包括原液），在进行10倍递增稀释时，每个稀释度分别吸取1mL样品匀液加入两个无菌平皿内。同时分别取1mL空白稀释液加入两个无菌平皿作空白对照。

5）及时将15mL~20mL冷却至46℃的平板计数琼脂培养基（可放置于46℃±1℃恒温水浴箱中保温）倾注平皿，并转动平皿使其混合均匀。

（2）培养

1）琼脂凝固后，将平板翻转，36℃±1℃培养48h±2h。水产品30℃±1℃培养72h±3h。

2）如果样品中可能含有在琼脂培养基表面弥漫生长的菌落时，可在凝固后的琼脂

表面覆盖一薄层琼脂培养基（约 4mL），凝固后翻转平板，按 1）条件进行培养。

（3）菌落计数

可用肉眼观察，必要时用放大镜或菌落计数器，记录稀释倍数和相应的菌落数量。以菌落形成单位（colony - forming units，CFU）表示。

1）选取菌落数在 30CFU ~ 300CFU 之间、无蔓延菌落生长的平板计数菌落总数。低于 30CFU 的平板记录具体菌落数，大于 300CFU 的可记录为多不可计。每个稀释度应采用两个平板的平均数。

2）其中一个平板有较大片状菌落生长时，则不宜采用，而应以无片状菌落生长的平板作为该稀释度的菌落数；若片状菌落不到平板的一半，而其余一半中菌落分布又很均匀，即可计算半个平板后乘以 2，代表一个平板菌落数。

3）当平板上出现菌落间无明显界线的链状生长时，则将每条单链作为一个菌落计数。

5. 结果报告

（1）菌落总数的计算方法

1）若只有一个稀释度平板上的菌落数在适宜计数范围内，计算两个平板菌落数的平均值，再将平均值乘以相应稀释倍数，作为每克（g 或 mL）中菌落总数结果。

2）若有两个连续稀释度的平板菌落数在适宜计数范围内时，按式（2 - 1）计算：

$$N = \frac{\sum C}{(n_1 + 0.1n_2)} \times d \qquad (2-1)$$

式中 N——样品中菌落数；

$\sum C$——平板（含适宜范围菌落数的平板）菌落数之和；

n_1——第一稀释度（低稀释倍数）平板个数；

n_2——第二稀释度（高稀释倍数）平板个数；

d——稀释因子（第一稀释度）。

示例：

稀释度	1:100（第一稀释度）	1:1000（第二稀释度）
菌落数	232，244	33，35

$$N = \frac{\sum C}{(n_1 + 0.1n_2)} \times d = \frac{232 + 244 + 33 + 35}{[2 + (0.1 \times 2)] \times 10^{-2}} = \frac{544}{0.022} = 24727$$

上述数据经“四舍五入”后，表示为 25000 或 2.5×10^4。

3）若所有稀释度的平板上菌落数均大于 300CFU，则对稀释度最高的平板进行计数，其他平板可记录为多不可计，结果按平均菌落数乘以最高稀释倍数计算。

4）若所有稀释度的平板菌落数均小于30CFU，则应按稀释度最低的平均菌落数乘以稀释倍数计算。

5）若所有稀释度（包括液体样品原液）平板均无菌落生长，则以小于1乘以最低稀释倍数计算。

6）若所有稀释度的平板菌落数均不在30CFU～300CFU之间，其中一部分小于30CFU或大于300CFU时，则以最接近30CFU或300CFU的平均菌落数乘以稀释倍数计算。

（2）菌落总数的报告

1）菌落数在100CFU以内时，按“四舍五入”原则修约，以整数报告。

2）菌落数大于或等于100CFU时，第3位数字采用“四舍五入”原则修约后，取前2位数字，后面用0代替位数；也可用10的指数形式来表示，按“四舍五入”原则修约后，采用两位有效数字。

3）若所有平板上为蔓延菌落而无法计数，则报告菌落蔓延。

4）若空白对照上有菌落生长，则此次检测结果无效。

5）称重取样以CFU/g为单位报告，体积取样以CFU/mL为单位报告。

（二）大肠菌群的测定

1. 实验目的

根据GB 4789. 3—2016《食品安全国家标准 食品微生物学检验 大肠菌群计数》中的定义，大肠菌群是在一定培养条件下能发酵乳糖、产酸产气的需氧和兼性厌氧革兰氏阴性无芽孢杆菌。该菌群主要来源于人畜粪便，作为粪便污染指标评价食品的卫生状况，推断食品中肠道致病菌污染的可能。

若水中或食品中发现有大肠菌群，即可证实已被粪便污染，有粪便污染也就有可能有肠道病原菌存在。根据这个理由，可以认为这种含有大肠菌群的水或食品供食用是不安全的。所以目前为评定食品的卫生质量而进行检验时，也都采用大肠菌群或大肠杆菌作为粪便污染的指标细菌。有粪便污染，不一定就有肠道病原菌存在，但即使无病原菌，只要被粪便污染的水或食品，也是不卫生的。大肠菌群的检出，不仅反映检样被粪便污染总的情况，在一定程度上也反映了食品在生产加工、运输、保存等过程中的卫生状况，所以具有广泛的卫生学意义。凡是大肠菌群数超过规定限量的食品，即可确定其卫生学上是不合格的，该食品食用是不安全的。

2. 实验材料

（1）设备和材料

恒温培养箱、冰箱、恒温水浴箱、天平、均质器、振荡器、无菌吸管、微量移液器及吸头、无菌锥形瓶、无菌培养皿、pH计或pH比色管或精密pH试纸、菌落计数

器等。

（2）培养基和试剂

1）结晶紫中性红胆盐琼脂（VRBA）。

成分：蛋白胨 7.0g；氯化钠 5.0g；乳糖 10.0g；酵母膏 3.0g；胆盐或 3 号胆盐 1.5g；中性红 0.03g；结晶紫 0.002g；琼脂 15g～18g。蒸馏水 1000mL。

制法：将上述成分溶于蒸馏水中，静置几分钟，充分搅拌，调节 pH 至 7.4±0.1。煮沸 2min，将培养基融化并恒温至 45℃～50℃倾注平板。使用前临时制备，不得超过 3h。

2）煌绿乳糖胆盐（BGLB）肉汤管。

成分：蛋白胨 10.0g；乳糖 10.0g；牛胆粉溶液 200.0mL；0.1% 煌绿水溶液 13.3mL。蒸馏水 1000mL。pH 7.2±0.1。

制法：将蛋白胨、乳糖溶于约 500mL 蒸馏水中，加入牛胆粉溶液 200mL（将 20.0g 牛胆粉溶于 200mL 蒸馏水中，pH 7.0～7.5），用蒸馏水稀释到 975mL，调节 pH 至 7.4，再加入 0.1% 煌绿水溶液 13.3mL，用蒸馏水补足到 1000mL，用棉花过滤后，分装到有玻璃小倒管的试管中，每管 10mL。121℃高压灭菌 15min。

3）磷酸盐缓冲液、无菌生理盐水、1mol/L 氢氧化钠（NaOH）、1mol/L 盐酸（HCl）：按第二章第五节焙烤食品的卫生细菌学检验中菌落总数的测定相关内容进行操作。

3. 检验程序

大肠菌群平板计数的检验程序见图 2－4。

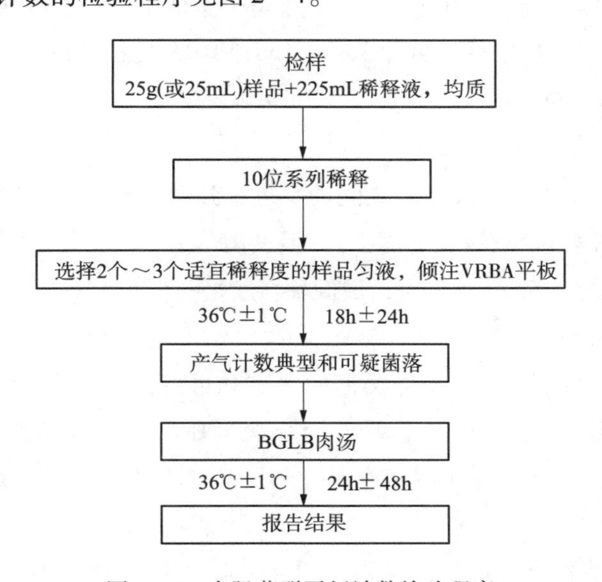

图 2－4　大肠菌群平板计数检验程序

4. 操作步骤

（1）样品的稀释

1）固体和半固体样品：称取25g样品，放入盛有225mL磷酸盐缓冲液或生理盐水的无菌均质杯内，8000r/min～10000r/min均质1min～2min，或放入盛有225mL磷酸盐缓冲液或生理盐水的无菌均质袋中，用拍击式均质器拍打1min～2min，制成1∶10的样品匀液。

液体样品：以无菌吸管吸取25mL样品，置盛有225mL磷酸盐缓冲液或生理盐水的无菌锥形瓶（瓶内预置适当数量的无菌玻璃珠）中，充分混匀，制成1∶10的样品匀液。

2）样品匀液的pH值应在6.5～7.5之间，必要时可用1mol/L氢氧化钠或1mol/L盐酸调节。

3）用1mL无菌吸管或微量移液器吸取1∶10样品匀液1mL，沿管壁缓缓注入9mL磷酸盐缓冲液或生理盐水的无菌试管中（注意吸管或吸头尖端不要触及稀释液面），振摇试管或换用1支1mL无菌吸管反复吹打，使其混合均匀，制成1∶100的样品匀液。

4）根据对样品污染状况的估计，按上述操作，依次制成10倍递增系列稀释样品匀液。每递增稀释1次，换用1支1mL无菌吸管或吸头。从制备样品匀液至样品接种完毕，全过程不得超过15min。

（2）平板计数

选取2个～3个适宜的连续稀释度，每个稀释度接种2个无菌平皿，每皿1mL。同时取1mL生理盐水加入无菌平皿作空白对照。及时将15mL～20mL融化并恒温至46℃的结晶紫中性红胆盐琼脂（VRBA）约倾注于每个平皿中。小心旋转平皿，将培养基与样液充分混匀，待琼脂凝固后，再加3mL～4mL VRBA覆盖平板表层。翻转平板，置于36℃±1℃培养18h～24h。

（3）平板菌落数的选择

选取菌落数在15CFU～150CFU之间的平板，分别计数平板上出现的典型和可疑大肠菌群菌落（如菌落直径较典型菌落小）。典型菌落为紫红色，菌落周围有红色的胆盐沉淀环，菌落直径为0.5mm或更大，最低稀释度平板低于15CFU的记录具体菌落数。

（4）证实试验

从VRBA平板上挑取10个不同类型的典型和可疑菌落，少于10个菌落的挑取全部典型和可疑菌落。分别移种于煌绿乳糖胆盐（BGLB）肉汤管中，36℃±1℃培养24h～48h，观察产气情况。凡BGLB肉汤管产气者，即可报告大肠菌群阳性。

5. 结果报告

经最后证实为大肠菌群阳性的试管比例乘以4－（3）中计数的平板菌落数，再乘以稀释倍数，即为每克（g或mL）样品中大肠菌群数。例：10^{-4}样品稀释液1mL，在

VRBA 平板上有 100 个典型和可疑菌落，挑取其中 10 个接种 BGLB 肉汤管，证实有 6 个阳性管，则该样品的大肠菌群数为：$100 \times 6/10 \times 10^4$/g（mL）= 6.0×10^5 CFU/g（mL）。若所有稀释度（包括液体样品原液）平板均无菌落生长，则以小于 1 乘以最低稀释倍数计算。

二、焙烤食品的病原菌检验

（一）沙门氏菌的检验

1. 实验目的

沙门氏菌属是一群形态和培养特性都类似的肠杆菌科中的一个大属，也是肠杆菌科中最重要的病原菌属，它包括将近 2000 个血清型。沙门氏菌病常在动物中广泛传播，人的沙门氏菌感染和带菌也非常普通。由于动物的生前感染或食品受到污染，均可使人发生食物中毒。世界各地的食物中毒中，沙门氏菌食物中毒常占首位或第二位。沙门氏菌常作为进出口食品和其他食品的致病菌指标。因此，检查食品中的沙门氏菌极为重要。

2. 生物学特性

（1）形态与染色

沙门氏菌为革兰氏阴性较为细长的杆菌，不产生芽孢，除鸡白痢和鸡伤寒沙门氏菌外，其余都具有周身鞭毛，能运动，但也偶尔出现无鞭毛的变种和不运动变株。

（2）培养特性

沙门氏菌为需氧或兼性厌氧菌，一般在普通琼脂培养基上生长良好，经 37℃ 培养 24h 后呈圆形、光滑、湿润、半透明、边缘整齐或锯齿状、直径 2mm ~ 3mm 的粗糙型菌落。在液体培养基中呈均匀混浊生长。

（3）生化特性

沙门氏菌属按其生化特性，可分为Ⅰ、Ⅱ、Ⅲ、Ⅳ、Ⅴ五个亚属，其中亚属Ⅲ又称为亚利桑那菌，沙门氏菌属的基本生化特性见表 2－1。

表 2－1　沙门氏菌属的基本生化特性

试验	结果	试验	结果
氧化－发酵	F	葡萄糖产气	+
氧化酶	－	各种碳水化合物产酸	
硝酸盐还原	+	葡萄糖	+
吲哚	－	乳糖	－
甲基红	+	麦芽糖	+
V－P	－	甘露醇	+
枸橼酸盐	D	蔗糖	－

续表

试验	结果	试验	结果
硫化氢	+	卫矛醇	D
脲酶	–	阿拉伯糖	+/（+）
丙二酸盐	D	肌醇	D
苯丙氨酸脱氨酶	–	鼠李糖	+
赖氨酸脱羧酶	+	海藻糖	+
鸟氨酸脱羧酶	+	水杨苷	–
精氨酸双水解酶	+/（+）	木糖	D
氰化钾生长	–	b–半乳糖苷酶	D
明胶液化	–	甘油品红	（+）
DNA 酶 25	–	d–酒石酸	D
动力	+	l–酒石酸	D
黏质酸盐	d	i–酒石酸	D
		七叶苷水解	–

（4）抗原结构

沙门氏菌具有复杂的抗原结构，主要有菌体抗原（O 抗原）、鞭毛抗原（H 抗原）、表面抗原（Vi 抗原）。

1）菌体抗原（O 抗原）　简称脂多糖，也就是细菌的内毒素。O 抗原很稳定，能耐热 100℃达数小时，不被酒精或 0.1% 石炭酸破坏。O 抗原含有许多不同的多糖成分，分别以 1，2，3，…，67 阿拉伯数字表示。每种菌含有几种 O 抗原，将含有共同 O 抗原的沙门氏菌归为一组，可分为 A，B，C，…，Z 等组，引起人类疾病的 95% 都在 A，B，C，D，E，F 这 6 个群中。

2）鞭毛抗原（H 抗原）　沙门氏菌的 H 抗原存在于鞭毛上，化学成分为蛋白质，其特异性主要是由蛋白质多肽链上氨基酸的排列顺序及空间构型来决定。H 抗原对热不稳定，加热 60℃ ~70℃15min，或酒精及酸处理后即被破坏。

H 抗原可分为两相，第 1 相为特异相，用英文小写字母表示；第 2 相为非特异性相，用阿拉伯数字表示，但少数也有用英文字母来表示的。具有两相鞭毛抗原的细菌称为双相菌，仅具有一相鞭毛抗原的细菌称为单相菌。如甲型副伤寒沙门氏菌只具有 1 相抗原。

3）表面抗原（Vi 抗原）　Vi 抗原很重要，少数沙门氏菌如伤寒沙门氏菌、丙型副伤寒沙门氏菌等具有 Vi 抗原。Vi 抗原由糖脂组成，很不稳定，不耐热，60℃30min、100℃5min、石炭酸处理或人工培养后易消失。含有 Vi 抗原的细菌悬浮液于无水乙醇或甘油中比较稳定，加热亦不易破坏。

Vi 抗原位于菌体的最表层，因此具有 Vi 抗原的细菌，由于 O 抗原被 Vi 抗原所包围，可阻止 O 抗原与抗 O 血清发生凝集，必须加热 60℃30min 或 100℃5min 破坏 Vi 抗原后，O 抗原才能与抗 O 血清发生凝集。

凡初步生化反应符合沙门氏菌，而不与 A～F 群（组）O 多价血清或各单价血清凝集者，均应作 Vi 凝集试验。

（5）抗原变异

1）位相变异　这种变异在沙门氏菌中的双相菌中常有，在双相菌鉴定时非常重要。通常在一个培养物内二相并存，一株双相菌移种至平板，1 相与 2 相的菌落各占半数，但挑取单个菌落（第 1 相或 2 相）在培养基上多次移种后，其后代又可出现第 1 相与第 2 相菌落各半的情况，这种由一相变为另一相的变异，称为位相变异。一株双相菌，如果分离 H 抗原为单相时，大多是因一相掩盖另一相抗原。此时可用诱导法促使另一相抗原出现，一般可恢复为双相菌。

2）S－R 变异　这是指丧失 O 抗原，由光滑型（s 型）过渡到粗糙型（R 型）的一种变异。这种菌株不能分型。

（6）抵抗力

沙门氏菌对热及外界环境的抵抗力介于中等，60℃ 20min～30min 即被杀死；在普通水中可存活 2 周～3 周；在自然环境的粪便中可生存 1～2 个月；在冰箱中可生存 3～4 个月；在 －25℃可存活 10 个月左右；在干燥的垫草中可存活 8 周～20 周。

当水煮或油炸大块鱼、肉、香肠、肉饼时，若食品内部温度达不到足以杀死细菌的情况下，就会有细菌残留。该菌对化学药品的抵抗力较弱，如以 5% 苯酚处理，5min 可杀死；胆盐、煌绿及孔雀绿等对本属细菌的抑制作用较大肠杆菌为小，可用以制备选择性培养基。

3. 实验原理

沙门氏菌是肠道杆菌科最重要的病原菌属。食品中沙门氏菌的含量较少，且常由于受到损伤而处于濒死状态。因此首先要对某些加工食品经过前增菌处理，用无选择性的培养基使处于濒死状态的沙门氏菌恢复活力，再进行选择性增菌。沙门氏菌属细菌，不发酵侧金盏花醇、乳糖及蔗糖，不液化明胶，不产生靛基质，不分解尿素，能有规律地发酵葡萄糖并产气。与发酵乳糖的大肠杆菌在各种选择性培养基上有不同的特征。借助于三糖铁、靛基质、尿素、KCN、赖氨酸等试验可与肠道其他菌属鉴别。按国标方法，沙门氏菌的检验主要有以下五个方面，以下分别介绍其原理。

（1）前增菌

用不加任何抑菌剂的培养基缓冲蛋白胨水（BPW）进行增菌。

(2) 选择性增菌

国标中用四硫磺酸钠煌绿（TTB）增菌液和亚硒酸盐胱氨酸（SC）增菌液对沙门氏菌进行选择性增菌。SC中亚硒酸盐能与某些硫化物形成硒硫化合物起到抑菌作用，适合伤寒沙门氏菌和甲型副伤寒沙门氏菌增菌；TTB中的抑菌剂为四硫磺酸钠和煌绿，适合其他沙门氏菌增菌；两者结合可以提高检出率。

(3) 平板分离

分离沙门氏菌的培养基为选择性鉴别培养基，含有主要与埃希氏菌属鉴别的指示系统。主要有乳糖指示系统和硫化氢指示系统。沙门氏菌绝大部分不分解乳糖，不产酸，培养基的指示剂不会发生颜色变化，菌落颜色不会变化；而埃希氏菌分解乳糖产酸，指示剂发生颜色反应，菌落会发生颜色变化。但亚属Ⅲ能分解乳糖，因此要加入硫化氢指示系统与埃希氏菌区别。埃希氏菌属硫化氢试验阴性，亚属Ⅲ阳性，以此区分。

国标中使用选择性鉴别培养基为BS、XLD、HE等。BS中只有硫化氢指示系统。XLD、HE中两种都有。

(4) 生化试验鉴定到属

在选择性平板上符合沙门氏菌特征的菌落，只能成为可疑，需做生化试验进一步鉴定。

初步生化试验做三糖铁（TSI）试验。TSI试验主要是测定细菌对葡萄糖、乳糖、蔗糖的分解、产气及产硫化氢情况。沙门氏菌在其中的特征见本节试验步骤相关部分。只有斜面产酸、硫化氢阴性的菌株可以排除，其他均有沙门氏菌的可能。需进行其他生化反应。国标中规定为靛基质、尿素、KCN、赖氨酸，具体见试验步骤相关部分。

(5) 血清学分型和生化鉴定仪分型

在初步生化鉴定之后，需要进行血清学分型或用商业化生化鉴定仪分型。具体见试验步骤相关部分。

4. 实验材料

(1) 设备和材料

恒温培养箱、冰箱、恒温培养箱、电子天平（感量0.1g）、均质器、振荡器、无菌试管、无菌毛细管、无菌锥形瓶、无菌培养皿、pH计或pH比色管或精密pH试纸、全自动微生物鉴定系统等。

(2) 培养基和试剂

1）缓冲蛋白胨水（BPW）。

成分：蛋白胨10.0g；氯化钠5.0g；磷酸氢二钾（含12个结晶水）9.0g；磷酸二氢钾1.5g。蒸馏水1000mL。

制法：将各成分加入蒸馏水中，搅混均匀，静置约10min，加热煮沸至完全溶解，调至pH 7.2±0.2，高压灭菌121℃，15min。

2）四硫磺酸钠煌绿（TTB）增菌液。

①基础液：蛋白胨10.0g；牛肉膏5.0g；氧化钾3.0g；碳酸钙45.0g。蒸馏水1000mL。

除碳酸钙外，将各成分加入蒸馏水中，搅混均匀，静置约10min，加热煮沸至完全溶解，再加入碳酸钙，调至pH 7.0±0.2，高压灭菌121℃，20min。

②硫代硫酸钠溶液：硫代硫酸钠（含5个结晶水）50.0g；蒸馏水100.0mL。高压灭菌121℃，20min。

③碘溶液。成分：碘片20.0g；碘化钾25.0g；蒸馏水100.0mL。

制法：将碘化钾充分溶解于少量的蒸馏水中，再投入碘片，振摇玻瓶至碘片全部溶解为止，然后加蒸馏水至规定的总量，贮存于棕色瓶内，塞紧瓶盖备用。

④0.5%煌绿水溶液。成分：煌绿0.5g；蒸馏水100.0mL。

制法：溶解后，存放暗处，不少于1d，使其自然灭菌。

⑤牛胆盐溶液。成分：牛胆盐10.0g；蒸馏水100.0mL。

加热煮沸至完全溶解，高压灭菌121℃，20min。

制法：基础液900.0mL；硫代硫酸钠溶液100.0mL；碘溶液20.0mL；煌绿水溶液2.0mL；牛胆盐溶液50.0mL。

⑥制备。临用前，按上列顺序，以无菌操作依次加入基础液中，每加入一种成分，均应摇匀后再加入另一种成分。

3）亚硒酸盐胱氨酸（SC）增菌液。

成分：蛋白胨5.0g；乳糖4.0g；磷酸氢二钠（含12个结晶水）10.0g；亚硒酸氢钠4.0g；L-胱氨酸0.01g。蒸馏水1000mL。

制法：除亚硒酸氢钠和L-胱氨酸外，将各成分加入蒸馏水中，煮沸溶解，冷至55℃以下，以无菌操作加入亚硒酸氢钠和1g/L L-胱氨酸溶液10mL（称取0.1g L-胱氨酸，加1mol/L氢氧化钠溶液15mL，使溶解，再加无菌蒸馏水至100mL即成，如为DL-胱氨酸，用量应加倍）。摇匀，调至pH 7.0±0.2。

4）亚硫酸铋（BS）琼脂。

成分：蛋白胨10.0g；牛肉膏5.0g；葡萄糖5.0g；硫酸亚铁0.3g；磷酸氢二钠4.0g；煌绿0.025g或5.0g/L水溶液5.0mL；柠檬酸铋铵2.0g；亚硫酸钠6.0g；琼脂18.0g。蒸馏水1000.0mL。

制法：将前三种成分加入300mL蒸馏水（制作基础液），硫酸亚铁和磷酸氢二钠分别加入20mL和30mL蒸馏水中，柠檬酸铋铵和亚硫酸钠分别加入另一20mL和30mL

蒸馏水中，琼脂加入600mL蒸馏水中。然后分别搅拌均匀，静置约30min，加热煮沸至完全溶解。冷至80℃左右时，先将硫酸亚铁和磷酸氢二钠混匀，倒入基础液中，混匀。将柠檬酸铋铵和亚硫酸钠混匀，倒入基础液中，再混匀。调至pH 7.5 ±0.2，随即倾入琼脂液中，混合均匀，冷至50℃ ~55℃。加入煌绿溶液，充分混匀后立即倾注平皿，每皿约20mL。

5）HE（Hektoen Enteric）琼脂。

成分：蛋白胨12.0g；牛肉膏3.0g；乳糖12.0g；蔗糖12.0g；水杨素2.0g；胆盐20.0g；氯化钠5.0g；琼脂18.0g ~20.0g；蒸馏水1000.0mL；0.4%溴麝香草酚蓝溶液16.0mL；Andrade指示剂20.0mL；甲液20.0mL；乙液20.0mL。

制法：将前面七种成分溶解于400mL蒸馏水内作为基础液；将琼脂加入于600mL蒸馏水内，加热溶解。加入甲液和乙液于基础液内，调至pH 7.5 ±0.2。再加入指示剂，并与琼脂液合并，待冷至50℃ ~55℃倾注平皿。

注意：

①甲液的配制：硫代硫酸钠34.0g；柠檬酸铁铵4.0g；蒸馏水100.0mL。

②乙液的配制：去氧胆酸钠10.0g；蒸馏水100.0mL。

③Andrade指示剂：酸性复红0.5g；1mol/L氢氧化钠溶液16.0mL；蒸馏水100.0mL。

将复红溶解于蒸馏水中，加入氢氧化钠溶液。数小时后如复红褪色不全，再加氢氧化钠溶液1mL ~2mL。

6）木糖赖氨酸脱氧胆盐（XLD）琼脂。

成分：酵母膏3.0g；L－赖氨酸5.0g；木糖3.75g；乳糖7.5g；蔗糖7.5g；去氧胆酸钠2.5g；柠檬酸铁铵0.8g；硫代硫酸钠6.8g；氯化钠5.0g；琼脂15.0g；酚红0.08g。蒸馏水1000.0mL。

制法：将上述成分（酚红和琼脂除外）溶解于400mL蒸馏水，煮沸溶解。调至pH 7.4 ±0.2。另将琼脂加入600mL蒸馏水中，煮沸溶解。将上述两溶液混合均匀后，再加入指示剂，待冷至50℃ ~55℃倾注平皿。

7）沙门氏菌属显色培养基。

8）三糖铁（TSI）琼脂。

成分：蛋白胨20.0g；牛肉膏5.0g；乳糖10.0g；蔗糖10.0g；葡萄糖1.0g；硫酸亚铁铵（含6个结晶水）0.2g；酚红0.025g或5.0g/L溶液5.0mL；氯化钠5.0g；硫代硫酸钠0.2g；琼脂12.0g。蒸馏水1000.0mL。

制法：除酚红和琼脂外，将其他成分加入400mL蒸馏水中，煮沸溶解，调至pH 7.4 ±0.2。另将琼脂加入600mL蒸馏水中，煮沸溶解。

将上述两溶液混合均匀后，再加入指示剂，混匀，分装试管，每管约2mL~4mL，高压灭菌121℃10min或115℃15min，灭菌后置成高层斜面，呈桔红色。

用途：用于做三糖铁（TSI）试验。主要是测定细菌对葡萄糖、乳糖、蔗糖的分解、产气和产硫化氢情况，可对肠杆菌科各属进行初步分析。

9）蛋白胨水。

成分：蛋白胨（或胰蛋白胨）20.0g；氧化钠5.0g；蒸馏水1000.0mL。

制法：按上述成分加入蒸馏水中，煮沸溶解，调节pH至7.4±0.2，分装小试管，121℃高压灭菌15min。

靛基质试剂，成分：柯凡克试剂：将5g对二甲氨基甲醛溶解于75mL戊醇中，然后缓慢加入浓盐酸25mL。

欧-波试剂：将1g对二甲氨基苯甲醛溶解于95mL 95%乙醇内。然后缓慢加入浓盐酸20mL。

试验方法：挑取小量培养物接种，在36℃±1℃培养1d~2d，必要时可培养4d~5d。加入柯凡克试剂约0.5mL，轻摇试管，阳性者于试剂层呈深红色，或加入欧-波试剂约0.5mL，沿管壁流下，覆盖于培养液表面，阳性者于液面接触处呈玫瑰红色。蛋白胨中应含有丰富的色氨酸。每批蛋白胨买来后，应先用已知菌种鉴定后方可使用。

10）尿素琼脂（pH 7.2）。

成分：蛋白胨1.0g；氯化钠5.0g；葡萄糖1.0g；磷酸二氢钾2.0g；乳糖1.0g；0.4%酚红3.0mL；琼脂20.0g。蒸馏水1000mL；20%尿素溶液100mL。

制法：将除尿素、琼脂和酚红以外的成分加入400mL蒸馏水中，煮沸溶解，调节pH至7.2±0.2，另将琼脂加入600mL蒸馏水中，煮沸溶解。将上述两溶液混合均匀后，再加入指示剂后分装，121℃高压灭菌15min。

冷至50℃~55℃，加入经除菌过滤的尿素溶液。尿素的最终浓度为2%，分装于无菌试管内，放成斜面备用。

试验方法：挑取琼脂培养物接种，在36℃±1℃培养24h，观察结果。尿素酶阳性者由于产碱而使培养基变为红色。

11）氰化钾（KCN）培养基。

成分：蛋白胨10.0g；氧化钠5.0g；磷酸二氢钾0.225g；磷酸二氢钠5.64g；蒸馏水1000.0mL；0.5%氰化钾20.0mL。

制法：将除氰化钾以外的成分加入蒸馏水中，煮沸溶解，分装后121℃高压灭菌15min。放在冰箱内使其充分冷却。每100mL培养基加入0.5%氰化钾溶液2.0mL（最后浓度为1:10000），分装于无菌试管内，每管约4mL，立刻用无菌橡皮塞塞紧，放在

4℃冰箱内，至少可保存两个月。同时，将不加氰化钾的培养基作为对照培养基，分装试管备用。

试验方法：将琼脂培养物接种于蛋白胨水内成为稀释菌液，挑取1环接种于氰化钾（KCN）培养基。并另挑取1环接种于对照培养基。在36℃ ±1℃培养1d ~2d，观察结果。如有细菌生长即为阳性（不抑制），经2d细菌不生长为阴性（抑制）。

注：氰化钾是剧毒药，使用时应小心，切勿沾染，以免中毒。夏天分装培养基应在冰箱内进行。试验失败的主要原因是封口不严，氰化钾逐渐分解，产生氢氰酸气体逸出，以致药物浓度降低，细菌生长，因而造成假阳性反应。试验时对每一环节都要特别注意。

12）赖氨酸脱羧酶试验培养基。

成分：蛋白胨5.0g；酵母浸膏3.0g；葡萄糖1.0g；蒸馏水1000.0mL；1.6%溴甲酚紫－乙醇溶液1.0mL；L－赖氨酸或DL－赖氨酸0.5g/100mL或1.0g/100mL。

制法：除赖氨酸以外的成分加热溶解后，分装每瓶100mL，分别加入赖氨酸。L－赖氨酸按0.5%加入，DL－赖氨酸按1%加入。再行校正pH至6.8 ±0.2。对照培养基不加赖氨酸。分装于无菌的小试管内，每管0.5mL，上面滴加一层液状石蜡，115℃高压灭菌10min。

试验方法：从琼脂斜面上挑取培养物接种，于36℃ ±1℃培养18h ~24h，观察结果。氨基酸脱羧酶阳性者由于产碱，培养基应呈紫色。阴性者无碱性产物，但因葡萄糖产酸而使培养基变为黄色。对照管应为黄色。

13）糖发酵管。

成分：牛肉膏5.0g；蛋白胨10.0g；氯化钠3.0g；磷酸氢二钠（含12个结晶水）2.0g；0.2%溴麝香草酚蓝溶液12.0mL；蒸馏水1000.0mL。

制法：葡萄糖发酵管按上述成分配好后，并校正pH至7.4 ±0.2。按0.5%加入葡萄糖，分装于有一个倒置小管的小试管内，121℃高压灭菌15min。

其他各种糖发酵管可按上述成分配好后，分装每瓶100mL，121℃高压灭菌15min。另将各种糖类分别配好10%溶液，同时高压灭菌。将5mL糖溶液加入于100mL培养基内，以无菌操作分装小试管。

注：蔗糖不纯，加热后会自行水解者，应采用过滤法除菌。

试验方法：从琼脂斜面上挑取小量培养物接种，于36℃ ±1℃培养，一般2d ~3d。迟缓反应需观察14d ~30d。

14）邻硝基酚β－D半乳糖苷（ONPG）培养基。

成分：邻硝基酚β－D半乳糖苷（ONPG）60.0mg；0.01mol/L磷酸钠缓冲液（pH 7.5）10.0mL；1%蛋白胨水（pH 7.5）30.0mL。

制法：将 ONPG 溶于缓冲液内，加入蛋白胨水，以过滤法除菌，分装于无菌的小试管内，每管 0.5mL，用橡皮塞塞紧。

试验方法：自琼脂斜面上挑取培养物 1 满环接种于 36℃ ±1℃ 培养 1h ~ 3h 和 24h 观察结果。如果 β - 半乳糖苷酶产生，则于 1h ~ 3h 变黄色，如无此酶则 24h 不变色。

15）半固体琼脂。

成分：牛肉膏 0.3g；蛋白胨 1.0g；氯化钠 0.5g；琼脂 0.35g ~ 0.4g；蒸馏水 100.0mL。

制法：按以上成分配好，煮沸使溶解，并校正 pH 至 7.4 ±0.2。分装小试管，121℃高压灭菌 15min。直立凝固备用。

注：供动力观察、菌种保存、H 抗原位相变异试验等用。

16）丙二酸钠培养基。

成分：酵母浸膏 1.0g；硫酸铵 2.0g；磷酸氢二钾 0.6g；磷酸二氢钾 0.4g；氯化钠 2.0g；丙二酸钠 3.0g；0.2% 溴麝香草酚蓝溶液 12.0mL；蒸馏水 1000.0mL。

制法：除指示剂以外的成分溶解于水，调节 pH 至 6.8 ±0.2 后再加入指示剂，分装试管，121℃高压灭菌 15min。

试验方法：用新鲜的琼脂培养物接种，于 36℃ ±1℃ 培养 48h，观察结果。阳性者由绿色变为蓝色。

17）沙门氏菌 O 和 H 诊断血清。

18）API 20E 生化鉴定试剂盒或 VITEK GNI$^+$ 生化鉴定卡。

5. 检验程序

沙门氏菌检验程序见图 2 –5。

6. 操作步骤

（1）预增菌

称取 25g（mL）样品放入盛有 225mL BPW 的无菌均质杯中，以 8000r/min ~ 10000r/min 均质 1min ~2min，或置于盛有 225mL BPW 的无菌均质袋中，用拍击式均质器拍打 1min ~2min。若样品为液态，不需要均质，振荡混匀。如需要，测定 pH 值，用 1mol/mL 无菌氢氧化钠或盐酸调 pH 至 6.8 ±0.2。无菌操作将样品转至 500mL 锥形瓶或其他合适容器内（如均质杯本身具有无孔盖，可不转移样品），如使用均质袋，可直接进行培养，于 36℃ ±1℃ 培养 8h ~18h。如为冷冻产品，应在 45℃以下不超过 15min，或 2℃ ~5℃不超过 18h 解冻。

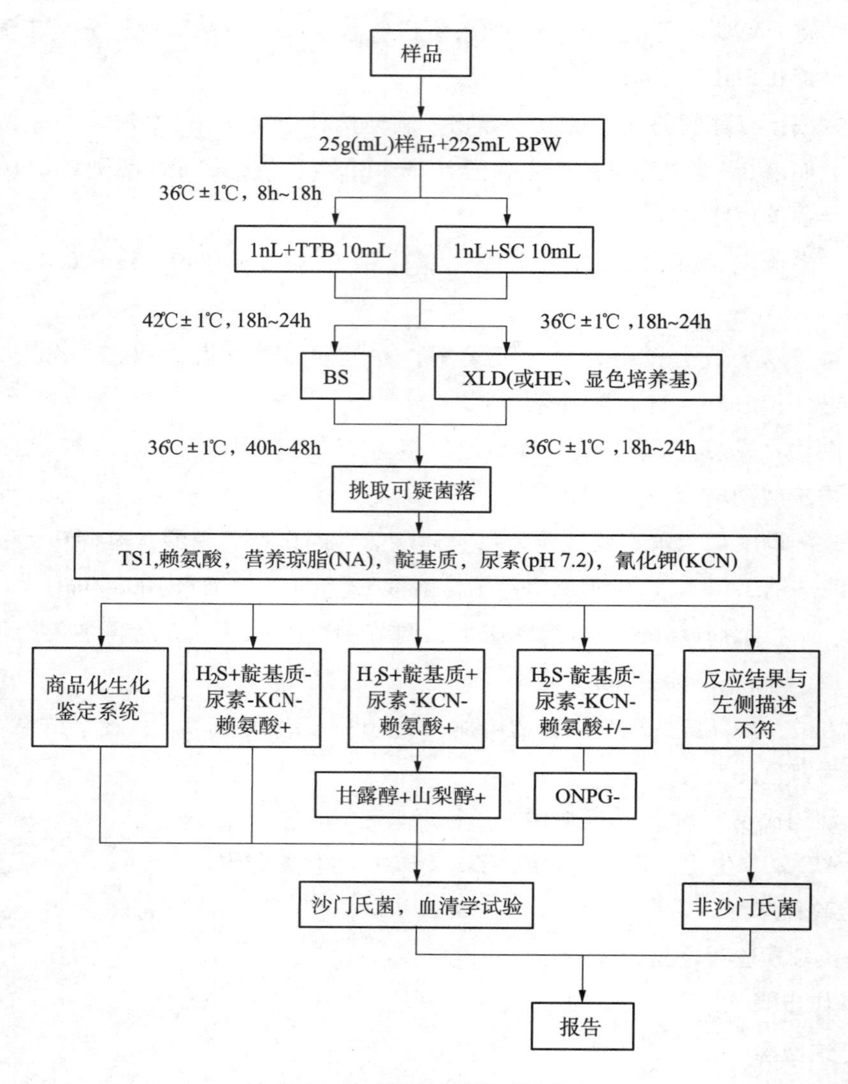

图2-5　沙门氏菌检验程序

（2）增菌

轻轻摇动培养过的样品混合物，移取1mL，转种于10mL TTB内，于42℃±1℃培养18h~24h。同时，另取1mL，转种于10mL SC内，于36℃±1℃培养18h~24h。

（3）分离

分别用接种环取增菌液1环，划线接种于一个BS琼脂平板和一个XLD琼脂平板（或HE琼脂平板或沙门氏菌属显色培养基平板）。于36℃±1℃分别培养18h~24h（XLD琼脂平板、HE琼脂平板、沙门氏菌属显色培养基平板）或40h~48h（BS琼脂平板），观察各个平板上生长的菌落，各个平板上的菌落特征见表2-2。

表 2-2 沙门氏菌属在不同选择性琼脂平板上的菌落特征

选择性琼脂平板	沙门氏菌
BS 琼脂	菌落为黑色有金属光泽、棕褐色或灰色，菌落周围培养基可呈黑色或棕色；有些菌株形成灰绿色的菌落，周围培养基不变
HE 琼脂	蓝绿色或蓝色，多数菌落中心黑色或几乎全黑色；有些菌株为黄色，中心黑色或几乎全黑色
XLD 琼脂	菌落呈粉红色，带或不带黑色中心，有些菌株可呈现大的带光泽的黑色中心，或呈现全部黑色的菌落；有些菌株为黄色菌落，带或不带黑色中心
沙门氏菌属显色培养基	按照显色培养基的说明进行判定

（4）生化试验

1）自选择性琼脂平板上分别挑取两个以上典型或可疑菌落，接种三糖铁琼脂，先在斜面划线，再于底层穿刺；接种针不要灭菌，直接接种赖氨酸脱羧酶试验培养基和营养琼脂平板，于36℃ ±1℃培养 18h ~24h，必要时可延长至 48h。在三糖铁琼脂和赖氨酸脱羧酶试验培养基内，沙门氏菌属的反应结果见表 2-3。

表 2-3 沙门氏菌属在三糖铁琼脂和赖氨酸脱羧酶试验培养基内的反应结果

三糖铁琼脂				赖氨酸脱羧酶试验培养基	初步判断
斜面	底层	产气	硫化氢		
-	+	+（-）	+（-）	+	可疑沙门氏菌属
-	+	+（-）	+（-）	-	可疑沙门氏菌属
+	+	+（-）	+（-）	+	可疑沙门氏菌属
+	+	+/-	+/-	-	非沙门氏菌

注：+阳性，-阴性；+（-）多数阳性，少数阴性；+/-阳性或阴性。

表 2-3 说明，在三糖铁琼脂内斜面产酸，底层产酸，同时赖氨酸脱羧酶试验阴性的菌株可以排除。如三糖铁琼脂内斜面产碱，底层产碱，也可以排除。其他的反应结果均有沙门氏菌属的可能，同时也均有不是沙门氏菌属的可能。

2）接种三糖铁琼脂和赖氨酸脱羧酶试验培养基的同时，可直接接种蛋白胨水（供做靛基质试验）、尿素琼脂（pH 7.2）、氰化钾（KCN）培养基，也可在初步判断结果后从营养琼脂平板上挑取可疑菌落接种。于36℃ ±1℃培养 18h ~24h，必要时可延长至48h，按表 2-4 判定结果。将已挑菌落的平板储存于 2℃ ~5℃或室温至少保留 24h，以备必要时复查。

表 2-4 沙门氏菌属生化反应初步鉴别表

反应序号	硫化氢	靛基质	pH 7.2 尿素	氰化钾（KCN）	赖氨酸脱羧酶
A1	+	-	-	-	+
A2	+	+	-	-	+
A3	-	-	-	-	+/-

注：+阳性；-阴性；+/-阳性或阴性

①反应序号 A1：典型反应判定为沙门氏菌属。如尿素、氰化钾和赖氨酸脱羧酶 3 项中有 1 项异常，按表 2－5 可判定为沙门氏菌。如有 2 项异常为非沙门氏菌。

表 2－5　沙门氏菌属生化反应初步鉴别表

pH 7.2 尿素	氰化钾（KCN）	赖氨酸脱羧酶	判定结果
－	－	－	甲型副伤寒沙门氏菌（要求血清学鉴定结果）
－	＋	＋	沙门氏菌Ⅳ或Ⅴ（要求符合本群生化特性）
＋	－	＋	沙门氏菌个别变体（要求）

注：＋表示阳性；－表示阴性。

②反应序号 A2：补做甘露醇和山梨醇试验，沙门氏菌靛基质阳性变体两项试验结果均为阳性，但需要结合血清学鉴定结果进行判定。

③反应序号 A3：补做 ONPG。ONPG 阴性为沙门氏菌，同时赖氨酸脱羧酶阳性，甲型副伤寒沙门氏菌为赖氨酸脱羧酶阴性。

④必要时按表 2－6 进行沙门氏菌生化群的鉴别。

表 2－6　沙门氏菌亚属各生化群的鉴别

项目	Ⅰ	Ⅱ	Ⅲ	Ⅳ	Ⅴ	Ⅵ
卫矛醇	＋	＋	－	－	＋	－
山梨醇	＋	＋	＋	＋	＋	－
水杨苷	－	－	－	＋	－	－
ONPG	－	－	＋	－	＋	－
丙二酸盐	－	＋	＋	－	－	－
氰化钾（KCN）	－	－	－	＋	＋	－

注：＋表示阳性；－表示阴性。

3）如选择 API 20E 生化鉴定试剂盒或 VITEK 全自动微生物鉴定系统，可根据①的初步判断结果，从营养琼脂平板上挑取可疑菌落，用生理盐水制备成浊度适当的菌悬液，使用 API 20E 生化鉴定试剂盒或 VITEK 全自动微生物鉴定系统进行鉴定。

（5）血清学鉴定

1）检查培养物有无自凝性　一般采用 1.2%～1.5% 琼脂培养物作为玻片凝集试验用的抗原。首先排除自凝集反应，在洁净的玻片上滴加一滴生理盐水，将待试培养物混合于生理盐水滴内，使成为均一性的混浊悬液，将玻片轻轻摇动 30s～60s，在黑色背景下观察反应（必要时用放大镜观察），若出现可见的菌体凝集，即认为有自凝性，反之无自凝性。对无自凝性的培养物参照下面的方法进行血清学鉴定。

2）多价菌体抗原（O）鉴定　在玻片上划出两个约 1cm×2cm 的区域，挑取 1 环待测菌，各放 1/2 环于玻片上的每一区域上部，在其中一个区域下部加 1 滴多价菌体（O）抗血清，在另一区域下部加入 1 滴生理盐水，作为对照。再用无菌的接种环或针分别将两个区域内的菌落研成乳状液。将玻片倾斜摇动混合1min，并对着黑暗背景进行观察，任何程度的凝集现象皆为阳性反应。O血清不凝集时，将菌株接种在琼脂量较高的（如2%～3%）培养基上再检查；如果是由于Vi抗原的存在而阻止了O凝集反应时，可挑取菌苔于1mL生理盐水中做成浓菌液，于酒精灯火焰上煮沸后再检查。

3）多价鞭毛抗原（H）鉴定　同2）多价菌体抗原（O）鉴定。H抗原发育不良时，将菌株接种在0.55%～0.65%半固体琼脂平板的中央，待菌落蔓延生长时，在其边缘部分取菌检查；或将菌株通过装有0.3%～0.4%半固体琼脂的小玻管1次～2次，自远端取菌培养后再检查。

4）血清学分型（选做项目）

①O抗原的鉴定：用A～F多价O血清做玻片凝集试验，同时用生理盐水做对照。在生理盐水中自凝者为粗糙形菌株，不能分型。

被A～F多价O血清凝集者，依次用O4；O3、O10；O7；O8；O9；O2和O11因子血清做凝集试验。根据试验结果，判定O群。被O3、O10血清凝集的菌株，再用O10、O15、O34、O19单因子血清做凝集试验，判定E1、E2、E3、E4各亚群，每一个O抗原成分的最后确定均应根据O单因子血清的检查结果，没有O单因子血清的要用两个O复合因子血清进行核对。

不被A～F多价O血清凝集者，先用9种多价O血清检查，如有其中一种血清凝集，则用这种血清所包括的O群血清逐一检查，以确定O群。每种多价O血清所包括的O因子如下。

O多价1　A，B，C，D，E，F群（并包括6，14群）

O多价2　13，16，17，18，21群

O多价3　28，30，35，38，39群

O多价4　40，41，42，43群

O多价5　44，45，47，48群

O多价6　50，51，52，53群

O多价7　55，56，57，58群

O多价8　59，60，61，62群

O多价9　63，65，66，67群

②H抗原的鉴定：属于A～F各O群的常见菌型，依次用表2－7所述H因子血清检查第1相和第2相的H抗原。

表2－7　A－F群常见菌型H抗原表

O群	第1相	第2相
A	a	无

续表

O群	第1相	第2相
B	g, f, s	无
B	i, b, d	2
C1	k, v, r, c	5, Z15
C2	b, d, r	2, 5
D（不产气的）	d	无
D（产气的）	g, m, p, q	无
E1	h, v	6, w, x
E4	g, s, t	无
E4	i	无

不常见的菌型，先用8种多价H血清检查，如有其中一种或两种血清凝集，则再用这一种或两种血清所包括的各种H因子血清逐一检查，以第1相和第2相的H抗原。8种多价H血清所包括的H因子如下。

H多价1　a，b，c，d，i

H多价2　eh，enx，enz_{15}，fg，gms，gpu，gp，gq，mt，gz_{51}

H多价3　k，r，y，z，z_{10}，1v，lw，lz_{13}，lz_{28}，lz_{40}

H多价4　1，2；1，5；1，6；1，7；Z_6

H多价5　Z_4Z_{23}，Z_4Z_{24}，Z_4Z_{32}，Z_{29}，Z_{35}，Z_{36}，Z_{38}

H多价6　Z_{39}，Z_{41}，Z_{42}，Z_{44}

H多价7　Z_{52}，Z_{53}，Z_{54}，Z_{55}

H多价8　Z_{56}，Z_{57}，Z_{60}，Z_{61}，Z_{62}

每一个H抗原成分的最后确定均应根据H单因子血清的检查结果，没有H单因子血清的要用两个H复合因子血清进行核对。

检出第1相H抗原而未检出第2相H抗原的或检出第2相H抗原而未检出第1相H抗原的，可在琼脂斜面上移种1代~2代后再检查。如仍只检出一个相的H抗原，要用位相变异的方法检查其另一个相。单相菌不必做位相变异检查。

位相变异试验方法如下：

小玻管法：将半固体管（每管约1mL~2mL）在酒精灯上熔化并冷至50℃，取已知相的H因子血清0.05mL~0.1mL，加入于熔化的半固体内，混匀后，用毛细吸管吸取分装于供位相变异试验的小玻管内，待凝固后，用接种针挑取待检菌，接种于一端。将小玻管平放在平皿内，并在其旁放一团湿棉花，以防琼脂中水分蒸发而干缩，每天检查结果，待另一相细菌解离后，可以从另一端挑取细菌进行检查。培养基内血清的浓度应有适当的比例，过高时细菌不能生长，过低时同一相细菌的动力不能抑制。一

般按原血清 1∶200～1∶800 的量加入。

小倒管法：将两端开口的小玻管（下端开口要留一个缺口，不要平齐）放在半固体管内，小玻管的上端应高出于培养基的表面，灭菌后备用。临用时在酒精灯上加热熔化，冷至 50℃，挑取因子血清 1 环，加入小套管中的半固体内，略加搅动，使其混匀，待凝固后，将待检菌株接种于小套管中的半固体表层内，每天检查结果，待另一相细菌解离后，可从套管外的半固体表面取菌检查，或转种 1% 软琼脂斜面，于 36℃培养后再做凝集试验。

简易平板法：将 0.35%～0.4% 半固体琼脂平板烘干表面水分，挑取因子血清 1 环，滴在半固体平板表面，放置片刻，待血清吸收到琼脂内，在血清部位的中央点种待检菌株，培养后，在形成蔓延生长的菌苔边缘取菌检查。

（6）Vi 抗原的鉴定

用 Vi 因子血清检查。已知具有 Vi 抗原的菌型有：伤寒沙门氏菌，丙型副伤寒沙门氏菌，都柏林沙门氏菌。

（7）菌型的判定

根据血清学分型鉴定的结果，按照有关沙门氏菌属抗原表判定菌型。

（8）结果报告

综合以上生化试验和血清学鉴定的结果，报告 25g 样品中检出或未检出沙门氏菌属。

（二）志贺氏菌的检验

1. 实验目的

志贺氏菌属细菌通称为痢疾杆菌，是细菌性痢疾的病原菌。临床上引起痢疾症状的病原微生物包括志贺氏菌属、沙门氏菌属、变形杆菌属、埃希氏菌属、阿米巴原虫、病毒等，其中志贺氏菌引起的细菌性痢疾最常见。人类对志贺氏菌的易感性较高，在食物和饮用水的卫生检验时，常以是否含有志贺氏菌作为指标。

志贺氏菌属由四个亚群组成，即 A、B、C、D 四个亚群。

A 群：痢疾志贺氏菌；B 群：福氏志贺氏菌；C 群：鲍氏志贺氏菌；D 群：宋内氏志贺氏菌。

2. 生物学特性

（1）形态与染色

志贺氏菌属为革兰氏阴性短杆菌。末端钝圆，无鞭毛、不形成芽孢，无动力。

（2）培养特性

为兼性厌氧菌，营养要求不高，在普通培养基上易于生长。在固体培养基上经培养 18h～24h 后，菌落圆形、透明、隆起并微凸、直径约 2mm～3mm、表面光滑、湿润、边缘整齐。最适温度为37℃左右，但在10℃～40℃范围内亦可生长。正常的光滑型菌株在肉汤内生长时，呈均匀混浊生长，管底有少量沉淀，但易于摇散，罕见有菌膜形式。

（3）生化特性

志贺氏菌属的细菌发酵糖类的能力远比埃希氏菌属弱，不发酵乳糖（宋内氏志贺氏菌迟缓发酵乳糖），但都能发酵葡萄糖，一般不产气，不产生硫化氢。与肠杆菌科各属细菌比较，主要特征为不运动，对各种糖的利用能力较差，一般不产气。

（4）抗原结构

志贺氏杆菌有O抗原和K抗原。

利用抗原的复杂性，可将志贺氏菌分成A、B、C、D四组，相当于痢疾志贺氏菌、福氏志贺氏杆菌、鲍氏志贺氏菌和宋内氏志贺氏菌。每一组又利用O抗原分型，目前痢疾志贺氏菌分10型、福氏志贺氏菌分8型、鲍氏志贺氏菌分15型、宋内氏志贺氏菌1型。

K抗原包绕于某些新分离的痢疾杆菌表面，不耐热，加热100℃ 1h即被破坏。此抗原可以阻止菌体抗原与相应免疫血清发生凝集。

（5）抵抗力

志贺氏菌属的细菌与沙门氏菌属及其他肠道杆菌相比，对理化因素抵抗力较低。对酸敏感。在外界环境中的生存力，宋内氏志贺氏菌最强、福氏志贺氏菌次之，痢疾志贺氏菌最弱。一般潮湿的土壤中能生存34天，37℃的水中存活20天，在冰块中可存活3个月，粪便中的细菌在室温情况下（20℃左右）可存活11天。有高浓度胆汁的培养基能抑制某些志贺氏菌株的生长，日光直射30min可杀死，56℃～60℃需19min可杀死，1%石炭酸中15min～30min可杀死。对磺胺、链霉素和氯霉素敏感但容易产生耐药性。

（6）变异性

1）S－R型变异　菌落由光滑型变为粗糙型时，常伴有生化反应，抗原结构和致病性的变异。在机体内，尤其是慢性患者和恢复期患者，痢疾志贺氏菌可发生变异而失去原来的生化和抗原特性，成为不典型菌株。其中部分不典型菌株，可通过10%胆汁肉汤等又转变为典型菌株。

2）耐药性变异　自从广泛使用抗生素以来，志贺氏菌属的耐药菌株不断增加，给防治工作带来许多困难。国内部分地区报告，志贺氏菌对四环素的耐药率达74%、氯霉素73.6%～97%、链霉素84%～98%、金霉素75%～100%、磺胺类97%～100%，可见对这几种抗生素的耐药率相当高。

（7）致病性

志贺氏苗的致病作用，主要是侵袭力和菌体内毒素，个别菌株能产生外毒素，使

得人得痢疾及食物中毒。

1）侵袭力　志贺氏菌进入大肠后，由于菌毛的作用，黏在大肠和回肠末端肠黏膜的上皮细胞上，继而在上皮层繁殖，扩散至邻近细胞及上皮下层。由于毒素的作用，上皮细胞死亡，黏膜下发炎，并有毛细血管血栓形成，以致坏死、脱落、形成溃疡，志贺氏菌一般不侵犯其他组织，偶尔可引起败血症，目前认为不论是产生外毒素的还是只产生内毒素的志贺氏菌，必须侵入肠壁才能致病，非侵袭性痢疾杆菌突变菌株不能引起疾病。因此，对黏膜组织的侵袭力是决定致病力的主要因素。

2）内毒素　志贺氏菌属中各菌株都有强烈的内毒素。作用于肠壁，使通透性增高，从而促进毒素的吸收、引起一系列毒血症症状，如发热、神志障碍、甚至中毒性休克。毒素破坏黏膜形成炎症、溃疡，呈现典型的痢疾脓血黏液便。毒素作用于肠壁植物神经，使肠功能紊乱，肠蠕动共济失调和痉挛，尤其盲肠括约肌最明显，因而发生腹痛、里急、后重等症状。

3）肠毒素　痢疾志贺氏菌Ⅰ型和Ⅱ型能产生肠毒素，肠毒素的病变主要在小肠，而菌痢的病变主要在大肠。痢疾志贺氏菌Ⅰ型突变菌株不产肠毒素但仍有侵袭力。

3. 实验原理

（1）增菌

国标中用志贺氏菌增菌肉汤－新生霉素。41.5℃±1℃厌氧培养16h～20h。

（2）选择性鉴别培养基分离

国标中使用XLD、麦康凯、志贺氏菌显色培养基，都含有乳糖指示系统。志贺氏菌不发酵或者迟缓发酵乳糖，硫化氢阴性，在这些平板上呈现出无色半透明不发酵乳糖的菌落。同时用两种，可以提高检出率。

（3）初步生化试验、血清学分型和进一步生化试验

首先用TSI做初步生化试验，用半固体做动力试验。志贺氏菌在TSI上的特征为斜面产碱（红色），底层产酸（黄色），不产气，硫化氢试验阴性，无动力。出现此反应，提示可疑，挑可疑菌株做血清学试验，鉴定菌型。同时做进一步的生化试验。

4. 实验材料

（1）设备和材料

恒温培养箱、冰箱、显微镜、恒温水浴箱、天平、均质器、振荡器、无菌吸管、膜过滤系统、微量移液器及吸头、酒精灯、载玻片、灭菌金属匙或玻璃棒、接种棒、镍铬丝、无菌锥形瓶、试管架、无菌培养皿、pH计或pH比色管或精密pH试纸、全自动微生物鉴定系统等。

（2）培养基和试剂

1）志贺氏菌增菌肉汤－新生霉素。

成分：胰蛋白胨 20g；氯化钠 5g；去氧胆酸钠 0.5g；磷酸二氢钾 2g；磷酸氢二钾 2g；氯化钠 5g；葡萄糖 1g；吐温 80 1.5mL；蒸馏水 1000mL。

制法：上述各成分混合后加热溶解，冷却至 25℃左右校正 pH 至 7.0 ±0.2，分装适当的容器，121℃灭菌 15min 取出后冷却至 50℃ ~55℃，加入除菌过滤的新生霉素溶液（0.5μg/mL），分装 225mL 备用。如不立即使用，在 2℃ ~8℃条件下可储存 1 个月。

新生霉素溶液。成分：新生霉素 25mg；蒸馏水 1000mL。制法：将新生霉素溶解于蒸馏水中，用 0.22μm 过滤膜除菌，如不立即使用，在 2℃ ~8℃条件下可储存 1 个月。

临用时每 225mL 志贺氏菌增菌肉汤加入 5mL 新生霉素溶液混匀。

2）XLD 琼脂：按第二章第五节焙烤食品的病原菌检验中沙门氏菌的检验相关内容进行操作。

3）麦康凯（MAC）琼脂。

成分：蛋白胨 20g；3 号胆盐 1.5g；氯化钠 5g；琼脂 15g；蒸馏水 1000mL；乳糖 10g；结晶紫水溶液 0.001g；中性红 0.03g。

制法：将以上成分混合加热溶解，冷却至 25℃左右校正 pH 至 7.2 ±0.2，分装，121℃高压灭菌 15min。冷却至 45℃ ~50℃，倾注平板。如不立即使用，在 2℃ ~8℃条件下可储存 2 周。

4）三糖铁琼脂：按第二章第五节焙烤食品的病原菌检验中沙门氏菌的检验相关内容进行操作。

5）半固体琼脂：按第二章第五节焙烤食品的病原菌检验中沙门氏菌的检验相关内容进行操作。

6）葡萄糖铵琼脂。

成分：氯化钠 5g；硫酸镁（$MgSO_4 \cdot 7H_2O$）0.2g；磷酸二氢铵 1g；磷酸氢二钾 1g；葡萄糖 2g；琼脂 20g；蒸馏水 1000mL；0.2% 溴麝香草酚蓝溶液 40mL；pH 6.8 ±0.2。

制法：先将盐类和糖溶解于水内，校正 pH 至 6.8 ±0.2，再加琼脂加热溶解，然后加入指示剂。混合均匀后分装试管，121℃高压灭菌 15min。制成斜面备用。

试验方法：用接种针轻轻触及培养物的表面，在盐水管内做成极稀的悬液，肉眼观察不见混浊，以每一接种环内含菌个数在 20 ~100 之间为宜。将接种环灭菌后挑取菌液接种，同时再以同法接种普通斜面一支作为对照。于 36 ±1℃培养 24h。阳性者葡萄糖铵斜面上有正常大小的菌落生长；阴性者不生长，但在对照培养基上生长良好。如在葡萄糖铵斜面生长极微小的菌落，可视为阴性结果。

注：容器使用前应用清洁液浸泡，再用清水、蒸馏水冲洗干净，并用新棉花做成棉塞，干热灭菌后使用，如果操作时不注意，有杂质污染，易造成假阳性的结果。

7）尿素琼脂：按第二章第五节焙烤食品的病原菌检验中沙门氏菌的检验相关内容进行操作。

8）西蒙氏柠檬酸盐琼脂。

成分：氯化钠5g；硫酸镁0.2g；磷酸二氢铵1g；磷酸氢二钾1g；柠檬酸钠5g；琼脂20g；蒸馏水1000mL；0.2%溴麝香草酚蓝溶液40mL；pH 6.8±0.2。

制法：先将盐类溶解于水内，校正pH，再加琼脂，加热溶化。然后加入指示剂，混合均匀后分装试管，121℃高压灭菌15min。放成斜面。

试验方法：挑取少量琼脂培养物接种，于36℃±1℃培养4d，每天观察结果。阳性者斜面上有菌落生长，培养基从绿色转为蓝色。

9）氰化钾（KCN）培养基：按第二章第五节焙烤食品的病原菌检验中沙门氏菌的检验相关内容进行操作。

10）氨基酸脱羧酶培养基。

成分：蛋白胨5g；酵母浸膏3g；葡萄糖1g；蒸馏水1000mL；1.6%溴甲酚紫－乙醇溶液1mL；L型或DL型赖氨酸和鸟氨酸0.5g或1g/100mL。

制法：将除氨基酸以外成分加热溶解后，分装每瓶100mL，分别加入赖氨酸和鸟氨酸。L－氨基酸按0.5%加入，DL－氨基酸按1%加入，再校正pH至6.8±0.2。对照培养基不加氨基酸。分装于灭菌的小试管内，每管0.5mL，上面滴加一层液状石蜡，115℃高压灭菌10min。

试验方法：从琼脂斜面上挑取培养物接种，于36℃±1℃培养18h～24h，观察结果氨基酸脱羧酶阳性者由于产碱，培养基应呈紫色。阴性者无碱性产物，但因葡萄糖产酸而使培养基变为黄色。阴性对照管应为黄色，空白对照管为紫色。

11）糖发酵管。

成分：牛肉膏5g；蛋白胨10g；氯化钠3g；磷酸氢二钠2g；0.2%溴麝香草酚蓝水溶液12mL；蒸馏水1000mL。

制法：葡萄糖发酵管按上述成分配好后，按0.5%加入葡萄糖，25℃左右校正pH至7.4±0.2，分装于有一个倒置小管的小试管内，121℃高压灭菌15min。其他各种糖发酵管可按上述成分配好后，分装每瓶100mL，121℃高压灭菌15min。另将各种糖类分别配好10%溶液，同时高压灭菌。将5mL糖溶液加入于100mL培养基内，以无菌操作分装小试管。蔗糖不纯，加热后会自行水解者，应采用过滤法除菌。

试验方法：从琼脂斜面上挑取小量培养物接种，于36℃±1℃培养，一般观察2d～3d。迟缓反应需观察14d～30d。

12）β－半乳糖苷酶培养基。

液体法（ONPG 法）成分：邻硝基苯β－D－半乳糖苷（ONPG）60mg；0.01mol/L 磷酸钠缓冲液（pH 7.5 ±0.2）10mL；1%蛋白胨水（pH 7.5 ±0.2）30mL。

制法：将 ONPG 溶于缓冲液内，加入蛋白胨水，以过滤法除菌，分装于 10mm × 75mm 试管内，每管 0.5mL，用橡皮塞塞紧。

试验方法：自琼脂斜面挑取培养物一满环接种，于 36℃ ±1℃培养 1h～3h 和 24h 观察结果。如果β－D－半乳糖苷酶产生，则于 1h～3h 变黄色，如无此酶则 24h 不变色。

平板法（X－Gal 法）成分：蛋白胨 20g；氯化钠 3g；5－溴－4－氯－3－吲哚－β－D－半乳糖苷（X－Gal）200mg；琼脂 15g；蒸馏水 1000mL。

制法：将各成分加热煮沸于 1L 水中，冷却至 25℃左右校正 pH 至 7.2 ±0.2，115℃高压灭菌 10min。倾注平板避光冷藏备用。

试验方法：挑取琼脂斜面培养物接种于平板，划线和点种均可，于 36℃ ±1℃培养 18h～24h 观察结果。如果β－D－半乳糖苷酶产生，则平板上培养物颜色变蓝色，如无此酶则培养物为无色或不透明色，培养 48h～72h 后有部分转为淡粉红色。

13）黏液酸盐培养基。

测试肉汤　成分：酪蛋白胨 10g；溴麝香草酚蓝溶液 0.024g；蒸馏水 1000mL；黏液酸 10g。

制法：慢慢加入 5N 氢氧化钠以溶解黏液酸，混匀。其余成分加热溶解，加入上述黏液酸，冷却至 25℃左右校正 pH 至 7.4 ±0.2，分装试管，每管约 5mL，于 121℃高压灭菌 10min。

质控肉汤　成分：酪蛋白胨 10g；溴麝香草酚蓝溶液 0.024g；蒸馏水 1000mL。

制法：所有成分加热溶解，冷却至 25℃左右校正 pH 至 7.4 ±0.2，分装试管，每管约 5mL，于 121℃高压灭菌 10min。

试验方法：将待测新鲜培养物接种测试肉汤和质控肉汤，于 36℃ ±1℃培养 48h 观察结果，肉汤颜色蓝色不变则为阴性结果，黄色或稻草黄色为阳性结果。

14）蛋白胨水，靛基质试剂：按第二章第五节焙烤食品的病原菌检验中沙门氏菌的检验相关内容进行操作。

15）志贺氏菌属诊断血清。

5. 检验程序

检验程序见图 2－6。

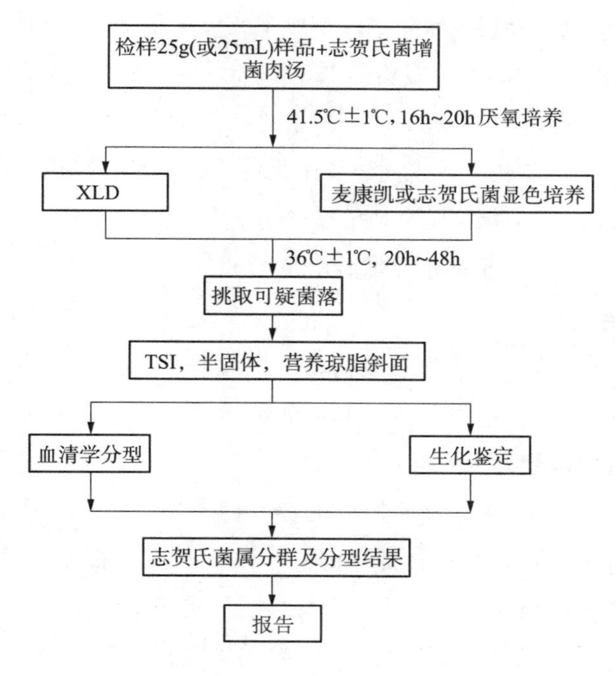

图2－6 志贺氏菌的检验程序

6. 操作步骤

（1）增菌

以无菌操作取检样25g（mL），加入装有灭菌225mL志贺氏菌增菌肉汤的均质杯，用旋转刀片式均质器以8000r/min～10000r/min均质；或加入装有225mL志贺氏菌增菌肉汤的均质袋中，用拍击式均质器连续均质1min～2min，液体样品振荡混匀即可。于41.5℃±1℃，厌氧培养16h～20h。

（2）分离和初步生化试验

取增菌后的志贺氏增菌液分别划线接种于XLD琼脂平板和MAC琼脂平板或志贺氏菌显色培养基平板上，于36℃±1℃培养20h～24h，观察各个平板上生长的菌落形态。宋内氏志贺氏菌的单个菌落直径大于其他志贺氏菌。若出现的菌落不典型或菌落较小不易观察，则继续培养至48h再进行观察。志贺氏菌在不同选择性琼脂平板上的菌落特征见表2－8。

表2－8 志贺氏菌在不同选择性琼脂平板上的菌落特征

选择性琼脂平板	志贺氏菌的菌落特征
MAC琼脂	无色至浅粉红色，半透明、光滑、湿润、圆形、边缘整齐或不齐
XLD琼脂	粉红色至无色，半透明、光滑、湿润、边缘整齐或不齐
志贺氏菌显色培养基	按照显色培养基的说明进行判定

自选择性琼脂平板上分别挑取2个以上典型或可疑菌落，分别接种TSI、半固体和营养琼脂斜面各一管，置36℃ ±1℃培养20h ~24h，分别观察结果。凡是三糖铁琼脂中斜面产碱、底层产酸（发酵葡萄糖，不发酵乳糖，蔗糖）、不产气（福氏志贺氏菌6型可产生少量气体）、不产硫化氢、半固体管中无动力的菌株，挑取其已培养的营养琼脂斜面上生长的菌苔，进行生化试验和血清学分型。

（3）血清学鉴定和进一步的生化试验

1）血清学鉴定。

①抗原的准备：志贺氏菌属没有动力，所以没有鞭毛抗原。志贺氏菌属主要有菌体（O）抗原。菌体O抗原又可分为型和群的特异性抗原。一般采用1.2% ~1.5%琼脂培养物作为玻片凝集试验用的抗原。

注1：一些志贺氏菌如果因为K抗原的存在而不出现凝集反应时，可挑取菌苔于1mL生理盐水做成浓菌液，100℃煮沸15min ~60min去除K抗原后再检查。

注2：D群志贺氏菌既可能是光滑型菌株也可能是粗糙型菌株，与其他志贺氏菌群抗原不存在交叉反应。与肠杆菌科不同，宋内氏志贺氏菌粗糙型菌株不一定会自凝。宋内氏志贺氏菌没有K抗原。

②凝集反应：在玻片上划出2个约1cm ×2cm的区域，挑取一环待测菌，各放1/2环于玻片上的每一区域上部，在其中一个区域下部加1滴抗血清，在另一区域下部加入1滴生理盐水，作为对照。再用无菌的接种环或针分别将两个区域内的菌落研成乳状液。将玻片倾斜摇动混合1min，并对着黑色背景进行观察，如果抗血清中出现凝结成块的颗粒，而且生理盐水中没有发生自凝现象，那么凝集反应为阳性。如果生理盐水中出现凝集，视作为自凝。这时，应挑取同一培养基上的其他菌落继续进行试验。

如果待测菌的生化特征符合志贺氏菌属生化特征，而其血清学试验为阴性的话，则按①注1进行试验。

③血清学分型（选做项目）：先用四种志贺氏菌多价血清检查，如果呈现凝集，则再用相应各群多价血清分别试验。先用B群福氏志贺氏菌多价血清进行实验，如呈现凝集，再用其群和型因子血清分别检查。如果B群多价血清不凝集，则用D群宋内氏志贺氏菌血清进行实验，如呈现凝集，则用其Ⅰ相和Ⅱ相血清检查；如果B、D群多价血清都不凝集，则用A群痢疾志贺氏菌多价血清及1 ~12各型因子血清检查，如果上述三种多价血清都不凝集，可用C群鲍氏志贺氏菌多价检查，并进一步用1 ~18各型因子血清检查。福氏志贺氏菌各型和亚型的型抗原和群抗原鉴别见表2 -9。

表2-9 福氏志贺氏菌各型和亚型的型抗原和群抗原的鉴别表

型和亚型	型抗原	群抗原	在群因子血清中的凝集		
			3，4	6	7，8
1a	Ⅰ	4…	+	-	-
1b	Ⅰ	(4)，6…	(+)	+	-
2a	Ⅱ	3，4…	+	-	-
2b	Ⅱ	7，8…	-	-	+
3a	Ⅲ	(3，4)，6，7，8…	(+)	+	+
3b	Ⅲ	(3，4)，6…	(+)	+	-
4a	Ⅳ	3，4…	(+)	-	-
4b	Ⅳ	6…	-	+	-
4c	Ⅳ	7，8	-	-	+
5a	Ⅴ	(3，4) …	(+)	-	-
5b	Ⅴ	7，8…	-	-	+
6	Ⅵ	4…	+	-	-
X	-	7，8	-	-	+
Y	-	3，4…	+	-	-

注：+凝集；-不凝集；( ) 有或无。

2）进一步的生化试验　用已培养的营养琼脂斜面上生长的菌苔，进行生化试验，即β-半乳糖苷酶、尿素、赖氨酸脱羧酶、鸟氨酸脱羧酶以及水杨苷和七叶苷的分解试验。除宋内氏志贺氏菌、鲍氏志贺氏菌13型的鸟氨酸阳性；宋内氏菌和痢疾志贺氏菌1型，鲍氏志贺氏菌13型的β-半乳糖苷酶为阳性以外，其余生化试验志贺氏菌属的培养物均为阴性结果。另外由于福氏志贺氏菌6型的生化特性和痢疾志贺氏菌或鲍氏志贺氏菌相似，必要时还需加做靛基质、甘露醇、棉子糖、甘油试验，也可做革兰氏染色检查和氧化酶试验，应为氧化酶阴性的革兰氏阴性杆菌。生化反应不符合的菌株，即使能与某种志贺氏菌分型血清发生凝集，仍不得判定为志贺氏菌属。志贺氏菌属生化特性见表2-10。

表2-10 志贺氏菌属四个群的生化特性

生化反应	A群：痢疾志贺氏菌	B群：福氏志贺氏菌	C群：鲍氏志贺氏菌	D群：宋内氏志贺氏菌
β-半乳糖苷酶	-a	-	-a	+
尿素	-	-	-	-
赖氨酸脱羧酶	-	-	-	-
鸟氨酸脱羧酶	-	-	-b	+
水杨苷	-	-	-	-
七叶苷	-	-	-	-
靛基质	-/+	(+)	-/+	-

续表

生化反应	A群：痢疾志贺氏菌	B群：福氏志贺氏菌	C群：鲍氏志贺氏菌	D群：宋内氏志贺氏菌
甘露醇	-	+c	+	+
棉子糖	-	+	-	+
甘油	(+)	-	(+)	d

注：+表示阳性；-表示阴性；-/+表示多数阴性；+/-表示多数阳性；(+)表示迟缓阳性；d表示有不同生化型。
a痢疾志贺　1型和鲍氏13型为阳性。
b鲍氏　13型为鸟氨酸阳性。
c福氏　4型和6型常见甘露醇阴性变种。

3）附加生化实验　由于某些不活泼的大肠埃希氏菌、A-D（Alkalescens-Disparbiotypes碱性-异型）菌的部分生化特征与志贺氏菌相似，并能与某种志贺氏菌分型血清发生凝集；因此前面生化实验符合志贺氏菌属生化特性的培养物还需另加葡萄糖胺、西蒙氏柠檬酸盐、黏液酸盐试验（36℃培养24h~48h）。志贺氏菌属和不活泼大肠埃希氏菌、A-D菌的生化特性区别见表2-11。

表2-11　志贺氏菌属和不活泼大肠埃希氏菌、A-D菌的生化特性区别

生化反应	A群：痢疾志贺氏菌	B群：福氏志贺氏菌	C群：鲍氏志贺氏菌	D群：宋内氏志贺氏菌	大肠埃希氏菌	A-D菌
葡萄糖铵	-	-	-	-	+	+
西蒙氏柠檬酸盐	-	-	-	-	d	d
黏液酸盐	-	-	-	d	+	d

注1：+表示阳性；-表示阴性；d表示有不同生化型。
注2：在葡萄糖铵、西蒙氏柠檬酸盐、黏液酸盐试验三项反应中志贺氏菌一般为阴性，而不活泼的大肠埃希氏菌、A-D（碱性-异型）菌至少有一项反应为阳性。

如选择生化鉴定试剂盒或全自动微生物生化鉴定系统，可根据初步生化判断结果，用已培养的营养琼脂斜面上生长的菌苔，使用生化鉴定试剂盒或全自动微生物生化鉴定系统进行鉴定。

（4）结果报告

综合以上生化试验和血清学鉴定的结果，报告25g（mL）样品中检出或未检出志贺氏菌。

（三）金黄色葡萄球菌的检验

1. 实验目的

葡萄球菌在自然界分布极广，空气、土壤、水、饲料、食品（剩饭、糕点、牛奶、肉制品等）以及人和动物的体表黏膜等处均有存在，大部分是不致病的腐物寄生菌，也有一些致病的球菌。食品中生长有金黄色葡萄球菌，可以产生肠毒素，食后能引起食物中毒，是食品卫生的一种潜在危险。因此，检查食品中金黄色葡萄球菌有实际意义。

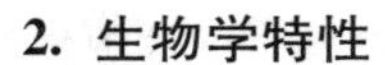

2. 生物学特性

（1）形态与染色

典型的葡萄球菌呈球形，直径0.4μm～1.2μm，致病性葡萄球菌一般较非致病性小，且菌体的大小及排列也较整齐。细菌繁殖时呈多个平面的不规则分裂，堆积成为葡萄串状排列。在液体培养基中生长，常呈双球或短链状排列，易误认为链球菌。无鞭毛及芽孢，一般不形成荚膜，易被碱性染料着色，革兰氏染色阳性，当衰老、死亡或被白细胞吞噬后常转为革兰氏阴性，对青霉素有抗药性的菌株也为革兰氏阴性。

（2）分类

葡萄球菌属于微球科的葡萄球菌属，葡萄球菌种类繁多，以往的分类方法是以菌落色素将葡萄球菌分为金黄色葡萄球菌、白色葡萄球菌和柠檬色葡萄球菌三种。但是这种色素指标很不稳定，因此根据《伯杰氏鉴定细菌学手册》第八版，按葡萄球菌的生理化学组成，将葡萄球菌分为金黄色葡萄球菌、表皮葡萄球菌、腐生葡萄球菌三种。其中金黄色葡萄球菌多为致病性菌，表皮葡萄球菌偶尔致病，腐生葡萄球菌一般为非致病菌。

（3）培养特性

本菌营养要求不高，在普通培养基上生长良好。需氧或兼性厌氧，最适生长温度为37℃，最适pH值为7.4。耐盐性强，在含10%～15%的氯化钠培养基中能生长，在含有20%～30%二氧化碳的环境中培养，可产生大量的毒素。

在肉汤培养基中生长迅速，37℃ 24h培养后，呈均匀混浊生长，延长培养时间，管底出现少量沉淀，轻轻振摇，沉淀物上升，旋即消散，培养2d～3d后可形成很薄的菌环，在管底则形成多量黏稠沉淀。

在普通营养琼脂平板上，培养24h～48h后，可形成圆形、凸起、边缘整齐、表面光滑、湿润、有光泽、不透明菌落。菌落直径通常在1mm～2mm，但也有4mm～5mm者。可产生不同色素，如金黄色、白色及柠檬色，这些色素为脂溶性，不溶于水，故色素只限于培养物，不外渗至培养基中。

在血琼脂平板上，形成的菌落较大，多数致病性菌株可产生溶血毒素，使菌落周围产生透明的溶血圈（β溶血）。

另外，在Baird－Parker平板上，呈灰色到黑色，边缘色淡、周围为一浑浊带，在其外层有一透明带。以接种针接触菌落似有奶油树胶的硬度。偶然会遇到非脂肪溶解的类似菌落，但无浑浊带及透明带。长期保存的冷冻或干燥食品中能分离的菌落所产生的黑色较淡些，外观可能粗糙并干燥。

（4）生化特性

本属细菌大多数不能分解乳糖、能分解甘露醇、葡萄糖、麦芽糖、蔗糖，产酸不产气。致病菌株多，能分解甘露醇产酸；甲基红阳性，V－P 为弱阳性；多数菌株能分解尿素产氨，还原硝酸盐，不产生吲哚。

（5）毒素与酶

葡萄球菌的致病力决定于细菌产生的毒素和酶的能力。致病菌株产生的毒素和酶主要有以下几种。

1）溶血毒素　多数致病菌株能产生该毒素，使血琼脂平板菌落周围出现溶血环，在试管中出现溶血反应。溶血毒素是一种外毒素，根据其对动物细胞的溶血范围、抗原性等不同可分为 α、β、γ、δ 四种，以 β 溶血素为主。

2）杀白细胞毒素　能破坏人或兔的白细胞和巨噬细胞，使其失去活性，最后膨胀破裂。致病性与非致病性葡萄球菌都能被吞噬细胞吞噬，非致病性菌株在白细胞内很快被杀死，而致病菌株则能在白细胞内生长繁殖。

3）肠毒素　金黄色葡萄球菌的某些菌株能产生引起急性肠胃炎的肠毒素。肠毒素共分 6 型（A、B、C_1、C_2、D、E），各型具有不同的血清学特性，其中以 A 型引起的食物中毒最多。该毒素为一种可溶性蛋白质，耐热，经 100℃ 煮沸 30min 不被破坏，也不受胰蛋白酶的影响。可使人、猫、猴引起急性胃肠炎症状。

4）血浆凝固酶　是一种能使含有枸橼酸钠或肝素抗凝剂的兔或人血浆发生凝固的酶。多数致病性葡萄球菌产生此酶，非致病性菌一般不产生。凝固酶是鉴别葡萄球菌有无致病性的重要指标。该酶较耐热，在 100℃ 30min 或高压消毒后仍保存部分活性，但易被蛋白分解酶破坏。

5）溶纤维蛋白酶　可使人、犬、脉鼠及家兔的已经凝固的纤维蛋白溶解。是一种激酶，可激活血浆蛋白酶原成为血浆蛋白酶而使纤维蛋白溶解。

凝固酶及溶纤维蛋白酶可在含有血浆的琼脂平板内测定。初次培养后，菌落周围若出现一个不透明圈，表示产生凝固酶，继续培养时，不透明圈消失，为溶纤维蛋白酶作用的结果。

6）透明质酸酶　透明质酸具有高度的黏稠性，是机体结缔组织中基质的主要成分。被透明质酸酶水解后，结缔组织细胞间失去黏性呈疏松状态，有利于细菌和毒素在机体内扩散，又称为扩散因子。

7）脱氧核糖核酸酶　脱氧核糖核酸能够增加组织渗出物的黏性。当组织细胞及白细胞崩解时释放出核酸，使组织渗出液的黏性增加，而脱氧核糖核酸酶能迅速分解之，从而有利于细菌在组织中的扩散。有人认为脱氧核糖核酸酶是鉴定葡萄球菌毒力的又一指标。

除以上毒素和酶外，还可产生剥脱性毒素、蛋白酶、磷酸酶、卵磷脂酶、溶血酶及脂酶等。

（6）抗原结构

1）蛋白质抗原　主要为葡萄球菌A蛋白，为金黄色葡萄球菌的一种表面抗原，存在于细菌细胞壁的表面，90%以上的金黄色葡萄球菌有此抗原。能抑制吞噬细胞的吞噬作用，对T、B细胞是良好的促分裂原。

2）多糖类抗原　为半抗原，存在于细胞壁上。可用于葡萄球菌的分型。

（7）抵抗力

葡萄球菌抵抗力较强，为不形成芽孢的细菌中最强者。在干燥的脓汁或血液中可存活数月。加热80℃ 30min才能杀死，煮沸可迅速使它死亡。在5%石炭酸、0.1%升汞中10min～15min死亡。对某些染料较敏感，1∶100000～1∶200000稀释的龙胆紫溶液能抑制其生长，对磺胺类药物的敏感较低，对青霉素、红霉素和庆大霉素高度敏感。

葡萄球菌肠毒素是一种外毒素，具有耐热性，可以经100℃ 30min不被破坏，要使其完全破坏需煮沸2h。

（8）致病性

葡萄球菌能引起的疾患主要有化脓性感染（如毛囊炎、疖、痈、气管炎、肺炎、中耳炎、脑膜炎、心包炎等）、全身感染（如败血症、脓毒血症等）、食物中毒等。

据调查，由于葡萄球菌在自然界的广泛分布，鼻腔是葡萄球菌的繁殖场所，也是身体各部位的传染源。葡萄球菌是常见的化脓性球菌之一，化脓部位常成为传染源。患乳腺炎的奶牛产的奶、有化脓症的宰畜肉常带有致病性葡萄球菌。

葡萄球菌在不同食物、不同温度和pH值的条件下，产生的肠毒素是不同的。葡萄球菌在pH值低于5的条件下很少产生肠毒素，当pH值高于9.8时，无论何型葡萄球菌肠毒素都不能产生。葡萄球菌在牛奶和谷粉粥上，于20℃～37℃下经4h～8h产生毒素，在5℃～6℃低温下18d产生毒素或不产生毒素。在含水分、蛋白质和淀粉较多的食品中，葡萄球菌较易繁殖并产生毒素，如带菌的生肉馅，于37℃下经18h～19h产生毒素，若在肉馅中加入少量馒头碎屑，在同样温度下只经过8h就能产生毒素。

引起葡萄球菌肠毒素中毒的食品主要为肉、奶、鱼、蛋类及其制品等动物性食品。熟肉类如在熟后污染了致病葡萄球菌，又在20℃～30℃的环境下放置较长时间，则极易引起中毒；奶与奶制品以及用奶制作的冷饮（冰激凌、冰棍）和奶油糕点常是引起中毒的食品；油煎鸡蛋、熏鱼、油浸鱼罐头等含油脂较多的食品，在污染上致病性葡萄球菌以后也能产生毒素。

葡萄球菌在空气中氧分低时较易产生肠毒素，因此带有此菌的食品，在通风不良的高温下放置，极有利此菌生长并产生毒素。

葡萄球菌引起的食物中毒在世界各地均有发现。常发生于夏秋季节，这是因为气温较高，有利于细菌繁殖。但在冬季，如受到污染的食品在温度较高的室内保存，葡萄球菌也可繁殖并产生毒素。

3. 实验原理

金黄色葡萄球菌耐盐性很强，适宜盐浓度为5% ~7.5%，利用此特点对该菌增菌。可产生溶血素，在血平板上生长周围会产生透明的溶血环。可产生卵磷脂酶，分解卵磷脂。在 Baird - Parker 琼脂平板上生长会产生黑色，周围有一浑浊带，外层有一透明圈的特殊菌落。可产生凝固酶，使血浆蛋白酶原变成血浆蛋白酶，发生凝固，是鉴定致病性金黄色葡萄球菌的重要指标。

4. 实验材料

（1）设备和材料

恒温培养箱、冰箱、显微镜、恒温水浴箱、天平、均质器、振荡器、无菌吸管、微量移液器及吸头、注射器、无菌锥形瓶、无菌培养皿。

（2）培养基和试剂

1）7.5%氯化钠肉汤　成分：蛋白胨 10g；牛肉膏 5g；氯化钠 75g；蒸馏水 1000mL；pH 7.4 ±0.2。

制法：将上述成分加热溶解，调节 pH，分装，每瓶 225mL，121℃高压灭菌15min。

2）血琼脂平板　成分：豆粉琼脂（pH 7.5 ±0.2）100mL；脱纤维羊血（或兔血）5mL ~ 10mL。

制法：加热溶化琼脂，冷却至 50℃，以无菌操作加入脱纤维羊血（或兔血），摇匀，倾注平板。

3）Baird - Parker 琼脂平板　成分：胰蛋白胨 10g；牛肉膏 5g；酵母膏 1g；丙酮酸钠 10g；甘氨酸 12g；氯化锂（$LiCl \cdot 6H_2O$）5g；琼脂 20g；蒸馏水 950mL；pH 7.0 ± 0.2。

卵黄增菌剂的配法：30% 卵黄盐水 50mL 与通过 0.22μm 孔径滤膜进行过滤除菌的 1% 亚碲酸钾溶液 10mL 混合，保存于冰箱内。

制法：将各成分加到蒸馏水中，加热煮沸至完全溶解，调节 pH。分装每瓶 95mL，121℃高压灭菌 15min。临用时加热溶化琼脂，冷至 50℃，每 95mL 加入预热至 50℃的卵黄亚碲酸钾增菌剂 5mL，摇匀后倾注平板。培养基应是致密不透明的。使用前在冰箱储存不得超过 48h。

4）脑心浸出液（BHI）肉汤　成分：胰蛋白质胨 10.0g；氯化钠 5.0g；磷酸氢二钠（$Na_2HPO_4 \cdot 12H_2O$）2.5g；葡萄糖 2.0g；牛心浸出液 500mL；pH 7.4 ±0.2。

制法：加热溶解，调节 pH，分装 16mm × 160mm 试管，每管 5mL，置 121℃，15min 灭菌。

5）兔血浆　制备：取柠檬酸钠 3.8g，加蒸馏水 100mL，溶解后过滤，装瓶，

121℃高压灭菌15min。取3.8%柠檬酸钠溶液一份，加兔全血四份，混好静置（或以3000r/min离心30min），使血液细胞下降，即可得血浆。

6）磷酸盐缓冲液　按第二章第五节焙烤食品的卫生细菌学检验中菌落总数的测定相关内容进行操作。

7）营养琼脂小斜面　成分：蛋白胨10g；牛肉膏3g；氯化钠5g；琼脂15～20g；蒸馏水1000mL；pH 7.3±0.2。

制法：将除琼脂以外的各成分溶解于蒸馏水内，加入15%氢氧化钠溶液约2mL，调节pH。加入琼脂，加热煮沸，使琼脂溶化，分装13mm×130mm管，121℃高压灭菌15min。

8）无菌生理盐水　按第二章第五节焙烤食品的卫生细菌学检验中菌落总数的测定相关内容进行操作。

9）1mol/L氢氧化钠（NaOH）　按第二章第五节焙烤食品的卫生细菌学检验中菌落总数的测定相关内容进行操作。

10）1mol/L盐酸（HCL）　按第二章第五节焙烤食品的卫生细菌学检验中菌落总数的测定相关内容进行操作。

5. 检验程序

检验程序见图2－7。

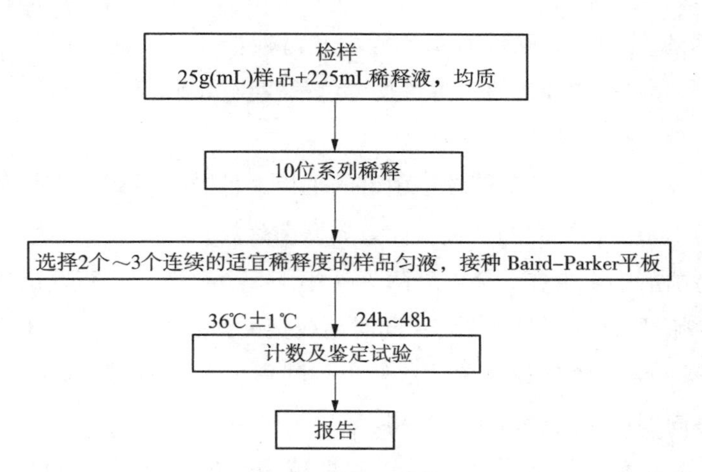

图2－7　金黄色葡萄球菌的检验程序

6. 操作步骤

（1）样品的稀释

1）称取25g（mL）样品至盛有225mL磷酸盐缓冲液或生理盐水的无菌均质杯内，8000r/min～10000r/min均质1min～2min，或放入盛有225mL稀释液的无菌均质袋中，用拍击式均质器拍打1min～2min。制成1∶10的样品匀液。

2）用1mL无菌吸管或微量移液器吸取1:10样品匀液1mL，沿管壁缓缓注入9mL磷酸盐缓冲液或生理盐水的无菌试管中（注意吸管或吸头尖端不要触及稀释液面），振摇试管或换用1支1mL无菌吸管反复吹打，使其混合均匀，制成1:100的样品匀液。

3）按2）操作程序，制备10倍系列稀释样品匀液。每递增稀释一次，换用1次1mL无菌吸管或吸头。

（2）样品接种和培养

1）根据对样品污染状况的估计，选择2个～3个适宜稀释度的样品匀液，在进行10倍递增稀释的同时，每个稀释度分别吸取1mL样品匀液以0.3mL、0.3mL、0.4mL接种量分别加入三块Baird－Parker平板，然后用无菌涂布棒涂布整个平板，注意不要触及平板边缘。使用前，如Baird－Parker平板表面有水珠，可放在25℃～50℃的培养箱里干燥，直到平板表面的水珠消失。

2）在通常情况下，涂布后，将平板静置10min，如样液不易吸收，可将平板放在培养箱36℃±1℃培养1h；等样品匀液吸收后翻转平板，倒置后于36℃±1℃培养24h～48h。

（3）典型菌落计数和确认

1）金黄色葡萄球菌在Baird－Parker平板上呈圆形、凸起、湿润、菌落直径为2mm～3mm，颜色呈灰色到黑色，有光泽，常有浅色（非白色）的边缘，周围绕以不透明圈（沉淀），其外常有一清晰带。当用接种针触及菌落时具有黄油样黏稠感，有时可见到不分解脂肪的菌株，除没有不透明圈和清晰带外，其他外观基本相同。从长期贮存的冷冻或干燥食品中分离的菌落，其黑色常较典型菌落淡些，且外观可能较粗糙，质地较干燥。

2）选择有典型的金黄色葡萄球菌菌落的平板，且同一稀释度3个平板所有菌落数合计在20CFU～200CFU之间的平板，计数典型菌落数。

3）从典型菌落中至少选5个可疑菌落（小于5个全选）进行鉴定试验。分别做染色镜检，血浆凝固酶试验（见（4））；同时划线接种到血平板36℃±1℃培养18h～24h后观察菌落形态，金黄色葡萄球菌菌落较大，圆形、光滑凸起、湿润、金黄色（有时为白色），菌落周围可见完全透明溶血圈。

4）形态：金黄色葡萄球菌为革兰氏阳性球菌，排列呈葡萄球状，无芽孢，无荚膜，直径约0.5um～1um。

（4）血浆凝固酶试验

1）挑取Baird－Parker平板或血平板上至少5个可疑菌落（小于5个全选），分别接种到5mL BHI和营养琼脂斜面，36℃±1℃培养18h～24h。

2）取新鲜配制兔血浆0.5mL，放入小试管中，再加入①BHI培养物0.2mL～0.3mL，振荡摇匀，置36℃±1℃温箱或水浴箱内，每半小时观察一次，观察6h，如呈

现凝固（即将试管倾斜或倒置时，呈现凝块）或凝固体积大于原体积的一半，被判定为阳性结果。同时以血浆凝固酶试验阳性和阴性葡萄球菌菌株的肉汤培养物作为对照。也可用商品化的试剂，按说明书操作，进行血浆凝固酶试验。

3）结果如可疑，挑取营养琼脂斜面的菌落到5mL BHI，36℃ ±1℃培养18h～48h，重复2）。

（5）结果计算

1）若只有一个稀释度平板的典型菌落数在20CFU～200CFU之间，计数该稀释度平板上的典型菌落按式（2-2）计算。

2）若最低稀释度平板的典型菌落数小于20CFU，计数该稀释度平板上的典型菌落，按式（2-2）计算。

3）若某一稀释度平板的典型菌落数大于200CFU，但下一稀释度平板上没有典型菌落，计数该稀释度平板上的典型菌落，按式（2-2）计算。

4）若某一稀释度平板的典型菌落数大于200CFU，而下一稀释度平板上虽有典型菌落但不在20CFU～200CFU范围内，应计数该稀释度平板上的典型菌落，按式（2-2）计算。

5）若2个连续稀释度的平板典型菌落数均在20CFU～200CFU之间，按式（2-3）计算。

6）计算公式如式（2-2）和式（2-3）：

$$T = \frac{AB}{Cd} \tag{2-2}$$

式中　T——样品中金黄色葡萄球菌菌落数；

A——某一稀释度典型菌落的总数；

B——某一稀释度鉴定为阳性的菌落数；

C——某一稀释度用于鉴定试验的菌落数；

d——稀释因子。

$$T = \frac{A_1B_1/C_1 + A_2B_2/C_2}{1.1d} \tag{2-3}$$

式中　T——样品中金黄色葡萄球菌菌落数；

A_1——第一稀释度（低稀释倍数）典型菌落的总数；

B_1——第一稀释度（低稀释倍数）鉴定为阳性的菌落数；

C_1——第一稀释度（低稀释倍数）用于鉴定试验的菌落数；

A_2——第二稀释度（高稀释倍数）典型菌落的总数；

B_2——第二稀释度（高稀释倍数）鉴定为阳性的菌落数；

C_2——第二稀释度（高稀释倍数）用于鉴定试验的菌落数；

1.1——计算系数；

d——稀释因子。

（6）报告

根据上述公式计算结果，报告每克（g 或 mL）样品中金黄色葡萄球菌数，以 CFU/g（mL）表示；如 T 值为 0，则以小于 1 乘以最低稀释倍数报告。

三、焙烤食品中霉菌和酵母菌的检验

（一）实验目的

霉菌和酵母菌广布于外界环境中，在食品上可以作为正常菌相的一部分，或者作为空气传播性污染物。各类食品和粮食由于遭受霉菌和酵母菌的侵染，常常发生霉坏变质。有些霉菌的有毒代谢产物引起各种急性和慢性中毒，特别是有些霉菌毒素具有强烈的致癌性，一次大量食入或长期少量食入，能诱发癌症。目前，已知的产毒霉菌如青霉、曲霉和镰刀菌在自然界分布较广，对食品的侵染机会也较多，对食品加强霉菌的检验，在食品卫生学上具有重要的意义。

霉菌和酵母菌菌数的测定是指食品检样经过处理，在一定条件下培养后，所得 1g 或 1mL 检样中所含的霉菌和酵母菌菌落数。

（二）生物学特性

大多数酵母菌的菌落与细菌相似，但较细菌的菌落大而厚些，湿润、黏稠、易挑起。菌落多呈乳白色，少数为红点（如红酵母），酵母菌菌落的颜色、光泽、质地、表面和边缘特征均为识别时的重要依据。

霉菌菌落通常以扩散方式向四周蔓延，菌丝较粗而长，形成的菌落较疏松，呈绒毛状、絮状或蜘蛛网状，比细菌菌落大几倍到几十倍，菌落背面常呈现不同颜色。

酵母菌和霉菌能通过下列方式而引起问题。

（1）合成毒性代谢产物。

（2）能抵抗热、冰冻、抗生素或射线照射。

（3）酵母菌和霉菌能够转换其他不利细菌的物质，而促进细菌的生长。它们能够利用果胶和其他碳水化合物、有机酸、蛋白质和脂类这样一些化合物，使食物表面失去色、香、味。一般不认为酵母菌是蛋白质分解性的微生物，近年来有研究指出，一些酵母菌能分解广谱蛋白质物质。

（三）实验材料

1. 设备和材料

恒温培养箱；冰箱；漩涡混合器；电子天平；显微镜；无菌锥形瓶；无菌吸管；拍击式均质器及均质袋；无菌平皿；恒温水浴箱；无菌试管；微量移液器及枪头。

2. 培养基和试剂

（1）马铃薯－葡萄糖－琼脂培养基

成分：马铃薯（去皮切块）300g；葡萄糖 20g；氯霉素 0.1g；琼脂 20g；蒸馏水 1000mL。

制法：将马铃薯去皮切块，加 1000mL 蒸馏水，煮 10min～20min。用纱布过滤，补加蒸馏水至 1000mL。加入葡萄糖和琼脂，加热溶化，分装，121℃ 高压灭菌 15min，备用。

（2）孟加拉红培养基

成分：蛋白胨 5g；葡萄糖 10g；磷酸二氢钾 1g；硫酸镁 0.5g；琼脂 20g；孟加拉红 0.033g；蒸馏水 1000mL；氯霉素 0.1g。

制法：上述成分加入蒸馏水中，加热溶化，不足蒸馏水至 1000mL，分装后，121℃ 高压灭菌 15min，避光保存备用。

（3）磷酸盐缓冲液

按第二章第五节焙烤食品的卫生细菌学检验中菌落总数的测定相关内容进行操作。

（4）无菌生理盐水

按第二章第五节焙烤食品的卫生细菌学检验中菌落总数的测定相关内容进行操作。

（四）检验程序

检验程序见图 2－9。

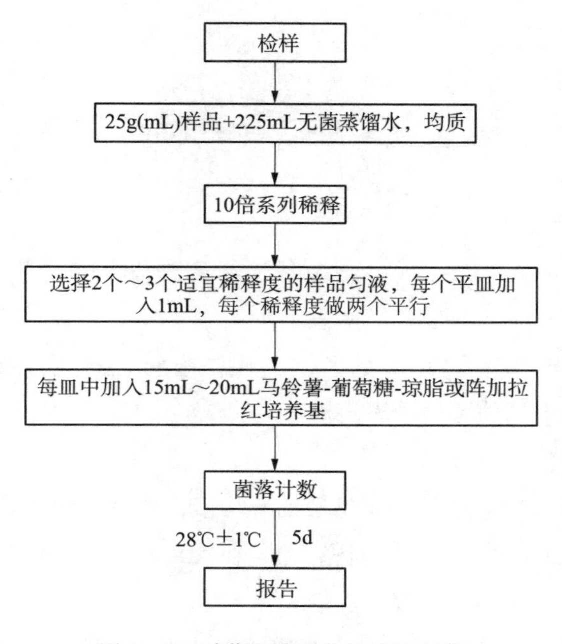

图 2－9　霉菌和酵母菌的检验程序

（五）检验步骤

1. 样品的稀释

（1）固体和半固体样品

称取25g样品至盛有225mL无菌稀释液（蒸馏水或生理盐水或磷酸盐缓冲液），充分振摇，或用拍击式均质器拍打1min～2min，制成1∶10的样品匀液。

（2）液体样品

以无菌吸管吸取25mL样品至盛有225mL无菌稀释液（蒸馏水或生理盐水或磷酸盐缓冲液）的适宜容器内（可在瓶内预置适当数量的无菌玻璃珠）中，充分混匀，制成1∶10的样品匀液。

（3）取1mL 1∶10稀释液注入含有9mL无菌水的试管中，另换一支1mL无菌吸管反复吹吸，此液为1∶100稀释液。

（4）按（3）操作程序，制备10倍系列稀释样品匀液。每递增稀释一次，换用1次1mL无菌吸管。

（5）根据对样品污染状况的估计，选择2个～3个适宜稀释度的样品匀液（液体样品可包括原液），在进行10倍递增稀释的同时，每个稀释度分别吸取1mL样品匀液于2个无菌平皿内。同时分别取1mL样品稀释液加入2个无菌平皿作空白对照。

（6）及时将20mL～25mL冷却至46℃的马铃薯－葡萄糖－琼脂或孟加拉红培养基（可放置于46℃±1℃恒温水浴箱中保温）倾注平皿，并转动平皿使其混合均匀。置水平台面待培养基完全凝固。

2. 培养

琼脂凝固后，正置平板，置28℃±1℃培养箱中培养，观察并记录培养至第5d的结果。

3. 菌落计数

肉眼观察，必要时可用放大镜，记录各稀释倍数和相应的霉菌和酵母数。以菌落形成单位（colony forming units，CFU）表示。

选取菌落数在10CFU～150CFU的平板，根据菌落形态分别计数霉菌和酵母数。霉菌蔓延生长覆盖整个平板的可记录为菌落蔓延。

（六）结果与报告

1. 计算同一稀释度的两个平板菌落数的平均值，再将平均值乘以相应稀释倍数。

（1）若有两个稀释度平板上菌落数均在10CFU～150CFU之间，则按照GB 4789.2—2016的相应规定进行计算。

（2）若所有平板上菌落数均大于150CFU，则对稀释度最高的平板进行计数，其他平板可记录为多不可计，结果按平均菌落数乘以最高稀释倍数计算。

（3）若所有平板上菌落数均小于10CFU，则应按稀释度最低的平均菌落数乘以稀释倍数计算。

（4）若所有稀释度（包括液体样品原液）平板均无菌落生长，则以小于1乘以最低稀释倍数计算。

（5）若所有稀释度的平板菌落数均不在10CFU～150CFU之间，其中一小部分小于10CFU或者大于150CFU，则以最接近10CFU或者150CFU的平均菌落数乘以稀释倍数计算。

2. 报告

（1）菌落数按“四舍五入”原则修约，菌落数在10以内时，采用一位有效数字报告；菌落数在10～100之间时，采用两位有效数字报告。

（2）菌落数大于或等于100时，前3位数字采用“四舍五入”原则修约后，取前2位数字，后面用0代替位数来表示结果；也可用10的指数形式来表示，此时也按“四舍五入”原则修约，采用两位有效数字。

（3）若空白对照平板上有菌落出现，则此次检测结果无效。

（4）称重取样以CFU/g为单位报告，体积取样以CFU/mL为单位报告，报告或分别报告霉菌和/或酵母数。

第六节 微生物实验室的安全要求

一、微生物实验室管理制度

（一）相关管理制度

（1）禁止在实验室内吸烟、进餐、会客、喧哗，实验室内不得带入私人物品，对于有毒、有害、易燃、污染、腐蚀的物品和废弃物品按有关要求执行。

（2）实验室所使用的仪器、容器应符合标准要求。实验室内物品摆放整齐，安放合理；贵重仪器有专人保管，并备有操作方法，保养、维修、说明书及使用登记本，定期检查、保养、检修。应保持清洁，使用仪器时，应严格按操作规程进行。各种仪器（冰箱、温箱除外），使用完毕后要立即切断电源，旋钮复原归位。离开实验室前认真检查水、电、暖气、门窗。

（3）药品、器材、菌种不得擅自外借和转让。试剂定期检查并有明晰标签。药品试剂陈列整齐，放置有序、避光、防潮、通风干燥，瓶签完整，剧毒药品加锁存放、易燃、挥发、腐蚀品种单独贮存。称取药品试剂应按操作规范进行，不使用过期或变质药品。

（4）进入实验室工作衣、帽、鞋必须穿戴整齐。在进行高压、干烤、消毒等工作时，工作人员不得擅自离现场，认真观察温度、时间；蒸馏易挥发、易燃液体时，不准直接加热，应置水浴锅上进行；试验过程中如产生毒气时应在避毒柜内操作。

（5）严禁用口直接吸取药品和菌液，按无菌操作进行，如发生菌液、病原体溅出容器外时，立即用有效消毒剂进行彻底消毒，安全处理后方可离开现场。

（二）实验室环境条件要求

（1）实验室内要经常保持清洁卫生，每天均应进行清扫整理，桌柜等表面应每天用消毒液擦拭，保持无尘，杜绝污染。

（2）实验室应井然有序，不得存放实验室外及个人物品等，实验室用品要摆放合理，有固定位置。

（3）随时保持实验室卫生，不得乱扔纸屑等杂物，测试用过的废弃物要倒在固定的箱筒内并及时处理。

（4）实验室应具有优良的采光条件和照明设备。

（5）实验室工作台面应保持水平和无渗漏。

（6）实验室布局要合理，一般实验室应有准备间和无菌室，无菌室应有良好的通风条件，无菌室内空气测试应基本达到无菌。

二、实验室技术操作要求

（一）无菌操作要求

食品微生物实验室工作人员，必须有严格的无菌观念，许多试验要求在无菌条件下进行，一是为了防止试验操作中人为污染样品，二是保证工作人员安全，防止致病菌造成个人污染。

（1）接种细菌时必须穿工作服、戴工作帽。

（2）进行接种食品样品时专用的工作服、帽及拖鞋等应放在无菌室缓冲间，经紫外线消毒后才能使用。工作服应经常清洗保持整洁，必要时高压消毒。

（3）在进无菌室前用肥皂洗手，后用75%酒精棉球将手擦干净。工作完毕，两手用清水肥皂洗净，必要时可用新洁尔灭、过氧乙酸泡手后用水冲洗。

（4）进行接种所用的吸管、平皿、金属用具、培养基等必须经消毒灭菌，打开包装未使用完的器皿，不能放置后再使用。

（5）取出吸管时，尖部不能触及外露部位，不得触及试管或平皿边。

（6）接种环和针在接种细菌前应经火焰烧灼全部金属丝，必要时还要烧到环和针与杆的连接处。

（7）吸管吸取菌液或样品时，应用洗耳球吸取，不得直接用口吸。

（8）实验完毕，及时清理现场和实验用具，对染菌带毒物品，进行消毒灭菌处理。

（二）无菌间使用要求

（1）无菌间通向外面的窗户应为双层玻璃，并要密封，并设有与无菌间大小相应的缓冲间及推拉门，另设有传递窗。

（2）无菌间内应保持清洁，工作后用消毒液擦拭工作台面，不得存放与实验无关的物品。

（3）无菌间使用前后应将门关紧，打开紫外灯，如采用室内悬吊紫外灯消毒时，需 30W 紫外灯，距离在 1.0m 处，照射时间不少于 30min，不得直接在紫外线下操作，以免引起损伤。

（4）处理和接种食品标本时，进入无菌间操作，不得随意出入，可通过传递窗传递物品。

（5）在无菌间内安装空调应有过滤装置。

（三）有毒有菌污物处理要求

微生物实验所用实验器材、培养物等未经消毒处理，一律不得带出实验室。

（1）经微生物污染的培养物、污染材料及废弃物应集中存放在指定地点，待统一进行高压灭菌，必须经 121℃ 30min 高压灭菌。

（2）染菌后的吸管，使用后放入石炭酸液中，最少浸泡 24h（消毒液体不得低于浸泡的高度）再经 121℃ 30min 高压灭菌。

（3）打碎的培养物，立即石炭酸液喷洒和浸泡被污染部位，浸泡半小时后再擦拭干净。

（4）污染的工作服或进行烈性试验所穿的工作服、帽、口罩等，应放入专用消毒袋内，经高压灭菌后方能洗涤。

第三章　焙烤食品主要原辅料检验

第一节　谷物类检验

焙烤食品生产中常用的谷物类原料有小麦粉、大米和淀粉等，现以焙烤食品中应用较多的小麦粉和淀粉主要检验指标检验方法加以说明。

一、小麦粉的检验

（一）小麦粉质量检验项目

小麦粉产品的发证检验、监督检验、出厂检验分别按照表3－1中所列出的相应检验项目进行。出厂检验项目中注有“＊”标记的，企业应当每年检验2次。

表3－1　通用小麦粉质量检验项目表

序号	检验项目	发证	监督	出厂	备注
1	加工精度	√	√	√	
2	灰分	√	√	√	
3	粗细度	√	√	√	
4	面筋质	√	√		
5	含砂量	√	√		
6	磁性金属物	√	√		
7	水分	√	√	√	
8	脂肪酸值	√	√		
9	气味口味	√	√	√	
10	蛋白质	√	√	√	高筋、低筋小麦粉产品标准中有此项目要求的
11	粉色、麸星	√	√	√	
12	食品添加剂（过氧化苯甲酰）	√	√	*	
13	汞（以Hg计）	√	√	*	
14	铅（Pb）	√	√	*	
15	无机砷（以As计）	√	√	*	
16	六六六	√	√	*	

续表

序号	检验项目	发证	监督	出厂	备注
17	滴滴涕	√	√	*	
18	黄曲霉毒素 B_1	√	√	*	
19	标签	√	√		

（二）小麦粉中水分的测定

根据 GB 5009.3—2016《食品安全国家标准 食品中水分的测定》，小麦粉中水分的测定方法为第一法：直接干燥法。

1. 仪器和用具

（1）扁形铝制或玻璃制称量瓶。

（2）电热恒温干燥箱。

（3）干燥器：内附有效干燥剂。

（4）天平：感量为 0.1mg。

2. 操作方法

取洁净铝制或玻璃制的扁形称量瓶，置于 101℃～105℃干燥箱中，瓶盖斜支于瓶边，加热 1.0h，取出盖好，置干燥器内冷却 0.5h，称量，并重复干燥至前后两次质量差不超过 2mg，即为恒重。将混合均匀的试样迅速磨细至颗粒小于 2mm，称取 2g～10g 试样（精确至 0.0001g），放入此称量瓶中，试样厚度不超过 5mm，如为疏松试样，厚度不超过 10mm，加盖，精密称量后，置于 101℃～105℃干燥箱中，瓶盖斜支于瓶边，干燥 2h～4h 后，盖好取出，放入干燥器内冷却 0.5h 后称量。然后再放入 101℃～105℃干燥箱中干燥 1h 左右，取出，放入干燥器内冷却 0.5h 后再称量。并重复以上操作至前后两次质量差不超过 2mg，即为恒重。注：两次恒重值在最后计算中，取质量较小的一次称量值。

3. 结果计算

水分含量按式（3－1）计算：

$$水分（\%）=\frac{W_1-W_2}{W_1-W_0}\times 100 \qquad (3-1)$$

式中 W_0——称量瓶的质量，单位为克（g）；

W_1——称量瓶和试样的质量，单位为克（g）；

W_2——称量瓶和试样干燥后的质量，单位为克（g）；

100——单位换算系数。

在重复性条件下获得的两次独立测定结果的绝对差值不得超过算术平均值的 10%。计算结果保留 3 位有效数字。

4. 原始记录参考样式

<table>
<tr><td colspan="6">原 始 记 录
编号：
第 页</td></tr>
<tr><td>样品名称</td><td></td><td>检测项目</td><td>水分</td><td>检测依据</td><td></td></tr>
<tr><td rowspan="2">仪器名称及编号</td><td colspan="2">电子分析天平</td><td colspan="2">环境状况： ℃</td><td>%RH</td></tr>
<tr><td colspan="2">电热恒温箱</td><td colspan="2">使用条件：</td><td></td></tr>
<tr><td></td><td colspan="2"></td><td colspan="3"></td></tr>
<tr><td colspan="2">平行测定次数</td><td>1#</td><td>2#</td><td>3#（备用）</td><td></td></tr>
<tr><td>称量瓶的质量（g）</td><td>W_0</td><td></td><td></td><td></td><td></td></tr>
<tr><td>称量瓶＋试样的质量（g）</td><td>W_1</td><td></td><td></td><td></td><td></td></tr>
<tr><td>称量瓶＋试样烘至恒重（g）</td><td>W_2</td><td></td><td></td><td></td><td></td></tr>
<tr><td>实测结果（%）</td><td>X</td><td></td><td></td><td></td><td></td></tr>
<tr><td>平均值（%）</td><td>$\overline{X}$</td><td></td><td></td><td></td><td></td></tr>
<tr><td>标准值（%）</td><td></td><td></td><td></td><td></td><td></td></tr>
<tr><td>单项结论</td><td></td><td colspan="4">□合格 □不合格 □实测</td></tr>
<tr><td>计算公式</td><td colspan="5">$X(\%)=\frac{W_1-W_2}{W_1-W_0}\times 100$</td></tr>
<tr><td>校核</td><td></td><td>检测</td><td></td><td>检测日期</td><td></td></tr>
</table>

5. 注意事项

（1）本法测得的水分还包括微量的芳香油、醇、有机酸等挥发性物质。

（2）测定过程中，称量瓶从干燥箱取出后，应迅速放入干燥器内冷却，否则不易达到恒重。

（3）干燥器内一般用硅胶作干燥剂，硅胶吸湿后效能会降低，故当硅胶蓝色减褪或变红时，需及时换出，置135℃左右烘2h～3h使其再生后再用。硅胶在吸附油脂等后，去湿能力也会大大减低。

（4）水分蒸净与否，无直观指标，只能依靠恒重来判断。恒重是指两次烘烤称量的质量差不超过规定的毫克数，依食品种类和测定要求而定。

（5）测定水分后的试样，可供测脂肪或灰分含量用。

（三）小麦粉中灰分的测定

根据 GB 5009.4—2016《食品安全国家标准 食品中灰分的测定》，小麦粉中灰分的测定方法为第一法：食品中总灰分的测定。

1. 仪器和用具

（1）高温炉：最高使用温度≥950℃。

（2）分析天平：感量 0.0001g。

（3）石英坩埚或瓷坩埚。

（4）干燥器（内有干燥剂）。

（5）电热板。

2. 操作方法

（1）坩埚预处理

取大小适宜的石英坩埚或瓷坩埚置高温炉中，在 550℃ ±25℃下灼烧 30min，冷却至 200℃左右，取出，放入干燥器中冷却 30min，准确称量。重复灼烧至前后两次称量相差不超过 0.5mg 为恒重。

（2）称样

灰分小于或等于 10g/100g 的试样称取 3g～10g（精确至 0.0001g，对于灰分含量更低的样品可适当增加称样量）。

（3）测定

先在电热板上以小火加热使试样充分炭化至无烟，然后置于高温炉中，在 550℃ ±25℃灼烧 4h。冷却至 200℃左右，取出，放入干燥器中冷却 30min，称量前如发现灼烧残渣有炭粒时，应向试样中滴入少许水湿润，使结块松散，蒸干水分再次灼烧至无炭粒即表示灰化完全，方可称量。重复灼烧至前后两次称量相差不超过 0.5mg 为恒重。

3. 结果计算

灰分（干基）含量按式（3-2）计算：

$$\text{灰分（干基）}(\%) = \frac{W_1 - W_2}{(W_0 - W_2) \times (1 - M)} \times 100 \qquad (3-2)$$

式中 W_0——坩埚和试样质量，单位为克（g）；

W_1——坩埚和灰分的质量，单位为克（g）；

W_2——坩埚的质量，单位为克（g）；

M——试样水分含量（质量分数，%）。

在重复性条件下获得的两次独立测定结果的绝对差值不得超过算术平均值的 5%。计算结果保留 3 位有效数字。

4. 原始记录参考样式

<table>
<tr><td colspan="6">原始记录
编号：
第 页</td></tr>
<tr><td>样品名称</td><td></td><td>检测项目</td><td>灰分（干基）</td><td>检测依据</td><td></td></tr>
<tr><td rowspan="2">仪器名称及编号</td><td colspan="2">电子分析天平</td><td colspan="2">环境状况： ℃</td><td>% RH</td></tr>
<tr><td colspan="2">高温电炉（马福炉）</td><td colspan="2">使用条件：</td><td></td></tr>
<tr><td colspan="3">平行测定次数</td><td>1#</td><td>2#</td><td>3#（备用）</td></tr>
<tr><td rowspan="3">坩埚的质量（g）</td><td colspan="2" rowspan="3">W_2</td><td></td><td></td><td></td></tr>
<tr><td></td><td></td><td></td></tr>
<tr><td></td><td></td><td></td></tr>
<tr><td>坩埚和试样的质量（g）</td><td colspan="2">W_0</td><td></td><td></td><td></td></tr>
<tr><td rowspan="3">坩埚和灰分质量（g）</td><td colspan="2" rowspan="3">W_1</td><td></td><td></td><td></td></tr>
<tr><td></td><td></td><td></td></tr>
<tr><td></td><td></td><td></td></tr>
<tr><td>水分含量（%）</td><td colspan="2">M</td><td></td><td></td><td></td></tr>
<tr><td>实测结果（%）</td><td colspan="2">X</td><td></td><td></td><td></td></tr>
<tr><td>平均值（%）</td><td colspan="2">$\overline{X}$</td><td></td><td></td><td></td></tr>
<tr><td>标准值（%）</td><td colspan="2"></td><td></td><td></td><td></td></tr>
<tr><td>单项结论</td><td colspan="2"></td><td colspan="3">□合格 □不合格 □实测</td></tr>
<tr><td>计算公式</td><td colspan="5">$X=\frac{W_1-W_2}{(W_0-W_2)\times(1-M)}\times 100$</td></tr>
<tr><td>校核</td><td></td><td>检测</td><td></td><td>检测日期</td><td></td></tr>
</table>

5. 注意事项

（1）灰化时间，一般要求灼烧至灰分显白色或浅灰色并达到恒重为止。灰化至达到恒重的时间因样品的不同而异，一般需要灰化2h~5h。通常是根据经验在灰化一定时间后，观察一次残灰的颜色，以确定第一次取出冷却、称量的时间，然后再放入炉中灼烧，直至达到恒重为止。

（2）含淀粉高的样品，在加热过程中容易向外溢，因此先要用小火加热，待到开始炭化时，再增高温度，使充分炭化。炭化时一定要小火缓慢进行，不要起火，以免带走试样中的灰分。炭化时若发生膨胀，可滴橄榄油数滴。炭化时应先用小火，避免样品溅出。

（3）灰化过程中，如发现灼烧残渣有炭粒时，应向试样中滴入少许水湿润，使结块松散，蒸干水分再次灼烧至无炭粒即表示灰化完全，方可称量。

（4）把坩埚放入高温炉或从炉中取出时，要放在炉口停留片刻，使坩埚预热或冷却，防止因温度剧变而使坩埚破裂。

（5）用过的坩埚经初步洗刷后，可用粗盐酸或废盐酸浸泡 10min ~ 20min，再用水冲刷洁净。

（6）灼烧后的坩埚应冷却到200℃以下再移入干燥器中，否则因热的对流作用，易造成残灰飞散，且冷却速度慢，冷却后干燥器内形成较大真空，盖子不易打开。

（四）小麦粉中磁性金属物的测定

小麦粉中磁性金属物的测定方法是 GB/T 5509—2008《粮油检验 粉类磁性金属物测定》。

1. 仪器和用具

（1）磁性金属物测定仪：磁感应强度应不少于 120mT（毫特斯拉）。

（2）分离板：210mm × 210mm × 6mm，磁感应强度应不少于 120mT。

（3）天平：分度值 0. 0001g。

（4）天平：分度值 1g，最大称量大于 1000g。

（5）称量纸：硫酸纸或不易吸水的纸。

（6）白纸：约 200mm × 300mm。

（7）毛刷、大号洗耳球、称样勺等。

2. 操作方法

（1）称样

称取试样 1kg（m），精确至 1g。

（2）测定仪分离

开启磁性金属物测定仪的电源，将试样倒入测定仪盛粉斗，按下通磁开关。调节流量控制板旋钮，控制试样流量在 250g/min 左右，使试样匀速通过淌样板进入储粉箱内。待试样流完后，用洗耳球将残留在淌样板上的试样吹入储粉箱，然后用干净的白纸接在测定仪淌样板下面，关闭通磁开关，立即用毛刷刷净吸附在淌样板上的磁性金属物，并收集到放置的白纸上。

（3）分离板分离

将收集有磁性金属物和残留试样混合物的纸放在事先准备好的分离板上，用手拉住纸的两端，沿分离板前后左右移动，使磁性金属物与分离板充分接触并集中在一处，然后用洗耳球轻轻吹弃纸上的残留试样，最后将留在纸上的磁性物收集到称量纸上。

（4）重复分离

将第一次分离后的试样，再按照（2）和（3）重复分离，直至分离后在纸上观察不到磁性金属物，将每次分离的磁性金属物合并到称量纸上。

（5）检查

将收集有磁性金属物的称量纸放在分离板上，仔细观察是否还有试样粉粒，如有试样粉粒则用洗耳球轻轻吹弃。

（6）称量

将磁性金属物和称量纸一并称量（m_1），精确至0.0001g，然后弃去磁性金属物再称量（m_0），精确至0.0001g。

3. 结果计算

磁性金属物含量按式（3－3）计算：

$$磁性金属物\ X(\mathrm{g/kg}) = \frac{m_1 - m_0}{m} \times 1000 \tag{3-3}$$

式中 X——磁性金属物含量，单位为克每千克（g/kg）；

m_1——磁性金属物和称量纸质量，单位为克（g）；

m_0——称量纸质量，单位为克（g）；

m——试样质量，单位为克（g）。

两次试验测定值以高值为该试样的测定结果。

4. 原始记录参考样式

原 始 记 录

编号：

第 页

样品名称		检测项目	磁性金属物	检测依据	
仪器名称及编号	电子分析天平		环境状况： ℃		% RH
	磁性金属测定仪				
平行测定次数			1#	2#	3#（备用）
试样质量（g）		m			
称量纸质量（g）		m_0			
磁性金属物和称量纸质量（g）		m_1			
实测结果（g/kg）		X			
平均值（g/kg）		$\overline{X}$			
标准值（g/kg）					
单项结论			□合格	□不合格	□实测
计算公式		$X = \frac{m_1 - m_0}{m} \times 1000$			
校核		检测		检测日期	

（五）小麦粉中面筋含量的测定

测定小麦粉中面筋含量的方法有手洗法测定湿面筋、快速干燥法、烘箱干燥法测定干面筋和仪器法测定湿面筋等方法，现以焙烤食品厂应用较多的手洗法测定湿面筋的方法加以说明，依据 GB/T 5506.1—2008《小麦和小麦粉 面筋含量 第1部分：手洗法测定湿面筋》。

1. 仪器和用具

（1）玻璃板或牛角匙。

（2）移液管：容量为25mL，最小刻度为0.1mL。

（3）烧杯：250mL和100mL。

（4）挤压板：9cm×16cm，厚3cm×5cm的玻璃板或不锈钢板，周围贴0.3mm×0.4mm胶布（纸），共两块。

（5）带下口的玻璃瓶：5L。

（6）手套：表面光滑的薄橡胶手套。

（7）带筛绢的筛具：30cm×40cm，底部绷紧CQ20号绢筛，筛框为木质或金属。

（8）秒表。

（9）天平：分度值0.01g。

（10）毛玻璃盘：约40cm×40cm。

2. 试剂

（1）20g/L氯化钠溶液：将200g氯化钠（NaCl）溶解于水中配制成10L溶液。

（2）碘化钾/碘溶液（Lugol溶液）：将2.54g碘化钾（KI）溶解于水中，加入1.27g碘（I_2），完全溶解后定容至100mL。

3. 操作方法

（1）称样

称量待测样品10g准确至0.01g，置于小搪瓷碗或100mL烧杯中。

（2）面团制备和静置

用玻璃棒或牛角匙不停搅动样品的同时，用移液管一滴一滴的加入4.6mL~5.2mL氯化钠溶液。拌和混合物，使其形成球状面团，注意避免造成样品损失，同时黏附在器皿壁上或玻璃棒或牛角匙的残余面团也应收到面团球上。面团样品制备时间不能超过3min。

（3）洗涤

将面团放在手掌中心，用容器中的氯化钠溶液以每分钟约50mL的流量洗涤8min，同时用另一只手的拇指不停地搓揉面团。将已经形成的面筋球继续用自来水冲洗、揉捏，直至面筋中的淀粉洗净为止（洗涤需要2min以上，测定全麦面粉时应适当延长时间）。当从面筋球上挤出的水无淀粉时表示洗涤完成。为了测试洗出液是否无淀粉，可以从面筋球上挤出几滴洗涤液到表面皿上，加入几滴碘化钾/碘溶液，若溶液颜色无变化，表明洗涤已经完成。若溶液颜色变蓝，说明仍有淀粉，应继续进行洗涤直至检测不出淀粉为止。

（4）排水

将面筋球用一只手的几个手指捏住并挤压3次，以去除在其上的大部分洗涤液。将面筋球放在洁净的挤压板上，用另一块挤压板挤压面筋，排除面筋中的游离水。每压一次后取下并擦干挤压板。反复挤压直到稍感面筋有黏手或黏板为止（挤压约15次）。也可采用离心装置排水，离心机转速为6000r/min ± 5r/min，加速度为2000g，并有孔径为500μm筛合。然后用手掌轻轻揉搓面筋团至稍感黏手为止。

（5）称重

排水后取出面筋，放在预先烘干称重的表面皿或滤纸上，准确至0.01g。

4. 结果计算

湿面筋含量按式（3-4）计算：

$$湿面筋（\%）=\frac{W_1}{W}\times 100 \quad (3-4)$$

式中 W_1——湿面筋的质量，单位为克（g）；

W——试样的质量，单位为克（g）。

两次试验结果允许差不超过1.0%，求其平均值，即为测定结果。结果保留1位小数。

5. 原始记录参考样式

<table>
<tr><td colspan="6">原 始 记 录
编号：
第 页</td></tr>
<tr><td>样品名称</td><td></td><td>检测项目</td><td>湿面筋</td><td>检测依据</td><td></td></tr>
<tr><td>仪器名称及编号</td><td colspan="2">电子分析天平</td><td>环境状况： ℃</td><td colspan="2">%RH</td></tr>
<tr><td colspan="2">平行测定次数</td><td></td><td>1#</td><td>2#</td><td>3#（备用）</td></tr>
<tr><td colspan="2">试样质量（g）</td><td>W</td><td></td><td></td><td></td></tr>
<tr><td colspan="2">湿面筋质量（g）</td><td>W_1</td><td></td><td></td><td></td></tr>
<tr><td colspan="2">实测结果（%）</td><td>X</td><td></td><td></td><td></td></tr>
<tr><td colspan="2">平均值（%）</td><td>$\overline{X}$</td><td></td><td></td><td></td></tr>
<tr><td colspan="2">标准值（%）</td><td colspan="4"></td></tr>
<tr><td colspan="3">单项结论</td><td colspan="3">□合格 □不合格 □实测</td></tr>
<tr><td colspan="2">计算公式</td><td colspan="4">$X=\frac{W_1}{W}\times 100$</td></tr>
<tr><td>校核</td><td></td><td>检测</td><td></td><td>检测日期</td><td></td></tr>
</table>

（六）小麦粉中脂肪酸值的测定

GB/T 5510—2011《粮油检验 粮食、油料脂肪酸值测定》分为苯提取法和石油醚提取法。现以石油醚提取法为例。

1. 仪器和用具

（1）粉碎机。

（2）天平：感量0.01g。

（3）具塞磨口锥形瓶：250mL。

（4）移液管50mL、25mL。

（5）振荡器：往返式，振荡频率为100次/min。

（6）短颈玻璃漏斗。

（7）具塞比色管：25mL。

（8）锥形瓶：容量150mL。

（9）量筒：100mL。

（10）滴定管：5mL，最小刻度为0.02mL；10mL，最小刻度为0.05mL；25mL，最小刻度为0.1mL。

2. 试剂和材料

（1）石油醚。

（2）酚酞指示剂。

（3）50%乙醇溶液。

（4）0.01mol/L氢氧化钾标准滴定液。

（5）快速定性滤纸：预先折叠。

3. 操作方法

（1）试样处理

称取约10g制备好的样品，准确到0.01g（m），置于250mL锥形瓶中，用移液管加入50.00mL石油醚，加塞摇动几秒钟后，打开塞子放气，再盖紧瓶塞置振荡器上振摇10min。取下锥形瓶，倾斜静置1min～2min，在短颈玻璃漏斗中放入滤纸过滤。弃去最初几滴滤液，用比色管收集滤液25mL以上，盖上塞备用。

收集的滤液来不及测定时，应盖紧比色管瓶塞，于4℃～10℃条件下保存，放置时间不宜超过24h。

（2）测定

用移液管移取25.00mL滤液于150mL锥形瓶中，用量筒加入50%乙醇溶液75mL，滴加4滴～5滴酚酞指示剂，摇匀，用氢氧化钾标准滴定溶液滴定至下层乙醇溶液呈微红色，30s不褪色为止。记下耗用的氢氧化钾标准滴定溶液体积（V_1）。

（3）空白试验

用25.00mL石油醚代替滤液，按（2）步骤进行空白试验，记下耗用的氢氧化钾标准滴定溶液体积（V_2）。

滴定接近终点时速度不宜过快，应剧烈振摇让两相充分接触，使反应完全，分层后应在白色背景下辨别下层溶液色泽的变化。

4. 结果计算

脂肪酸值按式（3－5）计算：

$$脂肪酸值(mg/100g)=(V_1-V_2)\times C\times 56.1\times\frac{50}{25}\times\frac{100}{m(100-W)}\times 100 \quad (3-5)$$

式中 V_1——滴定试样滤液所耗氢氧化钾标准滴定溶液体积，单位为毫升（mL）；

V_2——滴定空白液所耗氢氧化钾标准滴定溶液体积，单位为毫升（mL）；

C——氢氧化钾标准滴定溶液的浓度，单位为摩尔每升（mol/L）；

56.1——氢氧化钾摩尔质量，单位为克每摩尔（g/mol）；

50——提取试样所用提取液的体积，单位为毫升（mL）；

25——用于滴定的试样提取液体积，单位为毫升（mL）；

100——换算为100g干试样的质量，单位为克（g）；

m——试样的质量，单位为克（g）；

W——试样水分质量分数，即每100g试样中含水分的质量，单位为克（g）。

结果保留3位有效数字。

5. 原始记录参考样式

原始记录

编号：
第 页

样品名称		检测项目	脂肪酸值	检测依据	
仪器名称及编号	电子分析天平		环境状况： ℃		%RH
	滴定管				
标准溶液名称				标定日期	
平行测定次数		1#		2#	3#（备用）
取样量 m（g）					
标准溶液浓度 C（mol/L）					
滴定管末读数 V_3（mL）					
滴定管初读数 V_4（mL）					
实际消耗量 V_1（mL）					
空白值 V_2（mL）					

实测结果（mg/100g）					
平均值（mg/100g）					
标准值（mg/100g）					
单项结论	□合格　□不合格　□实测				
计算公式	$X=(V_1-V_2)\times C\times 56.1\times \frac{50}{25}\times \frac{100}{m(100-W)}\times 100 \quad V_1=V_3-V_4$				
校核		检测		检测日期	

（七）小麦粉中六六六、滴滴涕的测定

小麦粉中六六六、滴滴涕的测定方法是 GB/T 5009.19—2008《食品中有机氯农药多组分残留量的测定》。

1. 原理

试样中六六六、滴滴涕经提取、净化后用气相色谱法测定，与标准比较定量。电子捕获检测器对于负电极强的化合物具有极高的灵敏度，利用这一特点，可分别测出痕量的六六六、滴滴涕。不同异构体和代谢物可同时分别测定。出峰顺序：α-HCH、γ-HCH、β-HCH、δ-HCH、p,p'-DDE，o,p'-DDT，p,p'-DDD，p,p'-DDT。

2. 试剂与标样

（1）丙酮（CH_3COCH_3）：分析纯，重蒸。

（2）正己烷（n-C_6H_{14}）：分析纯，重蒸。

（3）石油醚：沸程30℃～60℃，分析纯，重蒸。

（4）苯（C_6H_6）：分析纯。

（5）硫酸（H_2SO_4）：优级纯。

（6）无水硫酸钠（Na_2SO_4）：分析纯。

（7）硫酸钠（20g/L）。

（8）农药标准品：六六六（α-HCH、β-HCH、γ-HCH、δ-HCH）纯度>99%，滴滴涕（p,p'-DDE，o,p'-DDT，p,p'-DDD，p,p'-DDT）纯度>99%。

（9）农药标准储备液：精密称取α-HCH、β-HCH、γ-HCH、δ-HCH、p,p'-DDE，o,p'-DDT，p,p'-DDD，p,p'-DDT 各10mg，溶于苯中，分别移于100mL容量瓶中，以苯稀释至刻度，混匀，浓度为100mg/L，贮存于冰箱中。

（10）农药混合标准工作液：分别量取上述各标准储备液于同一容量瓶中，以正己烷稀释至刻度。α-HCH、γ-HCH、δ-HCH 的浓度为0.005mg/L，β-HCH 和 p,p'-DDE 浓度为0.01mg/L，o,p'-DDT 浓度为0.05mg/L，p,p'-DDD 浓度为0.02mg/L，

p,p' - DDT 浓度为 0.1mg/L。

3. 仪器

（1）气相色谱仪（GC）：配有电子捕获检测器。

（2）旋转蒸发器。

（3）氮气浓缩器。

（4）匀浆机。

（5）调速多用振荡器。

（6）离心机。

（7）植物样本粉碎机。

4. 操作步骤

（1）试样制备

谷物制成粉末，其制品制成匀浆；蔬菜、水果及其制品制成匀浆；蛋制品去壳制成匀浆；肉品去皮、筋后，切成小块，制成肉糜；鲜乳混匀待用；食用油混匀待用。

（2）提取

称取具有代表性的各类食品样品匀浆 20g，加水 5mL（视样品水分含量加水，使总水量约 20mL），加 40mL 丙酮，振摇 30min，加 6g 氯化钠，摇匀。加 30mL 石油醚，振摇 30min，静置分层。取上清液 35mL 经无水硫酸钠脱水，于旋转蒸发器中浓缩至近干，以石油醚定容至 5mL，加 0.5mL 浓硫酸净化，振摇 0.5min，于 3000r/min 离心 15min。取上清液进行 GC 分析。

称取 2g 粉末样品，加入 2mL 石油醚，振摇 30min 提取，过滤，浓缩，定容至 5mL，加 0.5mL 浓硫酸净化，振摇 0.5min，于 3000r/min 离心 15min。取上清液进行 GC 分析。

称取食用油样品 0.5g，以石油醚溶解于 10mL 刻度试管中，定容至刻度。加 1.0mL 浓硫酸净化，振摇 0.5min，于 3000r/min 离心 15min。取上清液进行 GC 分析。

（3）仪器条件

色谱柱：DB - 5 毛细管柱，长 30m，内径 0.32mm，膜厚 0.25μm 或等效。

柱温：初温 90℃保持 1min，40℃/min 升温至 170℃，2.3℃/min 升温至 230℃保持 17min，40℃/min 升温至 280℃，保持 5min。

进样口温度：280℃。不分流进样，进样量 1μL。

检测器：ECD 检测器，300℃。

载气流速：氮气（N_2），1.0mL/min，尾吹 25mL/min。

柱前压：0.5MPa。

5. 结果的表示

试样中六六六、滴滴涕及其异构体或代谢物的单一含量按式（3 - 6）进行计算：

$$X = \frac{A_1}{A_2} \times \frac{m_1}{m_2} \times \frac{V_1}{V_2} \times \frac{1000}{1000} \tag{3-6}$$

式中 X——试样中六六六、滴滴涕及其异构体或代谢物的单一含量，单位为毫克每千克（mg/Kg）；

A_1——被测试样各组分的峰值（峰面积或峰高）；

A_2——各农药组分的标准的峰值（峰面积或峰高）；

m_1——单一农药标准溶液的含量，单位为纳克（ng）；

m_2——单一农药标准溶液的含量，单位为纳克（ng）；

V_1——被测试样的稀释体积，单位为毫升（mL）；

V_2——被测试样的进样体积，单位为微升（μL）。

在重复性条件下获得的两次独立测定结果的绝对差值不得超过算术平均值的15%。

6. 参考原始记录

原 始 记 录

编号：

第 页

样品名称		检验项目	六六六、滴滴涕	检验依据	

仪器名称	型号	仪器编号	检定有效期
电子天平			
气相色谱仪			

色谱柱		柱温（℃）	
载气种类		气化温度（℃）	
检测器		检测器温度（℃）	
柱温		载气流量	
取样量 m	（g）	定容体积 V	（mL）

检测项目名称	样品液浓度 C（mg/L）	样品含量 X	标准值	单项结论
六六六				
滴滴涕				

计算公式	$X = \frac{CV}{m}$
备注	

校核		检验		日期	

（八）小麦粉中铅的测定

食品中铅的测定主要方法有石墨炉原子吸收光谱法、电感耦合等离子体质谱法、火焰原子吸收光谱法、二硫腙比色法等（来源于 GB 5009.12—2017《食品安全国家标准 食品中铅的测定》和 GB 5009.268—2016《食品安全国家标准 食品中多元素的测定》）。本文主要介绍石墨炉原子吸收光谱法和电感耦合等离子体质谱法。

1. 石墨炉原子吸收光谱法

（1）方法原理

石墨炉原子吸收光谱法是采用石墨炉使石墨管升至2000℃以上，使管内试样待测元素分解成气态的基态原子，由于气态的基态原子吸收其共振线，且吸收强度与含量成正比关系，从而进行定量分析。工作步骤可分为干燥、灰化、原子化和除残四个阶段。本方法中试样经消解后，经石墨炉原子化后，吸收 283.3nm 共振线，在一定浓度范围，其吸收值与铅含量成正比，与标准系列比较定量。

（2）试剂和材料

注：除非另有规定，本方法所使用的试剂均为优级纯，水为 GB/T 6682 规定的二级水。

1）硝酸（HNO_3）。

2）高氯酸（$HClO_4$）。

3）磷酸二氢铵（$NH_4H_2PO_4$）。

4）硝酸钯［Pd（NO_3）$_2$］。

5）硝酸溶液（5+95）：取 50mL 硝酸，缓慢加入 950mL 水中。

6）硝酸溶液（1+9）：取 50mL 硝酸，缓慢加入 450mL 水中。

7）磷酸二氢铵-硝酸钯溶液：称取 0.02g 硝酸钯，加少量硝酸溶液（1+9）溶解后，再加入 2g 磷酸二氢铵，溶解后用硝酸溶液（5+95）定容至 100mL，混匀。

8）硝酸铅［Pb（NO_3）$_2$，CAS 号：10099-74-8］，纯度>99.99%，或经国家认证并授予标准物质证书的一定浓度的铅标准溶液。

9）铅标准储备液（1000μg/mL）：准确称取 1.5985g（精确至 0.0001g）硝酸铅，用少量硝酸溶液（1+9）溶解，移入 1000mL 容量瓶，加水至刻度，混匀。1mL 此溶液含 1.0mg 铅。

10）铅标准中间液（1000ng/mL）：吸取铅标准储备液 1.00mL 于 1000mL 容量瓶中，加硝酸溶液（5+95）至刻度，混匀。

11）铅标准系列溶液：分别吸取铅标准中间液 0mL、0.500mL、1.00mL、2.00mL、3.00mL、4.00mL 于 100mL 容量瓶中，加硝酸溶液（5+95）至刻度，混匀。此系列铅溶液的质量浓度分别为 0μg/L、5.00μg/L、10.0μg/L、20.0μg/L、30.0μg/L、

40.0μg/L。

注：可根据仪器的灵敏度及样品中被测元素的实际含量确定标准溶液系列中元素的具体浓度。

（3）仪器设备

注：所有玻璃器皿及聚四氟乙烯消解内罐均需硝酸（1+5）浸泡过夜，用水反复冲洗，最后用二级水冲洗干净。

1）原子吸收光谱仪，附石墨炉及铅空心阴极灯。

2）微波消解系统，配有聚四氟乙烯消解内罐。

3）可调式电热炉。

4）可调式电热板。

5）压力消解罐，配有聚四氟乙烯消解内罐。

6）恒温干燥箱。

7）天平，感量0.1mg和1mg。

（4）分析步骤

1）试样预处理　样品除去杂物后经磨碎混匀，含水量较高的样品制成匀浆，液体样品直接摇匀，储于塑料瓶中，保存备用。在采样和制备过程中，应注意不使试样污染。

2）试样消解。

湿法消解：称取试样0.2g～3g（精确到0.001g），液体样品移取0.500mL～5.00mL于带刻度的消化管或锥形瓶中，加10mL硝酸，0.5mL高氯酸，在可调式电热炉上消解（参考条件：120℃/0.5h～1h；升至180℃/2h～4h；升至200℃～220℃），若消化液变棕黑色，再加少量硝酸，直至冒白烟，消化液呈无色透明或略带黄色，取出消化管，冷却后用水定容至10mL，混匀备用；同时作试剂空白。

微波消解：称取试样0.2g～0.8g（精确到0.001g），液体样品移取0.500mL～3.00mL于微波消解罐中，加入5mL硝酸，按照微波消解的操作步骤消解试样，消解参考条件为功率1200W，一阶段120℃，升温5min，恒温5min，二阶段160℃，升温5min，恒温10min，三阶段180℃，升温5min，恒温10min。冷却后取出消解罐，在电热板上于140℃～160℃赶酸至1mL左右。消解罐放冷后，将消化液转移至10mL容量瓶中，用少量水洗涤消解罐2次～3次，合并洗涤液于容量瓶中并用水定容至刻度，混匀备用。同时做试剂空白试验。

压力罐消解：称取试样0.2g～1g（精确到0.001g），液体样品移取0.500mL～5.00mL于消解内罐中，加硝酸5mL。盖好内盖，旋紧不锈钢外套，放入恒温干燥箱，于140℃～160℃保持4h～5h。冷却后缓慢旋松外罐，取出消解内罐，放在可调式电热板上于140℃~160℃赶酸至1.0mL左右。冷却后将消化液转移至10mL容量瓶中，用少量水洗涤内罐和内盖2次~3次，合并洗涤液于容量瓶中并用水定容至刻度，混匀备用。同时做试剂空白试验。

3）仪器条件　根据各自仪器性能调至最佳状态。参考条件为波长283.3nm，狭缝0.5nm，灯电流8mA~12mA，干燥温度85℃~120℃，40s~50s；灰化温度750℃，持续20s~30s，原子化温度2300℃，4s~5s，背景校正为氘灯或塞曼效应。

4）标准曲线绘制　按浓度由低到高顺序分别吸取10μL标准系列溶液，5μL磷酸二氢铵-硝酸钯溶液（可根据使用仪器选择最佳进样量），注入石墨管，原子化后测其吸光度值，以浓度为横坐标，吸光度值为纵坐标，制作标准曲线。

5）试样测定　分别吸取10μL空白溶液和样液，5μL磷酸二氢铵-硝酸钯溶液（可根据使用仪器选择最佳进样量）注入石墨管，原子化后测其吸光度值，代入标准系列的线性回归方程中求得样液中铅含量。

（5）分析结果的表述

试样中铅含量按式（3-7）进行计算：

$$X = \frac{(c_1 - c_0) \times V}{m \times 1000} \tag{3-7}$$

式中　X——试样中铅的含量，单位为毫克每千克或毫克每升（mg/kg或mg/L）；

c_1——测定样液中铅的含量，单位为纳克每毫升（ng/mL）；

c_0——空白液中铅的含量，单位为纳克每毫升（ng/mL）；

V——试样消化液的定容总体积，单位为毫升（mL）；

m——试样称取质量或移取体积，单位为克或毫升（g或mL）；

1000——转换系数。

当铅含量≥1.00mg/kg（或mg/L）时，计算结果保留3位有效数字，当铅含量<1.00mg/kg（或mg/L）时，计算结果保留2位有效数字。在重复性条件下获得的两次独立测定结果的绝对差值不得超过算术平均值的20%。

以称样量0.5g（或0.5mL），定容至10mL计算，方法检出限（LOD）为0.02mg/kg（或0.02mg/L），定量限（LOQ）为0.04mg/kg（或0.04mg/L）。

2. 电感耦合等离子体质谱法

（1）方法原理

试样经消解后，由电感耦合等离子体质谱仪测定，以元素特定质量数（质荷比，m/z）定性，采用外标法，以待测元素质谱信号与内标元素质谱信号的强度比与待测元素的浓度成正比进行定量分析。

（2）试剂和材料

注：除非另有规定，本方法所使用的试剂均为优级纯，水为 GB/T 6682 规定的一级水。

1）硝酸（HNO_3）：优级纯或更高纯度。

2）氩气（Ar）：氩气（≥99.995%）或液氩。

3）氦气（He）：氦气（≥99.995%）。

4）硝酸溶液（5+95）：取 50mL 硝酸，缓慢加入 950mL 水中，混匀。

5）铅标准贮备液（1000mg/L 或 100mg/L）：采用国家认证并授予标准物质证书的标准溶液。

6）铼/铋元素贮备液（1000mg/L）：采用国家认证并授予标准物质证书的标准溶液。

7）铅标准中间液（1000ng/mL）：吸取铅标准贮备液 1.0mL 于 1000mL 容量瓶中，加硝酸溶液（5+95）至刻度，混匀。1mL 此溶液含 1.0μg 铅。

8）铅标准系列溶液：分别吸取铅标准中间液 0mL、0.100mL、0.500mL、1.00mL、3.00mL、5.00mL 于 100mL 容量瓶中，加硝酸溶液（5+95）至刻度，混匀。此系列铅溶液的质量浓度分别为 0μg/L、1.00μg/L、5.00μg/L、10.0μg/L、30.0μg/L、50.0μg/L。

注：可根据仪器的灵敏度及样品中被测元素的实际含量确定标准溶液系列中元素的具体浓度。

9）内标使用液：由于不同仪器采用的蠕动泵内径有所不同，在线加入内标时需考虑使内标溶液在样品中的浓度，样液混合后的内标元素参考浓度范围为 25μg/L ~ 100μg/L，低质量元素可适量提高使用液浓度。

注：内标溶液即可在配制标准工作溶液和样品消化液中手动定量加入，亦可由仪器在线加入。

（3）仪器设备

1）电感耦合等离子体质谱仪（ICP-MS）。

2）天平：感量为 0.1mg 和 1mg。

3）微波消解仪：配有聚四氟乙烯消解内罐。

4）压力消解罐：配有聚四氟乙烯消解内罐。

5）恒温干燥箱。

6）控温电热板。

7）超声水浴箱。

8）样品粉碎设备：匀浆机、高速粉碎机。

（4）分析步骤

1）试样预处理同石墨炉法。

2）试样消解。

微波消解法：称取样品0.2g～0.5g（精确至0.001g，含水分较多的样品可适当增加取样量至1g），或准确吸取液体试样1.00mL～3.00mL于微波消解内罐中，加入5mL～10mL硝酸，加盖放置1h或过夜，旋紧罐盖，按照微波消解仪标准操作步骤进行消解，消解参考条件为一阶段120℃，升温5min，恒温5min，二阶段150℃，升温5min，恒温10min，三阶段190℃，升温5min，恒温20min。冷却后取出，缓慢打开罐盖排气，用少量水冲洗内盖，将消解罐放在控温电热板上或超声水浴箱中，于100℃加热30min或超声脱气2min～5min，用水定容至25mL或50mL，混匀备用，同时做空白试验。

压力罐消解法：称取样品0.2g～1g（精确至0.001g，含水分较多的样品可适当增加取样量至2g），或准确吸取液体试样1.00mL～5.00mL于消解内罐中，加入5mL硝酸，放置1h或过夜，旋紧不锈钢外套，放入恒温干燥箱消解，消解参考条件为一阶段80℃，恒温2h，二阶段120℃，恒温2h，三阶段160℃～170℃，恒温4h，冷却后，缓慢旋松不锈钢外套，将消解内罐取出，在控温电热板上或超声水浴箱中，于100℃加热30min或超声脱气2min～5min，用水定容至25mL或50mL，混匀备用，同时做空白试验。

3）仪器参考条件　选择质量数m/z＝206/207/208，内标元素^{185}Re或^{209}Bi，元素分析模式：普通/碰撞反应池，仪器操作条件如表3－2所示。

表3－2　操作条件

参数名称	参数	参数名称	参数
射频功率	1500W	雾化器	高盐/同心雾化器
等离子体气流量	15L/min	采样锥/截取锥	镍/铂锥
载气流量	0.80L/min	采样深度	8mm～10mm
辅助气流量	0.40L/min	采集模式	跳峰（Spectrum）
氦气流量	4mL/min～5mL/min	检测方式	自动
雾化室温度	2℃	每峰测定点数	1～3
样品提升速率	0.3r/s	重复次数	2～3

注：对没有合适消除干扰模式的仪器，需采用干扰校正方程对测定结果进行校正干扰。

4）标准曲线的制作　将铅标准溶液注入电感耦合等离子体质谱仪中，测定待测元素和内标元素的信号响应值，以待测元素的浓度为横坐标，待测元素与所选内标元素响应信号值的比值为纵坐标，绘制标准曲线。

5）试样溶液的测定　将空白溶液和试样溶液分别注入电感耦合等离子体质谱仪中，测定待测元素和内标元素的信号响应值，根据标准曲线得到消解液中待测元素的浓度。

（5）分析结果的表述

试样中铅含量按式（3－8）进行计算：

$$X = \frac{(\rho - \rho_0) \times V \times f}{m \times 1000} \tag{3-8}$$

式中 X——试样中铅含量，单位为毫克每千克或毫克每升（mg/kg 或 mg/L）；

ρ——试样溶液中铅质量浓度，单位为微克每升（μg/L）；

ρ_0——试样空白液中铅质量浓度，单位为微克每升（μg/L）；

V——试样消化液定容体积，单位为毫升（mL）；

f——试样稀释倍数；

m——试样称取质量或移取体积，单位为克或毫升（g 或 mL）；

1000——换算系数。

计算结果保留 3 位有效数字。样品含量大于 1mg/kg 时，在重复性条件下获得的两次独立测定结果的绝对差值不得超过算术平均值的 10%；小于或等于 1mg/kg 且大于 0.1mg/kg 时，在重复性条件下获得的两次独立测定结果的绝对差值不得超过算术平均值的 15%；小于或等于 0.1mg/kg 时，在重复性条件下获得的两次独立测定结果的绝对差值不得超过算术平均值的 20%。

以称样量 0.5g（或 2.0mL），定容至 50mL 计算，方法检出限（LOD）为 0.02mg/kg（或 0.005mg/L），定量限（LOQ）为 0.05mg/kg（或 0.02mg/L）。

（九）小麦粉中镉的测定

食品中镉的测定主要方法有石墨炉原子吸收光谱法（来源于 GB 5009.15—2014《食品安全国家标准 食品中镉的测定》）以及电感耦合等离子体质谱法（来源于 GB 5009.268—2016《食品安全国家标准 食品中多元素的测定》）。

1. 石墨炉原子吸收光谱法

（1）方法原理

试样经灰化或酸消解后，注入一定量消化样品液于原子吸收光谱仪石墨炉中，电热原子化后在 228.8nm 共振线，在一定浓度范围内，其吸光度值与镉含量成正比，采用标准曲线法定量。

（2）试剂和材料

注：除非另有规定，本方法所使用的试剂均为分析纯，水为 GB/T 6682 规定的二级水。

1）硝酸（HNO_3）：优级纯。

2）盐酸（HCl）：优级纯。

3）高氯酸（$HClO_4$）：优级纯。

4）过氧化氢（H_2O_2，30%）。

5）磷酸二氢铵（$NH_4H_2PO_4$）。

6）硝酸溶液（1%）：取10.0mL硝酸加入100mL水中，稀释至1000mL。

7）盐酸溶液（1+1）：取50mL盐酸慢慢加入50mL水中。

8）硝酸-高氯酸混合溶液（9+1）：取9份硝酸与1份高氯酸混合。

9）磷酸二氢铵溶液（10g/L）：称取10.0g磷酸二氢铵，用100mL硝酸溶液（1%）溶解后定量移入1000mL容量瓶，用硝酸溶液（1%）定容至刻度。

10）金属镉（Cd）标准品，纯度为99.99%或经国家认证并授予标准物质证书的标准物质。

11）镉标准储备液（1.0mg/mL）：准确称取1g（精确至0.0001g）金属镉标准品于小烧杯中，分次加20mL盐酸溶液（1+1）溶解，加2滴硝酸，移入1000mL容量瓶中，用水定容至刻度，混匀。此溶液每毫升含1.0mg镉。

12）镉标准使用液（100ng/mL）：吸取镉标准储备液10.0mL于100mL容量瓶中，用硝酸溶液（1%）定容至刻度，如此经多次稀释成每毫升含100.0ng镉的标准使用液。

13）镉标准曲线工作液：准确吸取镉标准使用液0mL、0.50mL、1.0mL、1.5mL、2.0mL、3.0mL于100mL容量瓶中，用硝酸溶液（1%）定容至刻度，即得到含镉量分别为0ng/mL、0.50ng/mL、1.0ng/mL、1.5ng/mL、2.0ng/mL、3.0ng/mL的标准系列溶液。

（3）仪器设备

注：所有玻璃器皿均需硝酸（1+4）浸泡过夜，用水反复冲洗，最后用二级水冲洗干净。

1）原子吸收分光光度计，附石墨炉。

2）镉空心阴极灯。

3）电子天平：感量为0.1mg和1mg。

4）可调温式电热板、可调温式电炉。

5）马弗炉。

6）恒温干燥箱。

7）压力消解器、压力消解罐。

8）微波消解系统：配聚四氟乙烯或其他合适的压力罐。

（4）分析步骤

1）试样制备　样品除去杂物后经磨碎混匀，含水量较高的样品制成匀浆，液体样品直接摇匀，储于塑料瓶中，保存备用。在采样和制备过程中，应注意不使试样污染。

2）试样消解。

压力消解罐消解法：称取干试样0.3g～0.5g（精确至0.0001g）、鲜湿样品1g～2g（精确至0.001g）于聚四氟乙烯内罐，加硝酸5mL浸泡过夜。再加过氧化氢溶液（30%）2mL～3mL（总量不能超过罐容积的1/3）。盖好内盖，旋紧不锈钢外套，放入恒温干燥箱，120℃～160℃保持4h～6h，在箱内自然冷却至室温，打开后加热赶酸至近干，将消化液洗入10mL或25mL容量瓶中，用少量硝酸溶液（1%）洗涤内罐和内盖3次，洗液合并于容量瓶中并用硝酸溶液（1%）定容至刻度，混匀备用；同时做试剂空白试验。

微波消解：称取试样0.3g～0.5g（精确至0.0001g）、鲜湿样品1g～2g（精确至0.001g）置于微波消解罐中，加5mL硝酸和2mL过氧化氢。微波消化程序可以根据仪器型号调至最佳条件。消解完毕，待消解罐冷却后打开，消化液呈无色或淡黄色，加热赶酸至近干，用少量硝酸溶液（1%）冲洗消解罐3次，将溶液转移至10mL或25mL容量瓶中，并用硝酸溶液（1%）定容至刻度，混匀备用；同时做试剂空白试验。

湿式消解法：称取试样0.3g～0.5g（精确至0.0001g）、鲜湿样品1g～2g（精确至0.001g）于锥形瓶中，放数粒玻璃珠，加10mL硝酸－高氯酸混合溶液（9＋1），加盖浸泡过夜，加一小漏斗在电热板上消化，若变棕黑色，再加硝酸，直至冒白烟，消化液呈无色透明或略带微黄色，放冷后将消化液洗入10mL～25mL容量瓶中，用少量硝酸溶液（1%）洗涤锥形瓶3次，洗液合并于容量瓶中并用硝酸溶液（1%）定容至刻度，混匀备用；同时做试剂空白试验。

干法灰化：称取试样0.3g～0.5g（精确至0.0001g）于瓷坩埚中、鲜湿样品1g～2g（精确至0.001g）、液体样品1g～2g（精确至0.001g），先小火在可调式电炉上炭化至无烟，移入马弗炉500℃灰化6h～8h，冷却。若个别试样灰化不彻底，加1mL混合酸在可调式电炉上小火加热，将混合酸蒸干后，再转入马弗炉中500℃继续灰化1h～2h，直至试样消化完全，呈灰白色或浅灰色。放冷，用硝酸溶液（1%）将灰分溶解，将试样消化液移入10mL或25mL容量瓶中，用少量硝酸溶液（1%）洗涤瓷坩埚3次，洗液合并于容量瓶中并用硝酸溶液（1%）定容至刻度，混匀备用；同时做试剂空白试验。

注：实验要在通风良好的通风橱内进行。对含油脂的样品，尽量避免用湿式消解法消化，最好采用干法消化，如果必须采用湿式消解法消化，样品的取样量最大不能超过1g。

3）仪器条件　根据仪器条件调至最佳状态。参考条件为：波长228.8nm；狭缝0.2nm～1.0nm；灯电流2mA～10mA；干燥温度105℃；干燥时间20s；灰化温度400℃～700℃；灰化时间20s～40s；原子化温度1300℃～2300℃，原子化时间3s～5s；

背景校正为氘灯或塞曼效应。

4）标准曲线的绘制　将标准曲线工作液按浓度由低到高的顺序各取20μL注入石墨炉，测其吸光度值，以标准曲线工作液的浓度为横坐标，相应的吸光度值为纵坐标，绘制标准曲线并求出吸光度值与浓度关系的一元线性回归方程。标准系列溶液应不少于5个点的不同浓度的镉标准溶液，相关系数不应小于0.995。如果有自动进样装置，也可用程序稀释来配制标准系列。

5）试样溶液的测定　于测定标准曲线工作液相同的实验条件下，吸取样品消化液20μL（可根据使用仪器选择最佳进样量），注入石墨炉，测其吸光度值。代入标准系列的一元线性回归方程中求样品消化液中镉的含量，平行测定次数不少于两次。若测定结果超出标准曲线范围，用硝酸溶液（1%）稀释后再行测定。

注：对有干扰的试样，和样品消化液一起注入石墨炉5μL基体改进剂磷酸二氢铵溶液（10g/L），绘制标准曲线时也要加入与试样测定时等量的基体改进剂。

（5）分析结果的表述

试样中镉含量按式（3－9）进行计算：

$$X = \frac{(c_1 - c_0) \times V}{m \times 1000} \tag{3-9}$$

式中　X——样中镉含量，单位为毫克每千克或毫克每升（mg/kg或mg/L）；

c_1——试样消化液中镉含量，单位为纳克每毫升（ng/mL）；

c_0——空白液中镉含量，单位为纳克每毫升（ng/mL）；

V——试样消化液定容总体积，单位为毫升（mL）；

M——试样称取质量或移取体积，单位为克或毫升（g或mL）；

1000——换算系数。

以重复性条件下获得的两次独立测定结果的算术平均值表示，结果保留2位有效数字。在重复性条件下获得的两次独立测定结果的绝对差值不得超过算术平均值的20%。

方法检出限（LOD）为0.001mg/kg，定量限（LOQ）为0.003mg/kg。

2. 电感耦合等离子体质谱法

内标元素使用^{103}Rh或^{115}In，元素分析模式为碰撞反应池，其他按第三章第一节小麦粉中铅的测定电感耦合等离子体质谱法进行操作。以称样量0.5g（或2.0mL），定容至50mL计算，方法检出限（LOD）为0.002mg/kg（或0.0005mg/L），定量限（LOQ）为0.005mg/kg（或0.002mg/L）。

（十）小麦粉中总汞的测定

食品中总汞的测定主要方法有原子荧光光谱法、冷原子吸收光谱法等（来源于GB

5009.17—2014《食品安全国家标准 食品中总汞及有机汞的测定》）以及电感耦合等离子体质谱法（来源于GB 5009.268—2016《食品安全国家标准 食品中多元素的测定》）。本文主要介绍原子荧光光谱法和电感耦合等离子体质谱法。

1. 原子荧光光谱法

（1）方法原理

试样经酸加热消解后，在酸性介质中，试样中汞被硼氢化钾（KBH_4）或硼氢化钠（$NaBH_4$）还原成原子态汞，由载气（氩气）带入原子化器中，在特制汞空心阴极灯照射下，基态汞原子被激发至高能态，在去活化回到基态时，发射出特征波长的荧光，其荧光强度与汞含量成正比，与标准系列比较定量。

（2）试剂和材料

注：除非另有规定，本方法所使用的试剂均为优级纯，水为GB/T 6682规定的一级水。

1）硝酸（HNO_3）。

2）过氧化氢（H_2O_2）。

3）硫酸（H_2SO_4）。

4）氢氧化钾（KOH）。

5）硼氢化钠（$NaBH_4$）：分析纯。

6）硝酸溶液（1+9）：量取50mL硝酸，缓缓倒入450mL水中，混匀。

7）硝酸溶液（5+95）：量取硝酸5mL，小心倒入95mL水中，混匀。

8）氢氧化钾溶液（5g/L）：称取5.0g氢氧化钾，溶于水中，稀释至1000mL，混匀。

9）硼氢化钾溶液（5g/L）：称取5.0g硼氢化钾，溶于5.0g/L的氢氧化钾溶液中，并稀释至1000mL，混匀，现用现配。

10）重铬酸钾的硝酸溶液（0.5g/L）：称取0.05g重铬酸钾溶于100mL硝酸溶液（5+95）中。

11）硝酸-高氯酸混合溶液（5+1）：量取500mL硝酸，100mL高氯酸，混匀。

12）氯化汞（$HgCl_2$）：纯度≥99%。

13）汞标准储备溶液（1.00mg/mL）：精密称取0.1354g经干燥过的氯化汞，用重铬酸钾的硝酸溶液（0.5g/L）溶解后移入100mL容量瓶中，并稀释至刻度，混匀，此溶液每毫升相当于1.00mg汞。于4℃冰箱中避光保存，可保存2年。或购买经国家认证并授予标准物质证书的标准溶液物质。

14）汞标准中间液（10μg/mL）：吸取1.00mL汞标准储备液（1.00mg/mL）于100mL容量瓶中，用重铬酸钾的硝酸溶液（0.5g/L）稀释至刻度，混匀，此溶液浓度为10μg/mL。于4℃冰箱中避光保存，可保存2年。

15）汞标准使用液（50ng/mL）：吸取0.50mL汞标准中间液于100mL容量瓶中，用重铬酸钾的硝酸溶液（0.5g/L）稀释至刻度，混匀，此溶液浓度为50ng/mL，现用现配。

（3）仪器设备

注：玻璃器皿、聚四氟乙烯消解内罐使用前经（1+4）硝酸溶液浸泡24h后，用水反复清洗，最后用去离子水冲洗干净，晾干后备用。

1）原子荧光光谱仪。

2）天平：感量为0.1mg和1mg。

3）微波消解系统。

4）压力消解器。

5）恒温干燥箱（50℃～300℃）。

6）控温电热板（50℃～200℃）。

7）超声水浴箱。

（4）分析步骤

1）试样预处理　样品除去杂物后经磨碎混匀，含水量较高的样品制成匀浆，液体样品直接摇匀，储于塑料瓶中，保存备用。在采样和制备过程中，应注意不使试样污染。

2）试样消解。

压力罐消解法：称取试样0.2g～1.0g（精确至0.001g），新鲜样品0.5g～2.0g或液体试样吸取1mL～5mL置于消解内罐中，加5mL硝酸，混匀后放置过夜，盖上内盖放入不锈钢外套中，旋紧密封。然后将消解器放入恒温干燥箱中加热，升温至140℃～160℃后保持恒温4h～5h，自然冷至室温，然后缓慢旋松不锈钢外套，将消解内罐取出，用少量水冲洗内盖，放在控温电热板上于80℃或超声脱气2min～5min赶去棕色气体。取出消解内罐，将消解液用纯水转移定容至25mL，摇匀，同时做空白试验。

微波消解：称取试样0.2g～0.5g（精确至0.001g），新鲜样品0.2g～0.8g或液体试样吸取1mL～3mL置于消解罐中加入5mL～8mL硝酸，加盖放置过夜，旋紧罐盖，将消解罐放入微波消解系统中，消解参考条件为功率1600W，一阶段80℃，升温30min，恒温5min，二阶段120℃，升温30min，恒温7min，三阶段160℃，升温30min，恒温5min。冷却后取出，缓慢打开罐盖排气，用少量水冲洗内盖，放在控温电热板上于80℃或超声脱气2min～5min赶去棕色气体。取出消解内罐，将消解液用纯水转移定容至25mL，摇匀，同时做空白试验。

3）仪器参考条件　光电倍增管负高压，240V；汞空心阴极灯电流，30mA；原子

化器温度：300℃，载气500mL/min，屏蔽气1000mL/min。

4）标准曲线制作　分别吸取50ng/mL汞标准使用液0.00mL、0.20mL、0.50mL、1.00mL、1.50mL、2.00mL、2.50mL于50mL，容量瓶中，用硝酸溶液（1+9）稀释至刻度，混匀。各自相当于汞浓度为0.00ng/mL、0.20ng/mL、0.50ng/mL、1.00ng/mL、1.50ng/mL、2.00ng/mL、2.50ng/mL。

仪器预热稳定后，将标准系列溶液依次引入仪器进行原子荧光强度的测定。以原子荧光强度为纵坐标，汞浓度为横坐标绘制标准曲线，得到回归方程。

5）试样溶液的测定　相同条件下，将样品溶液分别引入仪器进行测定。根据回归方程计算出样品中汞元素的浓度。

（5）分析结果的表述

试样中汞含量按式（3－10）进行计算：

$$X = \frac{(c - c_0) \times V \times 1000}{m \times 1000 \times 1000} \tag{3-10}$$

式中　X——试样中汞的含量，单位为毫克每千克或毫克每升（mg/kg或mg/L）；

c——试样被测液中汞的测定浓度，单位为纳克每毫升（ng/mL）；

c_0——试样空白消化液中汞的测定浓度，单位为纳克每毫升（ng/mL）；

V——试样消化液总体积，单位为毫升（mL）；

m——试样称取质量或移取体积，单位为克或毫升（g或mL）；

1000——换算系数。

计算结果保留2位有效数字。在重复性条件下获得的两次独立测定结果的绝对差值不得超过算术平均值的20%。

以称样量0.5g，定容体积25mL计算，方法检出限（LOD）为0.003mg/kg，定量限（LOQ）为0.010mg/kg。

2. 电感耦合等离子体质谱法

内标元素使用^{185}Re或^{209}Bi，汞标准系列溶液用2mg/L金溶液配制（作为稳定剂），其他按第三章第一节小麦粉中铅的测定电感耦合等离子体质谱法进行操作。以称样量0.5g（或2.0mL），定容至50mL计算，方法检出限（LOD）为0.001mg/kg（或0.0003mg/L），定量限（LOQ）为0.003mg/kg（或0.001mg/L）。

（十一）小麦粉中总砷的测定

食品中总砷的测定主要方法有电感耦合等离子体质谱法、氢化物发生原子荧光光谱法和银盐法，来源于GB 5009.11—2014《食品安全国家标准 食品中总砷及无机砷的测定》。本文主要介绍电感耦合等离子体质谱法。

1. 方法原理

样品经酸消化处理后，消解液经过雾化由载气（氩气）导入 ICP 炬焰中，经过蒸发、解离、原子化、电离等过程，大部分转化为带正电荷的正离子，经离子采集系统进入质谱仪，质谱仪根据其质荷比进行分离。对于一定的质荷比，质谱积分面积与进入质谱仪中的离子数成正比，即样品中待测物的浓度与质谱积分面积或质谱峰高成正比，因此可通过测量质谱积分面积或质谱峰高测定样品中砷元素的浓度。

2. 试剂和材料

注：除非另有说明，本方法所用试剂均为优级纯，水为 GB/T 6682 规定的一级水。

（1）硝酸（HNO_3）：MOS 级、BV（Ⅲ）级。

（2）过氧化氢（H_2O_2）。

（3）质谱调谐液：Li、Y、Ce、Ti、Co，推荐使用浓度为 10μg/L。

（4）内标储备液：Ge，浓度为 100μg/mL。

（5）氢氧化钠（NaOH）。

（6）硝酸溶液（2+98）：量取 20mL 硝酸，缓缓倒入 980mL 水中，混匀。

（7）内标溶液 Ge（1.0μg/mL）：取 1.0mL 内标储备液用硝酸溶液（2+98）稀释定容至 100mL。

（8）氢氧化钠溶液（100g/L）：称取 10g 氢氧化钠，溶于水并用水稀释至 100mL。

（9）三氧化二砷（As_2O_3）标准品：纯度≥99.5%。

（10）砷标准储备液（100mg/L，按 As 计）：准确称取 100℃干燥 2h 的三氧化二砷 0.0132g，加 100g/L 氢氧化钠溶液 1mL 和少量水溶解，转入 100mL 容量瓶中，加适量盐酸调整其酸度近中性，用水定容至刻度。4℃避光保存，保存期一年。或购买经国家认证并授予标准物质证书的标准溶液物质。

（11）砷标准使用液（1.00mg/L，按 As 计）：准确移取 1.00mL 砷标准储备液（100mg/L）于 100mL 容量瓶中，用硝酸溶液（2+98）稀释定容至刻度。现用现配。

3. 仪器设备

注：玻璃器皿、聚四氟乙烯消解内罐使用前经（1+4）硝酸溶液浸泡 24h 后，用水反复清洗、最后用去离子水冲洗干净，晾干后备用。

（1）电感耦合等离子质谱联用仪（ICP-MS）。

（2）微波消解系统。

（3）压力消解器。

（4）恒温干燥箱（50℃~300℃）。

（5）控温电热板（50℃~200℃）。

（6）超声水浴箱。

（7）天平：感量为0.1mg和1mg。

4. 分析步骤

（1）试样预处理

样品除去杂物后经磨碎混匀，含水量较高的样品制成匀浆，液体样品直接摇匀，储于塑料瓶中，保存备用。在采样和制备过程中，应注意不使试样污染。

（2）试样消解

微波消解法：称取0.2g～0.5g（精确至0.001g），含水分较多的样品可适当增加取样量至2.0g～4.0g（精确至0.001g），样品于消解罐中，加入5mL硝酸，放置30min，盖好安全阀，将消解罐放入微波消解系统中，消解参考条件为功率1200W，一阶段120℃，升温5min，恒温3min，二阶段160℃，升温5min，恒温5min，三阶段190℃，升温5min，恒温20min，消解完全后赶酸，然后用纯水将消解液转移、定容至25mL，摇匀备用。同时做空白试验。

高压密闭消解法：称取样品0.20g～1.00g（精确至0.001g），含水分较多的样品可适当增加取样量至1.0g～5.0g（精确至0.001g），或准确吸取液体试样2.00mL～5.00mL，于消解内罐中，加5mL硝酸，混匀放置过夜后，盖上内盖放入不锈钢外套中，旋紧密封。将消解器放入恒温干燥箱中加热，升温至140℃～160℃后保持3～4h，自然冷却至室温，然后缓慢旋松不锈钢外套，将消解内罐取出，用少量水冲洗内盖，放在控温电热板上于120℃赶去棕色气体。取出消解内罐，将消解液用纯水转移定容至25mL，摇匀，同时做空白试验。

（3）仪器参考条件

推荐仪器主要参数：RF功率1550W；载气流速1.14L/min；采样深度7mm；雾化室温度2℃；Ni采样锥，Ni截取锥。

质谱干扰主要来源于同量异位素、多原子、双电荷离子等，可采用最优化仪器条件、干扰校正方程校正或采用碰撞池、动态反应池技术方法消除干扰。砷的干扰校正方程为：$^{75}As = ^{75}As - ^{77}M\,(3.127) + ^{82}M\,(2.733) - ^{83}M\,(2.757)$；采用内标校正、稀释样品等方法校正非质谱干扰。砷的m/z为75，选^{72}Ge为内标元素。

推荐使用碰撞/反应池技术，在没有碰撞/反应池技术的情况下使用干扰方程消除干扰的影响。

（4）标准曲线的制作

吸取砷标准使用液（1.00mg/L），用硝酸溶液（2+98）配制砷浓度为0.00μg/、1.0μg/L、5.0μg/L、10.0μg/L、50.0μg/L、100.0μg/L的标准系列溶液。

当仪器真空度达到要求时，用调谐液调整仪器灵敏度、氧化物、双电荷、分辨率等各项指标，当仪器各项指标达到测定要求，编辑测定方法、选择相关消除干扰方法，引入在线内标，观测内标灵敏度、脉冲与模拟模式的线性拟合，符合要求后，将标准系列引入仪器。进行相关数据处理，绘制标准曲线、计算回归方程。

（5）试样溶液的测定

相同条件下，将试剂空白、样品溶液分别引入仪器进行测定。根据回归方程计算出样品中砷元素的浓度。

5. 分析结果的表述

试样中总砷含量按式（3-11）进行计算：

$$X = \frac{(c - c_0) \times V}{m \times 1000} \tag{3-11}$$

式中 X——试样中砷的含量，单位为毫克每千克或毫克每升（mg/kg 或 mg/L）；

c——试样消化液中砷的测定浓度，单位为纳克每毫升（ng/mL）；

c_0——试样空白消化液中砷的测定浓度，单位为纳克每毫升（ng/mL）；

V——试样消化液总体积，单位为毫升（mL）；

M——样称取质量或移取体积，单位为克或毫升（g 或 mL）；

1000——换算系数。

计算结果保留 2 位有效数字。在重复性条件下获得的两次独立测定结果的绝对差值不得超过算术平均值的 20%。

以称样量 1g，定容至 25mL 计算，方法检出限（LOD）为 0.003mg/kg，定量限（LOQ）为 0.010mg/kg。

（十二）小麦粉中铬的测定

食品中铬的测定主要方法有石墨炉原子吸收光谱法（来源于 GB 5009.123—2014《食品安全国家标准 食品中铬的测定》）以及电感耦合等离子体质谱法（来源于 GB 5009.268—2016《食品安全国家标准 食品中多元素的测定》）。

1. 石墨炉原子吸收光谱法

（1）方法原理

试样经消解处理后，采用石墨炉原子吸收光法，在 357.9nm 处测定吸收值，在一定浓度范围内，其吸光度值与铬含量成正比，采用标准曲线法定量。

（2）试剂和材料

注：除非另有规定，本方法所使用的试剂均为优级纯，水为 GB/T 6682 规定的二级水。

1）硝酸（HNO_3）。

2）高氯酸（$HClO_4$）。

3）磷酸二氢铵（$NH_4H_2PO_4$）。

4）硝酸溶液（5 +95）：取 50mL 硝酸慢慢加入 950mL 水中，混匀。

5）硝酸溶液（1 +1）：取 250mL 硝酸慢慢加入 250mL 水中，混匀。

6）磷酸二氢铵溶液（20g/L）：称取 2.0g 磷酸二氢铵，用水溶解后定量移入 100mL 容量瓶，定容至刻度。

7）重铬酸钾（$K_2Cr_2O_7$）：纯度 >99.5% 或经国家认证并授予标准物质证书的标准物质。

8）铬标准储备液：准确称取基准物质重铬酸钾（110℃，烘 2h）1.4315g（精确至 0.0001g）溶于水中，移入 500mL 容量瓶中，用硝酸溶液（5 +95）定容至刻度，混匀。此溶液每毫升含 1.000mg 铬。或购置经国家认证并授予标准物质证书的铬标准储备液。

9）铬标准使用液（100ng/mL）：将铬标准储备液用硝酸溶液（5 +95）逐级稀释至每毫升含 100.0ng 铬的标准使用液。

10）铬标准曲线工作液：准确吸取铬标准使用液 0mL、0.500mL、1.00mL、2.00mL、3.00mL、4.00mL 于 25mL 容量瓶中，用硝酸溶液（5 +95）定容至刻度，即得到含铬量分别为 0ng/mL、2.00ng/mL、4.00ng/mL、8.00ng/mL、12.0ng/mL、16.0ng/mL 的标准系列溶液。或采用石墨炉自动进样器自动配制。

（3）仪器设备

注：所有玻璃器皿均需硝酸（1 +4）浸泡过夜，用水反复冲洗，最后用二级水冲洗干净。

1）原子吸收分光光度计，配石墨炉原子化器，附铬空心阴极灯。

2）微波消解系统，配有消解内罐。

3）可调温式电热板、可调温式电炉。

4）压力消解器、压力消解罐。

5）马弗炉。

6）恒温干燥箱。

7）电子天平：感量为 0.1mg 和 1mg。

（4）分析步骤

1）试样制备　样品除去杂物后经磨碎混匀，含水量较高的样品制成匀浆，液体样品直接摇匀，储于塑料瓶中，保存备用。在采样和制备过程中，应注意不使试样污染。

2）试样消解。

微波消解：称取试样 0.2g ~ 0.6g（精确至 0.0001g）置于微波消解罐中，加 5mL 硝酸，微波消化程序可以根据仪器型号调至最佳条件，消解参考条件：消解参考条件为功率 1200W（0 ~ 80%），一阶段 120℃，升温 5min，恒温 5min，二阶段

160℃，升温5min，恒温10min，三阶段180℃，升温5min，恒温10min。消解完毕，待消解罐冷却后打开，在可调式电热板上140℃～160℃赶酸至0.5mL～1.0mL。消解罐放冷后，用水将消化液转移至10mL容量瓶中定容至刻度，混匀备用；同时做试剂空白试验。

湿法消解：称取试样0.5g～3g（精确至0.0001g）于消化管中，加10mL硝酸、0.5mL高氯酸，在可调式电热炉上消化（参考条件：120℃保持0.5h～1h、升温至180℃保持2h～4h、升温至200℃～220℃），若变棕黑色，再加硝酸，直至冒白烟，消化液呈无色透明或略带微黄色，取出消化管，冷却后用水将消化液转移至10mL容量瓶中定容至刻度，混匀备用；同时做试剂空白试验。

高压消解：称取试样0.3g～1g（精确至0.0001g）于消解内罐中，加硝酸5mL。盖好内盖，旋紧不锈钢外套，放入恒温干燥箱，140℃～160℃保持4h～5h，在箱内自然冷却至室温，在可调式电热板上140℃～160℃赶酸至0.5mL～1.0mL。放冷后，用水将消化液转移至10mL容量瓶中定容至刻度，混匀备用；同时做试剂空白试验。

干法灰化：称取试样0.5g～3g（精确至0.0001g）于坩埚中，先小火在可调式电炉上炭化至无烟，移入马弗炉550℃恒温3h～4h，冷却。若试样灰化不彻底，加数滴硝酸在可调式电炉上小火加热，将酸蒸干后，再转入马弗炉中550℃继续灰化1h～2h，直至试样消化完全，呈灰白色或浅灰色。放冷，用硝酸溶液（1+1）溶解并用水定容至10mL；同时做试剂空白试验。

3）仪器条件　根据仪器条件调至最佳状态。参考条件为：波长357.9nm；狭缝0.2nm；灯电流5mA～7mA；干燥温度85℃～120℃；干燥时间40s～50s；灰化温度900℃；灰化时间20s～30s；原子化温度2700℃，原子化时间4s～5s。

4）标准曲线的绘制　将标准曲线工作液按浓度由低到高的顺序各取10μL注入石墨炉（可根据使用仪器选择最佳进样量），原子化后测其吸光度值，以标准曲线工作液的浓度为横坐标，相应的吸光度值为纵坐标，绘制标准曲线。

5）试样溶液的测定　于测定标准曲线工作液相同的实验条件下，将空白溶液和样品溶液分别吸取10μL（可根据使用仪器选择最佳进样量），注入石墨炉，测其吸光度值。代入标准系列的一元线性回归方程中求样品消化液中铬的含量。

对有干扰的试样，和样品消化液一起注入石墨炉5μL基体改进剂磷酸二氢铵溶液（20.0g/L），绘制标准曲线时也要加入与试样测定时等量的基体改进剂。

（5）分析结果的表述

试样中铬含量按式（3－12）进行计算：

$$X = \frac{(c_1 - c_0) \times V}{m \times 1000} \tag{3-12}$$

式中　X——样中铬含量，单位为毫克每千克（mg/kg）；

c_1——试样消化液中铬含量，单位为纳克每毫升（ng/mL）；

c_0——空白液中铬含量，单位为纳克每毫升（ng/mL）；

V——试样消化液定容总体积，单位为毫升（mL）；

M——试样质量，单位为克（g）；

1000——换算系数。

当分析结果≥1mg/kg时，结果保留3位有效数字；当分析结果＜1mg/kg时，结果保留2位有效数字。在重复性条件下获得的两次独立测定结果的绝对差值不得超过算术平均值的20%。

以称样量0.5g，定容体积10mL计算，方法检出限（LOD）为0.01mg/kg，定量限（LOQ）为0.03mg/kg。

2. 电感耦合等离子体质谱法

内标元素使用^{45}Sc或^{72}Ge，元素分析模式为碰撞反应池，其他按第三章第一节小麦粉中铅的测定电感耦合等离子体质谱法进行操作。以称样量0.5g（或2.0mL），定容至50mL计算，方法检出限（LOD）为0.05mg/kg（或0.02mg/L），定量限（LOQ）为0.2mg/kg（或0.05mg/L）。

二、淀粉的检验

（一）淀粉质量检验项目

淀粉发证检验、监督检验、出厂检验分别按照下列表3－3中所列的相应检验项目进行。出厂检验项目中注有“＊”标记的，企业每年应当检验2次。

表3－3　淀粉质量检验项目表

序号	检验项目	发证	监督	出厂	备注
1	感官	√	√	√	
2	净含量	√	√		
3	水分	√	√	√	
4	酸度	√	√	√	
5	灰分	√	√	√	
6	蛋白质	√	√	＊	
7	斑点	√	√	√	
8	细度	√	√	√	
9	白度	√	√	＊	
10	黏度	√	√		食用玉米淀粉不检验此项目

续表

序号	检验项目	发证	监督	出厂	备注
11	脂肪	√			
12	二氧化硫	√	√	*	
13	砷	√	√	*	
14	铅	√	√	*	
15	标签	√	√		

（二）淀粉中水分的测定

根据 GB 5009.3—2016《食品安全国家标准 食品中水分的测定》，淀粉中水分的测定方法为第一法：直接干燥法。

（三）淀粉中灰分的测定

根据 GB 5009.4—2016《食品安全国家标准 食品中灰分的测定》，淀粉中灰分的测定方法为第一法：食品中总灰分的测定。

（四）淀粉中斑点的测定

淀粉中斑点的测定方法是 GB/T 22427.4—2008《淀粉斑点测定》。

1. 仪器和用具

（1）透明板：刻有 10 个方形格（1cm × 1cm）的无色透明板。清洁，无污染。

（2）平板：白色，清洁，无污染，可均匀分布样品。

2. 操作方法

试样应进行充分混合。称取混合好的试样 10g，均匀分布在平板上。将透明板盖到已均匀分布的待测试样上，并轻轻压平。在较好的光线下，眼与透明板的距离保持 30cm，用肉眼观察试样中的斑点，并进行计数，记下 10 个空格内淀粉中的斑点总数量。应进行平行实验。

3. 结果计算

斑点以每平方厘米的斑点的数量，按式（3－13）表示：

$$\text{斑点}(\text{个}/\text{cm}^2) = \frac{C}{10} \tag{3-13}$$

式中　C——10 个空格内斑点的总数，单位为个。

取平行实验的算术平均值为结果。结果保留 1 位小数。

（五）淀粉中细度的测定

根据 GB/T 22427.5—2008《淀粉细度测定》，测定淀粉中细度的方法有人工筛分法和标准检验筛筛分法（仲裁法）。现以标准检验筛筛分法（仲裁法）加以说明。

1. 仪器和用具

（1）天平：精度为 0.1g。

（2）检验筛：根据产品要求选用规定的孔径。振动频率为1420次/min；振幅为2mm～5mm。

（3）橡皮球：直径5mm。

2. 操作方法

试样应进行充分混匀。称取混匀好的试样50g，精确至0.1g，均匀倒入检验筛中，放入橡皮球5个，固定筛体，振摇10min后，称量筛下物，精确至0.1g。应进行平行实验。

3. 结果计算

细度以筛下物占试样总重量的百分比表示，按式（3－14）表示：

$$细度(\%)=\frac{m_1}{m_0}\times 100 \quad (3-14)$$

式中 m_0——试样总重量，单位为克（g）；

m_1——试样过筛的筛下物重量，单位为克（g）。

取平行测定的算术平均值为结果。结果保留1位小数。

（六）淀粉黏度的测定

1. 旋转黏度计法

（1）原理

在45℃～95℃的温度范围内，试样随着温度的升高而逐渐糊化，通过旋转式黏度计可得到黏度值，此黏度值即为当时温度下的黏度值。作出黏度值与温度曲线图，即可得到黏度的最高值及当时的温度。

（2）仪器

1）天平：感量0.1g。

2）旋转黏度计：带有一个加热保温装置，可保持仪器及淀粉乳液的温度在45℃～95℃变化且偏差为±0.5℃。

3）搅拌器：搅拌速度120r/min。

4）超级恒温水浴：温度可调节范围在30℃～95℃。

5）四口烧瓶：250mL。

6）冷凝管。

7）温度计。

（3）试剂

蒸馏水或者去离子水：电导率≤4μS/cm。

（4）操作过程

1）称样 用天平称取适量的样品，精确至0.1g。将样品置入四口烧瓶中后，加水使样品的干基固形物浓度达到设定浓度。

2）旋转黏度计及淀粉乳液的准备　按所规定的旋转黏度计的操作方法进行校正调零，并将仪器测定筒与超级恒温水浴装置相连，打开水浴装置。将装有淀粉乳液的四口烧瓶放入超级恒温水浴中，在烧瓶上装上搅拌器、冷凝管和温度计，盖上取样口，打开冷凝水和搅拌器。

3）测定　将测定筒和淀粉乳液的温度通过恒温装置分别同时控制在45℃、50℃、55℃、60℃、65℃、70℃、75℃、80℃、85℃、90℃、95℃。在恒温装置到达上述每个温度时，从四角烧瓶中吸取淀粉乳液，加入旋转黏度计的测量筒内，测定黏度，读取各个温度时的黏度值。

4）作图　以黏度值为纵坐标，温度为横坐标，根据得到的数据作出黏度值与温度的变化曲线。

（5）测定次数　应进行平行实验。

（6）结果表示　从所得曲线中，找出对应温度的黏度值。

2. 布拉班德黏度仪法

（1）原理

利用黏度仪测量并绘制淀粉黏度曲线，从而确定不同温度时的淀粉和变性淀粉的黏度。

（2）仪器

1）分析天平：感量0.1g。

2）布拉班德黏度仪：Viscograph－E型、Viscograph－PT 100型。

3）锥形瓶：500mL，具有玻璃塞。

（3）试剂

蒸馏水或者去离子水：电导率≤4μS/cm。

（4）操作过程

1）称样　称取一定量的样品（精确至0.1g）于500mL锥形瓶中，加入一定量的水，使得试样总量为460g。

2）仪器准备　①启动布拉班德黏度仪，打开冷却水源；②黏度仪的测定参数如下：转速75r/min，测量范围700cmg，黏度单位BU（或mPa·s）；③测定程序：以1.5℃/min的速率从35℃升至95℃，在95℃保温30min，再以1.5℃/min的速率降温至50℃，在50℃保温30min。

3）装样　充分摇动锥形瓶，将其中的悬浮液倒入布拉班德载样筒，再将载样筒放入布拉班德黏度仪中。

4）测量　按照布拉班德黏度仪操作规程启动实验。

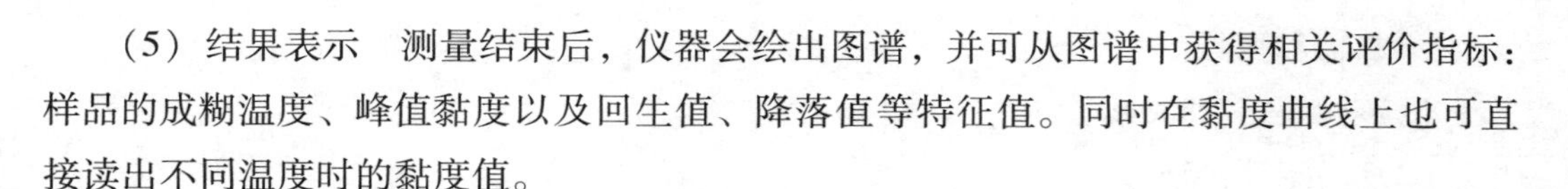

（5）结果表示　测量结束后，仪器会绘出图谱，并可从图谱中获得相关评价指标：样品的成糊温度、峰值黏度以及回生值、降落值等特征值。同时在黏度曲线上也可直接读出不同温度时的黏度值。

（七）淀粉白度的测定

1. 原理

通过样品对蓝光的反射率与标准白板对蓝光的反射率进行对比，得到样品的白度。

2. 仪器

（1）白度仪：波长可调至457nm，有合适的样品盒及标准白板，读数须精确至0.1。

（2）压样器。

3. 操作过程

（1）样品预处理

样品应充分混匀。

（2）样品白板的制作

按白度仪所提供的样品盒装样，并根据白度仪所规定的方法制作样品白板。

（3）白度仪操作

按所规定的操作方法进行，用标有白度的优级纯氧化镁制成的标准白板进行校正。

（4）测定

用白度仪对样品白板进行测定，读取白度值。

（5）测定次数

应进行平行实验。

4. 结果表示

（1）表示方法

白度以白度仪测得的样品白度值表示。取平行实验的算术平均值为结果，保留1位小数。

（2）重复性

平行实验的绝对差值不应超过0.2。若超出该限值，应重新测定。

（八）淀粉中二氧化硫的测定

食用小麦淀粉和食用玉米淀粉中二氧化硫的测定为GB/T 12309—1990《工业玉米淀粉》。马铃薯淀粉中二氧化硫的测定为GB 5009.34—2016《食品安全国家标准 食品中二氧化硫的测定》。变性淀粉中二氧化硫的测定为GB/T 22427.13—2008《淀粉及其衍生物二氧化硫含量的测定》。现以食用小麦淀粉和食用玉米淀粉中二氧化硫的测定加以说明。

1. 仪器和用具

（1）碘量瓶：500mL。

（2）滴定管：5mL。

（3）天平：分度值0.01g。

2. 试剂

（1）c（$1/2I_2$）=0.01mol/L碘标准溶液：按GB 601配制与标定。

（2）0.5%淀粉指示液：按GB 603制备。

3. 操作方法

称取试样20g（精确至0.01g），置于碘量瓶中，加蒸馏水200mL，充分振摇15min后，过滤。取滤液100mL置于锥形瓶中，加淀粉指示液2mL，用c（$1/2I_2$）=0.01mol/L碘标准溶液滴定，至淡蓝色，即为终点。同时做空白试验。

4. 结果计算

二氧化硫含量按式（3－15）计算：

$$二氧化硫(mg/kg) = \frac{(V - V_0) \times C \times 32}{W \times \frac{100}{200}} \times 1000 \tag{3-15}$$

式中 V——滴定样品所用的碘标准溶液体积，单位为毫升（mL）；

V_0——空白试验所用的碘标准溶液体积，单位为毫升（mL）；

C——碘标准溶液浓度，单位为摩尔每升（mol/L）；

32——1mL碘标准溶液［c（$1/2I_2$）=1.0mol/L］相当于二氧化硫的质量，单位为克（mg）；

W——试样总重量，单位为克（g）；

$\frac{100}{200}$——200mL试样取100mL滤液。

结果保留3位小数。

5. 原始记录参考样式

<table>
<tr><td colspan="6">原 始 记 录

编号：
第 页</td></tr>
<tr><td>样品名称</td><td></td><td>检测项目</td><td>二氧化硫</td><td>检测依据</td><td></td></tr>
<tr><td rowspan="2">仪器名称及编号</td><td colspan="2">电子分析天平</td><td colspan="2">环境状况： ℃</td><td>%RH</td></tr>
<tr><td colspan="2">滴定管</td><td colspan="3"></td></tr>
<tr><td colspan="2">标准溶液名称</td><td colspan="2"></td><td>标定日期</td><td></td></tr>
<tr><td colspan="2">平行测定次数</td><td colspan="2">1#</td><td>2#</td><td>3#（备用）</td></tr>
</table>

取样量　W（g）			
标准溶液浓度 C（mol/L）			
滴定管末读数　V_1（mL）			
滴定管初读数　V_2（mL）			
实际消耗量　V（mL）			
空白值　V_0（mL）			
实测结果（mg/kg）			
平均值（mg/kg）			
标准值（mg/kg）			
单项结论	□合格　□不合格　□实测		
计算公式	$X=\frac{(V-V_0)\times C\times 32}{W\times\frac{100}{200}}\times 1000$　　$V=V_1-V_2$		

校核		检测		检测日期	

（九）淀粉中铅的测定

按第三章第一节小麦粉中铅的测定进行操作。

第二节　油脂检验

焙烤食品生产中使用的油脂有菜籽油、大豆油、花生油、芝麻油、人造奶油（人造黄油）、起酥油、代可可脂、食用猪油等，现以人造黄油、大豆油、食用猪油的主要理化指标检验加以说明。

一、油脂质量检验项目

（一）食用植物油产品质量检验项目

食用植物油产品的发证检验、监督检验、出厂检验分别按照表3－4中所列出的相应检验项目进行。出厂检验项目中注有“＊”标记的，企业应当每年检验2次。

表3－4　食用植物油质量检验项目表

序号	检验项目	发证	监督	出厂	备注
1	色泽	√	√	√	
2	气味、滋味	√	√	√	
3	透明度	√	√	√	
4	水分及挥发物	√	√		
5	不溶性杂质（杂质）	√	√		
6	酸值（酸价）	√	√	√	橄榄油测定酸度

续表

序号	检验项目	发证	监督	出厂	备注
7	过氧化值	√	√	√	
8	加热试验（280℃）	√	√	√	
9	含皂量	√	√		
10	烟点	√	√		
11	冷冻试验	√	√		
12	溶剂残留量	√	√	√	此出厂检验项目可委托检验
13	铅	√	√	*	
14	总砷	√	√	*	
15	黄曲霉毒素 B_1	√	√	*	
16	棉籽油中游离棉酚含量	√	√	*	棉籽油
17	熔点	√	√	√	棕榈（仁）油
18	抗氧化剂（BHA、BHT）	√	√	*	
19	标签	√	√		

（二）食用油脂制品质量检验项目

1. 食用油脂制品质量检验项目

食用油脂制品的发证检验、监督检验、出厂检验分别按照表 3－5 中所列出的相应检验项目进行。出厂检验项目中注有“*”标记的，企业应当每年检验 2 次。

表 3－5 食用油脂制品质量检验项目表

序号	检验项目	发证	监督	出厂	备注
1	感官	√	√	√	
2	水分及挥发物	√	√	√	
3	脂肪	√	√	√	
4	食盐	√	√	√	
5	熔点	√	√	√	按产品要求或标签明示值
6	酸价	√	√	√	
7	过氧化值	√	√	√	
8	铅	√	√	*	
9	总砷	√	√	*	
10	铜	√	√	*	
11	镍	√	√	*	
12	菌落总数	√	√	√	
13	大肠菌群	√	√	√	
14	致病菌	√	√	*	

续表

序号	检验项目	发证	监督	出厂	备注
15	霉菌	√	√	*	
16	抗氧化剂（BHA、BHT）	√	√	*	
17	防腐剂（山梨酸）	√	√	*	
18	标签	√	√		

2. 食用油脂制品主要质量指标

LS/T 3217—1987《人造奶油（人造黄油）》要求人造奶油外观呈鲜明的淡黄色或白色可塑性固体，质地均匀、细腻、风味良好，无霉变和杂质。其主要质量指标见表3－6。

表3－6 人造奶油（人造黄油）质量指标

项目		指标	
		A型	B型
酸价，mg KOH/g油	≤	1.0	1.0
过氧化值，meq/kg	≤	10	10
脂肪含量，%	≥	80	75
水分含量，%	≤	16	20
食盐含量，%	<	3	3
熔点，油相℃		28～38	28～38
铜（以Cu计），mg/kg	≤	1.0	
镍（以Ni计），mg/kg	≤	1.0	

（三）食用动物油脂产品质量检验项目

食用动物油脂产品的发证检验、监督检验、出厂检验分别按照表3－7中所列出的相应检验项目进行。出厂检验项目中注有“*”标记的，企业应当每年检验2次。

表3－7 食用动物油脂质量检验项目表

序号	检验项目	发证	监督	出厂	备注
1	感官	√	√	√	
2	水分	√	√		
3	折光率	√	√		猪油有此项目要求
4	酸价	√	√	√	
5	过氧化值	√	√	√	
6	丙二醛	√	√	*	
7	铅	√	√	*	

续表

序号	检验项目	发证	监督	出厂	备注
8	总砷	√	√	*	
9	抗氧化剂（BHA、BHT）	√	√	*	
10	标签	√	√		

二、大豆油的检验

（一）大豆油中透明度、色泽、烟点、气味、滋味及加热试验的测定

大豆油中透明度、气味及滋味的测定方法是 GB/T 5525—2008《植物油脂 透明度、气味、滋味鉴定法》；色泽的测定方法是 GB/T 22460—2008《动植物油脂 罗维朋色泽的测定》；加热试验的测定方法是 GB/T 5531—2008《粮油检验 植物油脂加热试验》。烟点的测定方法是 GB/T 17756—1999《色拉油通用技术条件》。

1. 透明度鉴定

（1）仪器和用具

1）比色管：100mL，直径 25mm。

2）乳白灯泡等。

（2）操作方法

量取试样 100mL 注入比色管中，在 20℃温度下静置 24h，然后移置到乳白灯泡前（或在比色管后衬以白纸），观察透明程度，记录观察结果。

（3）结果表示

观察结果以“透明”、“微浊”、“混浊”表示。

2. 色泽鉴定

（1）仪器和用具

1）罗维朋比色计：F（BS684）型和 F/C 型通用罗维朋比色计。

2）玻璃比色皿。

3）色片支架：色片支架应在其底部配备无色补偿片，并包含下列罗维朋标准颜色玻璃片。

红色：0.1 ~ 0.9　1.0 ~ 9.0　10.0 ~ 70.0

黄色：0.1 ~ 0.9　1.0 ~ 9.0　10.0 ~ 70.0

蓝色：0.1 ~ 0.9　1.0 ~ 9.0　10.0 ~ 40.0

中性色：0.1 ~ 0.9　1.0 ~ 3.0

（2）操作方法

1）检测应在光线柔和的环境内进行，尤其是色度计不能面向窗口放置或受阳光直射。如果样品在室温下不完全是液体，可将样品进行加热，使其温度超过熔点 10℃左

右。玻璃比色皿必须保持洁净和干燥。如有必要，测定前可预热玻璃比色皿，以确保测定过程中样品无结晶析出。

2）将液体样品倒入玻璃比色皿中，使之具体足够的光程以便于颜色的辨认在罗维朋标准颜色玻璃片所指定的范围之内。

3）把装有油样的玻璃比色皿放在照明室内，使其靠近观察筒。

4）关闭照明室的盖子，立刻利用色片支架测定样品的色泽值。为了得到一个近似的匹配，开始使用黄色片与红色片的罗维朋值的比值为10:1，然后进行校正，测定过程中不必总是保持上述这个比值，必要时可以使用最小值的蓝色片或中性色片（蓝色片和中性色片不能同时使用），直至得到精确的颜色匹配。使用中，蓝色值不应超过9.0，中性色值不应超过3.0。

5）本测定必须由两个训练有素的操作者来完成，并取其平均值作为测定结果。如果两人的测定结果差别太大，必须由第三个操作者进行再次测定，然后取三人测定值中最接近的两个测定值的平均值作为最终测定结果。

（3）结果表示

1）红值、黄值，若匹配需要还可使用蓝值或中性色值。

2）所使用玻璃比色皿的光程。

只能使用标准比色皿的尺寸，不能用某一尺寸的玻璃比色皿测得的数值来计算其他尺寸玻璃比色皿的颜色值。

3. 气味、滋味鉴定

（1）仪器和用具

1）烧杯：100mL。

2）温度计：0℃～100℃。

3）可调电炉：电压220V，50Hz，功率小于1000W。

（2）操作方法

取少量试样注入烧杯中，均匀加温至50℃后，离开热源，用玻棒边搅拌边嗅气味。同时品尝样品的滋味。

（3）结果表示

1）气味表示　当样品具有油脂固有的气味时，结果用“具有某某油脂固有的气味”表示。当样品无味、无异味时，结果用“无味”、“无异味”表示。当样品有异味时，结果用“有异常气味”表示，再具体说明异味为：哈喇味、酸败味、溶剂味、汽油味、柴油味、热糊味、腐臭味等。

2）滋味表示　当样品具有油脂固有的滋味时，结果用“具有某某油脂固有的滋味”表示。当样品无味、无异味时，结果用“无味”、“无异味”表示。当样品有异味时，结果用“有异常滋味”表示，再具体说明异味为：哈喇味、酸败味、溶剂味、汽油味、柴油味、热糊味、腐臭味、土味、青草味等。

4. 加热试验（280℃）

（1）仪器和用具

1）电炉：1000W 可调电炉。

2）装有细砂的金属盘（砂浴盘）或石棉网。

3）烧杯：100mL。

4）温度计：0℃ ~300℃。

5）罗维朋比色计。

（2）操作方法

1）水平放置罗维朋比色计，安装好观测管和碳酸镁片，检查光源是否完好。将混匀并澄清的试样注入 25.4mm 比色槽中，达到距离比色槽上口约 5mm 处。将比色槽置于比色计中。打开光源，先移动黄色、红色玻片色值调色，直至玻片色与油样色近似相同为止。如果油色有青绿色，须配入蓝色玻片，这时移动红色玻片，使配入蓝色玻片的号码达到最小值为止，记下黄、红或黄、红、蓝玻片的色值的各自总数，即为被测初始试样的色值。

2）取混匀试样约 50mL 注入 100mL 烧杯内，置于带有砂浴盘的电炉上加热，用铁支柱悬挂温度计，使水银球恰在试样中心，加热在 16min ~ 18min 内使试样温度升至 280℃，取下烧杯，趁热观察有无析出物。

3）将加热后的试样冷却至室温，注入 25.4mm 比色槽中，达到距离比色槽上口约 5mm 处。将比色槽置于已调好的比色计中。按照初始试样的黄值固定黄色玻片色值，打开光源，移动红色玻片调色，直至玻片色与油样色近似相同为止。如果油色变浅，移动红色玻片调色，直至玻片色与油样色近似相同为止。如果油色有青绿色，须配入蓝色玻片，这时移动红色玻片，使配入蓝色玻片的号码达到最小值为止，记下黄、红或黄、红、蓝玻片的色值的各自总数，即为被测油样的色值。

（3）结果表示

观察析出物的实验结果以“无析出物”、“有微量析出物”、“有多量析出物”中的一个来表示。

罗维朋比色值差值的结果以“黄色不变红色色差值、蓝色色差值”表示。

5. 烟点

（1）仪器和用具

1）烟点箱。

2）温度计：0℃ ~300℃，最小分度 1℃。

3）油样杯：黄铜。

4）加热板。

5）热源：1000W 电炉，用调压器控制。

（2）操作方法

1）电炉上放置加热板，其凹槽向上，用调压器控制电炉的加热速率。

2）将油脂样品小心地装入油样杯中，其液面正好在装样线上，放入加热板的凹槽上。调整好仪器的位置，使照明光束正好通过油样杯中心。垂直悬挂温度计于油样杯中心，使水银球离杯底6.35mm。

3）迅速加热样品至发烟点前42度左右。调整热源，使样品升温速度为5℃/min～6℃/min。当初次看见样品有少量、连续带蓝色的烟（油脂中的热分解物）冒出时，温度计指示的温度即为烟点。

双试验允许差不超过2℃，求其平均值即为测定结果。

（二）大豆油中酸价、过氧化值的测定

1. 大豆油中酸价的测定

根据GB 5009.229—2016《食品安全国家标准 食品中酸价的测定》，大豆油中酸价的测定方法有三种：冷溶剂指示剂滴定法（第一法）、冷溶剂自动电位滴定法（第二法）和热乙醇指示剂滴定法（第三法）。现以冷溶剂指示剂滴定法（第一法）加以说明。

（1）仪器和用具

1）10mL 微量滴定管：最小刻度为0.05mL。

2）天平：感量0.001g。

3）恒温水浴锅。

4）恒温干燥箱。

5）离心机：最高转速不低于8000r/min。

6）旋转蒸发仪。

7）索式脂肪提取装置。

8）植物油料粉碎机或研磨机。

（2）试剂

1）氢氧化钾或氢氧化钠标准滴定水溶液，浓度为0.1mol/L或0.5mol/L。

2）乙醚－异丙醇混合液：乙醚＋异丙醇＝1＋1500mL的乙醚与500mL的异丙醇充分互溶混合，用时现配。

3）酚酞指示剂。

4）百里香酚酞指示剂。

5）碱性蓝6B 指示剂。

6）无水硫酸钠，在105℃～110℃条件下充分烘干，然后装入密闭容器冷却并保存。

7）无水乙醚。

8）石油醚，30℃～60℃沸程。

9）甲基叔丁基醚。

（3）操作方法

1）试样制备　若食用油脂样品常温下呈液态，且为澄清液体，则充分混匀后直接取样，否则按照要求进行除杂和脱水干燥处理。

若食用油脂样品常温下为固态，则按照表3－8称取固态油脂样品，置于比其熔点高10℃左右的水浴或恒温干燥箱内，加热完全熔化固态油脂试样，若熔化后的油脂试样完全澄清，则可混匀后直接取样。若熔化后的油脂样品浑浊或有沉淀，应按照要求进行除杂和脱水处理。

若样品为经乳化加工的油脂，则按照表3－8称取乳化油脂样品，加入试样体积5倍～10倍的石油醚，然后搅拌直至样品完全溶解于石油醚中（若油脂样品凝固点过高，可置于40℃～55℃水浴内搅拌至完全溶解），然后充分静置并分层后，取上层有机相提取液，置于水浴温度不高于45℃的旋转蒸发仪内，0.08MPa～0.1MPa负压条件下，将其中的石油醚彻底旋转蒸干，取残留的液体油脂作为试样。若残留的油脂浑浊、乳化、分层或有沉淀，则应按照要求进行除杂和脱水处理。

对于难于溶解的油脂可采用以下溶剂为浸提液：石油醚＋甲基叔丁基醚＝1＋3，250mL的石油醚与750mL的甲基叔丁基醚充分互溶混合。

若油脂样品能完全溶解于石油醚等溶剂中，成为澄清的溶液或者只是成为悬浮液而不分层，则直接加入适量的无水硫酸钠，在同样的温度条件下，充分搅拌混合吸附脱水并静置沉淀硫酸钠，然后取上层清液置于水浴温度不高于45℃的旋转蒸发仪内，0.08MPa～0.1MPa负压条件下，将其中的石油醚彻底旋转蒸干，取残留的液体油脂作为试样。若残留的油脂浑浊、乳化、分层或有沉淀，则应按照要求进行除杂和脱水处理。

2）试样称量　根据制备试样的颜色和估计的酸价，按照表3－8称取试样。

表3－8　试样称样表

估计的酸价，mg/g	试样的最小称样量，g	使用滴定液的浓度，mol/L	试样称量的准确值，g
0～1	20	0.1	0.05
1～4	10	0.1	0.02
4～15	2.5	0.1	0.01
15～75	0.5～3.0	0.1或0.5	0.001
>75	0.2～0.1	0.5	0.001

试样称样量和滴定液浓度应使滴定液用量在0.2mL~10mL之间（扣除空白后）。若检测后，发现样品的试剂称样量与该样品酸价所对应的应有称样量不符，应按要求，调整称样量后重新检测。

3）试样测定　取一个干净的250mL的锥形瓶，按照表3－8的要求用天平称取制备的油脂试样，其质量m单位为克。加入乙醚－异丙醇混合液50mL~100mL和3滴~4滴的酚酞指示剂，充分振摇溶解试样。再用装有氢氧化钾或氢氧化钠标准滴定溶液的刻度滴定管对试样溶液进行手工滴定，当试样溶液初现微红色，且15s内无明显褪色时，为滴定的终点。立刻停止滴定，记录下此滴定所消耗的标准滴定溶液的毫升数，此数值为V。

对于深色泽的油脂样品，可用百里香酚酞指示剂或碱性蓝6B指示剂取代酚酞指示剂，滴定时，当颜色变为蓝色时为百里香酚酞的滴定终点，碱性蓝6B指示剂的滴定终点为由蓝色变红色。米糠油（稻米油）的冷溶剂指示剂法测定酸价只能用碱性蓝6B指示剂。

4）另取一个干净的250mL的锥形瓶，准确加入与试样测定时相同体积、相同种类的有机溶剂混合液和指示剂，振摇混匀。然后再用装有标准滴定溶液的刻度滴定管进行手工滴定，当溶液初现微红色，且15s内无明显褪色时，为滴定的终点。立刻停止滴定，记录下此滴定所消耗的标准滴定溶液的毫升数，此数值为V_0。

（4）结果计算

酸价（又称酸值）按式（3－16）计算：

$$酸价（mg/g）= \frac{(V - V_0) \times c \times 56.1}{m} \qquad (3-16)$$

式中　V——试样测定所消耗的标准滴定溶液的体积，单位为毫升（mL）；

V_0——相应的空白测定所消耗的标准滴定溶液的体积，单位为毫升（mL）；

c——标准滴定溶液的摩尔浓度，单位为摩尔每升（mol/L）；

m——试样的质量，单位为克（g）；

56.1——氢氧化钾的摩尔质量，单位为克每摩尔（g/mol）。

酸价≤1mg/g，计算结果保留2位小数；1mg/g＜酸价≤100mg/g，计算结果保留1位小数；酸价＞100mg/g，计算结果保留至整数位。

当酸价＜1mg/g时，在重复条件下获得的两次独立测定结果的绝对差值不得超过算术平均值15%；当酸价≥1mg/g时，在重复条件下获得的两次独立测定结果的绝对差值不得超过算术平均值12%。

（5）原始记录参考样式

<table>
<tr><td colspan="6">原始记录
编号：
第 页</td></tr>
<tr><td>样品名称</td><td></td><td>检测项目</td><td>酸价</td><td>检测依据</td><td></td></tr>
<tr><td rowspan="2">仪器名称及编号</td><td colspan="2">电子分析天平</td><td colspan="2">环境状况： ℃</td><td>%RH</td></tr>
<tr><td colspan="2">滴定管</td><td colspan="2"></td><td></td></tr>
<tr><td>标准溶液名称</td><td colspan="2"></td><td colspan="2">标定日期</td><td></td></tr>
<tr><td colspan="3">平行测定次数</td><td>1#</td><td>2#</td><td>3#（备用）</td></tr>
<tr><td colspan="2">试样质量（g）</td><td>m</td><td></td><td></td><td></td></tr>
<tr><td colspan="2">标准溶液浓度（mol/L）</td><td>c</td><td></td><td></td><td></td></tr>
<tr><td colspan="2">滴定管末读数（mL）</td><td>V_1</td><td></td><td></td><td></td></tr>
<tr><td colspan="2">滴定管初读数（mL）</td><td>V_2</td><td></td><td></td><td></td></tr>
<tr><td colspan="2">实际消耗量（mL）</td><td>V</td><td></td><td></td><td></td></tr>
<tr><td colspan="2">空白值（mL）</td><td>V_0</td><td></td><td></td><td></td></tr>
<tr><td colspan="2">实测结果（mg/g）</td><td>X</td><td></td><td></td><td></td></tr>
<tr><td colspan="2">平均值（mg/g）</td><td>$\overline{X}$</td><td></td><td></td><td></td></tr>
<tr><td colspan="2">标准值（mg/g）</td><td></td><td></td><td></td><td></td></tr>
<tr><td colspan="2">单项结论</td><td></td><td colspan="3">□合格 □不合格 □实测</td></tr>
<tr><td colspan="2">计算公式</td><td colspan="4">$X=\frac{(V-V_0)\times c\times 56.1}{m}$ $V=V_1-V_2$</td></tr>
<tr><td>校核</td><td></td><td>检测</td><td></td><td>检测日期</td><td></td></tr>
</table>

（6）注意事项

1）在没有氢氧化钾标准溶液的情况下，也可用氢氧化钠溶液代替，但计算公式不变，即仍以氢氧化钾的摩尔质量参与计算。

2）溶剂（醚醇混合液）中，乙醇的用量必须超过所用氢氧化钾标准溶液用量的5倍，以防止皂液水解。

3）乙醚-异丙醇混合溶剂应在临用前配制。

2. 大豆油中过氧化值的测定

根据GB 5009.227—2016《食品安全国家标准 食品中过氧化值的测定》，大豆油中过氧化值的测定方法有两种：第一法滴定法和第二法电位滴定法。现以第一法滴定法加以说明。

（1）仪器和用具

1）碘量瓶：250mL。

2）滴定管：10mL，最小刻度为0.05mL；25mL或50mL，最小刻度为0.1mL。

3）天平：感量为1mg、0.01mg。

4）电热恒温干燥箱。

5）旋转蒸发仪。

（2）试剂

1）三氯甲烷－冰乙酸混合液（体积比40＋60）：量取40mL三氯甲烷，加60mL冰乙酸，混匀。

2）碘化钾饱和溶液：称取20g碘化钾，加入10mL新煮沸冷却的水，摇匀后贮于棕色瓶中，存放于避光处备用。确保溶液中有饱和碘化钾结晶存在。使用前检查：在30mL三氯甲烷－冰乙酸混合液中添加1.00mL碘化钾饱和溶液和2滴1%淀粉指示剂，若出现蓝色，并需用1滴以上的0.01mol/L硫代硫酸钠溶液才能消除，此碘化钾溶液不能使用，应重新配制。

3）1%淀粉指示剂：称取0.5g可溶性淀粉，加少量水调成糊状。边搅拌边倒入50mL沸水，再煮沸搅匀后，放冷备用。临用前配制。

4）石油醚的处理：取100mL石油醚于蒸馏瓶中，在低于40℃的水浴中，用旋转蒸发仪减压蒸干。用30mL三氯甲烷－冰乙酸混合液分次洗涤蒸馏瓶，合并洗涤液于250mL碘量瓶中。准确加入1.00mL饱和碘化钾溶液，塞紧瓶盖，并轻轻振摇0.5min，在暗处放置3min，加1.0mL淀粉指示剂后混匀，若无蓝色出现，此石油醚用于试样制备；如加1.0mL淀粉指示剂混匀后有蓝色出现，则需更换试剂。

5）0.1mol/L硫代硫酸钠标准溶液：称取26g硫代硫酸钠（$Na_2S_2O_3 \cdot 5H_2O$），加0.2g无水碳酸钠，溶于1000mL水中，缓缓煮沸10min，冷却。放置两周后过滤、标定。

6）0.01mol/L硫代硫酸钠标准溶液：由5）以新煮沸冷却的水稀释而成。临用前配制。

7）0.002mol/L硫代硫酸钠标准溶液：由5）以新煮沸冷却的水稀释而成。临用前配制。

（3）操作方法

1）试样制备　样品制备过程应避免强光，并尽可能避免带入空气。

动植物油脂：对液态样品，振摇装有试样的密闭容器，充分均匀后直接取样；对固态样品，选取有代表性的试样置于密闭容器中混匀后取样。

人造奶油：将样品置于密闭容器中，于60℃～70℃的恒温干燥箱中加热至融化，振摇混匀后，继续加热至破乳分层并将油层通过快速定性滤纸过滤到烧杯中，烧杯中滤液为待测试样。制备的待测试样应澄清。趁待测试样为液态时立即取样测定。

2）试样测定　应避免在阳光直射下进行试样测定。称取制备的试样2g～3g（精确至0.001g)，置于250mL碘量瓶中，加入30mL三氯甲烷-冰乙酸混合液，轻轻振摇使试样完全溶解。准确加入1.00mL饱和碘化钾溶液，塞紧瓶盖，并轻轻振摇0.5min，在暗处放置3min。取出加100mL水，摇匀后立即用硫代硫酸钠标准溶液（过氧化值估计值在0.15g/100g及以下时，用0.002mol/L标准溶液；过氧化值估计值大于0.15g/100g时，用0.01mol/L标准溶液）滴定析出的碘，滴定至淡黄色时，加1mL淀粉指示剂，继续滴定并强烈振摇至溶液蓝色消失为终点。同时进行空白试验。空白试验所消耗0.01mol/L硫代硫酸钠溶液体积V_0不得超过0.1mL。

(4) 结果计算

过氧化值用1kg样品中活性氧的毫摩尔数表示时，按式（3-17）计算：

$$\text{过氧化值（mmol/kg）} = \frac{(V - V_0) \times c}{2 \times m} \times 1000 \qquad (3-17)$$

式中 V——试样消耗的硫代硫酸钠标准溶液体积，单位为毫升（mL）；

V_0——空白试验消耗的硫代硫酸钠标准溶液体积，单位为毫升（mL）；

c——硫代硫酸钠标准溶液的浓度，单位为摩尔每升（mol/L）；

m——试样的质量，单位为克（g）；

1000——换算系数。

过氧化值用过氧化物相当于碘的质量分数表示时，按式（3-18）计算：

$$\text{过氧化值（g/100g）} = \frac{(V - V_0) \times c \times 0.1269}{m} \times 100 \qquad (3-18)$$

式中 V——试样消耗的硫代硫酸钠标准溶液体积，单位为毫升（mL）；

V_0——空白试验消耗的硫代硫酸钠标准溶液体积，单位为毫升（mL）；

c——硫代硫酸钠标准溶液的浓度，单位为摩尔每升（mol/L）；

m——试样的质量，单位为克（g）；

0.1269——与1.00mL硫代硫酸钠标准滴定溶液[$c(Na_2S_2O_3)$ = 1.000mol/L]相当的碘的质量；

100——换算系数。

计算结果以重复性条件下获得的两次独立测定结果的算术平均值表示，结果保留2位有效数字。在重复性条件下获得的两次独立测定结果的绝对差值不得超过算术平均值的10%。

(5) 原始记录参考样式

原　始　记　录

编号：
第　页

样品名称		检测项目	过氧化值	检测依据	
仪器名称及编号	电子分析天平	环境状况：　℃		%RH	
	滴定管				
标准溶液		标定日期			
平行测定次数		1#	2#	3#（备用）	
试样质量（g）	m				
标准溶液浓度（mol/L）	c				
滴定管末读数（mL）	V_1				
滴定管初读数（mL）	V_2				
实际消耗量（mL）	V				
空白值（mL）	V_0				
实测结果（□mmol/kg，□g/100g）	X				
平均值（□mmol/kg，□g/100g）	$\overline{X}$				
标准值（□mmol/kg，□g/100g）					
单项结论		□合格　□不合格　□实测			
计算公式		□ $X=\frac{(V-V_0)\times c}{2\times m}\times 1000$　□ $V=V_1-V_2$ □ $\frac{(V-V_0)\times c\times 0.1269}{m}\times 100$			
校核		检验		检验日期	

（6）注意事项

1）碘化钾饱和溶液应澄清无色，于暗处保存；在进行空白试验时，当加入淀粉溶液后，若呈现蓝色，则试剂碘化钾不符合试验要求。

2）淀粉指示剂最好在接近终点时加入，即在硫代硫酸钠标准溶液滴定碘至淡黄色时再加入淀粉，否则碘和淀粉吸附太牢，终点时颜色不易褪去，致使终点出现过迟，引起误差。

3）加入碘化钾后，静置时间长短以及加水量多少，对测定结果均有影响。操作过程中注意条件一致。

4）对于固态油样，可微热溶解，并适当多加一点溶剂。试样取用量大时，在加溶剂后有时会出现互不相溶的两层，此时可适当增加溶剂用量。

（三）大豆油中水分及挥发物的测定

根据 GB 5009.236—2016《食品安全国家标准 动植物油脂水分及挥发物的测定》，大豆油中水分及挥发物的测定方法为第一法沙浴（电热板）法和第二法（电热干燥箱法）。现以第一法沙浴（电热板）加以说明。

1. 仪器和用具

（1）分析天平：感量 0.001g。

（2）碟子：陶瓷或玻璃的平底碟，直径 80mm/90mm，深约 30mm。

（3）温度计：刻度范围至少为 80℃ ~110℃，长约 100mm 水银球加固，上端具有膨胀室。

（4）沙浴或电热板（室温 ~150℃）。

（5）干燥器：内含有效的干燥剂。

2. 操作方法

（1）试样制备　在预先干燥并与温度计一起称量的碟子中，称取试样约 20g，精确至 0.001g。

液体样品：对于澄清无沉淀物的液体样品，在密闭的容器中摇动，使其均匀。对于有浑浊或有沉淀物的液体样品，在密闭的容器中摇动，直至沉淀物完全与容器壁分离，并均匀地分布在油体中。检查是否有沉淀物吸附在容器壁上，如有吸附，应完全清除（必要时打开容器），使它们完全与油混合。

固体样品：将样品加热至刚变为液体，按液体试样操作，使其充分混匀。

（2）试样测定　将装有测试样品的碟子在沙浴或电热板上加热至 90℃，升温速率控制在 10℃/min 左右，边加热边用温度计搅拌。

降低加热速率观察碟子底部气泡的上升，控制温度上升至 103℃ ±2℃，确保不超过 105℃。继续搅拌至碟子底部无气泡放出。

为确保水分完全散尽，重复数次加热至 103℃ ±2℃、冷却至 90℃ 的步骤，将碟子和温度计置于干燥器中，冷却至室温，称量，精确至 0.001g。重复上述操作，直至连续两次结果不超过 2mg。

3. 结果计算

水分及挥发物含量以质量分数表示，按式（3-19）计算：

$$\text{水分及挥发物}(\%) = \frac{(m_1 - m_2)}{m_1 - m_0} \times 100 \qquad (3-19)$$

式中 m_1——加热前碟子、温度计和测试样品的质量，单位为克（g）；

m_2——加热后碟子、温度计和测试样品的质量，单位为克（g）；

m_0——碟子和温度计的质量，单位为克（g）；

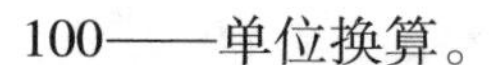

100——单位换算。

计算结果保留小数点后2位。在重复性条件下获得的两次独立测定结果的绝对差值不得超过算术平均值的10%。

（四）大豆油中不溶性杂质的测定

大豆油中不溶性杂质的测定方法为GB/T 15688—2008《动植物油脂 不溶性杂质含量的测定》。

1. 仪器

（1）分析天平：分度值0.001g。

（2）电烘箱：可控制在103℃±2℃。

（3）锥形瓶：容量250mL，带有磨口玻璃塞。

（4）干燥器：内装有效干燥剂。

（5）无灰滤纸：无灰滤纸在燃烧后的最大残留物质量为0.01%，对尺寸大于2.5μm的颗粒的拦截率可达到98%。玻璃纤维过滤器为带盖直径为120mm的金属（最好是铝制）或玻璃容器。

（6）坩埚式过滤器：玻璃，P16级（孔径10μm～16μm），直径40mm，容积50mL，带抽气瓶。可以替代所描述的过滤器来过滤包括酸性油在内的所有产品。

2. 试剂

（1）正己烷或石油醚：石油醚的馏程为30℃～60℃，溴值小于1。上述任何一种溶剂，每100mL完全蒸发后的残留物应不超过0.002g。

（2）硅藻土：经纯化、煅烧，其质量损失在900℃（赤热状态）下少于0.2%。

3. 操作方法

（1）将滤纸及带盖过滤器或坩埚式过滤器置于烘箱中，烘箱温度为103℃，加热烘干燥。在干燥器中冷却，并称量，精确至0.001g。

（2）加200mL正己烷或石油醚于装有试样的锥形瓶中，盖上塞子并摇动。在20℃下放置30min。

（3）在合适的漏斗中通过无灰滤纸过滤，必要时通过坩埚式过滤器过滤。清洗锥形瓶时要确保所有的杂质都被洗入滤纸或坩埚中。用少量的溶剂清洗滤纸或坩埚过滤器，洗至溶剂不含油脂。如有必要，适当加热溶剂，但温度不能超过60℃，用于溶解滤纸上的一些凝固的脂肪。

（4）将滤纸从漏斗移到过滤器中，静置，使滤纸上的大部分溶剂在空气中挥发，并在103℃烘箱中使溶剂完全蒸发，然后从烘箱中取出，盖上盖子，在干燥器中冷却并称量，精确至0.001g。

（5）如果用坩埚式过滤器，使坩埚式过滤器上的大部分溶剂在空气中灰分，并在

103℃烘箱中使溶剂完全蒸发，然后在干燥器中冷却并称量，精确至0.001g。

（6）按上述方法对同一试样测定两次。

4. 结果计算

不溶性杂质含量按式3－20计算：

$$不溶性杂质(\%) = \frac{W_2 - W_1}{W_0} \times 100 \quad (3-20)$$

式中 W_0——试样的质量，单位为克（g）；

W_1——带盖过滤器及滤纸，或坩埚式过滤器的质量，单位为克（g）；

W_2——带盖过滤器及带有干残留物的滤纸，或坩埚式过滤器及干残留物的质量，单位为克（g）。

结果保留2位小数。

（五）大豆油中铅的测定

按第三章第一节小麦粉中铅的测定进行操作。

（六）大豆油中总砷的测定

按第三章第一节小麦粉中总砷的测定进行操作。

（七）大豆油中溶剂残留的测定

大豆油中的溶剂残留量的测定方法为GB 5009.262—2016《食品安全国家标准 食品中溶剂残留量的测定》。

1. 原理

样品中存在的溶剂残留在密闭容器中会扩散到气相中，经过一定的时间后可达到气相/液相间浓度的动态平衡，用顶空气相色谱法检测上层气相中溶剂残留的含量，即可计算出待测样品中溶剂残留的实际含量。

2. 试剂与标样

除非另有规定，本方法所使用的试剂均为优级纯，水为GB/T 6682规定的一级水。

（1）*N*，*N*－二甲基乙酰胺［$CH_3C(O)N(CH_3)_2$］≥99%。

（2）正庚烷（C_7H_{16}）：纯度≥99%。

（3）正庚烷标准工作液：在10mL容量瓶中准确加入1mL正庚烷后，再迅速加入*N*,*N*－二甲基乙酰胺，并定容至刻度。

（4）溶剂残留标准品："六号溶剂"溶液，浓度为10mg/mL，溶剂为*N*,*N*－二甲基乙酰胺。或经国家认证并授予标准物质证书的其他溶剂残留检测用标准物质。

3. 仪器与设备

（1）气相色谱仪：附氢火焰离子化检测器。

（2）顶空瓶：20mL，配备铝盖和不含烃类溶剂残留的丁基橡胶或硅树脂胶隔垫。

（3）分析天平：感量为0.01g。

（4）微量注射器：容积分别为10μL、25μL、50μL、100μL、250μL、500μL。

（5）超声波振荡器。

（6）鼓风烘箱。

（7）恒温振荡器。

4. 操作步骤

（1）标准溶液制备

对于植物油，称量5.0g（精确到0.01g）基体植物油6份于20mL顶空进样瓶中。向每份基体植物油中迅速加入5μL正庚烷标准工作液作为内标（即内标含量68mg/kg），用手轻微摇匀后，再用微量注射器迅速加入0μL、5μL、10μL、25μL、50μL、100μL的六号溶剂标准品，密封后，得到浓度分别为0mg/kg、10mg/kg、20mg/kg、50mg/kg、100mg/kg、200mg/kg的基体植物油标准溶液。保持顶空进样瓶直立，并在水平桌面上做快速的圆周转动，使物质充分混合。转动过程中基体植物油不能接触到密封垫，如果有接触，需重新配制。

（2）样品制备

称取植物油样品5g（精确至0.01g）于20mL顶空进样瓶中，向植物油样品中迅速加入5μL正庚烷标准工作液作为内标，用手轻微摇匀后密封。保持顶空进样瓶直立，待分析。制备过程中植物油样品不能接触到密封垫，如果有接触，需重新制备。

（3）气相色谱条件

色谱柱：含5%苯基的甲基聚硅氧烷的毛细管柱，柱长30m，内径0.25mm，膜厚0.25μm，或相当者；柱温升温程序：50℃保持3min，1℃/min升温至55℃保持3min，30℃/min升温至200℃保持3min；进样口温度：250℃；检测器温度：300℃；进样模式：分流模式，分流比100∶1；载气氮气流速：1mL/min；氢气流速：25mL/min；空气流速：300mL/min。

（4）顶空参考条件

平衡时间：30min；平衡温度：60℃；平衡时振荡器转速：250r/min；进样体积：500μL。

（5）测定

本法采用内标法定量。将配制好的标准溶液上机分析后，以标准溶液与内标物浓度比为横坐标，标准溶液总峰面积与内标物峰面积比为纵坐标绘制标准曲线。将制备好的植物油上机分析后，测得其峰面积，根据相应标准曲线，计算出试样中溶剂残留的含量。

5. 结果计算

$$X = \rho \tag{3-21}$$

式中　X——试样中溶剂残留的含量，单位为毫克每千克（mg/kg）；

ρ——由标准曲线得到的试样中溶剂残留的含量，单位为毫克每千克（mg/kg）。

计算结果保留 3 位有效数字。在重复性条件下获得的两次独立测定结果的绝对差值不得超过算术平均值的 10%。

本方法检出限和定量限：植物油检出限为 2mg/kg，定量限为 10mg/kg。

6. 参考原始记录

原　始　记　录

编号：

第　页

样品名称		检验项目		检验依据	

仪器名称	型号	仪器编号	检定有效期
电子天平			
气相色谱仪			

色谱柱		柱温（℃）	
载气种类		气化温度（℃）	
检测器		检测器温度（℃）	
空气流量（mL/min）		氢气流量（mL/min）	
氮气流量（mL/min）		载气流量（mL/min）	

前处理方法

检测项目	样品浓度 C（μg）	样品含量 X（mg/kg）	标准值（mg/kg）	结论
溶剂残留量				
残留溶剂				
浸出油溶剂残留				
计算公式	$X = \frac{C}{W}$			
备注				

校核		检验		日期	

（八）大豆油中抗氧化剂（BHA、BHT、TBHQ）的测定

根据 GB 5009.32—2016《食品安全国家标准 食品中 9 种抗氧化剂的测定》，食品中抗氧化剂的检测有高效液相色谱法（第一法）、液相色谱串联质谱法（第二法）、气相色谱-质谱法（第三法）、气相色谱法（第四法）、比色法（第五法）。大豆油中 BHA、BHT、TBHQ 的检测方法可以用高效液相色谱法（第一法）、气相色谱质谱法

（第三法）、气相色谱法（第四法）进行检测，本章介绍高效液相色谱法。

1. 方法原理

油脂样品经有机溶剂溶解后，使用凝胶渗透色谱（GPC）净化；固体类食品样品用正己烷溶解，用乙腈提取，固相萃取柱净化。高效液相色谱法测定，外标法定量。

2. 试剂和材料

注：除非另有规定，本方法所使用的试剂均为优级纯，水为 GB/T 6682 规定的一级水。

（1）甲酸（HCOOH）。

（2）乙腈（CH_3CN）。

（3）甲醇（CH_3OH）。

（4）正己烷（C_6H_{14}）：分析纯，重蒸。

（5）乙酸乙酯（$CH_3COOCH_2CH_3$）。

（6）环己烷（C_6H_{12}）。

（7）氯化钠（NaCl）：分析纯。

（8）无水硫酸钠（Na_2SO_4）：分析纯，650℃灼烧 4h，贮存于干燥器中，冷却后备用。

（9）乙腈饱和的正己烷溶液：正己烷中加入乙腈至饱和。

（10）正己烷饱和的乙腈溶液：乙腈中加入正己烷至饱和。

（11）乙酸乙酯和环己烷混合溶液（1 +1）：取 50mL 乙酸乙酯和 50mL 环己烷混匀。

（12）乙腈和甲醇混合溶液（2 +1）：取 100mL 乙腈和 5mL 甲醇混合。

（13）饱和氯化钠溶液：水中加入氯化钠至饱和。

（14）甲酸溶液（0. 1 +99. 9）：取 0. 1mL 甲酸移入 100mL 容量瓶，定容至刻度。

（15）叔丁基对羟基茴香醚（BHA）：纯度≥98%。

（16）2，6 - 二叔丁基对甲基苯酚（BHT）：纯度≥98%。

（17）叔丁基对苯二酚（TBHQ）：纯度≥98%。

（18）抗氧化剂标准物质混合储备液：准确称取 0. 1g（精确至 0. 1mg）固体抗氧化剂标准物质，用乙腈溶于 100mL 棕色容量瓶中，定容至刻度，配制成浓度为 1000mg/L 的标准混合储备液，0℃ ~4℃避光保存。

（19）抗氧化剂混合标准使用液：移取适量体积的浓度为 1000mg/L 的抗氧化剂标准物质混合储备液分别稀释至浓度为 20mg/L、50mg/L、100mg/L、200mg/L、400mg/L 的混合标准使用液。

3. 仪器设备

（1）离心机：转速≥3000r/min。

（2）旋转蒸发仪。

（3）高效液相色谱仪。

（4）凝胶渗透色谱仪。

（5）分析天平：感量为0.01g和0.1mg。

（6）涡旋振荡器。

（7）C_{18}固相萃取柱：2000mg/12mL。

（8）有机系滤膜：孔径0.22μm。

4. 分析步骤

（1）试样制备

固体或半固体样品粉碎混匀，然后用对角线法取四分之二或六分之二，或根据试样情况取有代表性试样，密封保存；液体样品混合均匀，取有代表性试样，密封保存。

（2）提取

固体类样品：称取1g（精确至0.01g）处理后的试样于50mL离心管中，加入5mL乙腈饱和的正己烷溶液，涡旋1min充分混匀，浸泡10min。加入5mL饱和氯化钠溶液，用5mL正己烷饱和的乙腈溶液涡旋2min，3000r/min离心5min，收集乙腈层于试管中，再重复使用5mL正己烷饱和的乙腈溶液提取2次，合并3次提取液，加0.1%甲酸溶液调节pH=4，待净化。同时做空白试验。

油类：称取1g（精确至0.01g）处理好的试样于50mL离心管中，加入5mL乙腈饱和的正己烷溶液溶解样品，涡旋1min，静置10min，用5mL正己烷饱和的乙腈溶液涡旋提取2min，3000r/min离心5min，收集乙腈层于试管中，再重复使用5mL正己烷饱和的乙腈溶液提取2次，合并3次提取液，待净化。同时做空白试验。根据样品中油脂的实际含量，称取5g混合均匀的样品，置于250mL具塞锥形瓶中，加入适量石油醚，使样品完全浸没，放置过夜，用快速滤纸过滤后，旋转蒸发回收溶剂，得到的油脂用乙酸乙酯和环己烷混合溶液准确定容至10.0mL，混合均匀待净化。

（3）净化

在C_{18}固相萃取柱中装入约2g的无水硫酸钠，用5mL甲醇活化萃取柱，再以5mL乙腈平衡萃取柱，弃去流出液。将所有提取液倾入柱中，弃去流出液，再以5mL乙腈和甲醇的混合溶液洗脱，收集所有洗脱液于试管中，40℃下旋转蒸发至干，加2mL乙腈定容，过0.22μm有机系滤膜，供液相色谱测定。

（4）凝胶渗透色谱法（纯油类样品可选）

称取样品10g（精确至0.01g）于100mL容量瓶中，以乙酸乙酯和环己烷混合溶液定容至刻度，作为母液；取5mL母液于1mL容量瓶中以乙酸乙酯和环己烷混合溶液定容至刻度，待净化。取10mL待测液加入凝胶渗透色谱（GPC）进样管中，使用GPC

净化，收集流出液，40℃下旋转蒸发至干，加2mL乙腈定容，过0.22μm有机系滤膜，供液相色谱测定。同时做空白试验。

凝胶渗透色谱净化参考条件如下。凝胶渗透色谱柱：300mm × 20mm 玻璃柱，BioBeads（S－X3），40μm～75m；柱分离度：玉米油与抗氧化剂（PG、THBP、TBHQ、OG、BHA、Ionox－100、BHT、DG、NDGA）的分离度＞85%；流动相：乙酸乙酯：环己烷＝1∶1（体积比）；流速：5mL/min；进样量：2mL；流出液收集时间：7min～17.5min；紫外检测器波长：280nm。

（5）液相色谱仪条件

色谱柱：C_{18}柱，柱长250mm，内径4.6mm，粒径5μm，或等效色谱柱。

流动相A：0.5%甲酸水溶液，流动相B：甲醇。

洗脱梯度：0～5min 流动相（A）50%，5min～15min：流动相（A）从50%降至20%，15min～20min 流动相（A）20%，20min～25min：流动相（A）从20%降至10%，25min～27min：流动相（A）从10%增至50%，27min～30min：流动相（A）50%。

柱温：35℃；进样量：5μL；检测波长：280nm。

（6）标准曲线制作

将系列浓度的标准工作液分别注入液相色谱仪中，测定相应的抗氧化剂，以标准工作液的浓度为横坐标，以响应值（如：峰面积、峰高、吸收值等）为纵坐标，绘制标准曲线。

（7）试样溶液的测定

将试样溶液注入高效液相色谱仪中，得到相应色谱峰的响应值，根据标准曲线得到待测液中抗氧化剂的浓度。

5. 分析结果的表述

$$X_i = \rho_i \times \frac{V}{m} \tag{3-22}$$

式中 X_i——试样中抗氧化剂含量，单位为毫克每千克（mg/kg）；

ρ_i——从标准曲线上得到的抗氧化剂溶液浓度，单位为微克每毫升（μg/mL）；

V——样液最终定容体积，单位为毫升（mL）；

m——称取的试样质量，单位为克（g）。

结果保留3位有效数字（或保留到小数点后2位）。在重复性条件下获得的两次独立测定结果的绝对差值不得超过算术平均值的10%。

本方法对各物质的检出限为，叔丁基对苯二酚（TBHQ）：10mg/kg；叔丁基对羟基茴香醚（BHA）：10mg/kg；2，6－二叔丁基对甲基苯酚（BHT）：4mg/kg，定量限均为20mg/kg。

6. 原始记录参考样式

原始记录					
					编号： 第　页
样品名称		检验项目	BHA、BHT、TBHQ	检验依据	
仪器名称	型号		仪器编号		检定有效期
电子天平					
液相色谱仪					
色谱柱			定量方法		
检测器			洗脱条件		
进样体积（μL）			流速（mL/min）		
流动相			柱温℃		
前处理方法					
标准物质编号		样品取样量 W（g）		定容体积 V（mL）	
检验项目	叔丁基对羟基茴香醚（BHA）		2，6－二叔丁基对甲基苯酚（BHT）	叔丁基对苯二酚（TBHQ）	
样液浓度 C					
实测结果 X					
标准值					
单项结论					
计算公式	$X = \frac{CV}{W}$				
备注					
校核		检验		日期	

三、人造奶油的检验

（一）人造奶油中脂肪的测定

1. 仪器和用具

（1）电热干燥箱。

（2）备有变色硅胶的干燥器。

（3）天平：感量0.0001g。

（4）平底烧杯50mL。

（5）3 号砂芯漏斗。

（6）胶管。

（7）水力抽气泵。

（8）吸滤瓶。

（9）安全瓶。

2. 试剂和材料

（1）无水乙醚。

（2）95%乙醇。

（3）酸洗石棉。

（4）脱脂棉。

（5）定性滤纸。

3. 操作方法

（1）用胶管连接抽气泵、安全瓶和抽气瓶。用水将石棉分成粗细两部分，先用粗的，后用细的石棉铺垫玻璃砂芯漏斗（约厚 3mm），再用水沿玻棒倾入漏斗中抽洗，后用少量乙醇和乙醚分先后抽洗，待乙醚挥净后，将漏斗送入 105℃电热干燥箱中，烘至前后两次重量差不超过 0.001g 为止。

（2）称取混匀试样 15g～20g 于烧杯中，加入 15mL 无水乙醚，用玻棒搅拌，使脂肪溶于乙醚中。连接抽气装置，在已恒重的玻璃砂芯漏斗中倾入试样乙醚溶解液，再用 100mL 乙醚分数次洗涤烧杯及砂芯漏斗，直至无油迹为止。

（3）用脱脂棉揩净漏斗外部，在 105℃烘至恒重。

4. 结果计算

（1）残渣计算如式（3－23）表示为：

$$X(\%) = \frac{G_1 - G_0}{W} \times 100 \quad (3-23)$$

式中　X——残渣含量，%；

G_1——抽滤后砂芯漏斗重量，单位为克（g）；

G_0——抽滤前砂芯漏斗重量，单位为克（g）；

W——试样重，单位为克（g）。

（2）脂肪含量

$$X_2 = 100 - (\text{水分\%} + \text{残渣\%}) \quad (3-24)$$

两次试验结果允许差不超过 0.4%，测定结果取小数点后第 1 位。

5. 原始记录参考样式

原始记录

编号：
第　页

样品名称		检验项目	脂肪	检验依据	
仪器名称及编号	电子分析天平	环境状况：　℃			%RH
	电热干燥箱	使用条件：105℃			
平行测定次数			1#	2#	3#（备用）
抽滤前砂芯漏斗重量（g）	G_0				
称取试样的质量（g）	W				
抽滤后砂芯漏斗重量（g）	G_1				
水分含量（%）	H				
脂肪含量（%）	X				
平均值（%）	$\overline{X}$				
标准值（%）					
单项结论			□合格	□不合格	□实测
计算公式	$X = 100 - \left(H + \frac{G_1 - G_0}{W} \times 100\right)$				
校核		检验		检验日期	

（二）人造奶油中酸价、过氧化值的测定

1. 人造奶油中酸价的测定

同本章本节油脂检验中大豆油酸价的测定方法进行操作。

2. 人造奶油中过氧化值的测定

同本章本节油脂检验中大豆油过氧化值的测定方法进行操作。

（三）人造奶油中食盐的测定

1. 试剂与仪器

（1）锥形瓶：250mL。

（2）滴定管：25 或 50mL，分度值 0.1。

（3）分液漏斗：250 或 500mL。

（4）电炉：500W。

（5）铬酸钾指示剂：10%铬酸钾水溶液。

（6）硝酸银标准溶液：0.1mol/L。

2. 操作方法

精确称取10g左右混匀试样，置分液漏斗中，用热水充分洗涤5次~8次，将洗涤水收集在一个250mL三角瓶内，以10%铬酸钾为指示剂，用0.1mol/L硝酸银标准溶液滴定至出现橙红色为止。

3. 结果计算

氯化钠含量X（以重量百分浓度表示）按式（3-25）计算：

$$X = \frac{V \times C \times 0.0585}{W} \times 100 \tag{3-25}$$

式中 X——氯化钠含量，%；

V——滴定消耗硝酸银标准溶液的体积，单位为毫升（mL）；

C——硝酸银标准液的摩尔浓度，单位为摩尔每升（mol/L）；

W——试样质量，单位为克（g）；

0.0585——1mol/L硝酸银标准液1mL相当于氯化钠的克数。

两次试验结果允许差不超过0.20%，测定结果取小数点后第1位。

4. 原始记录参考样式

<table>
<tr><td colspan="6">原 始 记 录
编号：
第 页</td></tr>
<tr><td>样品名称</td><td></td><td>检验项目</td><td>氯化钠</td><td>检验依据</td><td></td></tr>
<tr><td>仪器名称及编号</td><td colspan="2">电子分析天平</td><td colspan="2">环境状况： ℃</td><td>%RH</td></tr>
<tr><td>标准溶液</td><td colspan="2"></td><td colspan="2">标定日期</td><td></td></tr>
<tr><td colspan="3">平行测定次数</td><td>1#</td><td>2#</td><td>3#（备用）</td></tr>
<tr><td colspan="2">试样质量（g）</td><td>W</td><td></td><td></td><td></td></tr>
<tr><td colspan="2">标准溶液浓度（mol/L）</td><td>C</td><td></td><td></td><td></td></tr>
<tr><td colspan="2">滴定管末读数（mL）</td><td>V_2</td><td></td><td></td><td></td></tr>
<tr><td colspan="2">滴定管初读数（mL）</td><td>V_1</td><td></td><td></td><td></td></tr>
<tr><td colspan="2">实际消耗量（mL）</td><td>$V_2 - V_1$</td><td></td><td></td><td></td></tr>
<tr><td colspan="2">实测结果（%）</td><td>X</td><td></td><td></td><td></td></tr>
<tr><td colspan="2">平均值（%）</td><td>$\overline{X}$</td><td colspan="3"></td></tr>
<tr><td colspan="2">标准值（%）</td><td></td><td colspan="3"></td></tr>
<tr><td colspan="2">单项结论</td><td colspan="4">□符合 □不符合 □实测</td></tr>
<tr><td colspan="2">计算公式</td><td colspan="4">$X = \frac{(V_2 - V_1) \times C \times 0.0585}{W} \times 100$</td></tr>
<tr><td>校核</td><td></td><td>检验</td><td></td><td>检验日期</td><td></td></tr>
</table>

5. 注意事项

（1）铬酸钾指示剂量要按操作加入。若指示剂铬酸钾的浓度过高，终点将过早出现，且因溶液颜色过深而影响终点的观察；若铬酸钾浓度过低，则终点将出现过迟，也影响滴定的准确度。

（2）滴定要在中性或弱碱性介质中进行，溶液的最适 pH 范围是 6.5 ~ 10.5。若待测溶液酸性太强，可用碳酸氢钠、碳酸钙或硼砂中和；若碱性太强，可用稀硝酸中和至甲基橙变橙，再滴加氢氧化钠至橙色变黄。若溶液中有铵离子存在，用稀硝酸中和，测定溶液 pH 控制在 6.5 ~ 7.2。

（3）剧烈摇动。氯化银容易吸附氯离子而使终点提前，滴定时必须剧烈摇动，使被吸附的氯离子释放出来，以获得正确的终点。

（四）人造奶油中熔点的测定

1. 仪器和用具

（1）磁力搅拌器或小量鼓风装置。

（2）温度计：刻度 0℃ ~60℃，分度值 0.1℃ ~0.2℃。

（3）开口式玻璃毛细管：内径 1mm，外径小于 3mm，长 50mm ~ 80mm。

（4）烧杯 600mL。

（5）电炉：带有变压装置，可控制升温速度。

（6）冰箱。

2. 操作方法

（1）取试样约 20g，在电热板温度低于 150℃搅拌加热，使油相和水相分层，然后取上层油相在 40℃ ~50℃左右保温过滤，使油相呈透明清亮。

（2）用至少 3 支干净毛细管插入完全熔化的液态脂肪内，吸取约 10mm 高度试样，立即用冰冷冻至脂肪固化为止。

（3）把毛细管置冰箱内 4℃ ~10℃过夜（16h）。

（4）从冰箱中取出毛细管试样，并用橡皮筋将毛细管系在温度计上，毛细管末端要与温度计的水银球底部齐平。

（5）将温度计浸入盛有蒸馏水的 600mL 烧杯中，温度计的水银球要置于液面下约 30mm。

（6）调节水浴温度，在低于试样熔点 8℃ ~10℃时应用磁力搅拌器或吹入少量空气等其他方法搅拌水浴，调节升温速度为 1℃/min，至快到熔点前调节升温速度为 0.5℃/min。

（7）继续加热，直至每个毛细管柱的油面都浮升，并观察记录每个毛细管油面浮升时的温度，计算其平均值，即为试样的熔点。

（五）人造奶油中铅的测定

按第三章第一节小麦粉中铅的测定进行操作。

（六）人造奶油中总砷的测定

按第三章第一节小麦粉中总砷的测定进行操作。

（七）人造奶油镍的测定

食品中镍的测定主要方法有石墨炉原子吸收光谱法（来源于 GB 5009.138—2017《食品安全国家标准 食品中镍的测定》）和电感耦合等离子体质谱法（来源于 GB 5009.268—2016《食品安全国家标准 食品中多元素的测定》）。

1. 石墨炉原子吸收光谱法

（1）方法原理

试样经消解后，经石墨炉原子化后，吸收 232.0nm 处测定吸光度，在一定浓度范围内其吸收值与镍含量成正比，与标准系列比较定量。

（2）试剂和材料

注：除非另有规定，本方法所使用的试剂均为优级纯，水为 GB/T 6682 规定的二级水。

1）硝酸（HNO_3）。

2）高氯酸（$HClO_4$）。

3）磷酸二氢铵（$NH_4H_2PO_4$）。

4）硝酸钯［$Pd(NO_3)_2$］。

5）硝酸溶液（0.5mol/L）：取硝酸 3.2mL，加水稀释至 100mL，混匀。

6）硝酸溶液（1+1）：取 500mL 硝酸，与 500mL 水混合均匀。

7）磷酸二氢铵－硝酸钯溶液：称取 0.02g 硝酸钯，加少量硝酸溶液（1+9）溶解后，再加入 2g 磷酸二氢铵，溶解后用硝酸溶液（1+1）定容至 100mL，混匀。

8）硝金属镍［（Ni），CAS 号：7440－02－0］，纯度 >99.99%，或经国家认证并授予标准物质证书的一定浓度的镍标准溶液。

9）镍标准储备液（1000mg/L）：准确称取 1g（精确至 0.0001g）金属镍，用 30mL 硝酸溶液（1+1）加热溶解，移入 1000mL 容量瓶，加水至刻度，混匀。

10）镍标准中间液（1.00mg/L）：吸取镍标准储备液 1.00mL 于 1000mL 容量瓶中，加硝酸溶液（0.5mol/L）定容至刻度，混匀。

11）镍标准系列溶液：分别吸取镍标准中间液 0mL、0.500mL、1.00mL、2.00mL、4.00mL、5.00mL 于 100mL 容量瓶中，加硝酸溶液（0.5mol/L）稀释至刻度，混匀。此系列镍溶液的质量浓度分别为 0μg/L、5.00μg/L、10.0μg/L、20.0μg/L、40.0μg/L、50.0μg/L。

注：可根据仪器的灵敏度及样品中被测元素的实际含量确定标准溶液系列中元素的具体浓度。

（3）仪器设备

注：所有玻璃器皿及聚四氟乙烯消解内罐均需硝酸（1+5）浸泡过夜，用水反复冲洗，最后用二级水冲洗干净。

1）原子吸收光谱仪，附石墨炉及镍空心阴极灯。

2）微波消解系统，配有聚四氟乙烯消解内罐。

3）可调式电热炉。

4）可调式电热板。

5）压力消解罐，配有聚四氟乙烯消解内罐。

6）恒温干燥箱。

7）天平，感量0.1mg和1mg。

8）马弗炉。

（4）分析步骤

1）试样预处理　样品除去杂物后经磨碎混匀，含水量较高的样品制成匀浆，液体样品直接摇匀，储于塑料瓶中，保存备用。在采样和制备过程中，应注意不使试样污染。

2）试样消解。

湿法消解：称取试样0.2g～3g（精确到0.001g），液体样品移取0.500mL～5.00mL于带刻度的消化管或锥形瓶中，加10mL硝酸，0.5mL高氯酸，在可调式电热炉上消解（参考条件：120℃/0.5h～1h；升至180℃/2h～4h；升至200℃～220℃），若消化液变棕黑色，再加少量硝酸，直至冒白烟，消化液呈无色透明或略带黄色，取出消化管，冷却后用水定容至10mL，混匀备用；同时作试剂空白。

微波消解：称取试样0.2g～0.8g（精确到0.001g），液体样品移取0.500mL～3.00mL于微波消解罐中，加入5mL硝酸，按照微波消解的操作步骤消解试样，消解参考条件为功率1200W，一阶段120℃，升温5min，恒温5min，二阶段160℃，升温5min，恒温10min，三阶段180℃，升温5min，恒温10min。冷却后取出消解罐，在电热板上于140℃～160℃赶酸至1mL左右。消解罐放冷后，将消化液转移至10mL容量瓶中，用少量水洗涤消解罐2次～3次，合并洗涤液于容量瓶中并用水定容至刻度，混匀备用。同时做试剂空白试验。

压力罐消解：称取试样0.2g～1g（精确到0.001g），液体样品移取0.500mL～5.00mL于消解内罐中，加硝酸5mL。盖好内盖，旋紧不锈钢外套，放入恒温干燥箱，于140℃～160℃保持4h～5h。冷却后缓慢旋松外罐，取出消解内罐，放在可调式电热板上于140℃～160℃赶酸至1.0mL左右。冷却后将消化液转移至10mL容量瓶中，用少量水洗涤内罐和内盖 2 次 ~3 次，合并洗涤液于容量瓶中并用水定容至刻度，混匀备用。同时做试剂空白试验。

干灰化法：称取固体试样 0.5g ~ 5g（精确到 0.001g），液体样品移取 0.500mL ~ 10.0mL 于坩埚中，小火加热，炭化至无烟，转移至马弗炉中，于 550℃灰化 3h ~ 4h，冷却，取出，对于灰化不彻底的试样，加数滴硝酸，小火加热，小心蒸干，再转入 550℃马弗炉中，继续灰化 1h ~ 2h，至试样呈白灰状，冷却，取出，用适量硝酸溶液（1 + 1）溶解，并用水定容至 10mL。同时做试剂空白试验。

3）仪器条件　根据各自仪器性能调至最佳状态。参考条件干燥温度 85℃ ~ 120℃，升温 5s，保持 10s ~ 20s；灰化温度 750℃ ~ 1000℃，升温 10s，持续 10s，原子化温度 2700℃，升温 1s，保持 3s，净化温度 2750℃，升温 1s，保持 4s。

4）标准曲线绘制　按浓度由低到高顺序分别吸取 10μL 标准系列溶液，5μL 磷酸二氢铵 - 硝酸钯溶液（可根据使用仪器选择最佳进样量），注入石墨管，原子化后测其吸光度值，以浓度为横坐标，吸光度值为纵坐标，制作标准曲线。

5）试样测定　分别吸取 10μL 空白溶液和样液，5μL 磷酸二氢铵 - 硝酸钯溶液（可根据使用仪器选择最佳进样量）注入石墨管，原子化后测其吸光度值，代入标准系列的线性回归方程中求得样液中镍含量。

（5）分析结果的表述

试样中镍含量按式（3 - 26）计算：

$$X = \frac{(c_1 - c_0) \times V}{m \times 1000} \quad (3-26)$$

式中　X——试样中镍的含量，单位为毫克每千克或毫克每升（mg/kg 或 mg/L）；

c_1——测定样液中镍的含量，单位为纳克每毫升（ng/mL）；

c_0——空白液中镍的含量，单位为纳克每毫升（ng/mL）；

V——试样消化液的定容总体积，单位为毫升（mL）；

m——试样称取质量或移取体积，单位为克或毫升（g 或 mL）；

1000——转换系数。

当镍含量≥1.00mg/kg（或 mg/L）时，计算结果保留 3 位有效数字，当镍含量 < 1.00mg/kg（或 mg/L）时，计算结果保留 2 位有效数字。在重复性条件下获得的两次独立测定结果的绝对差值不得超过算术平均值的 20%。

以称样量 0.5g（或 0.5mL），定容至 10mL 计算，方法检出限（LOD）为 0.02mg/kg（或 0.02mg/L），定量限（LOQ）为 0.05mg/kg（或 0.05mg/L）。

2. 电感耦合等离子体质谱法

内标元素使用^{72}Ge 或^{103}Rh 或^{115}In，元素分析模式为碰撞反应池，其他按第三章第一节小麦粉中铅的测定电感耦合等离子体质谱法进行操作。以称样量0.5g（或2.0mL），定容至50mL计算，方法检出限（LOD）为0.2mg/kg（或0.05mg/L），定量限（LOQ）为0.5mg/kg（或0.2mg/L）。

（八）人造奶油中抗氧化剂（BHA、BHT、TBHQ）的测定

按第三章第二节油脂检验中大豆油抗氧化剂（BHA、BHT、TBHQ）的测定方法进行操作。

四、猪油的检验

（一）猪油中水分的测定

同第三章第一节小麦粉中水分的测定方法进行操作。

（二）猪油中酸价、过氧化值的测定

1. 猪油中酸价的测定

同第三章第一节油脂检验中大豆油酸价的测定方法进行操作。

2. 猪油中过氧化值的测定

同第三章第一节油脂检验中大豆油过氧化值的测定方法进行操作。

（三）猪油中皂化值的测定

猪油中皂化值的测定方法为GB/T 5534—2008《动植物油脂 皂化值的测定》。

1. 仪器和用具

（1）锥形瓶：容量250mL，耐碱玻璃制成，带有磨口。

（2）回流冷凝管：带有链接锥形瓶的磨砂玻璃接头。

（3）加热装置（如水浴锅、电热板或其他适合的装置）：不能用明火加热。

（4）滴定管：容量50mL，最小刻度为0.1mL，或者自动滴定管。

（5）移液管：容量25mL，或者自动吸管。

（6）分析天平。

2. 试剂

（1）氢氧化钾－乙醇溶液：大约0.5mol氢氧化钾溶解于1L 95%乙醇（体积分数）中。此溶液应为无色或淡黄色。通过下列任一方法可制得稳定的无色溶液。

a法：将8g氢氧化钾和5g铝片放在1L乙醇中回流1h后立刻蒸馏。将需要量（约35g）的氢氧化钾溶解于蒸馏物中。静置数天，然后倾出清亮的上层清液弃去碳酸钾沉淀。

b法：加4g特丁醇铝到1L乙醇中，静置数天，倾出上层清液，将需要量的氢氧化钾溶解于其中，静置数天，然后倾出清亮的上层清液弃去碳酸钾沉淀。

将此液贮存在配有橡皮塞的棕色或黄色玻璃瓶中备用。

（2）盐酸标准溶液：c（HCl）=0.5mol/L。

（3）酚酞溶液：（ρ =0.1g/100mL）溶于95%乙醇（体积分数）。

（4）碱性蓝6B溶液：（ρ =2.5g/100mL）溶于95%乙醇（体积分数）。

（5）助沸物。

3. 操作方法

（1）称样

于锥形瓶中称量2g试样（若试样中存在不溶性杂质，应混合均匀后过滤，并在测试报告中注明）精确至0.005g。

以皂化值（以KOH计）170mg/g～200mg/g、称样量2g为基础，对于不同范围皂化值样品，以称样量约为一半氢氧化钾－乙醇溶液被中和为依据进行改变。推荐的取样量见表3－9。

表3－9　取样量

估计的皂化值（以KOH计）/（mg/g）	取样量
150～200	2.2～1.8
200～250	1.7～1.4
250～300	1.3～1.2
>300	1.1～1.0

（2）测定

用移液管将25.0mL氢氧化钾－乙醇溶液加到试样中，并加入一些助沸物，连接回流冷凝管与锥形瓶，并将锥形瓶放在加热装置上慢慢煮沸，不时摇动，油脂维持沸腾状态60min。对于高熔点油脂和难于皂化的样品需煮沸2h。

加0.5mL～1mL酚酞指示剂于热溶液中，并用盐酸标准溶液滴定到指示剂的粉色刚消失。如果皂化液是深色的，则用0.5mL～1mL的碱性蓝6B溶液作为指示剂。

（3）空白试验

按照（2）的要求，不加样品，用25.00mL的氢氧化钾－乙醇溶液进行空白试验。

4. 结果计算

皂化值（以KOH计）按式（3－27）计算：

$$皂化值(mg/g) = \frac{(V_0 - V) \times c \times 56.1}{W} \tag{3-27}$$

式中　V——试样所消耗的盐酸标准溶液的体积，单位为毫升（mL）；

V_0——空白试验所消耗的盐酸标准溶液的体积，单位为毫升（mL）；

c——盐酸标准溶液的实际浓度，单位为摩尔每升（mol/L）；

W——试样的质量，单位为克（g）。

（四）猪油中碘值的测定

猪油中的碘值的测定方法为 GB/T 5532—2008《动植物油脂 碘值的测定》。

1. 仪器和用具

（1）玻璃称量皿：与试样量配套并可置入锥形瓶中。

（2）容量为500mL 的具塞锥形瓶：完全干燥。

（3）分析天平：分度值0.001g。

2. 试剂

（1）碘化钾溶液（KI）：100g/L，不含碘酸盐或游离碘。

（2）淀粉溶液：将5g 可溶性淀粉在30mL 水中混合，加入1000mL 沸水，并煮沸3min，然后冷却。

（3）硫代硫酸钠标准溶液：$c(Na_2S_2O_3 \cdot 5H_2O)=0.1mol/L$，标定后7d 内使用。

（4）溶剂：将环己烷和冰乙酸等体积混合。

（5）韦氏（Wijis）试剂：含一氯化碘的乙酸溶液。韦氏（Wijis）试剂中 I/Cl 之比应控制在1.10±0.1 的范围内。

3. 操作方法

（1）称样及空白样品的制备

根据样品预估的碘值，称取适量的样品于玻璃称量皿中，精确至0.001g。推荐的称样量见表3-10。试样的质量必须能保证所加入的韦氏试剂过量50%～60%，即吸收量的100%～150%。

表3-10　试样称取质量

预估碘值/（g/100g）	试样质量/g	溶剂体积/mL
<1.5	15.00	25
1.5～2.5	10.00	25
2.5～5	3.00	20
5～20	1.00	20
20～50	0.40	20
50～100	0.20	20
100～150	0.13	20
150～200	0.10	20

（2）测定

1）将盛有试样的称量皿放入500mL 锥形瓶中，根据称样量加入表3-10 所示与之相对应的溶剂体积溶解试样，用移液管准确加入25mL 韦氏试剂，盖好塞子，摇匀后将锥形瓶置于暗处。

2）除不加试样外，其余按1）的规定，作空白溶液。

3）对碘值低于150的样品，锥形瓶应在暗处放置1h；碘值高于150的、已聚合的、含有共轭脂肪酸的（如桐油、脱水蓖麻油）、含有任何一种酮类脂肪酸（如不同程度的氢化蓖麻油）的，以及氧化到相当程度的样品，应置于暗处2h。

4）到达规定的反应时间后，加20mL碘化钾溶液和150mL水。用标定过的硫代硫酸钠标准溶液滴定至碘的黄色接近消失。加几滴淀粉溶液继续滴定，一边滴定，一边用力摇动锥形瓶，直到蓝色刚好消失。也可以采用电位滴定法确定终点。

5）同时做空白溶液2）的测定。

4. 结果计算

碘值按式（3－28）计算：

$$\text{碘值}(g/100g) = \frac{12.69 \times c \times (V_1 - V_2)}{W} \tag{3-28}$$

式中　V_1——空白溶液消耗硫代硫酸钠标准溶液的体积，单位为毫升（mL）；

V_2——样品溶液消耗硫代硫酸钠标准溶液的体积，单位为毫升（mL）；

c——硫代硫酸钠标准溶液的浓度，单位为摩尔每升（mol/L）；

W——试样的质量，单位为克（g）。

测定结果的取值要求方法见表3－11。

表3－11　测定结果的取值要求

碘值/（g/100g）	结果取值到
<20	0.1
20～60	0.5
>60	1

（五）猪油中丙二醛的测定

1. 仪器和用具

（1）恒温水浴箱。

（2）离心机2000r/min。

（3）紫外分光光度计。

（4）25mL纳氏比色管。

（5）定性滤纸。

（6）100mL有盖三角瓶。

2. 试剂

（1）TBA水溶液：准确称取TBA 0.288g溶于水中，并稀释至100mL（如TBA不易溶解，可加热至全溶澄清，然后稀释至100mL），相当于0.02mol/L。

（2）三氯乙酸混合液：准确称取三氯乙酸（分析纯）7.5g 及 0.1g EDTA－2Na（乙二胺四乙酸二钠，分析纯）用水溶解，稀释至 100mL。

（3）丙二醛标准储备液：精确称取 1，1，3，3－四乙氧基丙烷（E. Mesck 97%）0.315g，溶解后稀释至 1000mL（每毫升相当于丙二醛含量为 100μg），置冰箱保存。

（4）丙二醛标准使用液：精确移取上述储备液 10mL 稀释至 100mL（每毫升相当于丙二醛量为 10μg）置冰箱备用。

（5）三氯甲烷（分析纯）。

3. 操作方法

（1）样品处理

准确称取在 70℃水浴上融化均匀的猪油液 10g，置于 100mL 有盖三角瓶内，加入 50mL 三氯乙酸混合液，振摇半小时（保持猪油融溶状态，如冷结即在 70℃水浴上略微加热使之融化后继续振摇）用双层滤纸过滤，除去油脂，滤液重复用双层滤纸过滤一次。

（2）制备

准确移取上述滤液 5mL 置于 25mL 纳氏比色管内，加入 5mL TBA 溶液，混匀，加塞，置于 90℃水浴内保温 40min，取出，冷却 1h，移入小试管内，离心 5min 上清液倾入 25mL 纳氏比色管内，加入 5mL 三氯甲烷，摇匀，静止，分层，吸出上清液于 538nm 波长处比色（同时作空白试验）。

4. 结果计算

（1）标准曲线制备

用标准丙二醛浓度分别为 1μg、2μg、3μg、4μg、5μg 作上述步骤处理，根据得出吸光度读数作标准曲线。

（2）计算

样品测出的吸光度读数，从标准曲线求出相应浓度 c，然后按式（3－29）计算：

$$\text{丙二醛(mg)} = \frac{c}{10} \qquad (3-29)$$

式中　c——猪油的相应浓度。

5. 注意事项

（1）由于丙二醛不稳定，不能直接用作标准品，因此使用 1，1，3，3－四乙氧基丙烷作标准品。该化合物在酸性条件下酸解后形成丙二醛。

（2）试样萃取时要保持融溶状态，融化温度不要超过 70℃，以免试样继续氧化。

（六）猪油中铅的测定

按第三章第一节小麦粉中铅的测定进行操作。

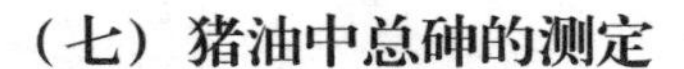

(七) 猪油中总砷的测定

按第三章第一节小麦粉中总砷的测定进行操作。

(八) 猪油中抗氧化剂 (BHA、BHT、TBHQ) 的测定

按第三章第二节大豆油中抗氧化剂 (BHA、BHT、TBHQ) 的测定方法进行操作。

第三节 糖和糖浆检验

焙烤食品生产中经常使用的糖和糖浆有白砂糖、绵白糖、赤砂糖、方糖、饴糖、麦芽糖和蜂蜜等，其中使用得最多是白砂糖、绵白糖、麦芽糖和蜂蜜。

一、糖的检验

糖在焙烤食品生产中起着非常重要的作用，糖按照色泽形态不同，可分为白砂糖、绵白糖、赤砂糖、方糖等。按照加工程度不同，可分为糖粉、细砂糖和粗制糖等，下面介绍焙烤食品中白砂糖、绵白糖、赤砂糖常用理化指标的检验方法。

(一) 糖质量检验项目表

糖的发证检验、监督检验、出厂检验分别按照表 3－12 中所列出的相应检验项目进行。企业的出厂检验项目中注有“*”标记的，要求企业在开始生产时进行 1 次检验；生产时间超过 6 个月的，需再进行 1 次检验。

表 3－12 糖质量检验项目表

序号	项目	绵白糖			白砂糖			赤砂糖			冰糖（单晶、多晶）		
		发证	监督	出厂	发证	监督	出厂	发证	监督	出厂	发证	监督	出厂
1	感官	√	√	*	√	√	*	√	√	*	√	√	√
2	净含量	√	√	√	√	√	√	√	√	√	√	√	√
3	总糖分	√	√	√				√	√	√			
4	蔗糖分				√	√	√				√	√	☆
5	还原糖分	√	√	√	√	√	√				√	√	☆
6	干燥失重	√	√	√	√	√	√	√	√	√	√	√	☆
7	电导灰分	√	√	√	√	√	√				√	√	☆
8	色值	√	√	√	√	√	√				√	√	☆
9	粒度	√	√	√	√		√						
10	混浊度	√	√	√	√	√	√						
11	不溶于水杂质	√	√	√	√	√	√	√	√	√			
12	硬度												
13	碎糖量												
14	As	√	√	*	√	√	*	√	√	*	√	√	*
15	Pb	√	√	*	√	√	*	√	√	*	√	√	*

续表

序号	项目	绵白糖			白砂糖			赤砂糖			冰糖（单晶、多晶）		
		发证	监督	出厂	发证	监督	出厂	发证	监督	出厂	发证	监督	出厂
16	Cu	/	/	/	/	/	/	/	/	/	√	√	*
17	SO_2	√	√	*	√	√	*	√	√	*			
18	菌落总数	√	√	*	√	√	*	√	√	*	√	√	*
19	大肠菌群	√	√	*	√	√	*	√	√	*	√	√	*
20	致病菌	√	√	*	√	√	*	√	√	*	√	√	*
21	螨	√	√	*	√	√	*	√	√	*	√	√	*
22	霉菌	√	√	*	√	√	*	√	√	*			
23	酵母菌	√	√	*	√	√	*	√	√	*			
24	标签	√	√	*	√	√	*	√	√	*	√	√	*

注：在冰糖（单晶、多晶）带☆的检验项目中，企业可根据生产情况选择1项或1项以上作为出厂检验项目。

（二）白砂糖的检验

白砂糖是白色透明的纯净糖晶体，与其他糖类相比，蔗糖具有易结晶的性质。将这种糖溶解并长时间放置使之缓慢结晶，得到的大块结晶称为冰糖，白砂糖的溶解度大，在100℃其饱和溶液含糖64.3%，溶解度随温度升高而增长。100℃时溶解度为82.97%。精制度越高的白砂糖，吸湿性越少。

白砂糖按技术要求的规定可分为精制、优级、一级、二级共四个级别，按其晶粒大小可分为粗粒、大粒、中粒、细粒。白砂糖具体质量标准参见GB/T 317—2006，部分理化指标见表3－13。

表3－13 白砂糖主要理化指标

项目	指标			
	精制	优级	一级	二级
蔗糖分（%）≥	99.8	99.7	99.6	99.5
还原糖分（%）	0.03	0.04	0.10	0.15
电导灰分（%）	0.02	0.04	0.10	0.13

1. 蔗糖分的测定

（1）原理

在规定条件下，测定规定量糖试样的水溶液的旋光度。

（2）仪器设备

1）检糖仪：测量范围为－30°Z～＋120°Z。

2）小烧杯：100mL，250mL。

3）容量瓶：（100±0.01）mL。

4）分析天平：精确至±0.1mg。

5）精密温度计：0.1℃刻量。

（3）溶液配制

称取试样26.000g于干净的小烧杯中，加蒸馏水40mL~50mL，使其完全溶解。移入100mL的容量瓶中，用少量蒸馏水冲洗烧杯及玻璃棒不少于3次，每次倒入洗水后，摇匀瓶内溶液，加蒸馏水至容量瓶标线附近。至少放置10min使其达到室温，然后加蒸馏水至容量瓶标线，充分摇匀。若溶液浑浊，则用滤纸过滤。

（4）旋光度的测定

用待测的溶液将旋光管（200.00mm±0.02mm）至少冲洗2次，装满观测管，不能夹带空气泡。将旋光观测管置于旋光仪中，测定旋光读数，并立即测定管内溶液的温度，并记录至0.1℃。

（5）计算及结果的表示

测定旋光度时环境及糖液的温度尽可能接近20℃，如果旋光度不是在20℃时测定时，则应矫正到20℃。

白砂糖试样的蔗糖分P按式（3-30）计算，数值以%表示，计算结果取到1位小数。

$$P = P_t[1 + 0.0019(t - 20)] \quad (3-30)$$

式中　P——蔗糖分，%；

P_t——观测旋光度读数，单位为国际糖度（°Z）；

t——观测P_t时糖液温度，单位为摄氏度（℃）。

（6）允许误差　两次测定值之差不应超过其平均值的0.05%。

（7）原始记录参考样式

原　始　记　录

编号：
第　页

样品名称			检验	
仪器名称及编号	电子分析天平	环境状况：　℃		%RH
	电导率仪			
	电子天平			
	旋光仪			
	温度计			
检验项目	电导灰分			
称样量（g）		定容体积（mL）		
溶糖用水在20℃时电导率C_2（μS/cm）				

糖液在 t ℃时的电导率 C_{1t} (μS/cm)	$C_{1t}1$			C_{1t}	
	$C_{1t}2$				
糖液温度 t（℃）		糖液 20℃时电导率 C_1 （μS/cm）			
电导灰分 X（%）		标准值（%）			单项结论
		□合格 □不合格 □实测			
计算公式	$C_1 = C_{1t}[1 + 0.026(20 - t)]$ $X = 6 \times 10^{-4}(C_1 - 0.35C_2)$				
检验项目	蔗糖分				
称样量（g）		定容体积（mL）			
旋光度 α (°Z)	α_1		α (°Z)		
	α_2				
旋光管长 L（dm）		样液温度 t（℃）			
蔗糖分 X（%）		标准值（%）		单项结论	□合格 □不合格 □实测
公式	$P = P_t[1 + 0.0019(t - 20)]$				
校核		检验		检验日期	

2. 还原糖分的测定

（1）方法提要

本方法是基于碱性铜盐溶液中金属盐类的还原作用，用碘量法测定奥氏试剂与糖液作用生成的氧化亚铜，从而确定样品中的还原糖分。

本方法各项实验条件（包括试液量、奥氏试剂量、煮沸时间、碘液耗用量及碘的反应时间等）都应严格按标准规定执行。

（2）仪器设备

1）锥形瓶：容量 300mL。

2）滴定管：50mL，刻度刻至 0.1mL。

（3）试剂

1）奥氏试剂：分别称取硫酸铜（$CuSO_4 \cdot 5H_2O$）5.0g，酒石酸钾钠（$C_4H_4O_6KNa \cdot 4H_2O$）300g 及无水碳酸钠（Na_2CO_3）10.0g，磷酸氢二钠（$Na_2HPO_4 \cdot 12H_2O$）50.0g（或无水磷酸氢二钠 19.8g），溶于 900mL 蒸馏水中，如有必要可将其微微加热。待完全溶解后，放入沸水浴中，加热杀菌 2h，然后冷却至室温，稀释至 1000mL，用细孔砂芯漏斗或硅藻土或活性炭过滤，贮于棕色试剂瓶中。

2）硫代硫酸钠贮备溶液：取硫代硫酸钠（$Na_2S_2O_3 \cdot 5H_2O$）20g 及无水碳酸钠（Na_2CO_3）0.1g（或 1mol/L 氢氧化钠溶液 1mL），用经煮沸灭菌蒸馏水溶解，定容至

500mL，保存于棕色试剂瓶中，放置 8d～14d 后过滤备用。

3）硫代硫酸钠标准滴定溶液 [$c(Na_2S_2O_3)$ = 0.0323mol/L]：吸取硫代硫酸钠贮备溶液 100mL，移入容量瓶中并用经煮沸灭菌蒸馏水稀释至 500mL，该试剂用基准重铬酸钾标定，并校正其浓度。

4）碘溶液 [$c(1/2I_2)$ = 0.0323mol/L]：称取碘化钾（无碘）约 10g，先溶于数毫升水中，另称取纯碘 2.050g，溶于碘化钾溶液，将溶液全部移入 500mL 容量瓶中并加水至标线，标定，贮存于具有玻璃塞密封的棕色瓶内。

5）淀粉指示液：称取可溶性淀粉 1.0g，加水 10mL，搅拌下注入 200mL 沸水中，再微沸 2min，冷却，溶液于使用前制备。

6）冰乙酸。

7）盐酸溶液 [$c(HCl)$ = 1mol/L]。

（4）测定

称取白砂糖样品 10.00g，用 50mL 蒸馏水溶解于 300mL 锥形烧瓶中，糖液含转化糖不超过 20mg，然后加入 50mL 奥氏试剂，充分混合，用小烧杯盖上，在电炉上加热，使在 4min～5min 内沸腾，并继续准确地煮沸 5min（煮沸开始的时间，不是从瓶底发生气泡时算起，而是从液面上冒出大量的气泡时算起）。取出，置于冷水中冷却至室温（不要摇动）。取出，加入冰乙酸 1mL，在不断摇动下，加入准确计量的碘溶液，视还原的铜量而加入 5mL～30mL，其数量以确保过量为准，用量杯沿锥形瓶壁加入 1mol/L 的盐酸溶液 15mL，立即盖上小烧杯，放置约 2min，不时地摇动溶液，然后用硫代硫酸钠标准滴定溶液滴定过量的碘，滴定至溶液呈黄绿色时，加入淀粉指示剂 2mL～3mL，继续滴定至蓝色褪尽为止。

（5）计算及结果表示

白砂糖样品的还原糖分 R 按公式（3－31）计算，数值以% 表示，计算结果取到 2 位小数。

$$R = (A - B - I) \times 0.001/10 \times 100 \tag{3-31}$$

式中　R——还原糖分，%；

A——加入碘液的体积，单位为毫升（mL）；

B——滴定耗用硫代硫酸钠标准滴定溶液的体积，单位为毫升（mL）；

I——10g 蔗糖还原作用的校正值（见表 3－14）。

表 3－14　以碘液实耗用量（即 A－B）求毫克转化糖的校正值

碘液/mL	1	2	3	4	5	6	7	8	9	10	11
校正值	1.11	1.15	1.22	1.28	1.33	1.39	1.44	1.50	1.55	1.60	1.65
碘液/mL	12	13	14	15	16	17	18	19	20	21	22
校正值	1.69	1.72	1.76	1.79	1.82	1.85	1.88	1.90	1.92	1.94	1.95

（6）允许误差

两次测定值之差不应超过其平均值的15%。

3. 电导灰分的测定

（1）原理

电导率表示离子化水溶性盐类的浓度。测定已知糖液的电导率，然后应用转换系数可算出电导灰分。本法所用糖液的浓度为31.3g/100mL。

（2）仪器设备

电导率仪：频率为低周，约140Hz，测量范围为0μS/cm～300μS/cm，此范围至少应分为8个量程；测量误差不应大于满量程的1.5%，刻度单位为μS/cm。

（3）试剂

1）蒸馏水或去离子水：精制白砂糖、优级白砂糖必须用电导率低于2μS/cm的重蒸馏水（蒸馏过两次）或去离子水。对于一级或一级以下白砂糖允许用电导率低于15μS/cm的蒸馏水。

2）0.01mol/L氯化钾溶液：取分析纯等级的氯化钾，加热至500℃，脱水2h后，称取0.7455g，溶解于1000mL容量瓶中，并加水至标线。

3）0.0025mol/L氯化钾溶液：吸取0.01mol/L氯化钾溶液50mL于200mL容量瓶内，加水稀释至标线。此溶液在20℃时的电导率为328μS/cm。

（4）测定

称取白砂糖31.3g±0.1g干净烧杯中，加蒸馏水溶解并移入100mL容量瓶中，用蒸馏水多次冲洗烧杯及玻璃棒，洗水一并移入容量瓶中，加蒸馏水至标线，摇匀，先用样液冲洗测定电导率用的电导电极及干净小烧杯2次～3次，然后倒入样液，用电导率仪测定样液电导率，记录读数及读数时的样液温度。电导池常数应用0.0025mol/L氯化钾溶液校核计量。

（5）计算结果

白砂糖试样的电导灰分按式（3-32）计算，以百分数表示，计算结果取到2位小数。

$$电导灰分 = 6 \times 10^{-4}\ (C_1 - 0.35C_2) \tag{3-32}$$

式中 C_1——31.3g/100mL糖液在20.0℃时的电导率，μS/cm；

C_2——溶糖用蒸馏水在20.0℃时的电导率，μS/cm。

（6）温度校正

测定电导率的标准温度为20.0℃，若不在20.0℃则按式（3-33）校正，但测量温度范围一般不要超过20.0℃±5.0℃。至于溶糖用蒸馏水电导率的温度校正，因影响甚微可忽略不计。

$$C_t = C[1 + 0.026(20 - t)] \tag{3-33}$$

式中　C_t—— 在 t ℃时糖液的电导率，μS/cm；

t ——测定糖液电导率时，糖液的温度，℃。

（7）原始记录参考样式

见本节白砂糖蔗糖分测定原始记录。

（8）允许误差

两次测定值之差不得超过其平均值的10%。

4. 干燥失重的测定

（1）原理

采用常压烘箱干燥技术，烘干后，在统一的条件下冷却。

（2）仪器设备

1）干燥箱：测定过程中，离称量瓶上面2.5cm ±0.5cm 处的温度要保持在105℃ ±1℃（或30℃ ±1℃）。

2）带温度计干燥器。

3）扁型称量瓶：直径为6cm ~10cm，深度为2cm ~3cm。

（3）测定

将干燥箱预热至105℃（a 法，为仲裁法）或30℃（b 法，常规法）。将已打开盖的干洁空称量瓶及其盖子一同放入干燥箱中，干燥30min，然后将称量瓶盖上盖子，从干燥箱中取出，放入干燥器中冷却至室温。将称量瓶称量并尽快称取20g ~30g（a 法）或9.5g ~10.5g（b 法）试样（应准确至 ±0.1mg），试样在称量瓶中要摊平，然后将盛有试样已开盖的称量瓶及其盖子一同放入预热至105℃（a 法）或30℃（b 法）的干燥箱中，准确地干燥3h（a 法）或18min（b 法），将称量瓶盖上盖子，从干燥箱中取出，放入干燥器中冷却至室温，称量，应准确至 ±0.1mg。不必干燥到恒重。但必须确保在测定的任何阶段，都不能有砂糖的有形损失，盛皿均须用干洁的坩埚夹夹拿。

（4）计算及结果表示

白砂糖试样的干燥失重按式（3 -34）计算，以百分数表示，计算结果取到2 位小数。

$$\text{干燥失重} = \frac{W_1 - W_2}{W_1 - W_0} \times 100 \qquad (3-34)$$

式中　W_0 ——称量瓶的质量，单位为克（g）；

W_1 ——称量瓶及干燥前试样的质量，单位为克（g）；

W_2 ——称量瓶及干燥后试样的质量，单位为克（g）。

（5）允许误差

两次测定值之差不得超过平均值的15%。

5. 色值的测定

（1）原理

将糖液调至 pH 7.0，经滤膜过滤后，在 420nm 波长条件下测量溶液的吸光系数，将吸光系数的数值乘以 1000，即为 ICUMSA 色值，结果定为 ICUMSA 单位（IU）。

（2）仪器设备

1）分光光度计应符合下列规格。测量范围：透过率 0 ~ 100%；波长误差：在 420nm 处波长误差不大于 ±1nm。

2）比色皿：厚度应选择使仪器透光度读数在 20% ~ 80% 之间，可以使用配套的比色皿，查明配套使用的同一光径比色皿间的透光度之差不大于 0.2%（在 440nm 波长下，用含铬量 30μg/mL 的重铬酸钾标准溶液进行检定）。

3）阿贝折射仪应符合下列规格。折射率测量范围：1.300 ~ 1.700。分划板上折射率最小分度值：0.001。糖量浓度测量范围（%）：0 ~ 95。分划板上糖量浓度（%）最小分度值：0.5。

4）pH（酸度）计：分度值或最小显示值为 0.02pH。

5）滤膜过滤器：滤膜应当厚薄均匀，膜面上分布着对称、均匀、穿透性强的微孔，孔径为 0.45μm，孔隙度达 80%，孔道呈线性状而互不干扰，滤膜与直径 150mm 糖品过滤器配套使用。

（3）试剂

1）0.1mol/L 盐酸溶液。

2）三乙醇胺 - 盐酸缓冲溶液：称取三乙醇胺［$HOCH_2(CH_2)_3N$］14.920g，用蒸馏水溶解并定容至 1000mL，然后移入 2000mL 烧杯内，加入 0.1mol/L 盐酸溶液约 800mL，搅拌均匀并继续用 0.1mol/L 盐酸调到 pH 7.0（用酸度计的电极浸于此溶液中测量 pH 值），贮于棕色玻璃瓶中。

（4）测定

称取白砂糖试样 100.0g，置于 200mL 烧杯中，加入三乙醇胺 - 盐酸缓冲溶液 35mL，搅拌至完全溶解，倒入已预先铺好孔径为 0.45μm 滤膜的过滤器中，在真空下抽滤，弃去最初 50mL 左右的滤液，收集不少于 50mL 的滤液后测其锤度，用折射仪测定滤液的折光锥度，然后用比色皿装盛糖液，在分光光度计上于 420nm 波长下测其吸光度，并用经过过滤的三乙醇胺 - 盐酸缓冲溶液调零点。

（5）计算及结果表示

白砂糖试样的色值按式（3 - 35）计算，单位为 IU，计算结果取到个数位。

$$\text{国际糖色值} = \frac{A}{b \times c} \times 1000 \qquad (3-35)$$

式中 A ——在 420nm 波长测得样液的吸光度；

b——比色皿厚度，cm；

c——样液浓度（由改正到20℃的折光锤度乘上系数0.9862，然后查表3－15求得），g/mL。

表3－15　蔗糖溶液折光锤度与每毫升含蔗糖克数对照表

折光锤度/°Bx	浓度/g/mL	折光锤度/°Bx	浓度/g/mL	折光锤度/°Bx	浓度/g/mL	折光锤度/°Bx	浓度/g/mL
40.0	0.4702	41.3	0.4882	42.6	0.5065	43.9	0.5249
40.1	0.4715	41.4	0.4896	42.7	0.5079	44.0	0.5263
40.2	0.4729	41.5	0.4910	42.8	0.5093	44.1	0.5278
40.3	0.4743	41.6	0.4824	42.9	0.5107	44.2	0.5292
40.4	0.4757	41.7	0.4938	43.0	0.5121	44.3	0.5306
40.5	0.4771	41.8	0.4952	43.1	0.535	44.4	0.0321
40.6	0.4785	41.9	0.4966	43.2	0.5150	44.5	0.5335
40.7	0.4799	42.0	0.4980	43.3	0.5164	44.6	0.5349
40.8	0.4812	42.1	0.4994	43.4	0.5178	44.7	0.5364
40.9	0.4826	42.2	0.5008	43.5	0.5192	44.8	0.5378
41.0	0.4840	42.3	0.5022	43.6	0.5206	44.9	0.5392
41.1	0.4854	42.4	0.5036	43.7	0.5221		
41.2	0.4868	42.5	0.5051	43.8	0.5235		

（6）原始记录参考样式

<table>
<tr><td colspan="7">原　始　记　录
编号：
第　页</td></tr>
<tr><td colspan="2">样品名称</td><td colspan="2"></td><td>检验依据</td><td colspan="2"></td></tr>
<tr><td colspan="2" rowspan="4">仪器名称及编号</td><td colspan="2">紫外分光光度计</td><td colspan="3"></td></tr>
<tr><td colspan="2">电子天平</td><td colspan="3"></td></tr>
<tr><td colspan="2">阿贝折射仪</td><td colspan="3"></td></tr>
<tr><td colspan="2">温度计</td><td colspan="3"></td></tr>
<tr><td colspan="2">检验项目</td><td>称样量（g）W</td><td></td><td>比色皿长度</td><td colspan="2">b =　cm</td></tr>
<tr><td rowspan="7">色值IU</td><td>试样吸光度</td><td>A₁</td><td></td><td>A₂（平均）</td><td></td><td></td></tr>
<tr><td>折光锤度</td><td></td><td>温度</td><td>℃</td><td>20℃折光锤度</td><td></td></tr>
<tr><td colspan="3">20℃折光锤度乘系数0.9862</td><td colspan="3"></td></tr>
<tr><td colspan="3">样液浓度 c（g/mL）</td><td colspan="3"></td></tr>
<tr><td rowspan="2">实测结果</td><td colspan="2">标准值（IU）</td><td colspan="2">实测值（IU）</td><td>单项结论</td></tr>
<tr><td colspan="2"></td><td colspan="2"></td><td>□合格　□不合格　□实测</td></tr>
<tr><td colspan="6">计算公式：$(X_1) = \frac{A}{b \times c} \times 1000$</td></tr>
</table>

<table>
<tr><td rowspan="6">混浊度</td><td colspan="2">试样吸光度</td><td>A_1</td><td></td><td>A_2（平均）</td><td colspan="2"></td></tr>
<tr><td colspan="3">样液浓度　　c　g/mL</td><td colspan="4"></td></tr>
<tr><td colspan="3">衰减指数　　X_2</td><td colspan="4"></td></tr>
<tr><td rowspan="2">实测结果</td><td colspan="2">标准值　　度</td><td colspan="2">实测值　　度</td><td colspan="2">单项结论</td></tr>
<tr><td colspan="2"></td><td colspan="2"></td><td colspan="2">□合格　□不合格　□实测</td></tr>
<tr><td colspan="7">计算公式：$X_2 = \frac{A}{b \times c} \times 1000$　混浊度 $= \frac{X_2 - X_1}{20}$</td></tr>
<tr><td colspan="8">备注：紫外分光光度计使用波长420nm</td></tr>
<tr><td>校核</td><td colspan="2"></td><td>检验</td><td colspan="2"></td><td>检验日期</td><td></td></tr>
</table>

6. 混浊度的测定

（1）原理

当单色光透过含有悬浮粒子（混浊）的溶液时，由于悬浮粒子引起光的散射，单色光强度产生衰减，以光的衰减程度减去颜色的影响表示溶液的混浊度。

（2）仪器设备

同本节色值。

（3）步骤

取已调pH待测色值的未过滤糖液，在与测定色值相同的条件下（420nm波长），测其吸光度，并按式（3-36）计算其衰减指数。

$$衰减指数 = \frac{A}{b \times c} \times 1000 \tag{3-36}$$

式中　A——在420nm波长测得未过滤的样液吸光度；

b——比色皿厚度，cm；

c——样液浓度（由改正到20℃的折光锤度乘上系数0.9862，然后查表3-15求得），g/mL。

（4）计算及结果表示

白砂糖试样的混浊度按式（3-37）计算，单位为度，计算结果取到个数位。

$$混浊度 = X_1 - X_2 \tag{3-37}$$

式中　X_1——过滤前溶液衰减指数，IU；

X_2——微孔膜过滤后糖液色值指数，IU。

注：色值指数即国际糖色值。

（5）原始记录参考样式

见本节色值测定原始记录。

7. 不溶于水杂质的测定

（1）原理

用过滤孔径不大于40μm的坩埚式玻璃过滤器，上面铺一层约5mm厚的用稀盐酸溶液洗涤并以水冲洗干净的玻璃丝（或与滤板相配合的紧密绒布或毛布），将糖液减压抽滤，再以较大量的蒸馏水进行减压过滤洗涤滤渣，然后干燥至恒重。

（2）仪器设备

1）坩埚式玻璃过滤器：孔径40μm。

2）烘箱。

3）玻璃干燥器。

4）分析天平：精确度达±0.001g。

（3）试剂

1）1% a－萘酚乙醇溶液。

2）浓硫酸。

（4）步骤

称取试样500.0g于1000mL烧杯中（如混有包装物纤维、绒毛等应除去然后称重）。加入不超过40℃的蒸馏水，搅拌至完全溶解，倾入上述准备好的玻璃过滤器中进行减压过滤。以水充分洗涤滤渣，用a－萘酚乙醇溶液检查，至洗涤液不含糖分为止。将过滤器连同滤渣置于125℃～30℃的烘箱中干燥后，取出置于干燥器中，冷却至室温，进行首次称重，以后每继续烘干约半小时，冷却称重一次，直至相继两次质量不超过0.001g，可认为达到恒重，记录其质量。

（5）计算结果

每千克白砂糖试样所含不溶于水杂质毫克数按式（3－38）计算，计算结果取到个数位。

$$\text{不溶于水杂质} = (W_2 - W_1) \times 2000 \qquad (3-38)$$

式中 W_1——干燥过滤器连同过滤介质共重，单位为克（g）；

W_2——干燥过滤器连同过滤介质与水不溶物共重，单位为克（g）。

8. 二氧化硫的测定

（1）原理

在密闭容器中对试样进行酸化、蒸馏，蒸馏物用乙酸铅溶液吸收。吸收后的溶液用盐酸酸化，碘标准溶液滴定，根据所消耗的碘标准溶液量计算出样品中的二氧化硫含量。

（2）试剂

1）盐酸（HCl）。

2）硫酸（H_2SO_4）。

3）可溶性淀粉［（$C_6H_{10}O_5$）$_n$］。

4）氢氧化钠（NaOH）。

5）碳酸钠（Na_2CO_3）。

6）乙酸铅（$C_4H_6O_4Pb$）。

7）硫代硫酸钠（$Na_2S_2O_3 \cdot 5H_2O$）或无水硫代硫酸钠（$Na_2S_2O_3$）。

8）碘（I_2）。

9）碘化钾（KI）。

（3）试剂配制

1）盐酸溶液（1+1）：量取50mL盐酸，缓缓倾入50mL水中，边加边搅拌。

2）硫酸溶液（1+9）：量取10mL盐酸，缓缓倾入90mL水中，边加边搅拌。

3）淀粉指示液：称取1g可溶性淀粉，用少许水调成糊状，缓缓倾入100mL沸水中，随加随搅拌，煮沸2min，放冷备用，临用现配。

4）乙酸铅溶液（20g/L）：称取2g乙酸铅，溶于少量水中并稀释至100mL。

5）标准品：重铬酸钾（$K_2Cr_2O_7$），优级纯，纯度≥99%。

6）标准溶液配制。

①硫代硫酸钠标准溶液（0.1mol/L）：称取25g含结晶水的硫代硫酸钠或16g无水硫代硫酸钠溶于1000mL新煮沸放冷的水中，加入0.4g氢氧化钠或0.2g碳酸钠，摇匀，贮存于棕色瓶内，放置两周后过滤，用重铬酸钾标准溶液标示其准确浓度。或购买有证书的硫代硫酸钠标准溶液。

②碘标准溶液［c（1/2 I_2）=0.10mol/L］：称取13g碘和35g碘化钾，加水约1000mL，溶解后加入3滴盐酸，用水稀释至1000mL，过滤后转入棕色瓶。使用前用硫代硫酸钠标准溶液标定。

③重铬酸钾标准溶液［c（1/6 $K_2Cr_2O_7$）=0.1000mol/L］：准确称取4.9031g已于120℃±2℃电烘箱中干燥至恒重的重铬酸钾，溶于水并转移至1000mL量瓶中，定容至刻度。或购买有证书的重铬酸钾标准溶液。

④碘标准溶液［c（1/2 I_2）=0.01000mol/L］：将0.1000mol/L碘标准溶液用水稀释10倍。

（4）仪器和设备

1）全玻璃蒸馏器：500mL，或等效的蒸馏设备。

2）酸式滴定管：25mL或50mL。

3）剪切式粉碎机。

4）碘量瓶：500mL。

（5）分析步骤

1）样品蒸馏　称取5g均匀样品（精确至0.001g，取样量可视含量高低而定），置于圆底蒸馏烧瓶中，加入250mL水，装上冷凝装置，冷凝管下端插入预先备有25mL乙酸铅吸收液的碘量瓶的液面下，然后在蒸馏瓶中加入10mL盐酸溶液，立即盖塞，加热蒸馏。当蒸馏液约200mL时，使冷凝管下端离开液面，再蒸馏1min。用少量蒸馏水冲洗插入乙酸铅溶液的装置部分。同时做空白试验。

2）滴定　向取下的碘量瓶中依次加入10mL盐酸，1mL淀粉指示液，摇匀之后用碘标准滴定溶液滴定至变蓝且30s内不褪色为止，记录消耗的碘标准滴定溶液体积。

（6）分析结果的表述

试样中的二氧化硫总含量按式（3－39）进行计算：

$$X = \frac{(V - V_0) \times c \times 0.032 \times 1000}{m} \tag{3-39}$$

式中　X——试样中的二氧化硫总含量（以SO_2计），单位为克每千克（g/kg）或克每升（g/L）；

V——滴定样品所用的碘标准滴定溶液体积，单位为毫升（mL）；

V_0——空白试验所用的碘标准滴定溶液体积，单位为毫升（mL）；

m——试样质量，单位为克（g）；

c——碘标准溶液浓度，单位为摩尔每升（mol/L）；

0.032——1mL碘标准溶液［$c(1/2I_2) = 0.010$mol/L］相当于的二氧化硫的质量，单位为克（g）。

计算结果以重复性条件下获得的两次独立测定结果的算术平均值表示，当二氧化硫含量≥1g/kg时，结果保留3位有效数字；当二氧化硫含量＜1g/kg时，结果保留2位有效数字。在重复性条件下获得的两次独立测试结果的绝对差值不得超过算术平均值的10%。

9. 粒度的测定

（1）原理

用一套试验筛将糖试样在一定的条件下进行筛选，将各个筛中截留的糖颗粒称重，求得留在筛网上糖颗粒的百分数对筛孔的关系。

（2）仪器设备

1）试验筛：筛孔0.28mm～2.5mm一套，直径200mm。

2）震筛机：其振动频率较小，以防止磨损糖晶体。

3）天平：精确度为±0.1g。

（3）步骤

1）取样　试样按四分法进行二次分离，使二次分出的试样能满足筛分检验之用。

2）筛分　称取白砂糖试样100g，准确至0.1g。将经过选择并经称重的筛子，按筛孔尺寸由大到小自上而下叠装好，然后将试样放入最上层的筛中，用盖盖好，将套筛装于震筛机上，并开动时钟或计时表，振动10min，待震动完全停止后，将筛取下，称出每一个筛子及截留糖样重量，准确到0.1g。

（4）结果

计算出粒度上下限相对应孔径的两层筛之间所截留的糖样质量百分数，结果以孔径上下限及其质量百分数表示，计算结果取两位有效位数。

10. 铅的测定

按第三章第一节小麦粉中铅的测定进行操作。

11. 总砷的测定

按第三章第一节小麦粉中总砷的测定进行操作。

（三）赤砂糖的检验

赤砂糖按理化要求的规定分为一级和二级两个级别，赤砂糖技术要求见表3－16。

表3－16　赤砂糖理化要求

项目		指标	
		一级	二级
总糖分（蔗糖分＋还原糖分）%	≥	92.0	89.0
干燥失重%	≤	3.50	3.50
不溶于水杂质 mg/kg	≤	120	200

1. 总糖分（蔗糖分＋还原糖分）的测定

（1）蔗糖分的测定

1）原理　用二次旋光法测定，测得赤砂糖溶液转化前后的旋光读数，按相关公式进行计算，求得其蔗糖分。

2）仪器设备。

①检糖计：根据国际糖度标尺，按糖度（°Z）刻度的，测量范围为－30～＋120°Z，自动检糖计准确度应为0.05°Z，目视检糖计应精确至0.1°Z。按旧糖度°S刻度的检糖计仍可使用，但结果应乘上一系数0.99971转换为°Z。

②旋光观测管：长度（200.00±0.02）mm或（100.00±0.01）mm，应由法定计量机构出具合格证明，或者用具有该项证明的观测管来进行校验。

③容量瓶：100mL，250mL。

④分析天平：感量0.0001g。

⑤精密温度计：精度不大于0.1℃。

3）试剂。

①碱性醋酸铅（糖用）：$Pb(CH_3COO)_2 \cdot Pb(OH)_2$。

② 24.85°Bx 盐酸溶液：以浓盐酸（相对密度 1.19）1000mL 缓慢加入 850mL 蒸馏水中，准确修正其浓度至 24.85°Bx（20℃）。

③ 231.5g/L 氯化钠溶液：称取在 120℃干燥过的氯化钠 231.5g，溶于适量蒸馏水中，移入 1000mL 容量瓶，加蒸馏水稀释至刻度。

4）测定步骤。

①检糖计的校准：检糖计的读数要用法定的计量机构鉴定或曾用鉴定标准进行检定的标准石英片校准，检糖计不能用蔗糖溶液校准。

A. 石英片旋光度的温度校正：使用检糖计（无石英楔补偿器的）读取石英片读数时的温度应测定，并精确到 0.2℃，如果该温度与 20℃相差大于 ±0.5℃，则采用式（3－40）标准石英片旋光度的温度校正。

$$\alpha_t = \alpha_{20}[1 + 1.44 \times 10^{-4}(t - 20)] \tag{3-40}$$

式中 t——读取石英片读数时石英片的温度，℃；

α_t——t℃时，标准石英片的旋光值，°Z；

α_{20}——20℃时，标准石英片的旋光值，°Z。

B. 不同波长下石英片的换算系数：石英片的糖度读数在不同波长下以绿色光（波长 546nm）为基准，可按表 3－17 进行换算。

表 3－17 不同波长下石英片的换算系数

光源	波长/nm	换算系数
白炽光经滤光	587	1.001809
黄色钠光	589	1.001898
氦－氖激光	633	1.003172

②样液制备：称取赤砂糖试样（65.000 ±0.002）g 于干燥、洁净的 200mL 烧杯中，加入适量蒸馏水使其完全溶解，然后定容于 250mL 容量瓶中。

③测定：取样液约 200mL 于锥形瓶内，加入碱性醋酸铅粉约 2g，迅速摇匀，过滤，以移液管吸取两份 50mL 滤液，分别移入两个 100mL 容量瓶中：其中一瓶加入231.5g/L 氯化钠溶液 10mL，然后加蒸馏水至刻度，摇匀，如发现浑浊则应过滤，滤液用 200mm 观测管测其旋光读数，以此数乘 2 即得直接旋光读数 P，并记录读数时糖液的温度 t。在另一容量瓶中先加入蒸馏水 20mL，再加入 24.85°Bx 盐酸 10mL，插入温度计，在水浴中准确加热至 60℃，并在此温度下保持 10min（在最初 3min 内应不断摇荡）。取出，浸入冷水中，迅速冷却至读取直接旋光读数时的温度，用少量蒸馏水冲洗沾在温度计上的糖液于容量瓶内并取出温度计，加水至刻度，（如溶液色泽较深可加入少量锌粉）。

充分摇匀，如发现浑浊则应过滤。用200mm观测管测其旋光读数，以此数乘以2得转化旋光读数 P'（负值），并用0.1℃刻度温度计测出读数时糖液温度 t'（t 及 t' 二者相差不得超过1℃）。

5）计算及结果表示　赤砂糖样品蔗糖分按式（3－41）计算，结果以百分数表示，保留3位有效数字。

$$S = \frac{100(P - P')}{132.56 - 0.0794\left(13 - \frac{G}{100}\right) - 0.53(t' - 20)} \tag{3-41}$$

式中　S——蔗糖分,%；

P——直接旋光读数；

P'——转化旋光读数（负值）；

t'——测P′时糖液的温度,℃；

G——每100mL转化糖液内所含干固物质量，即 $G=13\times$（100－原试样干燥失重）/100。

当平行测定符合精密度所规定的要求时，取平行测定的算术平均值作为结果。

6）精密度　同一实验室由同一操作者在短暂的时间间隔内，用同一设备对同一试样获得两次独立测定结果的绝对差值不应超过算术平均值的0.05%。

（2）还原糖分的测定

1）方法提要　按兰－艾农恒容法测定。用赤砂糖样液滴定一定量的费林氏试剂，滴定前加入预测的水量以保持最终容量恒定（75mL）。根据耗用赤砂糖样液的量，通过换算可得还原糖的含量。

2）仪器设备　三角瓶：300mL；滴定管：50mL。

3）试剂。

①纯蔗糖：用40℃的热蒸馏水，按700g/L的浓度溶解优质白砂糖或精糖，待完全溶解冷却后，加碳酸钠溶液至pH 8.0，用孔径为80μm～120μm的玻璃滤器过滤，慢慢加入无水乙醇于滤液中，快速搅拌至糖液中水与乙醇容积比为3∶7，这时溶液清澈或稍微混浊，继续搅拌15h之后，分离生成的微小蔗糖结晶，用70%酒精洗涤，风干或真空干燥，将提净的步骤重复操作一次，制得纯蔗糖。

②10g/L标准转化糖液：称取纯蔗糖23.750g，用蒸馏水约120mL溶解并移入250mL的容量瓶中，加入浓盐酸（相对密度1.19）9mL，摇匀，在室温20℃～25℃下静置8天，然后用蒸馏水稀释至刻度。吸取该溶液100mL（含10g转化糖）于1000mL容量瓶中，在不断摇荡下，加入1mol/L氢氧化钠溶液调节至约pH 3.0（所加入的碱量可先用下法确定：另取转化糖液50mL，以甲基橙作指示剂，以1mol/L氢氧化钠溶液滴定至红色恰好变为橙色为止，所耗用的氢氧化钠溶液的量乘2即为要加入的碱量），

调节 pH 后加入已用热水溶解的苯甲酸 2g，摇匀，冷却后稀释至刻度。此溶液每 100mL 含 1g 转化糖，可作为稳定的贮备液。

③ 2.5g/L 标准转化糖液：准确吸取 10g/L 标准转化糖液 50mL，移入 200mL 容量瓶中。加酚酞指示液 5 滴，在不断摇荡下滴入 0.5mol/L 氢氧化钠溶液，直至浅红色出现而不褪色为止，加水稀释至刻度，摇匀。

④费林氏溶液。

配制：费林氏溶液分甲液、乙液，分别配制贮存，在使用之前才按规定迅速混合。混合时要准确地加入等容量的甲液于乙液中，并严格按规定的次序加入，否则开始形成的氢氧化铜沉淀的再溶解会不完全。甲液：称取硫酸铜（$CuSO_4 \cdot 5H_2O$）69.28g，用蒸馏水溶解后，移入 1000mL 容量瓶中，加水至刻度，摇匀，过滤即成。乙液：称取酒石酸钾钠（$NaKC_4H_4O_6 \cdot 4H_2O$）346g 溶于约 500mL 蒸馏水中；另称取氢氧化钠 100g 溶于约 200mL 蒸馏水中。将二者混合，移入 1000mL 容量瓶中，加水至刻度，放置 2 天。如液面降低，须再加水至刻度，摇匀，过滤即成。

标定：用移液管吸取费林氏溶液甲、乙液各 10mL，移入 300mL 锥形瓶中，加入蒸馏水 15mL，从滴定管加入 2.5g/L 标准转化糖液 39mL，轻轻摇匀，将锥形瓶置于电炉上加热使溶液沸腾，准确煮沸 2min，加亚甲基蓝指示液 3 滴。在糖液保持沸腾的情况下，小心从滴定管继续加转化糖液，至亚甲基蓝色刚刚消失为止，即为终点。整个滴定过程溶液必须保持沸腾，且滴定终点应在加入亚甲基蓝色后 1min 内达到，如果费林氏溶液浓度准确，则滴定耗用的 2.5g/L 标准转化糖液恰好为 40mL，否则，应按式(3－42)计算其浓度校正系数。

$$K = \frac{V}{40} \tag{3-42}$$

式中 K——费林氏溶液浓度校正系数；

V——滴定耗用标准转化糖液体积，单位为毫升（mL）。

⑤40g/L 乙二胺四乙酸二钠（$C_{10}H_{14}O_8N_2Na_2 \cdot 2H_2O$），即 EDTA 二钠溶液。称取乙二胺四乙酸二钠 40g，用 50℃～70℃的热水溶解、冷却，加水稀释至 1000mL，摇匀。

⑥50g/L 草酸钾溶液：称取草酸钾 50g 加蒸馏水溶解后稀释至 1000mL。

⑦10g/L 亚甲基蓝溶液：称取亚甲基蓝 1.0g，加蒸馏水溶解后定容于 100mL 容量瓶中。

4）测定步骤。

①样液制备：称取赤砂糖样品 26g（可视样品还原糖含量高低增减样品质量，精确至 0.001g）于 100mL 烧杯中，加水适量溶解后移入 200mL 容量瓶中。对每 1g 样品添加 50g/L 草酸钾溶液 2mL 于容量瓶中，摇匀后用蒸馏水稀释至刻度，充分摇匀，随即

过滤。或对每1g样品加40g/L EDTA二钠溶液4mL于容量瓶中，摇匀后，加蒸馏水稀释至刻度，充分摇匀。

②预检：分别用两支10mL吸管，先吸取费林氏乙液10mL于三角瓶内，然后再吸甲液10mL于乙液中，混匀。从滴定管加入糖液25mL于锥形瓶内，再加入蒸馏水15mL，摇匀，放在铺有石棉网的电炉上加热，并准确煮沸2min（用秒表控制），加入亚甲基蓝指示液3~4滴，继续滴加糖液于蓝色消失为止，即为终点。此项操作不可超过1min，使整个沸腾和滴加操作总时间控制在3min内。记录滴定耗用配制糖液毫升数。

所需加水量等于75mL减去配制糖液耗用量与费林氏溶液量（20mL）。

③复检：按上述次序吸取费林氏溶液甲、乙液各10mL于三角瓶内，加入预检时测得的加水量，从滴定管加入比预检耗用量约少1mL的配制糖液，摇匀。滴定手续和预检相同，其沸腾时间亦应准确控制为2min，滴定至终点亦不可超过1min，滴定时需轻轻摇动锥形瓶，但不可离开热源，使溶液继续保持沸腾，以免空气进入瓶内使亚甲蓝再被氧化而产生误差。

5）计算及结果表示　赤砂糖中蔗糖按公式（3-43）计算，还原糖分含量按公式（3-44）计算，以%表示，计算结果保留3位有效数字。

$$G = \frac{W_1 \times V \times S}{10000} \tag{3-43}$$

式中　G——滴定消耗配制糖液中含蔗糖量，单位为克（g）；

W_1——称取样品质量，单位为克（g）；

V——滴定耗用配制糖液，单位为毫升（mL）；

S——样品蔗糖分，%。

$$R = \frac{1000 \times f \times K}{W_2 \times V} \tag{3-44}$$

式中　R——还原糖分，%；

f——校正系数（由G查表3-18得校正系数f）；

K——费林氏溶液浓度校正系数；

W_2——称取样品质量，单位为克（g）；

V——滴定耗用配制糖液，单位为毫升（mL）。

当平行测定符合精密度所规定的要求时，取平行测定的算术平均值作为结果，精确至0.01%。

6）精密度　同一实验室由同一操作者在短暂是时间间隔内、用同一设备对同一试样获得的两次独立测定结果的绝对差值不应超过算术平均值的15%。

表 3－18 兰－艾农恒容法测定还原糖校正系数表

消耗配制糖液中蔗糖量，g	校正系数，f	消耗配制糖液中蔗糖量，g	校正系数，f
0	1.000	12.0	0.828
2.0	0.946	14.0	0.811
4.0	0.912	16.0	0.802
6.0	0.887	18.0	0.791
8.0	0.865	20.0	0.780
10.0	0.849	–	–

注：对介于两个相邻数值之间的含蔗糖量，可用插入法求出校正系数。

2. 干燥失重的测定

（1）方法提要

采用常压烘箱干燥技术，干燥后，在统一条件下冷却。

（2）仪器设备

1）烘箱：控温精度 ±1℃（测定过程中，距称量瓶上方 25mm ±5mm 处的温度要保持在 125℃ ±1℃）。

2）带温度计干燥器。

3）扁形称量瓶：直径为 60mm，深度为 30mm。

4）计时器。

5）天平：感量 0.0001g。

（3）测定步骤

烘箱应预热至 125℃。将已开盖的空称量瓶及其盖子一同放入烘箱中干燥 30min，然后将称量瓶合盖并取出，之后放入干燥器中冷却至室温。尽快称量并称取样品 9.5g ~10.5g 于称量瓶中。将盛有样品的已开盖称量瓶及其盖子一同放入预热至 125℃ 的烘箱中，干燥 45min。然后将称量瓶合盖并取出，放入干燥器中冷却至室温，尽快称量。以上每次称量均应准确至 ±0.1mg。

（4）计算及结果表示

赤砂糖样品的干燥失重按公式（3－45）计算，以百分数表示，计算结果保留 3 位有效数字。

$$干燥失重（\%）=\frac{W_3-W_4}{W_3-W_5}\times 100\% \qquad (3-45)$$

式中 W_3——称量瓶连同干燥前样品的质量，单位为克（g）；

W_4——称量瓶连同干燥后样品的质量，单位为克（g）；

W_5——称量瓶的质量，单位为克（g）。

当平行测定符合精密度所规定的要求时，取平行测定的算术平均值作为结果。

（5）精密度

同一实验室由同一操作者在短暂的时间间隔内、用同一设备对同一试样获得的两次独立测定结果的绝对差值不得超过算术平均值的15%。

3. 二氧化硫的测定

按第三章第三节白砂糖中二氧化硫的测定进行操作。

4. 铅的测定

按第三章第一节小麦粉中铅的测定进行操作。

5. 总砷的测定

按第三章第一节小麦粉中总砷的测定进行操作。

二、蜂蜜的检验

蜂蜜在烘焙食品中应用广泛。蜂蜜营养丰富，具有较高的营养保健价值，历来被人们视为较高级的滋养品，它作为功能性食品原料，可提高烘焙食品的营养价值。蜂蜜出厂检验指标主要有感官、水分、蔗糖、羟甲基糠醛、淀粉酶活性、菌落总数、大肠菌群和净含量等，主要指标见表3－19。

表3－19　蜂蜜中的理化指标

项目		一级品	二级品
水分/%	≤		
荔枝蜂蜜、龙眼蜂蜜、柑橘蜂蜜、鹅掌柴蜂蜜、乌桕蜂蜜		23	26
其他		20	24
果糖和葡萄糖含量/%	≥	60	
蔗糖含量/%	≤		
桉树蜂蜜、柑橘蜂蜜、紫花苜蓿蜂蜜、荔枝蜂蜜、野桂花蜂蜜		10	
其他		5	
酸度（1mol/L氢氧化钠）/（mL/kg）	≤	40	
羟甲基糠醛/（mg/kg）	≤	40	
淀粉酶活性（1%淀粉溶液）/[mL/（g·h）]	≥		
荔枝蜂蜜、龙眼蜂蜜、柑橘蜂蜜、鹅掌柴蜂蜜		2	
其他		4	
灰分/%	≤	0.4	

（一）蜂蜜产品质量检验项目

蜂产品的发证检验、监督检验和出厂检验按表3－20中列出的检验项目进行。对各类各品种的主导产品带“＊”号标记的出厂检验项目，企业应每年检验2次。

表 3-20 蜂蜜产品质量检验项目表

序号	检验项目	发证	监督	出厂	备注
1	感官	√	√	√	
2	水分	√	√	√	
3	果糖和葡萄糖含量	√	√	*	
4	蔗糖	√	√	√	
5	灰分	√	√	*	
6	羟甲基糠醛	√	√	√	
7	酸度	√	√	*	
8	淀粉酶活性	√	√	√	
9	铅	√	√	*	
10	锌	√	√	*	
11	四环素族抗生素残留量	√	√	*	
12	菌落总数	√	√	√	
13	大肠菌群	√	√	√	
14	致病菌	√	√	*	
15	霉菌	√	√	*	
16	标签	√	√		
17	净含量	√	√	√	大桶装产品可不检此项

（二）水分的测定

1. 仪器

（1）阿贝折光仪。

（2）超级恒温器。

2. 操作程序

（1）将阿贝折光计与超级恒温器连接好，并将超级恒温器的温度调至所需的温度。

（2）折光计的校正

在测定试样折光指数前，先用新鲜的蒸馏水按仪器说明校正折光读计的折光指数。调节通过折光计的水流温度恰为 40℃分开折光计两面棱镜，用脱脂棉蘸蒸馏水拭净（必要时可蘸二甲苯或乙醚拭净），然后用干净的脱脂棉（或擦镜纸）拭干，待棱镜完全干燥后，用玻璃棒蘸取蒸馏水 1 滴～2 滴，滴于下面的棱镜上，迅速闭合棱镜，对准光源，由目镜观察，旋转手轮，使标尺上的折光指数恰好为 40℃时水的折光指数，观察望远镜内明暗分界线是否在接物镜十字线中间，若有偏差，则用附件方孔调节扳手转动示值调节螺丝，使明暗分界线调到中央。调整完毕后，在测定试样时，不允许再转动调节好的螺丝。

3. 试样测定

在测定前先将棱镜擦洗干净，以免留有其他物质影响测定精度。用玻璃棒蘸取混匀的试样1滴~2滴，滴于下面的棱镜上，迅速闭合棱镜，静置数秒钟，以待试样达到40℃。对准光源，由目镜观察，转动补偿器螺旋，使明暗分界线清晰；转动标尺指针螺旋，使其明暗分界线恰好通过接物镜上十字线的交点，读取标尺上的折光指数，同时核对温度，应恰为40℃。

4. 结果计算

水分按式（3-46）计算：

$$X = 100 - [78 + 390.7(n - 1.4768)] \qquad (3-46)$$

式中 X——试样中的水分含量,%；

n——试样在40℃时的折光指数。

平行试验的允许误差为0.2%。如在20℃时测读折光指数，可按表3-21换算为水分的百分率。在室温时测读折光指数时，可按式（3-47）换算到20℃时的折光指数。

$$折光指数（20℃）= n + 0.00023(t - 20) \qquad (3-47)$$

式中 n——在室温t℃时的折光指数；

t——读取折光指数时的温度。

平行试验的允许误差为0.2%。注：如有争议，用在40℃测定折光指数的方法检验。

表3-21　蜂蜜水分换算

折光指数	20℃水分,%	折光指数	20℃水分,%	折光指数	20℃水分,%
1.5038	13.2	1.4930	17.4	1.4825	21.6
1.5033	13.4	1.4925	17.6	1.4820	21.8
1.5028	13.6	1.4920	17.8	1.4815	22.0
1.5023	13.8	1.4915	18.0	1.4810	22.2
1.5018	14.0	1.4910	18.2	1.4805	22.4
1.5012	14.2	1.4905	18.4	1.4800	22.6
1.5007	14.4	1.4900	18.6	1.4795	22.8
1.5002	14.6	1.4895	18.8	1.4790	23.0
1.4997	14.8	1.4900	19.0	1.4785	23.2
1.4992	15.0	1.4885	19.2	1.4780	23.4
1.4987	15.2	1.4880	19.4	1.4775	23.6
1.4982	15.4	1.4875	19.6	1.4770	23.8
1.4976	15.6	1.4870	19.8	1.4765	24.0
1.4971	15.8	1.4865	20.0	1.4760	24.2
1.4966	16.0	1.4860	20.2	1.4755	24.4
1.4961	16.2	1.4855	20.4	1.4750	24.6

续表

折光指数	20℃水分,%	折光指数	20℃水分,%	折光指数	20℃水分,%
1.4956	16.4	1.4850	20.6	1.4755	24.8
1.4951	16.6	1.4845	20.8	1.4740	25.0
1.4946	16.8	1.4840	21.0		
1.4940	17.0	1.4835	21.2		

（三）酸度的测定

1. 概念

酸度指中和每1000g试样所需1mol/L氢氧化钠溶液的毫升数。

2. 试剂和材料

（1）水：除另有规定外，所用试剂均为分析纯，水为蒸馏水。

（2）0.1mol/L氢氧化钠标准溶液：称取4g氢氧化钠溶解于1L经煮沸而冷却的水中，用邻苯二甲酸氢钾（基准试样）按下法标定其规定浓度。

称取预先在125℃时干燥过的邻苯二甲酸氢钾（基准试剂）0.8g~0.9g（精确至0.0002g），置于350mL锥形瓶中，用50mL经煮沸后冷却的水溶解，加入2滴~3滴1%酚酞指示剂，用氢氧化钠溶液滴定至溶液呈粉红色，以在10s内不褪色为终点。

按式（3-48）计算氢氧化钠标准溶液的浓度：

$$C = \frac{m}{V \times 0.20422} \tag{3-48}$$

式中 C——氢氧化钠标准溶液的浓度，单位为摩尔每升（mol/L）；

m——邻苯二甲酸氢钾的质量，单位为克（g）；

V——滴定时所消耗氢氧化钠标准溶液的体积，单位为毫升（mL）；

0.20422——与每毫升氢氧化钠［c（NaOH）=1.000mol/L］标准溶液相当的邻苯二甲酸氢钾的质量，单位为克（g）。

（3）酚酞指示剂：1%乙醇溶液。

3. 操作程序

称取试样10g（精确至0.001g），溶于75mL经煮沸后冷却的水中，加入2滴~3滴酚酞指示剂，用氢氧化钠标准溶液定至溶液呈粉红色，在10s内不褪色为终点。

4. 结果计算

按式（3-49）计算试样的酸度：

$$X = \frac{V \times C}{m} \times 1000 \tag{3-49}$$

式中 V——滴定所耗氢氧化钠标准溶液的体积，单位为毫升（mL）；

C——氢氧化钠标准溶液的摩尔浓度，单位为摩尔每升（mol/L）；

m——试样的质量，单位为克（g）。

注：如蜂蜜颜色过深，可称取试样5g，或者用百里酚蓝指示剂代替酚酞指示剂。

（四）果糖和葡萄糖的测定

1. 原理

试样中的果糖、葡萄糖经提取后，利用高效液相色谱柱分离，用示差折光检测器或蒸发光散射检测器检测，外标法进行定量。

2. 仪器与设备

（1）天平：感量为0.1mg。

（2）超声波振荡器。

（3）磁力搅拌器。

（4）离心机：转速≥4000r/min。

（5）高效液相色谱仪，带示差折光检测器或蒸发光散射检测器。

3. 试剂

（1）乙腈：色谱纯。

（2）石油醚：沸程30℃～60℃。

（3）亚铁氰化钾溶液：称取10.6g亚铁氰化钾［$K_4Fe(CN)_6 \cdot 3H_2O$］，加水溶解并稀释至100mL。

（4）乙酸锌溶液：称取21.9g乙酸锌［$Zn(CH_3COO)_2 \cdot 2H_2O$］21.9g，加冰乙酸3mL，加水溶解并稀释至100mL。

（5）标准溶液的配制

标准贮备液（20mg/mL）：分别称取经过96℃±2℃干燥2h的果糖（$C_6H_{12}O_6$，CAS号：57-48-7）、葡萄糖（$C_6H_{12}O_6$，CAS号：50-99-7）各1g，纯度为99%，加水定容于50mL，置于4℃密封可贮藏一个月。

标准使用液：分别吸取糖标准贮备液1.00mL、2.00mL、3.00mL、5.00mL于10mL容量瓶加水定容，分别相当于2.0mg/mL、4.0mg/mL、6.0mg/mL、10.0mg/mL浓度标准溶液。

4. 操作步骤

未结晶的样品将其用力搅拌均匀；有结晶析出的样品，可将样品瓶盖塞紧后置于不超过60℃的水浴中温热，待样品全部溶化后，搅匀，迅速冷却至室温以备检验用。在融化时应注意防止水分进入。蜂蜜等易变质试样置于0℃～4℃保存。

（1）样品处理

称取混合均匀后的试样1g～2g（精确至0.001g）于50mL容量瓶中，加水定容至50mL，充分摇匀，用干燥滤纸过滤，弃去初滤液，后续滤液用0.45μm微孔滤膜过滤或离心获取上清液过 0.45μm 微孔滤膜至样品瓶，供液相色谱分析。

（2）色谱条件

色谱柱：氨基色谱柱，柱长 250mm，内径 4.6mm，膜厚 5μm，或具有同等性能的色谱柱（色谱条件应当满足果糖、葡萄糖之间的分离度大于 1.5）；流动相：乙腈 + 水 = 70 + 30（体积比）；流动相流速：1.0mL/min；柱温：40℃；进样量：20μL；示差折光检测器条件：温度 40℃；蒸发光散射检测器条件：飘移管温度：80℃ ~ 90℃；氮气压力：350kPa；撞击器：关。

5. 测定

（1）标准曲线的制作

将糖标准使用液标准依次按上述推荐色谱条件上机测定，记录色谱图峰面积或峰高，以峰面积或峰高为纵坐标，以标准工作液的浓度为横坐标，示差折光检测器采用线性方程；蒸发光散射检测器采用幂函数方程绘制标准曲线。

（2）试样溶液的测定

将试样溶液注入高效液相色谱仪中，记录峰面积或峰高，从标准曲线中查得试样溶液中糖的浓度。可根据具体试样进行稀释（n）。

（3）空白试验

除不加试样外，均按上述步骤进行。

6. 结果计算

样品中果糖和葡萄糖的含量按式（3 − 50）计算：

$$X = \frac{(c - c_0) \times V \times n \times 100}{m \times 1000} \qquad (3-50)$$

式中　X——样品中待测组分含量，单位为克每千克（g/100g）；

c——由标准曲线得出的样液中待测物的浓度，单位为毫克每毫升（mg/mL）；

c_0——由标准曲线得出的样液中待测物的浓度，单位为毫克每毫升（mg/mL）；

V——样品定容体积，单位为毫升（mL）；

n——稀释倍数；

m——样品质量，单位为克（g）；

1000——换算系数；

100——换算系数。

糖的含量≥10g/100g 时，结果保留 3 位有效数字，糖的含量 <10g/100g 时，结果保留 2 位有效数字。

7. 原始记录参考样式

原 始 记 录

编号：
第 页

样品简称（必要时）			检验项目				检验依据		□GB 5009. 8—2016	
仪器名称及型号				仪器编号				仪器有效期		
电子天平										
高效液相色谱仪										
色谱柱		C18			定量方法			外标法		
检验项目										
平行测定次数	1	2	1	2	1	2	1	2	1	2
取样量 m（g）										
样品定容体积										
样品溶液浓度 c										
空白溶液浓度 c_0										
样品含量 X（g/kg）										
平均值（g/kg）										
标准值（g/kg）										
单项结论										
计算公式	$X=\frac{(c-c_0)\times V\times n\times 100}{m\times 1000}$ 稀释倍数 n =									
备 注										
校核		检验				日期				

（五）铅的测定

按第三章第一节小麦粉中铅的测定进行操作。

第四节 乳和乳制品检验

一、乳和乳制品质量检验项目和主要指标

（一）乳和乳制品检验项目

乳制品的发证检验、监督检验、出厂检验分别按照下列表 3－22 中所列出的相应检验项目进行。乳制品中添加的食品添加剂和营养强化剂的使用量，应根据企业标准或产品标签明示的含量进行发证检验和监督检验，同时应符合 GB 2760—2014《食品安

全国家标准 食品添加剂使用标准》和 GB 14880—2012《食品安全国家标准 食品营养强化剂使用标准》的要求。企业的出厂检验项目中注有“*”标记的，企业应当每年检验 2 次。

表 3 – 22　乳制品质量检验项目表

序号	检验项目	依据标准	对应产品
1	感官	按照对应标准	全部乳制品
2	净含量	按照对应标准	全部乳制品
3	脂肪	GB 5009. 6—2016	巴氏杀菌乳、灭菌乳、调制乳、发酵乳、全脂乳粉、脱脂乳粉、部分脱脂乳粉、调制乳粉、牛初乳粉、炼乳、奶油、干酪
4	蛋白质	GB 5009. 5—2016	巴氏杀菌乳、灭菌乳、调制乳、发酵乳、全脂乳粉、脱脂乳粉、部分脱脂乳粉、调制乳粉、牛初乳粉、炼乳
5	水分	GB 5009. 3—2016	全脂乳粉、脱脂乳粉、部分脱脂乳粉、调制乳粉、炼乳（只适用加糖炼乳）、奶油（不适用稀奶油）、干酪
6	干物质含量	GB 5009. 3—2016	干酪
7	干物质脂肪	GB 5009. 6—2016 GB 5009. 3—2016	干酪
8	蔗糖	GB 5413. 5—2010	调制乳粉（添加蔗糖的产品）、炼乳（只适用加糖炼乳）
9	乳糖	GB 5413. 5—2010	乳清粉
10	灰分	GB 5009. 4—2016	乳清粉、乳清蛋白粉
11	非脂乳固体	GB 5413. 39—2010	巴氏杀菌乳、灭菌乳、发酵乳
12	乳固体	GB 5413. 5—2010 GB 5009. 3—2016	淡炼乳、加糖炼乳
13	酸度	GB 5009. 239—2016	巴氏杀菌乳、灭菌乳、发酵乳、炼乳、奶油（不适用无水奶油及以发酵稀奶油为原料的产品）
14	复原乳酸度	GB 5009. 239—2016	全脂乳粉、脱脂乳粉、部分脱脂乳粉、牛初乳粉
15	杂质度	GB 5413. 30—2016	全脂乳粉、脱脂乳粉、部分脱脂乳粉
16	免疫球蛋白（IgG）	RHB 602 附录 A	牛初乳粉
17	汞	GB 5009. 17—2014	巴氏杀菌乳、灭菌乳、调制乳、发酵乳
18	铬	GB 5009. 123—2014	巴氏杀菌乳、灭菌乳、调制乳、发酵乳、全脂乳粉、脱脂乳粉、调制乳粉、牛初乳粉
19	铅	GB 5009. 12—2017	巴氏杀菌乳、灭菌乳、调制乳、发酵乳
20	硒	GB 5009. 93—2017	巴氏杀菌乳、调制乳、发酵乳、乳粉、炼乳、奶油、干酪
21	总砷	GB 5009. 11—2014	巴氏杀菌乳、灭菌乳、调制乳、发酵乳、全脂乳粉、脱脂乳粉、调制乳粉、牛初乳粉
22	硝酸盐	GB 5009. 33—2016	GB 2762 规定的产品

续表

序号	检验项目	依据标准	对应产品
23	亚硝酸盐	GB 5009.33—2016	GB 2762 规定的产品
24	黄曲霉毒素 M_1	GB 5009.24—2016	巴氏杀菌乳、灭菌乳、调制乳、发酵乳、全脂乳粉、脱脂乳粉、调制乳粉、牛初乳粉、炼乳、奶油、干酪
25	菌落总数	GB 4789.2—2016	巴氏杀菌乳、调制乳、全脂乳粉、脱脂乳粉、调制乳粉、牛初乳粉（不适用添加益生菌的乳粉）、炼乳、奶油（不适用发酵稀奶油为原料的产品）、干酪
26	微生物（商业无菌）	GB 4789.26—2013	灭菌乳、灭菌工艺的调制乳、炼乳（仅适用于罐头工艺生产的产品）、奶油（适用于罐头工艺的稀奶油）
27	大肠菌群	GB 4789.3—2016 平板计数法	巴氏杀菌乳、调制乳、发酵乳、全脂乳粉、脱脂乳粉、调制乳粉、牛初乳粉、炼乳、奶油、干酪
28	霉菌	GB 4789.15—2016	发酵乳、牛初乳粉、奶油、干酪（但不适用霉菌发酵产品）
29	酵母	GB 4789.15—2016	发酵乳、牛初乳粉、干酪（但不适用霉菌发酵产品）
30	金黄色葡萄球菌	GB 4789.10—2016 定性检验	巴氏杀菌乳、调制乳、发酵乳、全脂乳粉、脱脂乳粉、调制乳粉、牛初乳粉、炼乳、奶油、干酪
31	沙门氏菌	GB 4789.4—2016	巴氏杀菌乳、调制乳、发酵乳、全脂乳粉、脱脂乳粉、调制乳粉、牛初乳粉、炼乳、奶油、干酪
32	单核细胞增生李斯特氏菌	GB 25192—2010	干酪
33	乳酸菌数	GB 4789.35—2016	发酵乳（不适用经热处理的产品）
34	三聚氰胺	卫生部 2008 年第 25 号公告 GB/T 22388—2008	全部乳制品
35	食品添加剂	对应的检验方法标准	添加了 GB 2760 允许添加的添加剂的全部乳制品，无检验方法的除外
36	营养强化剂	对应的检验方法标准	添加了 GB 14880 允许强化的营养强化剂的全部乳制品，无检验方法的除外
37	标签	GB 7718—2011	全部乳制品

（二）乳和乳制品主要质量指标

乳制品在焙烤食品中应用较多，其分类和理化指标见表 3－23～3－30。

表 3－23　巴氏杀菌乳理化指标

项目		指标
脂肪[a]/（g/100g）	≥	3.1
蛋白质/（g/100g）		
牛乳	≥	2.9
羊乳	≥	2.8
非脂乳固体/（g/100g）	≥	8.1
酸度/（°T）		

续表

项目		指标
牛乳		12～18
羊乳		6～13

[a]仅适合于全脂乳粉。

表 3－24 灭菌乳理化指标

项目		指标
脂肪[a]/（g/100g）	≥	3.1
蛋白质/（g/100g）		
牛乳	≥	2.9
羊乳	≥	2.8
非脂乳固体/（g/100g）	≥	8.1
酸度/（°T）		
牛乳		12～18
羊乳		6～13

[a]仅适合于全脂灭菌乳。

表 3－25 调制乳理化指标

项目		指标
脂肪[a]/（g/100g）	≥	2.5
蛋白质/（g/100g）		2.3

[a]仅适合于全脂产品。

表 3－26 奶粉部分理化指标

项目		乳粉	调味乳粉
蛋白质/（%）	≥	非脂乳固体[a]的 34	16.5
脂肪[b]/（%）	≥	≥26.0	–
复原乳酸度/（°T）		18	
牛乳		7－14	
羊乳		–	
杂质度/（mg/kg）	≤	16	–
水分/（%）	≤	5.0	

[a]非脂乳固体（%）=100% －水分（%） －脂肪（%）。
[b]仅适合于全脂乳粉。

表 3－27 乳清粉和乳清蛋白粉理化指标

项目		指标		
		脱盐乳清粉	非脱盐乳清粉	乳清蛋白粉
蛋白质/（g/100g）	≥	10.0	7.0	25.0

续表

项目		指标		
		脱盐乳清粉	非脱盐乳清粉	乳清蛋白粉
灰分/（g/100g）	≥	3.0	15.0	9.0
乳糖/（g/100g）	≥	61.0	–	
水分/（g/100g）	≥	5.0	6.0	

表 3－28　炼乳理化指标

项目		淡炼乳	加糖炼乳	调制炼乳	
				调制淡炼乳	调制加糖炼乳
蛋白质/（g/100g）	≥	非脂乳固体[a]的 34%		4.1	4.6
脂肪（X）/（g/100g）		7.5≤X≤15.0		X≥7.5	X≥8.0
乳固体[b]/（g/100g）	≥	25.0	28.0	–	–
蔗糖/（g/100g）	≤	–	45.0	–	48.0
水分/%	≤	–	27.0	–	28.0
酸度/（°T）	≤	48.0			

[a]非脂乳固体（%）=100（%）－脂肪（%）－水分（%）－蔗糖（%）。
[b]乳固体（%）=100（%）－水分（%）－蔗糖（%）。

表 3－29　稀奶油、奶油和无水奶油理化指标

项目		指标		
		稀奶油	奶油	无水奶油
水分[a]/（%）	≤	–	16.0	0.1
脂肪/（%）	≥	10.0	80.0	99.8[b]
酸度[c]/（°T）	≤	30.0	20.0	–
非脂乳固体[d]/（%）	≤	–	2.0	–

[a]奶油水分按 GB 5009.3 的方法测定；无水奶油按 GB 5009.3 中的卡尔·费休法测定。
[b]无水奶油的脂肪（%）=100%－水分（%）。
[c]不适用于以发酵稀奶油为原料的产品。
[d]非脂乳固体（%）=100%－脂肪（%）－水分（%）（含盐奶油还应减去食盐含量）。

表 3－30　再制干酪理化指标

项目	指标				
脂肪（干物质）[a]（X_1）/（%）	$60.0 \leq X_1 \leq 75.0$	$45.0 \leq X_1 < 60.0$	$25.0 \leq X_1 < 45.0$	$10.0 \leq X_1 < 25.0$	$X_1 < 10.0$
最小干物质含量[b]（X_2）/（%）	44	41	31	29	25

[a]干物质中脂肪含量（%）：X_1 =［再制干酪脂肪质量/（再制干酪总质量－再制干酪水分质量）］×100%。
[b]干物质含量（%）：X_2 =［（再制干酪总质量－再制干酪水分质量）/再制干酪总质量］×100%。

二、乳和乳制品主要指标的检测

（一）水分的测定

按第三章第一节小麦粉中水分的测定进行操作。

（二）酸度的测定

1. 电位滴定法

（1）原理

中和100g试样至pH为8.3所消耗的0.1000mol/L氢氧化钠体积，经计算确定其酸度。

（2）试剂和材料

除非另有说明，本方法所用试剂均为分析纯，水为GB/T 6682规定的三级水。

氢氧化钠标准溶液（0.1000mol/L），中性乙醇－乙醚混合液，不含二氧化碳的蒸馏水，氮气（纯度为98.0%）。

（3）仪器和设备

分析天平（感量为0.001g）、电位滴定仪、水浴锅、碱式滴定管（分刻度为0.1mL）。

（4）分析步骤

1）巴氏杀菌乳、灭菌乳、生乳、发酵乳　称取10g（精确到0.001g）已混匀的试样，置于150mL锥形瓶中，加20mL新煮沸冷却至室温的水，混匀，用氢氧化钠标准溶液电位滴定至pH 8.3为终点。滴定过程中，向锥形瓶中吹氮气，防止溶液吸收空气中的二氧化碳。记录消耗的氢氧化钠标准滴定溶液毫升数（V_4），代入式（3－51）中进行计算。

2）奶油　称取10g（精确到0.001g）已混匀的试样，置于250mL锥形瓶中，加30mL中性乙醇－乙醚混合，混匀，用氢氧化钠标准溶液电位滴定至pH 8.3为终点。滴定过程中，向锥形瓶中吹氮气，防止溶液吸收空气中的二氧化碳。记录消耗的氢氧化钠标准滴定溶液毫升数（V_4），代入式（3－51）中进行计算。

3）炼乳　称取10g（精确到0.001g）已混匀的试样，置于150mL锥形瓶中，加60mL新煮沸冷却至室温的水，混匀，用氢氧化钠标准溶液电位滴定至pH 8.3为终点。滴定过程中，向锥形瓶中吹氮气，防止溶液吸收空气中的二氧化碳。记录消耗的氢氧化钠标准滴定溶液毫升数（V_4），代入式（3－51）中进行计算。

4）干酪素　称取5g（精确到0.001g）经研磨混匀的试样于锥形瓶中，加入50mL水中，于室温下（18℃～20℃）放置4h～5h，或在水浴锅中加热到45℃并在此温度下保持30min，再加50mL水，混匀后，通过干燥的滤纸过滤。吸取滤液50mL于锥形瓶中，用氢氧化钠标准溶液电位滴定至 pH 8.3 为终点。滴定过程中，向锥形瓶中吹氮气，防止溶液吸收空气中的二氧化碳。记录消耗的氢氧化钠标准滴定溶液毫升数（V_5），代入式（3－52）中进行计算。

5）空白滴定　用相应体积的蒸馏水做空白试验。读取耗用氢氧化钠标准溶液的毫升数（V_0）。用 30mL 中性乙醇－乙醚混合液做空白试验。读取耗用氢氧化钠标准溶液的毫升数（V_0）。空白所消耗的氢氧化钠的体积应不小于零。否则应重新制备和使用符合要求的蒸馏水或中性乙醇乙醚混合液。

（5）分析结果的表述

巴氏杀菌乳、灭菌乳、生乳、发酵乳、奶油和炼乳试样中的酸度数值以（°T）表示，按式（3－51）计算：

$$X_4 = \frac{C_4 \times (V_4 - V_0) \times 100}{m_4 \times 0.1} \tag{3-51}$$

式中　X_4——试样的酸度，单位为度（°T）；

C_4——氢氧化钠标准溶液的浓度，单位为摩尔每升（mol/L）；

V_4——滴定时所消耗氢氧化钠标准溶液的体积，单位为毫升（mL）；

V_0——空白试验所消耗氢氧化钠标准溶液的体积，单位为毫升（mL）；

100——100g 试样；

m_4——试样的质量，单位为克（g）；

0.1——酸度理论定义氢氧化钠的摩尔浓度，单位为摩尔每升（mol/L）。

以重复性条件下获得的两次独立测定结果的算术平均值表示，结果保留 3 位有效数字。

干酪素试样中的酸度数值以（°T）表示，按式（3－52）计算：

$$X_5 = \frac{C_5 \times (V_5 - V_0) \times 100 \times 2}{m_5 \times 0.1} \tag{3-52}$$

式中　X_5——试样的酸度，单位为度（°T）［以 100g 样品所消耗的 0.1mo l/L 氢氧化钠毫升数计，单位为毫升每 100 克（mL/100g）］；

C_5——氢氧化钠标准溶液的浓度，单位为摩尔每升（mol/L）；

V_5——滴定时所消耗氢氧化钠标准溶液的体积，单位为毫升（mL）；

V_0——空白试验所消耗氢氧化钠标准溶液的体积，单位为毫升（mL）；

100——100g 试样；

m_5——试样的质量，单位为克（g）；

0.1——酸度理论定义氢氧化钠的摩尔浓度，单位为摩尔每升（mol/L）；

2——试样的稀释倍数。

以重复性条件下获得的两次独立测定结果的算术平均值表示，结果保留3位有效数字。在重复性条件下获得的两次独立测定结果的绝对差值不得超过算术平均值的10%。

（三）杂质度的测定

1. 原理

生鲜乳、液体乳、用水复原的乳粉类样品经杂质度过滤板过滤，根据残留于杂质度过滤板上直观可见非白色杂质与杂质度参考标准板比对确定样品杂质的限量。

2. 试剂和材料

除非另有说明，本方法所用试剂均为分析纯，水为GB/T 6682规定的三级水。

（1）杂质度过滤板：直径32mm、质量135mg±15mg、厚度0.8mm～1.0mm的白色棉质板，应符合相关要求。

（2）杂质度参考标准板。

（3）杂质度标准板的制作。

1）液体乳参考标准杂质板制作步骤　具体制作步骤参见GB 5413.30—2016中配制过程。以500mL液体乳为取样量，按表3－31液体乳杂质度参考标准板比对表中制得的液体乳杂质度参考标准板见图3－1。

表3－31　液体乳杂质度参考标准板比对表

参考标准板号	A_1	A_2	A_3	A_4
杂质液浓度/（mg/mL）	0	0.02	0.02	0.02
取杂质液体积/mL	0	6.25	12.5	18.75
杂质绝对含量/（mg/500mL）	0	0.125	0.250	0.375
杂质相对含量/（mg/8L）	0	2	4	6

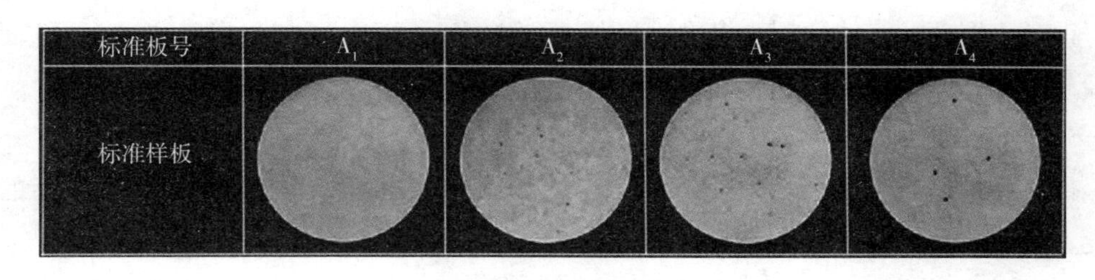

图3－1　液体乳杂质度参考标准板

2）乳粉参考标准杂质板制作步骤　具体制作步骤参见GB 5413.30—2016中配制过程。以62.5g乳粉为取样量，按表3－32乳粉杂质度参考标准板比对表中制得的乳粉杂质度参考标准板见图3－2。

表 3-32　乳粉杂质度参考标准板比对表

参考标准板号	B_1	B_2	B_3	B_4
杂质液浓度/（mg/mL）	0.2	0.2	0.2	0.2
取杂质液体积/mL	2.5	3.75	5.0	6.25
杂质绝对含量/（mg/62.5g）	0.500	0.750	1.000	1.250
杂质相对含量/（mg/kg）	8	12	16	20

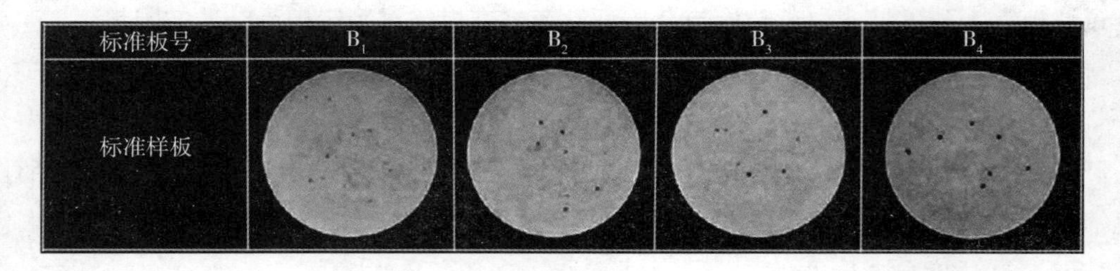

图 3-2　乳粉杂质度参考标准板

3. 仪器和设备

（1）天平：感量为 0.1g。

（2）过滤设备：同杂质度标准板的制作。

4. 分析步骤

（1）样品溶液的制备

1）液体乳样品充分混匀后，用量筒量取 500mL 立即测定。

2）准确称取 62.5g ±0.1g 乳粉样品于 1000mL 烧杯中，加入 500mL 40℃ ±2℃ 的水，充分搅拌溶解后，立即测定。

（2）测定

将杂质度过滤板放置在过滤设备上，将制备的样品溶液倒入过滤设备的漏斗中，但不得溢出漏斗，过滤。用水多次洗净烧杯，并将洗液转入漏斗过滤。分次用洗瓶洗净漏斗过滤，滤干后取出杂质度过滤板，与杂质度标准板比对即得样品杂质度。

5. 分析结果的表述

过滤后的杂质度过滤板与杂质度参考标准板比对得出的结果，即为该样品的杂质度。

当杂质度过滤板上的杂质量介于两个级别之间时，应判定为杂质量较多的级别。如出现纤维等外来异物，判定杂质度超过最大值。

6. 精密度

按本标准所述方法对同一样品做两次测定，其结果应一致。

（四）溶解性的测定

1. 定义

每百克试样经规定的溶解过程后，全部溶解的质量。

2. 仪器及设备

（1）电动离心机：有速度显示器，垂直负载，有适合于离心管并可向外转动的套管，管底加速度为160g_n，并且在离心机盖合时，温度保持在20℃～25℃。

（2）离心管：50mL厚壁、硬质。

（3）烧杯：50mL。

（4）称量皿：直径50mm～70mm的铝皿或玻璃皿。

3. 操作方法

（1）称取试样5g（准确至0.01g）于50mL烧杯中，用38mL 25℃～30℃的蒸馏水分数次将乳粉溶解于50mL离心管中，加塞。

（2）将离心管置于30℃水中保温5min取出，振摇3min。

（3）置离心机中，以适当的转速离心10min，使不溶物沉淀。倾去上清液，并用棉栓或滤纸擦净管壁。

（4）再加入25℃～30℃的蒸馏水38mL，加塞、上下摇动，使沉淀悬浮于溶液中。

（5）再置离心机中离心10min，倾去上清液，用棉栓或滤纸仔细擦净管壁。

（6）用少量水将沉淀冲洗入已知质量的称量皿中，先在沸水浴上将皿中水分蒸干，再移入100℃烘箱中干燥至恒重（最后两次质量差不超过2mg）。

4. 计算公式

（1）不加糖乳粉的溶解度按式（3－53）计算：

$$\text{样品的溶解度}(g/100g) = 100 - \frac{(M_2 - M_1) \times 100}{(1 - B) \times M} \quad (3-53)$$

式中　M——试样的质量，单位为克（g）；

M_1——称量皿质量，单位为克（g）；

M_2——称量皿和不溶物干燥后质量；单位为克（g）；

B——试样水分，单位为克每百克（g/100g）。

（2）加糖乳粉的溶解度按式（3－54）计算：

$$\text{样品的溶解度}(g/100g) = 100 - \frac{(M_2 - M_1) \times 100}{(1 - B - A) \times M} \quad (3-54)$$

式中　A——试样中蔗糖含量。

5. 注意事项

（1）管壁要仔细擦净。

（2）最后两次质量差不超过2mg。

（3）一试样两次测定值之差不得超过两次测定平均值的2%。

（4）去上清液时要小心，不得倒掉不溶物沉淀。

（5）适用于婴幼儿食品和乳粉的溶解度的测定。

（五）脂肪测定

1. 原理

用乙醚和石油醚抽提试样的碱水解液，通过蒸馏或蒸发去除溶剂，测定溶于溶剂中的抽提物的质量。

2. 试剂与仪器

（1）淀粉酶：酶活力≥1.5U/mg。

（2）氨水（NH_4OH）：质量分数约25%（可使用比此浓度更高的氨水）。

（3）乙醇（C_2H_5OH）：体积分数至少为95%。

（4）乙醚（$C_4H_{10}O$）：不含过氧化物，不含抗氧化剂，并满足试验的要求。

（5）石油醚（C_nH_{2n+2}）：沸程30℃~60℃。

（6）混合溶剂：等体积混合乙醚和石油醚，使用前制备。

（7）碘溶液（I_2）：约0.1mol/L。

（8）刚果红溶液（$C_{32}H_{22}N_6Na_2O_6S_2$）：将1g刚果红溶于水中，稀释至100mL。

注：可选择性地使用。刚果红溶液可使溶剂和水相界面清晰，也可使用其他能使水相染色而不影响测定结果的溶液。

（9）盐酸（6mol/L）：量取50mL盐酸（12mol/L）缓慢倒入40mL水中，定容至100mL，混匀。

（10）分析天平：感量为0.1mg。

（11）离心机：可用于放置抽脂瓶或管，转速为500r/min~600r/min，可在抽脂瓶外端产生80g~90g的重力场。

（12）烘箱。

（13）水浴。

（14）抽脂瓶：抽脂瓶应带有软木塞或其他不影响溶剂使用的瓶塞（如硅胶或聚四氟乙烯）。软木塞应先浸于乙醚中，后放入60℃或60℃以上的水中保持至少15min，冷却后使用。不用时需浸泡在水中，浸泡用水每天更换一次。也可使用带虹吸管或洗瓶的抽脂管（或烧瓶），但操作步骤有所不同。

3. 分析步骤

（1）用于脂肪收集的容器（脂肪收集瓶）的准备

于干燥的脂肪收集瓶中加入几粒沸石，放入烘箱中干燥1h，使脂肪收集瓶冷却至室温，称量，精确至0.1mg。脂肪收集瓶可根据实际需要自行选择。

（2）空白试验

空白试验与试样检验同时进行，使用相同步骤和相同试剂，但用10mL水代替试样。

（3）测定

1）巴氏杀菌乳、灭菌乳、生乳、发酵乳、调制乳　称取充分混匀试样10g（精确至0.0001g）于抽脂瓶中。

①加入2.0mL氨水，充分混合后立即将抽脂瓶放入65℃±5℃的水浴中，加热15min～20min，不时取出振荡。取出后，冷却至室温。静止30s后可进行下一步骤。

②加入10mL乙醇，缓和但彻底地进行混合，避免液体太接近瓶颈。如果需要，可加入两滴刚果红溶液。

③加入25mL乙醚，塞上瓶塞，将抽脂瓶保持在水平位置，小球的延伸部分朝上夹到摇混器上，按约100次/min振荡1min，也可采用手动振摇方式。但均应注意避免形成持久乳化液。抽脂瓶冷却后小心地打开塞子，用少量的混合溶剂冲洗塞子和瓶颈，使冲洗液流入抽脂瓶。

④加入25mL石油醚，塞上重新润湿的塞子，按③所述，轻轻振荡30s。

⑤将加塞的抽脂瓶放入离心机中，在500r/min～600r/min下离心5min。否则将抽脂瓶静止至少30min，直到上层液澄清，并明显与水相分离。

⑥小心地打开瓶塞，用少量的混合溶剂冲洗塞子和瓶颈内壁，使冲洗液流入抽脂瓶。如果两相界面低于小球与瓶身相接处，则沿瓶壁边缘慢慢地加入水，使液面高于小球和瓶身相接处（图3-3），以便于倾倒。

⑦将上层液尽可能地倒入已准备好的加入沸石的脂肪收集瓶中，避免倒出水层（图3-4）。

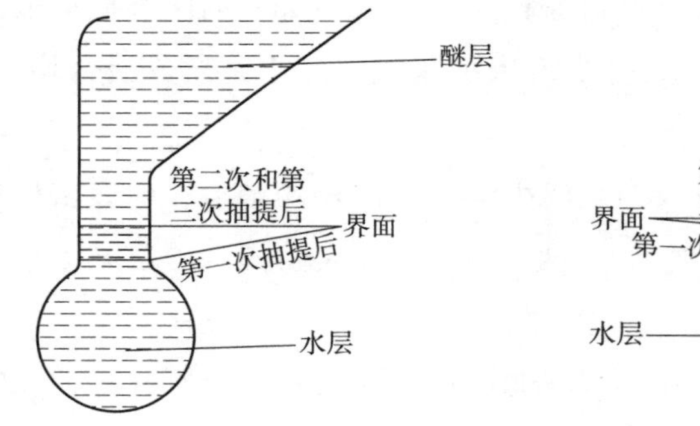

图3-3　倾倒醚层前

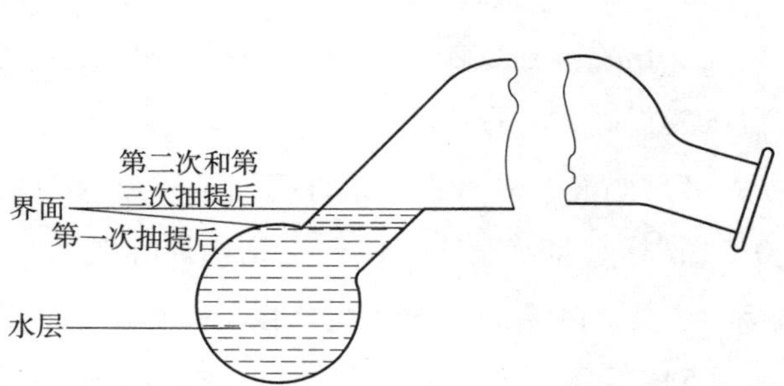

图3-4　倾倒醚层后

⑧用少量混合溶剂冲洗瓶颈外部，冲洗液收集在脂肪收集瓶中。要防止溶剂溅到抽脂瓶的外面。

⑨向抽脂瓶中加入 5mL 乙醇，用乙醇冲洗瓶颈内壁，按②所述进行混合。重复③～⑧操作，再进行第二次抽提，但只用 15mL 乙醚和 15mL 石油醚。

⑩重复②～⑧操作，再进行第三次抽提，但只用 15mL 乙醚和 15mL 石油醚。

⑪合并所有提取液，既可采用蒸馏的方法除去脂肪收集瓶中的溶剂，也可于沸水浴上蒸发至干来除掉溶剂。蒸馏前用少量混合溶剂冲洗瓶颈内部。

⑫将脂肪收集瓶放入 100℃ ±5℃ 的烘箱中加热 1h，取出脂肪收集瓶，冷却至室温，称量，精确至 0.1mg。

⑬重复操作，直到脂肪收集瓶两次连续称量差值不超过 2mg，记录脂肪收集瓶和抽提物的最低质量。

2）乳粉和乳基婴幼儿食品　称取混匀后的试样，高脂乳粉、全脂乳粉、全脂加糖乳粉和乳基婴幼儿食品约 1g（精确至 0.0001g），脱脂乳粉、乳清粉、酪乳粉约 1.5g（精确至 0.0001g）。

①不含淀粉试样　加入 10mL 65℃ ±5℃ 的水，将试样洗入抽脂瓶的小球中，充分混合，直到试样完全分散，放入流动水中冷却。

②含淀粉试样　将试样放入抽脂瓶中，加入约 0.1g 的淀粉酶和一小磁性搅拌棒，混合均匀后，加入 8mL～10mL 45℃ 的蒸馏水，注意液面不要太高。盖上瓶塞于搅拌状态下，置 65℃ 水浴中 2h，每隔 10min 摇混一次。为检验淀粉是否水解完全可加入两滴约 0.1mol/L 的碘溶液，如无蓝色出现说明水解完全，否则将抽脂瓶重新置于水浴中，直至无蓝色产生。冷却抽脂瓶。

以下操作同 1）①～⑬。

3）炼乳　脱脂炼乳、全脂炼乳和部分脱脂炼乳称取约 3g～5g、高脂炼乳称取约 1.5g（精确至 0.0001g），用 10mL 蒸馏水，分次洗入抽脂瓶小球中，充分混合均匀。以下操作同 1）①～⑬。

4）奶油、稀奶油　先将奶油试样放入温水浴中溶解并混合均匀后，称取试样约 0.5g 试样（精确至 0.0001g），稀奶油称取 1g 于抽脂瓶中，加入 8mL～10mL45℃ 的蒸馏水。加 2mL 氨水充分混匀。以下操作同 1）①～⑬。

5）干酪　称取约 2g 研碎的试样（精确至 0.0001g）于抽脂瓶中，加 10mL 盐酸，混匀，加塞，于沸水中加热 20min～30min。以下操作按 1）①～⑬。

4. 结果计算

试样中脂肪含量按式（3－55）计算：

$$X = \frac{(m_1 - m_2) - (m_3 - m_4)}{m} \times 100 \qquad (3-55)$$

式中 X——试样中脂肪含量，单位为克每百克（g/100g）；

m——试样的质量，单位为克（g）；

m_1——恒重后脂肪收集瓶和脂肪的质量，单位为克（g）；

m_2——脂肪收集瓶的质量，单位为克（g）；

m_3——空白试验中，脂肪收集瓶和抽提物的质量，单位为克（g）；

m_4——空白试验中脂肪收集瓶的质量，单位为克（g）。

以重复性条件下获得的两次独立测定结果的算术平均值表示，结果保留3位有效数字。

5. 精密度

在重复性条件下获得的两次独立测定结果之差应符合以下要求。

脂肪含量≥15%，≤0.3g/100g；脂肪含量5%～15%，≤0.2g/100g；脂肪含量≤5%，≤0.1g/100g。

（六）蛋白质的测定（凯氏定氮法）

1. 原理

食品中的蛋白质在催化加热条件下被分解，产生的氨与硫酸结合生成硫酸铵。碱化蒸馏使氨游离，用硼酸吸收后以硫酸或盐酸标准滴定溶液滴定，根据酸的消耗量乘以换算系数，即为蛋白质的含量。

2. 试剂仪器

除非另有规定，本方法中所用试剂均为分析纯，水为GB/T 6682规定的三级水。

（1）硫酸铜（$CuSO_4 \cdot 5H_2O$）。

（2）硫酸钾（K_2SO_4）。

（3）硫酸（H_2SO_4 密度为1.84g/L）。

（4）硼酸（H_3BO_3）。

（5）甲基红指示剂（$C_{15}H_{15}N_3O_2$）。

（6）溴甲酚绿指示剂（$C_{21}H_{14}Br_4O_5S$）。

（7）亚甲基蓝指示剂（$C_{16}H_{18}ClN_3S \cdot 3H_2O$）。

（8）氢氧化钠（NaOH）。

（9）95%乙醇（C_2H_5OH）。

（10）硼酸溶液（20g/L）：称取20g硼酸，加水溶解后并稀释至1000mL。

（11）氢氧化钠溶液（400g/L）：称取40g氢氧化钠加水溶解后，放冷，并稀释至100mL。

（12）硫酸标准滴定溶液（0.0500mol/L）或盐酸标准滴定溶液（0.0500mol/L）。

（13）甲基红乙醇溶液（1g/L）：称取0.1g甲基红，溶于95%乙醇，用95%乙醇稀释至100mL。

（14）亚甲基蓝乙醇溶液（1g/L）：称取0.1g亚甲基蓝，溶于95%乙醇，用95%乙醇稀释至100mL。

（15）溴甲酚绿乙醇溶液（1g/L）：称取0.1g溴甲酚绿，溶于95%乙醇，用95%乙醇稀释至100mL。

（16）混合指示液：2份甲基红乙醇溶液与1份亚甲基蓝乙醇溶液临用时混合。也可用1份甲基红乙醇溶液与5份溴甲酚绿乙醇溶液临用时混合。

（17）天平：感量为1mg。

（18）定氮蒸馏装置：如图3－5所示。

（19）自动凯氏定氮仪。

3. 分析步骤

（1）凯氏定氮法

1）试样处理　称取充分混匀的固体试样0.2g～2g、半固体试样2g～5g或液体试样10g～25g（约相当于30mg～40mg氮），精确至0.001g，移入干燥的100mL、250mL或500mL定氮瓶中，加入0.2g硫酸铜、6g硫酸钾及20mL硫酸，轻摇后于瓶口放一小漏斗，将瓶以45°角斜支于有小孔的石棉网上。小心加热，待内容物全部炭化，泡沫完全停止后，加强火力，并保持瓶内液体微沸，至液体呈蓝绿色并澄清透明后，再继续加热0.5h～1h。取下放冷，小心加入20mL水。放冷后，移入100mL容量瓶中，并用少量水洗定氮瓶，洗液并入容量瓶中，再加水至刻度，混匀备用。同时做试剂空白试验。

2）测定　按图3－5装好定氮蒸馏装置，向水蒸气发生器内装水至2/3处，加入数粒玻璃珠，加甲基红乙醇溶液数滴及数毫升硫酸，以保持水呈酸性，加热煮沸水蒸气发生器内的水并保持沸腾。

3）向接收瓶内加入10.0mL硼酸溶液及1滴～2滴混合指示液，并使冷凝管的下端插入液面下，根据试样中氮含量，准确吸取2.0mL～10.0mL试样处理液由小玻杯注入反应室，以10mL水洗涤小玻杯并使之流入反应室内，随后塞紧棒状玻塞。将10.0mL氢氧化钠溶液倒入小玻杯，提起玻塞使其缓缓流入反应室，立即将玻塞盖紧，并加水于小玻杯以防漏气。夹紧螺旋夹，开始蒸馏。蒸馏10min后移动蒸馏液接收瓶，液面离开冷凝管下端，再蒸馏1min。然后用少量水冲洗冷凝管下端外部，取下蒸馏液接收瓶。以硫酸或盐酸标准滴定溶液滴定至终点，其中 2 份甲基红乙醇溶液与 1 份亚甲基蓝乙醇溶液指示剂，颜色由紫红色变成灰色，pH 5.4；1 份甲基红乙醇溶液与 5 份溴甲酚绿乙醇溶液指示剂，颜色由酒红色变成绿色，pH 5.1。同时作试剂空白。

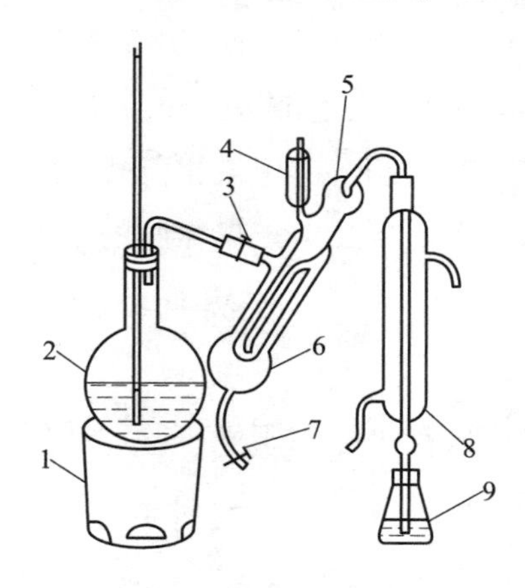

图 3-5　定氮蒸馏装置图

1-电炉；2-水蒸气发生器（2L 烧瓶）；3-螺旋夹；4-小玻杯及棒状玻塞；5-反应室；6-反应室外层；7-橡皮管及螺旋夹；8-冷凝管；9-蒸馏液接收瓶

（2）自动凯氏定氮仪法

称取固体试样 0.2g～2g、半固体试样 2g～5g 或液体试样 10g～25g（约相当于 30mg～40mg 氮），精确至 0.001g。按照仪器说明书的要求进行检测。

4. 分析结果的表述

试样中蛋白质的含量按式（3-56）进行计算。

$$X = \frac{(V_1 - V_2) \times c \times 0.014}{m \times V_3/100} \times F \times 100 \qquad (3-56)$$

式中　X——试样中蛋白质的含量，单位为克每百克（g/100g）；

V_1——试液消耗硫酸或盐酸标准滴定液的体积，单位为毫升（mL）；

V_2——试剂空白消耗硫酸或盐酸标准滴定液的体积，单位为毫升（mL）；

V_3——吸取消化液的体积，单位为毫升（mL）；

c——硫酸或盐酸标准滴定溶液浓度，单位为摩尔每升（mol/L）；

0.014——1.0mL 硫酸［$c(1/2H_2SO_4)$ = 1.000mol/L］或盐酸［$c(HCl)$ = 1.000mol/L］标准滴定溶液相当的氮的质量，单位为克（g）；

m——试样的质量，单位为克（g）；

F——氮换算为蛋白质的系数，纯乳与纯乳制品为 6.38。

以重复性条件下获得的两次独立测定结果的算术平均值表示，蛋白质含量≥1g/100g时，结果保留3位有效数字；蛋白质含量<1g/100g时，结果保留2位有效数字。

（七）乳和乳制品中三聚氰胺的检验

乳及乳制品中的三聚氰胺的检测可以根据GB/T 22388—2008《原料乳及乳制品中三聚氰胺检测方法》，主要有高效液相色谱法（第一法）、液相色谱质谱/质谱法（第二法）、气相色谱-质谱法（第三法）。其中液相色谱质谱/质谱法、气相色谱-质谱法可以用于原料乳、乳制品以及含乳制品中三聚氰胺的定性确证。这里主要介绍高效液相色谱法（第一法）。

1. 原理

试样用三氯乙酸溶液-乙腈提取，经阳离子交换固相萃取柱净化后，用高效液相色谱测定，外标法定量。

2. 试剂仪器

除非另有规定，本方法中所用试剂均为分析纯，水为GB/T 6682规定的一级水。

（1）甲醇：色谱纯。

（2）乙腈：色谱纯。

（3）氨水：含量为25%~28%。

（4）三氯乙酸。

（5）柠檬酸。

（6）辛烷磺酸钠：色谱纯。

（7）甲醇水溶液：准确量取50mL甲醇和50mL水，混匀后备用。

（8）三氯乙酸溶液1%：准确称取10g三氯乙酸于1L容量瓶中，用水溶解并定容至刻度，混匀后备用。

（9）氨化甲醇溶液5%：准确量取5mL氨水和95mL甲醇，混匀后备用。

（10）离子对试剂缓冲液：准确称取2.10g柠檬酸和2.16g辛烷磺酸钠，加入约980mL水溶解，调节pH至3.0后，定容至1L备用。

（11）三聚氰胺标准品：CAS 108-78-01，纯度大于99%。

（12）三聚氰胺标准储备液：准确称取100mg（精确到0.1mg）三聚氰胺标准品于100mL容量瓶中，用甲醇水溶液溶解并定容至刻度，配制成浓度为1mg/mL的标准储备液，于4℃避光保存。

（13）阳离子交换固相萃取柱：混合型阳离子交换固相萃取柱，基质为苯磺酸化的聚苯乙烯-二乙烯基苯高聚物，60mg，3mL或相当者。使用前依次用3mL甲醇、5mL水活化。

（14）定性滤纸。

（15）海砂：化学纯，纯度0.65mm～0.85mm，二氧化硅（SiO_2）含量为99%。

（16）微孔滤纸：0.2μm，有机相。

（17）氮气：纯度大于等于99.999%。

3. 仪器和设备

（1）高效液相色谱（HPLC）仪：配有紫外检测器或二极管阵列检测器。

（2）分析天平：感量为0.0001g和0.01g。

（3）离心机：转速不低于4000r/min。

（4）超声波水。

（5）固相萃取装置。

（6）氮气吹干仪。

（7）涡旋混合器。

（8）具塞塑料离心管：50mL。

（9）研钵。

4. 分析步骤

（1）提取

1）液态奶、奶粉、酸奶、冰淇淋和奶糖等　称取2g（精确至0.01g）试样于50mL具塞塑料离心管中，加入15mL三氯乙酸溶液和5mL乙腈，超声提取10min，再振荡提取10min后，以不低于4000r/min离心10min。上清液经三氯乙酸溶液润湿的滤纸过滤后，用三氯乙酸溶液定容至25mL，移取5mL滤液，加入5mL水混匀后做待净化液。

2）奶酪、奶油和巧克力等　称取2g（精确至0.01g）试样于研钵中，加入适量海砂（试样质量的4倍～6倍）研磨成干粉状，转移至50mL具塞塑料离心管中，用15mL三氯乙酸溶液分数次清洗研钵，清洗液转入离心管中，再往离心管中加入5mL乙腈，超声提取10min，再振荡提取10min后，以不低于4000r/min离心10min。上清液经三氯乙酸溶液润湿的滤纸过滤后，用三氯乙酸溶液定容至25mL，移取5mL滤液，加入5mL水混匀后做待净化液。

注：若样品中脂肪含量较高，可以用三氯乙酸溶液饱和的正己烷液－液分配除脂后再用SPE柱净化。

（2）净化

将提取中的待净化液转移至固相萃取柱中。依次用3mL水和3mL甲醇洗涤，抽至近干后，用6mL氨化甲醇溶液洗脱。整个固相萃取过程流速不超过1mL/min。洗脱液于50℃下用氮气吹干，残留物（相当于0.4g样品）用1mL流动相定容，涡旋混合1min，过微孔滤后，供HPLC测定。

（3）HPLC参考条件

色谱柱：C_{18}柱，250mm×4.6mm（i.d.），5μm，或相当者。

流动相：C_{18}柱，离子对试剂缓冲液-乙腈（85+15，体积比），混匀。

流速：1.0mL/min。

柱温：40℃。

波长：240nm。

进样量：20μL。

（4）测定

标准溶液制备：用流动相将三聚氰胺标准储备液逐级稀释得到的浓度为0.8、2、20、40、80μg/mL的标准工作液，浓度由低到高进样检测，以峰面积-浓度作图，得到标准曲线回归方程。基质匹配加标三聚氰胺的样品。

定量测定：待测样液中三聚氰胺的响应值应在标准曲线线性范围内，超过线性范围则应稀释后再进样分析。

5. 分析结果的表述

$$X = \frac{A \times C \times V \times 1000}{A_S \times m \times 1000} \times f \tag{3-57}$$

式中 X——试样中三聚氰胺的含量，单位为毫克每千克（mg/kg）；

A——样液中三聚氰胺的峰面积；

C——标准溶液中三聚氰胺的浓度，单位为微克每毫升（μg/mL）；

V——样液最终定容体积，单位为毫升（mL）；

A_S——标准溶液中三聚氰胺的峰面积；

m——试样的质量，单位为克（g）；

f——稀释倍数。

在添加浓度2mg/kg～10mg/kg浓度范围内，回收率在80%～110%之间，相对标准偏差小于10%。在重复性条件下获得的两次独立测定结果的绝对差值不得超过算术平均值的10%。本方法的定量限为2mg/kg。

6. 分析结果的表述

<table>
<tr><td colspan="6">原 始 记 录
编号：
第 页</td></tr>
<tr><td>样品名称</td><td></td><td>检验项目</td><td>三聚氰胺</td><td>检验依据</td><td></td></tr>
<tr><td colspan="2">仪器名称</td><td colspan="2">设备规格型号</td><td>仪器编号</td><td>检定有效期</td></tr>
<tr><td colspan="2">电子天平</td><td colspan="2"></td><td></td><td></td></tr>
<tr><td colspan="2">液相色谱仪</td><td colspan="2"></td><td></td><td></td></tr>
<tr><td>色谱柱</td><td colspan="2"></td><td colspan="2">柱温</td><td></td></tr>
<tr><td>洗脱条件</td><td colspan="2"></td><td colspan="2">定量方法</td><td></td></tr>
<tr><td>检测器</td><td colspan="2"></td><td colspan="2">进样体积</td><td></td></tr>
<tr><td>流速</td><td colspan="2"></td><td colspan="2">标准物质编号</td><td></td></tr>
<tr><td>流动相</td><td colspan="2"></td><td colspan="2"></td><td></td></tr>
<tr><td colspan="6">前处理方法</td></tr>
<tr><td colspan="2">样品取样量 w（g）</td><td colspan="2"></td><td colspan="2"></td></tr>
<tr><td colspan="2">样品含量 C（mg/kg）</td><td colspan="2"></td><td colspan="2"></td></tr>
<tr><td colspan="2">实测结果 X（mg/kg）</td><td colspan="2"></td><td colspan="2"></td></tr>
<tr><td colspan="2">平均值（mg/kg）</td><td colspan="2"></td><td colspan="2"></td></tr>
<tr><td colspan="2">标准值（g/kg）</td><td colspan="2"></td><td colspan="2"></td></tr>
<tr><td colspan="2">单项结论</td><td colspan="4"></td></tr>
<tr><td colspan="2">计算公式</td><td colspan="4">$X=\frac{CV}{W}\times F$</td></tr>
<tr><td colspan="2">备注</td><td colspan="4"></td></tr>
<tr><td>校 核</td><td></td><td>检 验</td><td></td><td>日 期</td><td></td></tr>
</table>

（八）铅的测定

按第三章第一节小麦粉中铅的测定进行操作。

（九）总汞的测定

按第三章第一节小麦粉中总汞的测定进行操作。

（十）总砷的测定

按第三章第一节小麦粉中总砷的测定进行操作。

（十一）铬的测定

按第三章第一节小麦粉中铬的测定进行操作。

第五节　肉制品的检验

焙烤食品常用的肉制品有肉松、熏煮香肠、火腿和培根等，中国火腿类出厂检验指标有感官、过氧化值、三甲胺氮、亚硝酸盐和净含量等，肉松类出厂检验指标有感官、菌落总数、大肠菌群和水分等，熏烧烤肉类出厂检验指标有感官、大肠菌群、亚硝酸钠、净含量（定量包装产品检验此项目）等，熏煮火腿类出厂检验指标有感官、菌落总数、大肠菌群、净含量（定量包装产品检验此项目）等，发酵肉类出厂检验指标有亚硝酸盐、大肠菌群、致病菌等。现以肉制品中主要指标的检验加以说明。

一、肉制品质量检验项目

肉制品的发证检验、监督检验、出厂检验分别按照下列表格中所列出的相应检验项目进行。企业的出厂检验项目中注有“*”标记的，企业应当每年检验2次。表3-33~34为常见肉制品质量检验项目。

表3-33　肉松类和肉干类质量检验项目表

序号	检验项目	发证	监督	出厂	备注
1	感官	√	√	√	
2	铅	√	√	*	
3	无机砷	√	√	*	
4	镉	√	√	*	
5	总汞	√	√	*	
6	菌落总数	√	√	√	
7	大肠菌群	√	√	√	
8	致病菌	√	√	*	
9	水分	√	√	√	
10	脂肪	√	√	*	
11	蛋白质	√	√	*	
12	氯化物	√	√	*	
13	总糖	√	√	*	
14	淀粉	√	√	*	
15	食品添加剂（山梨酸、苯甲酸）	√	√	*	
16	净含量	√	√	√	定量包装产品检验此项目
17	标签	√	√		

表3-34　熏煮火腿类质量检验项目表

序号	检验项目	发证	监督	出厂	备注
1	感官	√	√	√	
2	铅	√	√	*	
3	无机砷	√	√	*	
4	镉	√	√	*	

续表

序号	检验项目	发证	监督	出厂	备注
5	总汞	√	√	*	
6	菌落总数	√	√	√	
7	大肠菌群	√	√	√	
8	致病菌	√	√	*	
9	亚硝酸盐	√	√	*	
10	苯并(a)芘	√	√	*	经熏烤的产品应检验此项目
11	食品添加剂（山梨酸、苯甲酸、胭脂红）	√	√	*	
12	蛋白质	√	√	*	
13	脂肪	√	√	*	
14	淀粉	√	√	*	
15	水分	√	√	*	
16	氯化物	√	√	*	
17	净含量	√	√	√	定量包装产品检验此项目
18	标签	√	√		

二、肉制品的感官检验

根据产品的感官指标用眼、鼻、口、手等感官觉器官对产品的色泽、滋味气味、组织形态和杂质进行评定。肉制品的感官要求见表3－35～37。

表3－35 肉松感官指标

项目	要求	
	肉松	油酥肉松
形态	呈絮状，纤维柔软蓬松，允许有少量结头，无焦头	呈疏松颗粒状或短纤维状，无焦头
色泽	呈浅黄色或金黄色，色泽基本均匀	呈棕褐色或黄褐色，色泽基本均匀，稍有光泽
滋味与气味	味鲜美，甜咸适中，具有肉松固有的香味，无其他不良气味	具有酥、香特色，味鲜美，甜咸适中，油而不腻，具有油酥肉松固有的香味，无其他不良气味
杂质	无肉眼可见杂质	

表3－36 熏煮香肠感官指标

项目	要求
外观	肠体干爽，有光泽，粗细均匀，无黏液，不破损
色泽	具有产品固有颜色，且均匀一致
组织状态	组织致密，切片性能好，有弹性，无密集气孔，在切面中不能有大于直径为2mm以上的气孔，无汁液
风味	咸淡适中，滋味鲜美，有各类产品的特有风味，无异味

表 3-37 熏煮火腿感官指标

项目	要求
色泽	切片成自然粉红色或玫瑰红色，有光泽
质地	组织致密，有弹性，切片完整，切面无密集气孔、没直径大于 3mm 的气孔，无汁液渗出，无异物
风味	咸淡适中，滋味鲜美，具固有风味，无异味

三、肉制品的理化检验

（一）水分

按第三章第一节小麦粉中水分的测定进行操作。

（二）酸价和过氧化值

1. 过氧化值

从所取全部样品中取出有代表性样品的可食部分，将其破碎并充分混匀后置于广口瓶中，加入 2～3 倍样品体积的石油醚，摇匀，充分混合后静置浸提 12h 以上，经装有无水硫酸钠的漏斗过滤，取滤液，在低于 40℃的水浴中，用旋转蒸发仪减压蒸干石油醚，残留物即为待测试样。

按第三章第一节大豆油中过氧化值的测定进行操作。

2. 酸价

（1）原理

从食品样品中提取出油脂作为试样，用有机溶剂将油脂试样溶解成样品溶液，再用氢氧化钾或氢氧化钠标准滴定溶液中和滴定样品溶液中的游离脂肪酸，同时测定滴定过程中样品溶液 pH 的变化并绘制相应的 pH－滴定体积实时变化曲线及其一阶微分曲线，以游离脂肪酸发生中和反应所引起的“pH 突跃”为依据判定滴定终点，最后通过滴定终点消耗的标准溶液的体积计算油脂试样的酸价。

（2）仪器和用具

1）自动电位滴定仪：具备自动 pH 电极校正功能、动态滴定模式功能；由微机控制，能实时自动绘制和记录滴定时的 pH－滴定体积实时变化曲线及相应的一阶微分曲线；滴定精度应达 0.01mL/滴，电信号测量精度达到 0.1mV；配备 20mL 的滴定液加液管；滴定管的出口处配备防扩散头。

2）非水相酸碱滴定专用复合 pH 电极：采用 Ag/AgCl 内参比电极，具有移动套管式隔膜和电磁屏蔽功能。内参比液为 2mol/L 氯化锂乙醇溶液。

3）磁力搅拌器：配备聚四氟乙烯磁力搅拌子。

4）食品粉碎机或捣碎机。

5）全不锈钢组织捣碎机：配备 1L ~ 2L 的全不锈钢组织捣碎杯，转速至少达 10000r/min。

6）瓷研钵。

7）圆孔筛：孔径为 2.5mm。

（3）试剂和溶液

1）氢氧化钾或氢氧化钠标准滴定水溶液：浓度为 0.1mol/L 或 0.5mol/L。

2）乙醚 - 异丙醇混合液：乙醚 + 异丙醇 = 1 + 1，500mL 的乙醚与 500mL 的异丙醇充分互溶混合，用时现配。

3）液氮（N_2）：纯度 >99.99%。

（4）分析步骤

1）样品粉碎　先将样品剪切成小块、小片或小粒，然后放入研钵中，加入适量的液氮，趁冷冻状态进行初步的捣烂并充分混匀。然后，趁未解冻，将捣烂的样品倒入组织捣碎机的不锈钢捣碎杯中，此时可再向捣碎杯中加入少量的液氮，然后以 10000r/min ~ 15000r/min 的转速进行冷冻粉碎，将样品粉碎至大部分粒径不大于 4mm 的颗粒。

2）油脂试样的提取　取粉碎的样品，加入样品体积 3 倍 ~ 5 倍体积的石油醚，并用磁力搅拌器充分搅拌 30min ~ 60min，使样品充分分散于石油醚中，然后在常温下静置浸提 12h 以上。再用滤纸过滤，收集并合并滤液于一个烧瓶内，置于水浴温度不高于 45℃ 的旋转蒸发仪内，0.08MPa ~ 0.1MPa 负压条件下，将其中的石油醚彻底旋转蒸干，取残留的液体油脂作为试样进行酸价测定。

3）试样称量　根据制备试样的颜色和估计的酸价，按照表 3 - 38 规定称量试样。

表 3 - 38　试样称样表

估计酸价 mg/g	试样的最小称样量 g	使用滴定溶液的浓度 mol/L	试样称重的精确度 g
0 ~ 1	20	0.1	0.05
1 ~ 4	10	0.1	0.02
4 ~ 15	2.5	0.1	0.01
15 ~ 75	0.5 ~ 3.0	0.1 或 0.5	0.001
>75	0.2 ~ 1.0	0.5	0.001

试样称样量和滴定液浓度应使滴定液用量在 0.2mL ~ 10mL 之间（扣除空白后）。若检测后，发现样品的实际称样量与该样品酸价所对应的应有称样量不符，应按照上表要求，调整称样量后重新检测。

4）试样测定　取一个干净的 200mL 烧杯，用天平称取制备的油脂试样，其质量 m。准确加入乙醚 - 异丙醇混合液 50mL ~ 100mL，再加入 1 颗干净的聚四氟乙烯磁力搅拌子，将此烧杯放在磁力搅拌器上，以适当的转速搅拌至少 20s，使油脂试样完全溶解并形成样品溶液，维持搅拌状态。然后将已连接在自动电位滴定仪上的电极和滴定管插入样品溶液中，注意应将电极的玻璃泡和滴定管的防扩散头完全浸没在样品溶液的液面以下，但又不可与烧杯壁、烧杯底和旋转的搅拌子触碰，同时打开电极上部的密封塞。启动自动电位滴定仪，用标准滴定溶液进行滴定，消耗的标准滴定溶液的毫升数即滴定体积 V。

5）空白试验　另取一个干净的200mL的烧杯，准确加入与试样测定时相同体积、相同种类有机溶剂混合液，然后用自动电位滴定仪进行测定，获得空白测定的消耗标准滴定溶液的毫升数为 V_0。

5. 计算

$$X = \frac{(V - V_0) \times c \times 56.1}{m} \tag{3-58}$$

式中 X——酸价，单位为毫克每克（mg/g）；

V——试样测定所消耗的标准滴定溶液的体积，单位为毫升（mL）；

V_0——相应的空白测定所消耗的标准滴定溶液的体积，单位为毫升（mL）；

c——标准滴定溶液的摩尔浓度，单位为摩尔每升（mol/L）；

56.1——氢氧化钾的摩尔质量，单位为克每摩尔（g/mol）；

m——油脂样品的称样量，单位为克（g）。

酸价≤1mg/g，计算结果保留2位小数；1mg/g＜酸价≤100mg/g，计算结果保留1位小数；酸价＞100mg/g，计算结果保留至整数位。当酸价＜1mg/g时，在重复条件下获得的两次独立测定结果的绝对差值不得超过算术平均值15%；当酸价≥1mg/g时，在重复条件下获得的两次独立测定结果的绝对差值不得超过算术平均值12%。

（6）注意事项

每个样品滴定结束后，电极和滴定管应用溶剂冲洗干净，再用适量的蒸馏水冲洗后方可进行下一个样品的测定；搅拌子先后用溶剂和蒸馏水清洗干净并用纸巾拭干后方可重复使用。

（三）肉制品中三甲胺的检验

肉制品中的三甲胺可以按照GB 5009.179—2016《食品安全国家标准 食品中三甲胺的测定》进行检测，可以分为顶空气相色谱质谱法（第一法）和顶空气相色谱法（第二法），这里主要介绍顶空气相色谱质谱法。

1. 原理

试样经5%三氯乙酸溶液提取，提取液置于密封的顶空瓶中，在碱液作用下三甲胺盐酸盐转化为三甲胺，在40℃经过40min的平衡，三甲胺在气液两相中达到动态的平衡，吸取顶空瓶内气体注入气相色谱-质谱联用仪进行检测，以保留时间（RT）、辅助定性离子（m/z 59和m/z 42）和定量离子（m/z 58）进行定性，以外标法进行定量。

2. 试剂仪器

除非另有规定，本方法中所用试剂均为分析纯，水为 GB/T 6682 规定的一级水。

（1）50% 氢氧化钠溶液：称取 100g 氢氧化钠，溶于 20℃ ~30℃的 100mL 水中。

（2）5% 三氯乙酸溶液：称取 25g 三氯乙酸溶于水中，并定容为 500mL。

（3）三甲胺盐酸盐（CAS：593 -81 -7），分子式：$(CH_3)_3NHCl$，纯度≥98%，置于干燥器中，在 4℃条件下保存。

（4）三甲胺标准储备液：称取三甲胺盐酸盐标准品 0.0162g，用 5% 三氯乙酸溶液溶解并定容至 100mL，等同浓度为 100μg/mL 的三甲胺标准储备液，在 4℃条件下保存。

（5）三甲胺标准使用溶液：吸取一定体积的三甲胺标准储备液用 5% 三氯乙酸溶液逐级稀释成浓度分别为 1.0μg/mL、2.0μg/mL、5.0μg/mL、10.0μg/mL、20.0μg/mL、40.0μg/mL 的三甲胺标准使用溶液。

3. 仪器和设备

（1）气相色谱 - 质谱联用仪，配有分流/不分流进样口和电子轰击电离源（EI 源）。

（2）天平：感量分别为 0.1mg 和 1mg。

（3）恒温水浴锅：控温精度 ±2℃。

（4）顶空瓶：容积 20mL，配有聚四氟乙烯硅橡胶垫和密封帽，使用前在 120℃烘烤 2h。

（5）微量注射器：1mL。

（6）医用塑料注射器：5mL。

（7）均质机。

（8）绞肉机。

（9）低速离心机。

4. 分析步骤

（1）试样预处理与保存

对于畜禽肉类及其肉制品，去除脂肪和皮；对于鱼和虾等动物水产及其制品，需要去鳞或去皮。所有样品取肌肉部分约 100g，用绞肉机绞碎或用刀切细，混匀。制备好的试样若不立即测定，应密封在聚乙烯塑料袋中并于 -18℃冷冻保存，测定前于室温下放置解冻即可。

（2）试样提取

称取约 10g（精确至 0.001g）制备好的样品于 50mL 的塑料离心管中，加入 20mL 5% 三氯乙酸溶液，用均质机均质 1min，以 4000r/min 离心 5min，在玻璃漏斗加上少许脱脂棉，将上清液滤入 50mL 容量瓶，残留物再分别用 15mL 和 10mL 5% 三氯乙酸溶液重复上述提取过程两次，合并滤液并用 5% 三氯乙酸溶液定容至 50mL。

（3）提取液顶空处理

准确吸取提取液2.0mL于20mL顶空瓶中，压盖密封，用医用塑料注射器准确注入5.0mL 50%氢氧化钠溶液，备用。

（4）标准溶液顶空处理

分别取配置好的三甲胺标准使用液2.0mL至20mL顶空瓶中，压盖密封，用医用塑料注射器分别准确注入5.0mL 50%氢氧化钠溶液，备用。

（5）色谱条件

石英毛细管色谱柱：30m（长）×0.25mm（内径）×0.25μm（膜厚），固定相为聚乙二醇或其他等效的色谱柱。

载气：高纯氦气。流量1.0mL/min。进样口温度220℃。分流比：10∶1。升温程序：40℃保持3min，以30℃/min速率升至220℃，保持1min。

（6）质谱条件

离子源：电子轰击电离源（EI源），温度：220℃。离子化能量：70eV。传输线温度：230℃。溶剂延迟：1.5min。扫描方式：选择离子扫描（SIM）。

（7）测定

顶空进样：将制备好的试样在40℃平衡40min。在色谱质谱条件下，用进样针抽取顶空瓶内液上气体100μL，注入GC－MS中进行测定。

定性测定：以选择离子方式采集数据，以试样溶液中三甲胺的保留时间（RT）、辅助定性离子（m/z 59和m/z 42）、定量离子（m/z 58）以及辅助定性离子与定量离子的峰度比（Q）与标准溶液的进行比较定性。试样溶液中三甲胺的辅助定性离子和定量离子峰度比（Q样品）与标准溶液中三甲胺的辅助定性离子和定量离子峰度比（Q标准）的相对偏差控制在±15%以内。

定量测定：采用外标法定量。以标准溶液中三甲胺的峰面积为纵坐标，以标准溶液中三甲胺的浓度为横坐标，绘制校准曲线，用校准曲线计算试样溶液中三甲胺的浓度。

5. 分析结果的表述

试样中的三甲胺的含量按式（3－59）计算：

$$X_1 = \frac{C \times V}{m} \quad (3-59)$$

式中 X_1——试样中三甲胺的含量，单位为毫克每千克（mg/kg）；

C——从标准曲线中得到的三甲胺的浓度，单位为微克每毫升（μg/mL）；

V——试样溶液定容体积，单位为毫升（mL）；

m——试样的质量，单位为克（g）。

试样中三甲胺氮的含量按式（3－60）计算：

$$X_2 = \frac{X_1 \times 14.01}{59.11} \quad (3-60)$$

式中 X_2——试样中三甲胺氮的含量，单位为毫克每千克（mg/kg）；

X_1——试样中三甲胺含量，单位为毫克每千克（mg/kg）；

14.01——氮的相对原子质量；

59.11——三甲胺的相对分子质量。

计算结果以重复性条件下获得的两次独立测定结果的算术平均值表示，结果保留3位有效数字。在重复性条件下获得的两次独立测定结果的绝对差值不得超过算术平均值的10%。

当称样量为10g，定容体积为50mL，顶空进样体积为100μL，方法检出限为1.5mg/kg，定量限为5.0mg/kg。

6. 分析结果的表述

原始记录

编号：
第 页

样品名称		检验项目	三甲胺/三甲胺氮	检验依据	
仪器名称	型号		仪器编号		检定有效期
电子天平					
气相色谱仪					
色谱柱			柱温（℃）		
载气种类			气化温度（℃）		
检测器			检测器温度（℃）		
空气流量（mL/min）			氢气流量（mL/min）		
氮气流量（mL/min）			分流量比		
前处理方法					
样品取样量 w（g）					
定容体积 V（mL）					
样液浓度 C（g/L）					
实测结果 X（g/kg）					
标准值（g/kg）					
单项结论					
计算公式	$X_1=\frac{CV}{W}$ 或 $X_2=\frac{X_1\times 14.01}{59.11}$				
备注					
校核		检验		日期	

（四）亚硝酸盐的测定（分光光度法）

1. 原理

试样经沉淀蛋白质、除去脂肪后，在弱酸条件下亚硝酸盐与对氨基苯磺酸重氮化后，再与盐酸萘乙二胺偶合形成紫红色染料，外标法测得亚硝酸盐含量。

2. 仪器与设备

（1）天平：感量为0.1mg和1mg。

（2）分光光度计。

3. 试剂

（1）亚铁氰化钾溶液（106g/L）：称取106.0g亚铁氰化钾，溶于水，并稀释至1000mL。

（2）乙酸锌溶液（220g/L）：称取220.0g乙酸锌，加30mL冰乙酸溶解，用水稀释至1000mL。

（3）饱和硼砂溶液（50g/L）：称取5.0g硼酸钠溶于100mL热水中，冷却后备用。

（4）对氨基苯磺酸溶液（4g/L）：称取0.4g对氨基苯磺酸，溶于100mL 20%的盐酸中，置棕色瓶中，避光保存。

（5）盐酸萘乙二胺溶液（2g/L）：称取0.2g盐酸萘乙二胺，溶于100mL水中，置棕色瓶中，避光保存。

（6）亚硝酸钠标准溶液（200μg/mL）：准确称取0.1000g于110℃～120℃干燥恒重的亚硝酸钠，加水溶解移入500mL容量瓶中，并稀释至刻度。

（7）亚硝酸钠标准使用液（5.0μg/mL）：临用时，吸取亚硝酸钠标准溶液2.50mL置于100mL容量瓶中，加水稀释至刻度。

4. 试样的制备

取有代表性的试样不少于200g，将试样于绞肉机中绞两次并混匀。绞碎的试样保存于密封的容器中，冷藏贮存，防止试样变质和成分发生变化。试样应尽快进行分析，最迟不超过24h。贮存的试样在启用时应重新混匀。

5. 操作步骤

（1）试样处理

称取5g（精确至0.001g）匀浆试样置于250mL具塞锥形瓶中，加12.5mL饱和硼砂溶液，加入70℃左右的水约150mL，混匀，置沸水浴中加热15min，取出冷却至室温。定量转移上述提取液至200mL容量瓶中，加入5mL亚铁氰化钾溶液，摇匀，再加入5mL乙酸锌溶液以沉淀蛋白质，加水至刻度，混匀，放置30min，除去上层脂肪，上清液用滤纸过滤，弃去初滤液30mL，滤液备用。

(2) 测定

吸收40mL上述滤液于50mL比色管中，另吸取0.00，0.20，0.40，0.60，0.80，1.00，1.50，2.00，2.50mL亚硝酸钠标准使用液（相当于0，1.0，2.0，3.0，4.0，5.0，7.5，10.0，12.5μg亚硝酸钠），分别置于50mL比色管中，标准管与试样管中分别加入2mL对氨基苯磺酸溶液（4g/L），混匀，静置3min～5min后各加入1mL盐酸萘乙二胺溶液（2g/L），加水至刻度，混匀，静置15min，用1cm比色杯，以零管调节零点。于波长538nm处测吸光度，绘制标准曲线进行比较。同时做试剂空白。

6. 结果计算

$$X = \frac{A_1 \times 1000}{m \times \frac{V_1}{V_0} \times 1000} \qquad (3-61)$$

式中 X——试样中亚硝酸盐的含量，单位为毫克每千克（mg/kg）；

A_1——测定用样液中亚硝酸盐的质量，单位为微克（μg）；

m—试样的质量，单位为克（g）；

V_1—测定用样液体积，单位为毫升（mL）；

V_0—试样处理液总体积，单位为毫升（mL）。

计算结果保留2位有效数字。在重复性条件下获得的两次独立测定结果的绝对差值不得超过算术平均值的10%。

7. 注意事项

(1) 亚铁氰化钾和乙酸锌溶液作为蛋白质沉淀剂，使产生的亚铁氰化锌沉淀与蛋白质产生共沉淀。

(2) 蛋白质沉淀剂也可采用硫酸锌（30%）溶液。

(3) 饱和硼砂溶液作用有二：一是亚硝酸盐提取剂，二是蛋白质沉淀剂。

(4) 本实验用水应为重蒸馏水，以减少误差。

(5) 对氨基苯磺酸、盐酸萘乙二胺和亚硝酸钠标准溶液见光都不稳定，均应置于冰箱中避光保存，尽快使用。

(6) 当亚硝酸盐含量高时，过量的亚硝酸盐可以将偶氮化合物氧化，生成黄色，而使红色消失，可以先加入试剂，然后滴加试液，从而避免亚硝酸盐过量。

(7) 对氨基苯磺酸在水中不易溶解，配制时用温水或超声波促进溶解。

(8) 亚硝酸盐饱和硼砂呈碱性，pH 9.1～9.3，使试样处理液保持碱性，避免亚硝酸盐被还原，有利于亚硝酸根的提取和蛋白质沉淀。

(9) 加显色剂时，要依次加入，顺序不能颠倒。

(五) 铅的测定

按第三章第一节小麦粉中铅的测定进行操作。

（六）总汞的测定

按第三章第一节小麦粉中总汞的测定进行操作。

（七）总砷的测定

按第三章第一节小麦粉中总砷的测定进行操作。

（八）铬的测定

按第三章第一节小麦粉中铬的测定进行操作。

（九）镉的测定

按第三章第一节小麦粉中镉的测定进行操作。

第六节 蛋与蛋制品的检验

一、蛋与蛋制品产品质量检验项目

蛋制品的发证检验、监督检验、出厂检验按照表3－39中所列出的相应检验项目进行。企业的出厂检验项目中注有“*”标记的，企业应当每年检验2次。

表3－39 再制蛋类产品质量检验项目表

序号	检验项目	发证	监督	出厂	备注
1	感官指标	√	√	√	
2	净含量（质量级别）	√	√	√	质量级别对皮蛋适用
3	水分	√	√	√	适用于皮蛋、高邮咸鸭蛋
4	脂肪	√	√	√	适用于高邮咸鸭蛋
5	总碱度	√	√	*	适用于皮蛋
6	pH值	√	√	√	适用于皮蛋
7	挥发性盐基氮	√	√	*	适用于咸蛋
8	铅	√	√	*	
9	铜	√	√	*	适用于其他工艺生产的溏心皮蛋
10	锌	√	√	*	执行SB/T 10369－2012的不检
11	硒	√	√	*	适用于高邮咸鸭蛋
12	无机砷	√	√	*	执行SB/T 10369—2012的不检
13	总汞	√	√	*	执行SB/T 10369—2012的不检
14	六六六	√	√	*	执行SB/T 10369—2012的不检
15	滴滴涕	√	√	*	执行SB/T 10369—2012的不检
16	菌落总数	√	√	√	不适用于咸蛋
17	大肠菌群	√	√	√	不适用于咸蛋
18	致病菌（沙门氏菌、志贺氏菌）	√	√	*	
19	微生物（商业无菌）	√	√	√	

续表

序号	检验项目	发证	监督	出厂	备注
20	破次率	√	√	√	适用于皮蛋
21	劣蛋率	√	√	√	适用于皮蛋
22	防腐剂（苯甲酸、山梨酸）	√	√	*	适用于卤蛋制品、咸蛋黄、熟咸蛋
22	标签	√	√		

二、蛋与蛋制品感官检验

感官检验就是检验人员凭经验，采用看、听、摸、嗅等方法，从外观来鉴别蛋的质量。蛋制品的感官要求见表 3 - 40。

表 3 - 40　蛋制品的感官要求

项目	要求
色泽	具有产品正常的色泽
滋味、气味	具有产品正常的滋味、气味，无异味
状态	具有产品正常的形状、形态，无酸败、霉变、生虫及其他危害食品安全的异物

三、蛋制品的理化检验

（一）水分的检验

按第三章第一节小麦粉中水分的测定进行操作。

（二）脂肪的检验

1. 原理

蛋制品中脂肪含量较为丰富，全蛋脂肪含量为 11.3% ~ 15.0%，蛋黄为 30% ~ 30.5%，全蛋粉为 34.5% ~ 42.0%；且大部分属磷脂质，是结合脂类，三氯甲烷是一种有效的脂肪溶剂。蛋制品中脂肪含量即以三氯甲烷浸出物计。

2. 仪器与设备

（1）脂肪浸提管：玻璃质，管长 150mm，内径 18mm，底部填脱脂棉。

（2）脂肪瓶：标准磨口，容量约 150mL。

（3）真空恒温干燥箱。

（4）分析天平：万分之一。

（5）恒温电热干燥箱。

3. 试剂

中性三氯甲烷：内含 1% 无水乙醇。取三氯甲烷，以等量水洗一次，同时按三氯甲烷 20 : 1 的比例加入 100g/L 氢氧化钠溶液，洗涤二次静置分层。倾出洗涤液，再用等量的水洗涤 2 次 ~ 3 次，至呈中性。将三氯甲烷用无水氯化钙脱水后，于 80℃ 水浴上进行蒸馏，接取中间馏出液并检查是否为中性。于每 100mL 三氯甲烷中加入无水乙醇 1mL，贮于棕色瓶中。

4. 试样的制备

取有代表性的试样不少于 200g，将试样于粉碎机中粉碎两次并混匀。粉碎的试样保存于密封的容器中，冷藏贮存，防止试样变质和成分发生变化。试样应尽快进行分析，最迟不超过 24h。贮存的试样在启用时应重新混匀。

5. 操作步骤

（1）甲法

称取 2.00g～2.50g 均匀试样于 100mL 烧杯中，加约 15g 无水硫酸钠粉末，以玻璃棒搅匀，充分研细，小心移入脂肪浸提管中，用少许脱脂棉拭净烧杯及玻璃棒上附着的试样，将脱脂棉一并移入脂肪浸提管内。

用 100mL 中性三氯甲烷分 10 次浸洗管内试样，使油洗净为止，将三氯甲烷移入已知质量的脂肪瓶中，移脂肪瓶于水浴上接冷凝器收回三氯甲烷。将脂肪瓶置于 70℃～75℃恒温真空干燥箱内干燥 4h（在开始 30min 内抽气至真空度 53.3kpa，以后至少间隔抽三次，每次至真空度 93.3kpa 以下），取出，移入干燥器内放置 30min，称量，以后每干燥 1h（抽气两次）称量一次，至先后两次称量相差不超过 2.0mg。

（2）乙法

同甲法取样，浸抽，回收三氯甲烷。然后将脂肪瓶于 78℃～80℃恒温电热干燥箱内干燥 2h，取出放入干燥器内 30min，称量，以后每干燥 1h 称量一次，至先后两次称量之差不超过 2.0mg。

6. 结果计算

$$X = \frac{m_2 - m_3}{m_1} \times 100 \quad (3-62)$$

式中 X—— 试样中脂肪含量，%；

m_1——试样质量，单位为克（g）；

m_2——脂肪瓶加脂肪质量，单位为克（g）；

m_3——脂肪瓶质量，单位为克（g）。

计算结果保留 2 位有效数字，在重复性条件下获得的两次独立测定结果的绝对差值不得超过算术平均值的 3%。

7. 注意事项

提取脂肪的溶剂以三氯甲烷提取效果最好。蛋品中的脂肪易溶于三氯甲烷中，加入极性大的 1% 乙醇，促使蛋品中的脂肪浸抽得更完全。而其他测定脂肪的方法不适用于该类产品。

（三）六六六、滴滴涕的测定

按第三章第一节小麦粉中六六六、滴滴涕的测定进行操作。

（四）铅的测定

按第三章第一节小麦粉中铅的测定进行操作。

（五）总汞的测定

按第三章第一节小麦粉中总汞的测定进行操作。

（六）镉的测定

按第三章第一节小麦粉中镉的测定进行操作。

第七节　水的检验

一、臭和味的测定

臭和味指的是水中的刺激物质。一类来源于生物，如绿色藻类、原生动物等；另一类就是各种化学物质，如溶解于水中的气体—硫化氢、沼气、氧与有机物的结合体等以及铜、铁、锰、锌、钾、钠的无机盐类。人的嗅觉和味感对水中某些物质发生臭和味的浓度为十分之几到几百毫克每升，因而这种灵敏的反应，可以作为对水质要求的一项重要感官指标。但是嗅觉和味感受许多生理因素的影响，很难有严格的分类标准，也较难用物理量来表示。

（一）原水样臭和味的检验

1. 仪器与设备

（1）100mL 量筒。

（2）锥形瓶：250mL。

2. 操作步骤

（1）量取水样 100mL，置于 250mL 锥形瓶内。

（2）振荡瓶内水样，从瓶口嗅水的气味。用适当文字描述，按六级记录其强度，见表 3－41。

（3）取少量水样放入口中（此水样应对人体无害），不要咽下，品尝水的味道，予以描述，并按六级记录其强度，见表 3－41。

（二）原水煮沸后的臭和味检验

1. 仪器与设备

控温电炉，其余同原水样臭和味的检验。

2. 操作步骤

（1）量取水样 100mL，置于 250mL 锥形瓶内。

（2）将锥形瓶中的水样置于电炉上加热至沸腾，立即取下锥形瓶，稍冷后按上法嗅气和尝味。

（3）用适当文字描述，并按六级记录其强度，如表3－41。

表3－41　臭和味的强度等级

等级	强度	说明
0	无	无任何臭和味
1	微弱	一般饮用者甚难察觉，但臭、味敏感者可以发觉
2	弱	一般饮用者刚能察觉
3	明显	已能明显察觉
4	强	已有很显著的臭味
5	很强	有强烈的恶臭或异味

注：必要时可用活性炭处理过的纯水作为无臭对照水。

（三）注意事项

（1）检臭时，嗅觉不易疲劳；检味时，味觉易疲劳。水温高时，检臭比味更灵敏。纯水是无味的，溶于水的化合物到一定浓度时才引起味觉。检臭和味，都因检验人员的嗅觉和味觉灵敏度不同而有出入。

（2）本法适用于天然水和饮用水的味检验，但只限于确认该水经口接触时是安全的水样。

二、色度的测定

纯净的水是无色透明的，但一般的天然水中存在有各种溶解物质或不溶于水的黏土类细小悬浮物，使水呈现各种颜色。水的颜色深浅，是水质好坏的反映。有色的水，往往是受污染的水，测定水的颜色可以作为判断焙烤食品生产用水好坏的一项参考依据。色度，就是被测水样与特别制备的一组有色标准溶液进行的颜色比较值。测定水的色度采用铂－钴标准比色法。

（一）原理

用氯铂酸钾与氯化钴配制成与天然水黄色色调相似的标准色列，用于水样目视比色测定。规定1mg/L铂［以 $(PtCl_6)^{2-}$ 形式存在］所具有的颜色作为1个色度单位，称为1度。即使轻微的浑浊度也干扰测定，浑浊水样测定时需先离心使之清澈。

（二）仪器与设备

（1）成套高型无色具塞比色管，50mL。

（2）离心机。

（三）试剂

铂－钴标准溶液：称取1.246g氯铂酸钾（K_2PtCl_6）和1.000g干燥的氯化钴

($CoCl_2 \cdot 6H_2O$)，溶于100mL纯水中，加入100mL盐酸（$\rho_{20}=1.19g/mL$），用纯水定容至1000mL。此标准溶液的色度为500度。

（四）操作步骤

（1）取50mL透明的水样于比色管中，如水样色度过高，可以取少量水样，加纯水稀释后比色，将结果乘以稀释倍数。

（2）另取比色管11支，分别加入铂-钴标准溶液0mL，0.50mL，1.00mL，1.50mL，2.00mL，2.50mL，3.00mL，3.50mL，4.00mL，4.50mL和5.00mL，加纯水至刻度，摇匀，配制成色度为0度，5度，10度，15度，20度，25度，30度，35度，40度，45度和50度的标准色列，可长期使用。

（3）将水样与铂-钴标准色列比较，如水样与标准色列的色调不一致，即为异色，可用文字描述。

（五）结果计算

$$色度（度）=\frac{V_1\times 500}{V} \tag{3-63}$$

式中 V_1——相当于铂-钴标准溶液的用量，单位为毫升（mL）；

V——水样体积，单位为毫升（mL）。

（六）注意事项

（1）检验水的色度时，对浑浊水样，应放置澄清或离心后吸取上清液，也可用孔径0.45μm滤膜（不可用滤纸）过滤。

（2）水色与pH有关，pH高时往往色加深，故应同时报告水的pH值。

（3）微生物的活动可改变水样颜色的性质，应尽快测定。

三、浑浊度的测定

浑浊度是反映水的物理性状的一项指标，水源水的浑浊度是由于悬浮物或胶态物，或两者造成在光学方面的散射或吸收行为。测定水的浑浊度主要采用散射法-福尔马肼标准。

（一）原理

在相同的条件下，用福尔马肼标准混悬液散射光的强度和水样散射光的强度进行比较。散射光的强度越大，表示浑浊度越高。

（二）仪器与设备

散射式浑浊度仪。

（三）试剂

（1）纯水：取蒸馏水经0.2μm膜滤器过滤。

（2）硫酸肼溶液（10g/L)]：称取硫酸肼［（$NH_2)_2 \cdot H_2SO_4$，（又名硫酸联胺）］

1.000g 溶于纯水并于 100mL 容量瓶中定容。

（3）环六亚甲基四胺溶液（100g/L）：称取环六亚甲基四胺［$(CH_2)_6N_4$］10.00g 溶于纯水，于 100mL 容量瓶中定容。

（4）福尔马肼标准混悬液：分别吸取硫酸肼溶液 5.00mL、环六亚甲基四胺溶液 5.00mL 于 100mL 容量瓶内，混匀，在 25℃ ±3℃条件下放置 24h 后，加入纯水至刻度，混匀。此标准混悬液浑浊度为 400NTU，可使用约一个月。

（5）福尔马肼浑浊度标准使用液：将福尔马肼标准混悬液用纯水稀释十倍。此混悬液浑浊度为 40NTU，使用时再根据需要适当稀释。

（四）操作步骤

按仪器使用说明书进行操作，水样浑浊度超过 40NTU 时，可用纯水稀释后测定。

（五）结果计算

根据仪器测定时所显示的浑浊度读数乘以稀释倍数计算结果。

四、pH 值的测定

pH 值是水中氢离子活度倒数的负对数值。测定 pH 是水化学中最重要、最经常用的化验项目之一。pH 值的大小不仅反映出水源的质量，而且亦反映出水中酸、碱的数量和性质。测定水的 pH 值主要采用玻璃电极法。

（一）原理

以玻璃电极为指示电极，饱和甘汞电极为参比电极，插入溶液中组成原电池。当氢离子浓度发生变化时，玻璃电极和甘汞电极之间的电动势也随着变化，在 25℃时，每单位 pH 标度相当于 59.1mV 电动势变化值，在仪器上直接以 pH 的读数表示。在仪器上有温度差异补偿装置。

（二）仪器与设备

（1）精密酸度计：测量范围 0 ~ 14pH 单位；读数精度为小于等于 0.02pH 单位。

（2）pH 玻璃电极。

（3）饱和甘汞电极。

（4）温度计：0℃ ~50℃。

（5）塑料烧杯：50mL。

（三）试剂

（1）苯二甲酸氢钾标准缓冲溶液：称取 10.21g 在 105℃烘干 2h 的苯二甲酸氢钾（$KHC_8H_4O_4$），溶于纯水中，并稀释至 1000mL，此溶液的 pH 值在 20℃时为 4.00。

（2）混合磷酸盐标准缓冲溶液：称取 3.40g 在 105℃烘干 2h 的磷酸二氢钾（KH_2PO_4）和 3.55g 磷酸氢二钠（Na_2HPO_4），溶于纯水中，并稀释至 1000mL，此溶液的 pH 值在 20℃时为 6.88。

（3）四硼酸钠标准缓冲溶液：称取 3.81g 四硼酸钠（$Na_2B_4O_7 \cdot 10H_2O$），溶于纯水中，并稀释至 1000mL，此溶液的 pH 值在 20℃时为 9.22。

注：配制缓冲溶液所用纯水均为新煮沸并放冷的蒸馏水。配成的溶液应储存在聚乙烯瓶或硬质玻璃瓶内。此类溶液可以稳定 1～2 个月。

以上三种缓冲溶液的 pH 值随温度而稍有变化差异，可见表 3－42。

表 3－42　pH 标准缓冲溶液在不同温度时的 pH 值

温度/℃	标准缓冲溶液，pH		
	苯二甲酸氢钾缓冲溶液	混合磷酸盐缓冲溶液	四硼酸钠缓冲溶液
0	4.00	6.98	9.46
5	4.00	6.95	9.40
10	4.00	6.92	9.33
15	4.00	6.90	9.18
20	4.00	6.88	9.22
25	4.01	6.86	9.18
30	4.02	6.85	9.14
35	4.02	6.84	9.10
40	4.04	6.84	9.07

（四）操作步骤

（1）玻璃电极在使用前应放入纯水中浸泡 24h 以上。

（2）仪器校正：仪器开启 30min 后，按仪器使用说明书操作。

（3）pH 定位：选用一种与被测水样 pH 接近的标准缓冲溶液，重复定位 1 次～2 次，当水样 pH <7.0 时，使用苯二甲酸氢钾标准缓冲溶液定位，以四硼酸钠或混合磷酸盐标准缓冲溶液复定位；如果水样 pH >7.0 时，则用四硼酸钠标准缓冲溶液定位，以苯二甲酸氢钾或混合磷酸盐标准缓冲溶液复定位。

注：如发现三种缓冲液的定位值不成线性，应检查玻璃电极的质量。

（4）用洗瓶以纯水缓缓淋洗两个电极数次，再以水样淋洗 6 次～8 次，然后插入水样中，1min 后直接从仪器上读出 pH 值。

（五）注意事项

（1）甘汞电极内为氯化钾的饱和溶液，当室温升高后，溶液可能由饱和状态变为不饱和状态，故应保持一定量氯化钾晶体。

（2）pH 值大于 9 的溶液，应使用高碱玻璃电极测定 pH 值。

五、总硬度的测定

水的硬度原系指沉淀肥皂的程度。使肥皂沉淀的原因主要是由于水中的钙、镁离子，此外铁、铝、锰、锶及锌等金属离子也有同样的作用。目前多采用乙二胺四乙酸二钠滴定法测定钙、镁离子的总量，并经过换算，以每升水中碳酸钙的质量表示。本法主要干扰元素铁、铝、铜、镍、钴等金属离子能使指示剂褪色或终点不明显。硫化钠及氰化钾可掩蔽重金属的干扰，盐酸羟胺可使高价铁离子及高价锰离子还原为低价离子而消除其干扰。

（一）原理

水样中的钙、镁离子与铬黑 T 指示剂生成紫红色螯合物。这些螯合物的不稳定常数大于乙二胺四乙酸钙和镁螯合物的不稳定常数。在 pH 值为 10 的条件下，乙二胺四乙酸二钠先与钙离子，再与镁离子生成螯合物，滴定至终点时，溶液呈现出铬黑 T 指示剂的纯蓝色。

（二）仪器与设备

锥形瓶、滴定管。

（三）试剂

（1）乙二胺四乙酸二钠标准溶液（0.01mol/L）：称取 3.72g 乙二胺四乙酸二钠（$C_{10}H_{14}N_2O_8Na_2 \cdot 2H_2O$，简称 EDTA－2Na），溶于纯水中，并稀释至 1000mL，按如下步骤标定其准确浓度。

1）锌标准溶液：准确称取 0.6g～0.7g 纯锌粒，溶于（1＋1）盐酸中，置于水浴上温热至完全溶解。移入容量瓶中，定容至 1000mL。

$$M_1 = \frac{W}{m \times V} \tag{3-64}$$

式中 M_1——锌标准溶液的摩尔浓度，单位为摩尔每升（mol/L）；

W——锌的质量，单位为克（g）；

m——锌的分子量 65.39，单位为克每摩尔（g/mol）；

V——定容体积，单位为升（L）。

2）吸取 25.00mL 锌标准溶液于 150mL 三角瓶中，加入 25mL 纯水，加几滴氨水调至近中性，再加 5mL 缓冲溶液及 5 滴铬黑 T 指示剂，在不断振荡下用 EDTA－2Na 溶液滴定至不变的纯蓝色，按下式计算：

$$M_2 = \frac{M_1 \times V_1}{V_2} \tag{3-65}$$

式中 M_2——乙二胺四乙酸二钠标准溶液的摩尔浓度，单位为摩尔每升（mol/L）；

M_1——锌标准溶液的摩尔浓度，单位为摩尔每升（mol/L）；

V_1——所取锌标准溶液体积，单位为毫升（mL）；

V_2——消耗 EDTA－2Na 溶液体积，单位为毫升（mL）。

（2）缓冲溶液（pH＝10）

1）氯化铵－氢氧化铵溶液：称取16.9g氯化铵（NH_4Cl），溶于143mL氨水（$\rho_{20}=0.88g/mL$）中。

2）称取0.780g硫酸镁（$MgSO_4 \cdot 7H_2O$）及1.178g乙二胺四乙酸二钠（EDTA－$2Na \cdot 2H_2O$），溶于50mL纯水中，加入2mL氯化铵－氢氧化铵溶液和5滴铬黑T指示剂（此时溶液应呈紫红色，若为纯蓝色，应再加极少量硫酸镁使呈紫红色）。用EDTA－2Na标准溶液滴定至溶液由紫红色变为纯蓝色，合并（1）及（2）两种溶液，并用纯水稀释至250mL。合并后如溶液又变为紫红色，在计算结果时应扣除试剂空白。

注1：此缓冲液应贮存于聚乙烯瓶或硬质玻璃瓶中。由于使用中反复开盖使氨逸失而影响pH值。缓冲溶液放置时间较长，氨水浓度降低时应重新配置。

注2：配制缓冲溶液时，加入EDTA－Mg是为了使某些含镁较低的水样滴定终点更为敏锐。如果备有市售EDTA－Mg试剂，则可直接取1.25g EDTA－Mg，加入250mL缓冲溶液中。

注3：EDTA－2Na滴定钙、镁离子时，以铬黑T为指示剂其溶液在pH值9.7～11的范围内，越偏碱终点越敏锐。但可使碳酸钙及氢氧化镁沉淀，从而造成滴定误差。因此滴定选用pH值10为宜。

（3）铬黑T指示剂：称取0.5g铬黑T，用95%的乙醇溶解，并稀释至100mL。放置于冰箱中保存，可稳定一个月。

（4）硫化钠溶液（50g/L）：称取5.0g硫化钠（$Na_2S \cdot 9H_2O$）溶于纯水中，并稀释至100mL。

（5）盐酸羟胺溶液（10g/L）：称取1.0g盐酸羟胺（$NH_2OH \cdot HCl$），溶于纯水中，并稀释至100mL。

（6）氰化钾溶液（100g/L）：称取10.0g氰化钾（KCN）溶于纯水中，并稀释至100mL。

注意：氰化钾溶液剧毒！

（四）操作步骤

（1）取水样50mL（若硬度过高，可取适量水样用纯水稀释至50mL。若硬度过低，改取100mL），置于150mL锥形瓶中。

（2）加入1mL～2mL缓冲溶液，5滴铬黑T指示剂，立即用EDTA－2Na标准溶液滴定，充分振摇，至溶液由紫红色变为纯蓝色，同时做空白试验，记下用量。

（3）若水样中含有金属干扰离子，使滴定终点延迟或颜色变暗，可另取水样，加入0.5mL盐酸羟胺溶液及1mL硫化钠溶液或0.5mL氰化钾溶液再行滴定。

（4）水样中钙、镁的重碳酸盐含量较大时，要预先酸化水样，并加热除去二氧化碳，以防碱化后生成碳酸盐沉淀，影响滴定时反应的进行。

(5) 水样中含悬浮性或胶体有机物可影响终点的观察。可预先将水样蒸干并于550℃灰化，用纯水溶解残渣后再行滴定。

(五) 结果计算

$$\rho(CaCO_3) = \frac{(V_1 - V_0) \times c \times 100.09 \times 1000}{V} \tag{3-66}$$

式中 $\rho(CaCO_3)$ ——水样的总硬度（以 $CaCO_3$ 计），单位为毫克每升（mg/L）；

V_1 ——滴定中消耗乙二胺四乙酸二钠标准溶液的体积数，单位为毫升（mL）；

V_0 ——空白滴定所消耗乙二胺四乙酸二钠标准溶液的体积数，单位为毫升（mL）；

c ——乙二胺四乙酸二钠标准溶液的浓度，单位为摩尔每升（mol/L）；

V ——水样体积，单位为毫升（mL）；

100.09——与 1.00mL 乙二胺四乙酸二钠标准溶液［c（EDTA - 2Na）= 1.000mol/L］相当的以毫克表示的总硬度（以 $CaCO_3$ 计）。

(六) 注意事项

在测定大批水样时，应逐个加入缓冲溶液并立即滴定。如对多个水样同时加入缓冲溶液，在放置时由于氨挥发使 pH 达不到要求，或因钙、镁离子浓度较高而形成沉淀，造成终点有反复现象。

六、氯化物的测定

氯化物（呈离子状态）是饮用水中一种主要无机阴离子，通常对人体健康无影响。但水中氯化物的浓度过高，经常饮用这类水会使人的味感产生迟钝及引起高血压等病。测定氯化物通常使用硝酸银滴定法。

(一) 原理

硝酸银与氯化物生成氯化银沉淀，过量的硝酸银与铬酸钾指示剂反应生成红色铬酸银沉淀，指示反应到达终点。

(二) 仪器与设备

(1) 锥形瓶：250mL。

(2) 滴定管：25mL，棕色。

(3) 无分度吸管：50mL 和 25mL。

(三) 试剂

(1) 高锰酸钾。

(2) 95% 乙醇［$\varphi(C_2H_5OH) = 95\%$］。

(3) 过氧化氢［$\omega(H_2O_2) = 30\%$］。

(4) 氢氧化钠溶液（2g/L）。

（5）硫酸溶液［$c(1/2\ H_2SO_4)=0.05mol/L$］。

（6）氢氧化铝悬浮液：称取125g硫酸铝钾［$KAl(SO_4)_2 \cdot 2H_2O$］或硫酸铝铵［$NH_4Al(SO_4)_2 \cdot 12H_2O$］，溶于1000mL纯水中。加热至60℃，缓缓加入55mL氨水（$\rho_{20}=0.88g/mL$），使氢氧化铝沉淀完全。充分搅拌后静置，弃去上清液，用纯水反复洗涤沉淀，至倾出上清液中不含氯离子（用硝酸银硝酸溶液试验）为止。然后加入300mL纯水成悬浮液，使用前振摇均匀。

（7）铬酸钾溶液（50g/L）：称取5g铬酸钾（K_2CrO_4），溶于少量纯水中，滴加硝酸银标准溶液至生成红色不褪为止，混匀，静置24h后过滤，滤液用纯水稀释至100mL。

（8）氯化钠标准溶液［$\rho(Cl^-)=0.5mg/mL$］：称取经700℃灼烧1h的氯化钠（NaCl）8.2420g，溶于纯水中并稀释至1000mL。吸取10.0mL，用纯水稀释至100.0mL。

（9）硝酸银标准溶液［$c(AgNO_3)=0.01400mol/L$］：称取2.4g硝酸银（$AgNO_3$），溶于纯水，并定容至1000mL。储存于棕色试剂瓶内，用氯化钠标准溶液［$\rho(Cl^-)=0.5mg/mL$］标定。

吸取25.00mL氯化钠标准溶液，置于瓷蒸发皿内，加纯水25mL。另取一瓷蒸发皿，加50mL纯水作为空白，各加1mL铬酸钾溶液，用硝酸银标准溶液滴定，直至产生淡桔黄色为止。并按下式计算硝酸银的浓度。

$$M=\frac{25\times 0.50}{V_1-V_0} \tag{3-67}$$

式中　M——1.00mL硝酸银标准溶液相当于氯化物（Cl^-）的质量，单位为毫克（mg）；

V_0——滴定空白的硝酸银标准溶液用量，单位为毫升（mL）；

V_1——滴定氯化钠标准溶液的硝酸银标准溶液用量，单位为毫升（mL）。

根据标定的浓度，校正硝酸银标准溶液的浓度，使1.00mL相当于氯化物0.50mg（以Cl^-计）。

（10）酚酞指示剂（5g/L）：称取0.5g酚酞，溶于50mL 95%乙醇中，加入50mL纯水，并滴加氢氧化钠溶液（2g/L）使溶液呈微红色。

（四）操作步骤

1. 水样预处理

（1）对有色的水样取150mL，置于250mL锥形瓶中。加2mL氢氧化铝悬浮液，振荡均匀，过滤，弃去初滤液20mL。

（2）对含有亚硫酸盐和硫化物的水样，将水样用氢氧化钠溶液（2g/L）调节至中性或弱碱性，加入1mL过氧化氢，搅拌均匀。

（3）对耗氧量大于15mg/L的水样，加入少许高锰酸钾晶体，煮沸，然后加入数滴95%乙醇，还原过多的高锰酸钾，过滤。

2. 测定

（1）吸取水样或经过预处理的水样50.0mL（或适量水样加纯水稀释至50mL）。置于瓷蒸发皿中，另取一瓷蒸发皿，加入50mL纯水，作为空白。

（2）分别加入2滴酚酞指示剂，用硫酸溶液［$c(1/2H_2SO_4)=0.05mol/L$］或氢氧化钠溶液（2g/L）调节至溶液红色恰好褪去。各加1mL铬酸钾溶液（50g/L），用硝酸银标准溶液滴定，同时用玻璃棒不停搅拌，直至溶液生成桔黄色为止。

（五）结果计算

$$\rho(Cl^-)=\frac{(V_1-V_0)\times 0.50\times 1000}{V} \tag{3-68}$$

式中 $\rho(Cl^-)$——水样中氯化物（以Cl^-计）的质量浓度，单位为毫克每升（mg/L）；

V_0——空白试验消耗硝酸银标准溶液的体积，单位为毫升（mL）；

V_1——水样消耗硝酸银标准溶液的体积，单位为毫升（mL）；

V——水样体积，单位为毫升（mL）。

（六）注意事项

（1）水样pH应控制在7~10之间。若水样为酸性，铬酸银可溶于硝酸中而不能形成沉淀；若水样碱性太强，则析出氧化银。

（2）由于水中氯离子含量较低，所用硝酸银滴定剂浓度很低（0.014mol/L），终点不易观察。故滴定时应在白瓷器皿中进行，并与空白相对照。

七、硝酸盐氮的测定

水中代表有机物无机化作用最终阶段的分解产物的硝酸盐氮，60%~80%是从动物性污染物分解而来。饮用水中硝酸盐氮含量过高时，对人体健康有影响。测定硝酸盐氮可以用紫外分光光度法。

（一）原理

利用硝酸盐在220nm波长具有紫外吸收和在275nm波长不具吸收的性质进行测定，于275nm波长测出有机物的吸收值在测定结果中校正。

（二）仪器与设备

（1）紫外分光光度计及石英比色皿。

（2）具塞比色管：50mL。

（三）试剂

（1）无硝酸盐纯水：采用重蒸馏或蒸馏－去离子法制备，用于配制试剂及稀释样品。

（2）盐酸溶液（1+11）。

（3）硝酸盐氮标准储备溶液［ρ（NO_3^- －N）=100μg/mL］：称取经105℃干燥2h的硝酸钾（KNO_3）0.7218g，溶于纯水中并定容至1000mL，每升中加入2mL三氯甲烷，至少可稳定6个月。

（4）硝酸盐氮标准使用溶液［ρ（NO_3^- －N）=10μg/mL］。

（四）操作步骤

（1）水样预处理

吸取50mL水样于50mL比色管中（必要时应用滤膜除去混浊物质），加1mL盐酸溶液（1+11）酸化。

（2）标准系列制备

分别吸取硝酸盐氮标准使用溶液［ρ（NO_3^- －N）=10μg/mL］0mL，1.00mL，5.00mL，10.0mL，20.0mL，30.0mL和35.0mL于50mL比色管中，配成0mg/L～7mg/L硝酸盐氮标准系列，用纯水稀释至50mL，各加1mL盐酸溶液（1+11）。

（3）用纯水调节仪器吸光度为0，分别在220nm和275nm波长测量吸光度。

（五）结果计算

在标准及样品的220nm波长吸光度中减去2倍于275nm波长的吸光度，绘制标准曲线和在曲线上直接读出样品中的硝酸盐氮的质量浓度（NO_3^- －N，mg/L）。

（六）注意事项

若275nm波长吸光度的2倍大于220nm波长吸光度的10%时，本方法将不能适用。

八、铅的测定

水样无需消解，取适量样品，用硝酸溶液（2+98）进行酸化后直接进样。其他按第三章第一节小麦粉中铅的测定进行操作。

九、总砷的测定

水样无需消解，取适量样品，用硝酸溶液（2+98）进行酸化后直接进样。其他按第三章第一节小麦粉中总砷的测定进行操作。

十、镉的测定

水样无需消解，取适量样品，用硝酸溶液（2+98）进行酸化后直接进样。其他按第三章第一节小麦粉中镉的测定进行操作。

十一、总大肠菌群的测定

总大肠菌群指一群在37℃培养24h能发酵乳糖、产酸产气、需氧和兼性厌氧的革兰氏阴性无芽孢杆菌。生活饮用水及其水源水中总大肠菌群的测定采用多管发酵法。

（一）原理

多管发酵技术是以最可能数（most probable number，简称 MPN）来表示试验结果的。

它是根据统计学理论，通过水样不同稀释浓度多组重复生物培养阳性结果估计水体中被测生物密度的一种方法，具体是通过查 MPN 表获得结果的。

（二）仪器与设备

（1）培养箱：36℃ ±1℃。

（2）冰箱：0℃ ~4℃。

（3）天平。

（4）显微镜。

（5）平皿：直径为 9cm。

（6）试管。

（7）分度吸管：1mL，10mL。

（8）锥形瓶。

（9）小倒管。

（10）载玻片。

（三）培养基与试剂

1. 乳糖蛋白胨培养液

成分：蛋白胨 10g；牛肉膏 3g；乳糖 5g；氯化钠 5g；溴甲酚紫乙醇溶液（16g/L）1mL；蒸馏水 1000mL。

制法：将蛋白胨、牛肉膏、乳糖及氯化钠溶于蒸馏水中，调整 pH 为 7.2 ~7.4，再加入 1mL 16g/L 的溴甲酚紫乙醇溶液，充分混匀，分装于装有倒管的试管中，115℃高压灭菌 20min，贮存于冷暗处备用。

2. 二倍浓缩乳糖蛋白胨培养液

按上述乳糖蛋白胨培养液，除蒸馏水外，其他成分量加倍。

3. 伊红美蓝培养基

成分：蛋白胨 10g；乳糖 10g；磷酸氢二钾 2g；琼脂 20g ~30g；蒸馏水 1000mL；伊红水溶液（20g/L）20mL；美蓝水溶液（5g/L）13mL。

制法：将蛋白胨、磷酸盐和琼脂溶解于蒸馏水中，校正 pH 为 7.2，加入乳糖，混匀后分装，以 115℃高压灭菌 20min，冷至 50℃ ~55℃，加入伊红和美蓝溶液，混匀，倾注平皿备用。

4. 革兰氏染色液

（1）结晶紫染色液

成分：结晶紫 1g；乙醇（95%，体积分数）20mL；草酸铵水溶液（10g/L）80mL。

制法：将结晶紫溶于乙醇中，然后与草酸铵溶液混合。

注：结晶紫不可用龙胆紫代替，前者是纯品，后者不是单一成分，易出现假阳性。结晶紫溶液放置过久会产生沉淀，不能再用。

（2）革兰氏碘液

成分：碘 1g；碘化钾 2g；蒸馏水 300mL。

制法：将碘和碘化钾先进行混合，加入蒸馏水少许，充分振摇，待完全溶解后，再加蒸馏水。

（3）脱色剂

95% 乙醇。

（4）沙黄复染液

成分：沙黄 0.25g；95% 乙醇 10mL；蒸馏水 90mL。

制法：将沙黄溶解于乙醇中，待完全溶解后加入蒸馏水。

（5）染色法

将培养 18h ~ 24h 的培养物涂片，将涂片在火焰上固定，滴加结晶紫染色液，染 1min，水洗。滴加革兰氏碘液，作用 1min，水洗。滴加脱色剂，摇动玻片，直至无紫色脱落为止，约 30s，水洗。滴加复染剂，复染 1min，水洗，待干，镜检。

（四）检测步骤

1. 乳糖发酵试验

取 10mL 水样接种到 10mL 双料乳糖蛋白胨培养液中，取 1mL 水样接种到 10mL 单料乳糖蛋白胨培养液中，另取 1mL 水样注入 9mL 灭菌生理盐水中，混匀后吸取 1mL（即 0.1mL 水样）注入 10mL 单料乳糖蛋白胨培养液中，每一稀释度接种 5 管。

对已处理过的出厂自来水，需经常检验或每天检验一次的，可直接接种 5 份 10mL 水样双料培养基，每份接种 10mL 水样。

将接种管置 36℃ ±1℃ 培养箱内，培养 24h ±2h，如所有乳糖蛋白胨培养管都不产气产酸，则可报告为总大肠菌群阴性，如有产酸产气者，则按下列步骤进行。

2. 分离培养

将产酸产气的发酵管分别转种在伊红美蓝琼脂平板上，于 36℃ ±1℃ 培养箱内培养 18h ~ 24h，观察菌落形态，挑取符合下列特征的菌落分别做革兰氏染色、镜检和证实试验。

深紫黑色、具有金属光泽的菌落；紫黑色、不带或略带金属光泽的菌落；淡紫红色、中心较深的菌落。

3. 证实试验

经上述染色镜检为革兰氏阴性无芽孢杆菌，同时接种乳糖蛋白胨培养液，置36℃±1℃培养箱中培养24h±2h，有产酸产气者，即证实有总大肠菌群存在。

4. 结果报告

根据证实为总大肠菌群阳性的管数，查MPN表，报告每100mL水样中的总大肠菌群最可能数（MPN）值。5管法结果见表3-43，15管法结果见表3-44。稀释样品查表后所得结果应乘稀释倍数。如所有乳糖发酵管均为阴性时，可报告总大肠菌群未检出。

表3-43 用5份10mL水样时各种阳性和阴性结果组合时的最可能数（MPN）

5个10mL管中阳性管数	最可能数（MPN）
0	<2.2
1	2.2
2	5.1
3	9.2
4	16.0
5	>16

表3-44 总大肠菌群MPN检索表

（总接种量55.5mL，其中5份10mL水样，5份1mL水样，5份0.1mL水样）

接种量/mL			总大肠菌群/(MPN/100mL)	接种量/mL			总大肠菌群/(MPN/100mL)
10	1	0.1		10	1	0.1	
0	0	0	<2	0	3	0	6
0	0	1	2	0	3	1	7
0	0	2	4	0	3	2	9
0	0	3	5	0	3	3	11
0	0	4	7	0	3	4	13
0	0	5	9	0	3	5	15
0	1	0	2	0	4	0	8
0	1	1	4	0	4	1	9
0	1	2	6	0	4	2	11
0	1	3	7	0	4	3	13
0	1	4	9	0	4	4	15
0	1	5	11	0	4	5	17
0	2	0	4	0	5	0	9
0	2	1	6	0	5	1	11
0	2	2	7	0	5	2	13
0	2	3	9	0	5	3	15
0	2	4	11	0	5	4	17
0	2	5	13	0	5	5	19

续表

接种量/mL			总大肠菌群/(MPN/100mL)	接种量/mL			总大肠菌群/(MPN/100mL)
10	1	0.1		10	1	0.1	
1	0	0	2	2	0	0	5
1	0	1	4	2	0	1	7
1	0	2	6	2	0	2	9
1	0	3	8	2	0	3	12
1	0	4	10	2	0	4	14
1	0	5	12	2	0	5	16
1	1	0	4	2	1	0	7
1	1	1	6	2	1	1	9
1	1	2	8	2	1	2	12
1	1	3	10	2	1	3	14
1	1	4	12	2	1	4	17
1	1	5	14	2	1	5	19
1	2	0	6	2	2	0	9
1	2	1	8	2	2	1	12
1	2	2	10	2	2	2	14
1	2	3	12	2	2	3	17
1	2	4	15	2	2	4	19
1	2	5	17	2	2	5	22
1	3	0	8	2	3	0	12
1	3	1	10	2	3	1	14
1	3	2	12	2	3	2	17
1	3	3	15	2	3	3	20
1	3	4	17	2	3	4	22
1	3	5	19	2	3	5	25
1	4	0	11	2	4	0	15
1	4	1	13	2	4	1	17
1	4	2	15	2	4	2	20
1	4	3	17	2	4	3	23
1	4	4	19	2	4	4	25
1	4	5	22	2	4	5	28
1	5	0	13	2	5	0	17
1	5	1	15	2	5	1	20
1	5	2	17	2	5	2	23
1	5	3	19	2	5	3	26
1	5	4	22	2	5	4	29
1	5	5	24	2	5	5	32

续表

接种量/mL			总大肠菌群/（MPN/100mL）	接种量/mL			总大肠菌群/（MPN/100mL）
10	1	0.1		10	1	0.1	
3	0	0	8	4	0	0	13
3	0	1	11	4	0	1	17
3	0	2	13	4	0	2	21
3	0	3	16	4	0	3	25
3	0	4	20	4	0	4	30
3	0	5	23	4	0	5	36
3	1	0	11	4	1	0	17
3	1	1	14	4	1	1	21
3	1	2	17	4	1	2	26
3	1	3	20	4	1	3	31
3	1	4	23	4	1	4	36
3	1	5	27	4	1	5	42
3	2	0	14	4	2	0	22
3	2	1	17	4	2	1	26
3	2	2	20	4	2	2	32
3	2	3	24	4	2	3	38
3	2	4	27	4	2	4	44
3	2	5	31	4	2	5	50
3	3	0	17	4	3	0	27
3	3	1	21	4	3	1	33
3	3	2	24	4	3	2	39
3	3	3	28	4	3	3	45
3	3	4	32	4	3	4	52
3	3	5	36	4	3	5	59
3	4	0	21	4	4	0	34
3	4	1	24	4	4	1	40
3	4	2	28	4	4	2	47
3	4	3	32	4	4	3	54
3	4	4	36	4	4	4	62
3	4	5	40	4	4	5	69
3	5	0	25	4	5	0	41
3	5	1	29	4	5	1	48
3	5	2	32	4	5	2	56
3	5	3	37	4	5	3	64
3	5	4	41	4	5	4	72
3	5	5	45	4	5	5	81

续表

接种量/mL			总大肠菌群/(MPN/100mL)	接种量/mL			总大肠菌群/(MPN/100mL)
10	1	0.1		10	1	0.1	
5	0	0	23	5	3	0	79
5	0	1	34	5	3	1	110
5	0	2	48	5	3	2	140
5	0	3	58	5	3	3	180
5	0	4	76	5	3	4	210
5	0	5	95	5	3	5	250
5	1	0	33	5	4	0	130
5	1	1	46	5	4	1	170
5	1	2	63	5	4	2	220
5	1	3	84	5	4	3	280
5	1	4	110	5	4	4	350
5	1	5	130	5	4	5	430
5	2	0	49	5	5	0	240
5	2	1	70	5	5	1	350
5	2	2	94	5	5	2	540
5	2	3	120	5	5	3	920
5	2	4	150	5	5	4	1600
5	2	5	180	5	5	5	>1600

十二、耐热大肠菌群的测定

当水样中检出总大肠菌群时，应进一步检验耐热大肠菌群。耐热大肠菌群在44.5℃仍能生长，所以用提高培养温度的方法可以将自然环境中的大肠菌群与粪便中的大肠菌群区分开。

（一）仪器与设备

（1）恒温水浴或隔水式恒温培养箱：44.5℃ ±0.5℃。

（2）其他同本章第七节水的检验中总大肠菌群的测定的仪器与设备。

（二）培养基与试剂

1. EC 培养基

成分：胰蛋白胨 20g；乳糖 5g；3 号胆盐或混合胆盐 1.5g；磷酸氢二钾 4g；磷酸二氢钾 1.5g；氯化钠 5g；蒸馏水 1000mL。

制法：将上述成分溶解于蒸馏水中，分装到带有倒管的试管中，115℃高压灭菌20min，最终 pH 为6.9 ±0.2。

2. 伊红美蓝琼脂

同本章第七节水的检验中总大肠菌群的测定的培养基与试剂。

（三）检测步骤

（1）自总大肠菌群乳糖发酵试验中的阳性管（产酸产气）中取1滴转种于EC培养基中，置44.5℃水浴箱或隔水式恒温培养箱内（水浴箱的水面应高于试管中培养基液面），培养24h±2h，如所有管均不产气，则可报告为阴性，如有产气者，则转种于伊红美蓝琼脂平板上，置44.5℃培养18h~24h，凡平板上有典型菌落者，则证实为耐热大肠菌群阳性。

（2）如检测未经氯化消毒的水，且只想检测耐热大肠菌群时，或调查水源水的耐热大肠菌群污染时，可用直接多管耐热大肠菌群方法，即在第一步乳糖发酵试验时按总大肠菌群方法接种乳糖蛋白胨培养液在44.5℃±0.5℃水浴中培养，以下步骤同上。

（3）结果报告

根据证实为耐热大肠菌群的阳性管数，查MPN表（表3-43、表3-44），报告每100mL水样中的耐热大肠菌群最可能数（MPN）值。

十三、大肠埃希氏菌的测定

当水样中检出总大肠菌群时，应进一步检验大肠埃希氏菌。大肠埃希氏菌多管发酵法是指多管发酵法总大肠菌群阳性，在含有荧光底物的培养基上44.5℃培养24h产生β-葡萄糖醛酸酶，分解荧光底物释放出荧光产物，使培养基在紫外光下产生特征性荧光的细菌，以此来检测水中大肠埃希氏菌的方法。

（一）仪器与设备

（1）紫外光灯：6W、波长366nm的紫外灯，用于观测荧光反应。

（2）其他同本章第七节水的检验中总大肠菌群的测定的仪器与设备。

（二）培养基与试剂

EC-MUG培养基。

成分：胰蛋白胨20.0g；乳糖5.0g；3号胆盐或混合胆盐1.5g；磷酸氢二钾4.0g；磷酸二氢钾1.5g；氯化钠5.0g；4-甲基伞形酮-β-D-葡萄糖醛酸苷（MUG）0.05g；蒸馏水1000mL。

制法：将上述成分溶解于蒸馏水中，充分混匀，加热溶解，在366nm紫外光下检查无自发荧光后分装于试管中，115℃高压灭菌20min，最终pH为6.9±0.2。

（三）检测步骤

1. 接种

将总大肠菌群多管发酵法初发酵产酸或产气的管进行大肠埃希氏菌检测。用烧灼灭菌的金属接种环或无菌棉签将上述试管中液体接种到EC-MUG管中。

2. 培养

将已接种的EC-MUG管在培养箱或恒温水浴中44.5℃±0.5℃培养24h±2h。如使用恒温水浴，在接种后30min内进行培养，使水浴的液面超过EC－MUG管的液面。

3. 结果观察与报告

将培养后的EC－MUG管在暗处用波长为366nm功率为6W的紫外光灯照射，如果有蓝色荧光产生则表示水样中含有大肠埃希氏菌。

计算EC－MUG阳性管数，查对应的MPN表，得出大肠埃希氏菌的MPN值，结果以MPN/100mL报告。

十四、菌落总数的测定

生活饮用水或水源水中菌落总数的测定方法为平板培养法，是指水样在营养琼脂平板上有氧条件下37℃培养48h后形成的菌落数，即为1mL水样所含菌落的总数。

（一）仪器与设备

（1）高压蒸汽灭菌器。

（2）干热灭菌箱。

（3）培养箱：36℃ ±1℃。

（4）天平。

（5）冰箱：0℃ ~4℃。

（6）放大镜或菌落计数器。

（7）分度吸管：1mL，10mL。

（8）采样瓶。

（9）平皿（直径9cm）。

（10）pH计或精密pH试纸。

（二）培养基与试剂

营养琼脂。

成分：蛋白胨10g；牛肉膏3g；氯化钠5g；琼脂10g~20g；蒸馏水1000mL。

制法：将上述成分溶解于蒸馏水中，充分混匀，加热溶解，调整pH为7.4~7.6，分装于玻璃容器中，经121℃高压灭菌20min，保温备用。

（三）检测步骤

（1）以无菌操作方法用灭菌吸管吸取1mL充分混匀的水样，注入灭菌平皿中，倾注约15mL已灭菌并冷却到45℃左右的营养琼脂培养基，并立即旋摇平皿，使水样与培养基充分混匀。每次检验时应做一平行接种，同时另用一个平皿只倾注营养琼脂培养基作为空白对照。

（2）待冷却凝固后，翻转平皿，使底面朝上，置于36℃ ±1℃培养箱内培养48h，进行菌落计数，即为水样1mL中的菌落数。

如为水源水，应以无菌操作方法进行1∶10梯度稀释后，选取2个~3个适宜稀释度的水样按照上述步骤操作并进行计数。

（3）菌落计数及报告：作平皿菌落计数时，可用眼睛直接观察，必要时用放大镜检查，以防遗漏。在记下各平皿的菌落数后，应求出同稀释度的平均菌落数，供下一步计算时用。在求同稀释度的平均数时，若其中一个平皿有较大片状菌落生长时，则不宜采用，而应以无片状菌落生长的平皿作为该稀释度的平均菌落数。若片状菌落不到平皿的一半，而其余一半中菌落数分布又很均匀，则可将此半皿计数后乘以 2 代表全皿菌落数，然后再求该稀释度的平均菌落数。

（4）不同稀释度的选择及报告方法

1）首先选择平均菌落数在 30～300 之间者进行计数，若只有一个稀释度的平均菌落数符合此范围时，则将该菌落数乘以稀释倍数报告之。

2）若有两个稀释度，其生长的菌落数均在 30～300 之间，则视二者之比值来决定，若其比值小于 2 应报告两者的平均数。若大于 2 则报告其中稀释度较小的菌落总数。若等于 2 亦报告其中稀释度较小的菌落数。

3）若所有稀释度的平均菌落数均大于 300，则应按稀释度最高的平均菌落数乘以稀释倍数报告之。

4）若所有稀释度的平均菌落数均小于 30，则应按稀释度最低的平均菌落数乘以稀释倍数报告之。

5）若所有稀释度的平均菌落数均不在 30～300 之间，则应以最接近 30 或 300 的平均菌落数乘以稀释倍数报告之。

6）若所有稀释度的平板上均无菌落生长，则以未检出报告之。

7）如果所有平板上都菌落密布，不要用“多不可计”报告，而应在稀释度最大的平板上，任意数其中 2 个平板 $1cm^2$ 中菌落数，除 2 求出每平方厘米内平均菌落数，乘以皿底面积 $63.6\ cm^2$，再乘其稀释倍数报告。

8）菌落计数的报告：菌落数在 100 以内时按实有数报告，大于 100 时，采用 2 位有效数字，在 2 位有效数字后面的数值，以四舍五入方法计算，为了缩短数字后面的零数也可用 10 的指数来表示。

第八节　食品添加剂检验

一、化学膨松剂的检验

化学膨松剂又称泡打粉、发泡粉、发酵粉，是糕点、饼干等焙烤食品生产过程中经常被采用的食品添加剂。它通常在面团调制过程中被加入，在熟制（烤、炸、蒸等）时因受热分解产生大量气体而使面坯起发，并使制品内部形成均匀、细密的多孔性组

织，从而达到酥松、绵软、入口即化的效果。下面介绍一些主要指标的检测方法。

（一）二氧化碳气体发生量的测定

1. 试剂和材料

（1）盐酸溶液：1 +2。

（2）置换溶液：称取 100g 氯化钠，置于烧杯中，加入 350mL 水使之溶解，再加 1g 碳酸氢钠和 2 滴甲基橙指示液，滴加盐酸溶液至溶液呈微红色。

2. 仪器与设备

二氧化碳气体发生量测定装置见图 3 -6。

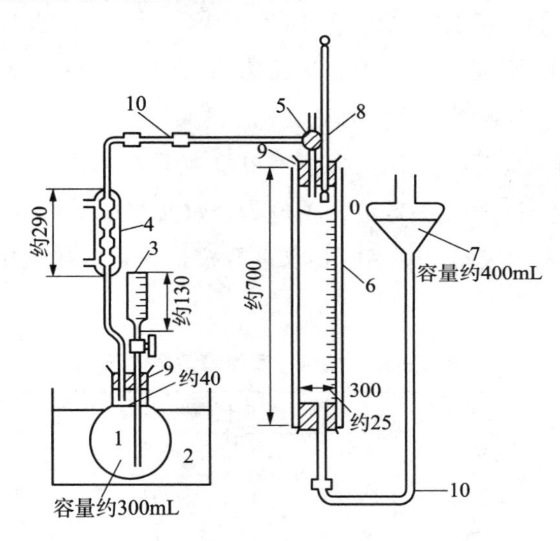

图 3 -6　二氧化碳气体发生量测定装置

1 - 气体发生用圆底烧瓶；2 - 水浴；3 - 滴液漏斗；4 - 冷凝管；5 - 三通阀
6 - 有外套的气体量管；7 - 水准瓶；8 - 温度计；9 - 胶塞；10 - 胶管

3. 操作步骤

按图 3 -6 所示连接装置的各部分。旋转三通阀 5，使装置通大气，升降水准瓶 7，以移动内部的置换溶液，调整气体量管 6 的刻度至零点。将冷凝管 4 通冷却水，旋转三通阀 5 使冷凝管 4 与气体量管 6 连通。

取下气体发生瓶 1，加入 100mL 水，并将用软纸包裹的约 1g（精确至 0. 0002g）试样投入气体发生瓶 1 中，迅速将烧瓶连接好，置于 75℃ 的水浴中加热，适当降低水准瓶 7，由滴液漏斗 3 加入 20mL 盐酸溶液，立即关闭滴液漏斗的阀，不断缓慢振摇气体发生瓶。3min 后，适当调节水准瓶 7 的位置，当气体量管 6 和水准瓶 7 的液面取得平衡时，读取液面刻度 V（mL）和温度计 8 的读数，同时测定大气压力。根据表 3 -45 及表 3 -46 查出大气压及蒸汽压的校正值。按上述步骤做空白试验。空白试验除不加试样外，其他操作及加入试剂的种类和量（标准滴定溶液除外）与测定试验相同。

4. 结果计算

二氧化碳气体发生量 φ 以标准状态下每克试样所产生的二氧化碳体积（mL/g）计，按式（3-69）计算：

$$\varphi = \frac{(V - V_0)(P - P_0)}{101.3 \times m} \times \frac{273}{273 + t} \tag{3-69}$$

式中 V——测定试样时气体量管液面刻度值，单位为毫升（mL）；

V_0——空白试验时气体量管液面刻度值，单位为毫升（mL）；

P——测定时校正后的大气压的数值，单位为千帕（kPa）；

P_0——t℃时水的校正后的蒸汽压的数值，单位为千帕（kPa）；

t——测定时温度计读数的数值，单位为摄氏度（℃）；

m——试料质量的数值，单位为克（g）；

101.3——标准状态下大气压的数值，单位为千帕（kPa）；

273——标准状态下温度的数值，单位为开尔文（K）。

气压计的读数应先按仪器说明书的要求进行校正，然后从气压计读数中减去表3-45 所给的校正值。

表 3-45 气压计读数的温度校正

室温，℃	气压计读数，WKPa							
	925	950	975	1000	1025	1050	1075	1100
10	1.51	1.55	1.59	1.63	1.67	1.71	1.75	1.79
11	1.66	1.70	1.75	1.79	1.84	1.88	1.93	1.97
12	1.81	1.86	1.90	1.95	2.00	2.05	2.10	2.15
13	1.96	2.01	2.06	2.12	2.17	2.22	2.28	2.33
14	2.11	2.16	2.22	2.28	2.34	2.39	2.45	2.51
15	2.26	2.32	2.38	2.44	2.50	2.56	2.63	2.69
16	2.41	2.47	2.54	2.60	2.67	2.73	2.80	2.87
17	2.56	2.63	2.70	2.77	2.83	2.90	2.97	3.04
18	2.71	2.78	2.85	2.93	3.00	3.07	3.15	3.22
19	2.86	2.93	3.01	3.09	3.17	3.25	3.32	3.40
20	3.01	3.09	3.17	3.25	3.33	3.42	3.50	3.58
21	3.16	3.24	3.33	3.41	3.50	3.59	3.67	3.76
22	3.31	3.40	3.49	3.58	3.67	3.76	3.85	3.94
23	3.46	3.55	3.65	3.74	3.83	3.93	4.02	4.12
24	3.61	3.71	3.81	3.90	4.00	4.10	4.20	4.29
25	3.76	3.86	3.96	4.06	4.17	4.27	4.37	4.47
26	3.91	4.01	4.12	4.23	4.33	4.44	4.55	4.66

续表

室温,℃	气压计读数，WKPa							
	925	950	975	1000	1025	1050	1075	1100
27	4.06	4.17	4.28	4.39	4.50	4.61	4.72	4.83
28	4.21	4.32	4.44	4.55	4.66	4.78	4.89	5.01
29	4.36	4.47	4.59	4.71	4.83	4.95	5.07	5.19
30	4.51	4.63	4.75	4.87	5.00	5.12	5.24	5.37
31	4.66	4.49	4.91	5.04	5.16	5.29	5.41	5.54
32	4.81	4.94	5.07	5.20	5.33	5.46	5.59	5.72
33	4.96	5.09	5.23	5.36	5.49	5.63	5.76	5.90
34	5.11	5.25	5.38	5.52	5.66	5.80	5.94	6.07
35	5.26	5.40	5.54	5.68	5.82	5.97	6.11	6.25

表3－46 水的饱和蒸汽压（0℃～50℃）

温度,℃	压强，Pa	温度,℃	压强，Pa	温度,℃	压强，Pa
0	610.51	17	1937.27	34	5319.82
1	657.31	18	2063.93	35	5623.81
2	705.31	19	2197.26	36	5941.14
3	758.64	20	2338.59	37	6275.79
4	813.31	21	2486.58	38	6619.78
5	871.97	22	2646.58	39	6991.77
6	934.64	23	2809.24	40	7375.75
7	1001.30	24	2983.90	41	7778.41
8	1073.30	25	3167.89	42	8199.73
9	1147.96	26	3361.22	43	8639.71
10	1227.96	27	3565.21	44	9101.03
11	1311.96	28	3779.87	45	9583.68
12	1402.62	29	4005.20	46	10086.33
13	1497.28	30	4242.53	47	10612.98
14	1598.61	31	4493.18	48	11160.96
15	1705.27	32	4754.51	49	11735.61
16	1817.27	33	5030.50	50	12334.26

（二）加热减量的测定

1. 仪器与设备

（1）电热恒温干燥箱：温度能控制为105℃ ±2℃。

（2）电子天平：感量为0.0001g。

（3）备有变色硅胶的干燥器。

（4）称量瓶：Φ 50mm×30mm。

2. 分析步骤

称取约5g试样，精确至0.0002g，置于已在105℃干燥至质量恒定的称量瓶内，移入电热恒温干燥箱中，在60℃±2℃下加热2h。于干燥器中冷却至室温后，称量。

3. 结果计算

加热减量的质量分数 X，按式（3-70）计算：

$$X=\frac{m_1-m_2}{m}\times 100\% \qquad (3-70)$$

式中　m_1——试样和称量瓶的质量，单位为克（g）；

m_2——试样和称量瓶的质量，单位为克（g）；

m——试样的质量，单位为克（g）。

（三）pH的测定

1. 仪器与设备

pH计：精度0.02。

2. 分析步骤

称取1.00±0.01g试样置于250mL烧杯中，加入100mL水，充分搅拌后，盖上表面皿，置于沸水浴中加热保温10min，冷却至室温测其pH。

试验结果以平行测定结果的算术平均值为准。在重复性条件下获得的两次独立测定结果的绝对差值不大于0.2。

（四）砷的测定

食品添加剂中砷的测定主要方法有二乙氨基二硫代甲酸银比色法和氢化物原子荧光光谱法（来源于GB 5009.76—2014《食品安全国家标准　食品添加剂中砷的测定》），本文主要介绍二乙氨基二硫代甲酸银比色法。

1. 方法原理

在碘化钾和氯化亚锡存在下，将样液中的高价砷还原为三价砷，三价砷与锌粒和酸产生的新生态氢作用，生成砷化氢气体，经乙酸铅棉花除去硫化氢干扰后，被溶于三乙醇胺-三氯甲烷中或吡啶中的二乙氨基二硫代甲酸银溶液吸收并作用，生成紫红色络合物，与标准比较定量。

2. 试剂和材料

注：除非另有说明，本标准所用试剂均为分析纯，水为GB/T 6682规定的一级水。

（1）硝酸（HNO_3）：优级纯。

（2）硫酸（H_2SO_4）：优级纯。

（3）盐酸（HCl）：优级纯。

（4）氢氧化钠（NaOH）。

（5）氧化镁（MgO）。

（6）硝酸镁［$Mg(NO_3)_2 \cdot 2H_2O$］。

（7）碘化钾（KI）。

（8）氯化亚锡（$SnCl_2 \cdot 2H_2O$）。

（9）无砷金属锌（Zn）。

（10）三氯甲烷（$CHCl_3$）。

（11）吡啶（C_5H_5N）。

（12）二乙氨基二硫代甲酸银（$C_5H_{10}AgNS_2$）。

（13）三乙醇胺（$C_6H_{15}NO_3$）。

（14）乙醇（C_2H_5OH）。

（15）酚酞（$C_{20}H_{14}O_4$）。

（16）乙酸铅（$C_4H_6O_4Pb \cdot H_2O$）。

（17）硫酸溶液（1+1）：量取100mL硫酸慢慢加入100mL水中，混匀，冷却后使用。

（18）硫酸溶液（1mol/L）：量取28mL硫酸，慢慢加入水中，用水稀释到500mL。

（19）盐酸溶液（1+1）：量取100mL盐酸慢慢加入100mL水中，混匀，冷却后使用。

（20）氢氧化钠溶液（200g/L）：称取20g氢氧化钠用水溶解并定容至100mL。

（21）硝酸镁溶液（150g/L）：称取15g硝酸镁用水溶解并定容至100mL。

（22）碘化钾溶液（150g/L）：称取15g碘化钾用水溶解并定容至100mL。贮于棕色瓶内（临用前配制）。

（23）氯化亚锡溶液（400g/L）：称取20g氯化亚锡，溶于50mL盐酸。

（24）吸收液A：称取0.25g二乙氨基二硫代甲酸银，研碎后用适量三氯甲烷溶解。加入1.0mL三乙醇胺，再用三氯甲烷稀释至100mL。静置后过滤于棕色瓶中，贮存于冰箱内备用。

（25）吸收液B：称取0.50g二乙氨基二硫代甲酸银，研碎后用吡啶溶解并稀释至100mL。静置后过滤于棕色瓶中，贮存于冰箱内备用。

（26）1%酚酞乙醇溶液：称取1.0g酚酞溶于100mL乙醇溶液中。

（27）10%乙酸铅溶液：称取10g乙酸铅用水溶解并定容至100mL乙醇溶液中。

（28）三氧化二砷（As_2O_3）标准品，纯度为99.99%或经国家认证并授予标准物质证书的标准物质。

（29）砷标准储备液（0.1mg/mL）：准确称取0.1320g于硫酸干燥器中干燥至恒重

的三氧化二砷，溶于5mL氢氧化钠溶液中。溶解后，加入25mL硫酸，移入1000mL容量瓶中，加新煮沸冷却的水稀释至刻度。此溶液1.00mL相当于0.1mg砷。

（30）砷标准使用液（1μg/mL）临用前取1.0mL，加1mL硫酸于100mL容量瓶中，加新煮沸冷却的水稀释至刻度。此溶液1.0mL相当于1.0μg砷。

（31）乙酸铅棉花：将脱脂棉浸于10%乙酸铅溶液中，2h后取出晾干。

3. 仪器设备

注：所用玻璃仪器需用硝酸溶液（1+4）浸泡24h以上，用自来水反复冲洗干净，最后用去离子水冲洗2~3次。

分光光度计、马弗炉、可调式电炉、电子天平（感量0.1mg和1mg）、电热板、测砷装置（图3-7）。

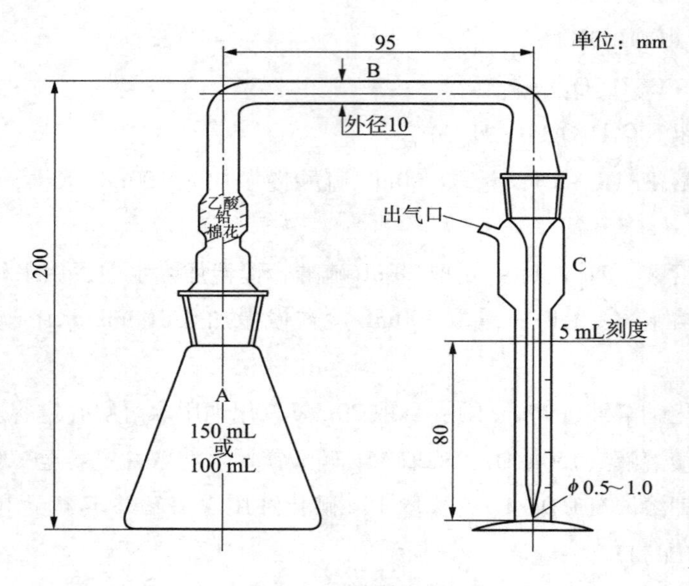

图3-7　测砷装置图

A-100或150mL锥形瓶（19号标准口）；

B-导气管，管口为19号标准口，与锥形瓶A密合时不应漏气，管尖直径0.5mm~1.0mm与吸收管C接合部为14号标准口，插入后，管尖距管C底为1mm~2mm；

C-吸收管，管口为14号标准口，5mL刻度，高度不低于8cm。吸收管的材质应一致

4. 分析步骤

（1）无机试样的制备

可按各相关标准规定的方法进行。

（2）有机试样的制备

除按相关标准规定外，一般按下述程序进行。

湿法消解：称取5g试样（精确至0.001g），置于250mL凯氏烧瓶或三角烧瓶中，

加10mL硝酸浸润试样，放置片刻（或过夜）后，于电热板上缓缓加热，待作用缓和后，稍冷，沿瓶壁加入5mL硫酸，再缓缓加热，至瓶中溶液开始变成棕色，不断滴加硝酸（如有必要可滴加些高氯酸，但须注意防止爆炸），至有机质分解完全，继续加热，生成大量的二氧化硫白色烟雾，最后溶液应无色或微带黄色。冷却后加20mL水煮沸，除去残余的硝酸至产生白烟为止。如此处理两次，放冷，将溶液移入50mL容量瓶中，用少量水洗涤凯氏烧瓶或三角烧瓶2～3次，将洗液并入容量瓶中，加水至刻度，每10mL样品液相当于1.0g试样。取相同量的硝酸、硫酸，按上述方法做试剂空白试验。

干灰化法：称取5g试样（精确至0.001g）于瓷坩埚中，加10mL硝酸镁溶液，混匀，浸泡4h，可调式电炉上低温或水浴上蒸干，再加入1.00g氧化镁粉末仔细覆盖在干渣上，用可调式电炉小火加热至炭化完全，将坩埚移入马弗炉中，在550℃以下灼烧至灰化完全，冷却后取出，加适量水湿润灰分，加入酚酞溶液数滴，再缓缓加入（1+1）盐酸溶液至酚酞红色褪去，然后将溶液移如50mL容量瓶中（必要时过滤），用少量水洗涤坩埚3次，洗液并入容量瓶中，加水至刻度，混匀。每10mL试样液相当于1.0g试样。取相同量的氧化镁、硝酸镁，按上述方法做试剂空白试验。

（3）测定

1）吸收液的选择　吸收液A或吸收液B的选择，可根据分析的需要来判断。但是在测定过程中，样品、空白及标准都应用同一吸收液。

2）限量试验　吸取一定量的试样液和砷的标准使用液（含砷量不低于5μg），分别置于砷发生瓶A中，补加硫酸至总量为5mL，加水至50mL。

于上述各瓶中加3mL碘化钾溶液，混匀，放置5min。分别加入1mL氯化亚锡溶液混匀，再放置15min。各加入5g无砷金属锌，立即塞上装有乙酸铅棉花的导气管B，并使管B的尖端插入盛有5.0mL吸收液A或吸收液B的吸收管C中，室温反应1h，取下吸收管C，用三氯甲烷（吸收液A）或吡啶（吸收液B）将吸收液体积补充到5.0mL。

经目视比色或用1cm比色杯，于515nm波长（吸收液A）或540nm波长（吸收液B）处，测吸收液的吸光度。样品液的色度或吸光度不得超过砷的限量标准吸收液的色度或吸光度。若试样经处理，则砷的限量标准也应同法处理。

3）定量测定　吸取25mL（或适量）试样液及同量的试剂空白液，分别置于砷发生瓶A中，补加硫酸至总量为5mL，加水至50mL，混匀。

吸取0.0mL，2.0mL，4.0mL，6.0mL，8.0mL，10.0mL砷标准溶液（1.0mL相当于1.0μg砷），分别置于砷发生瓶A中，加水至40mL，再加10mL硫酸溶液，混匀。

向试样液、试剂空白液及砷标准液中各加3mL碘化钾溶液，混匀，放置5min，再分别加 1mL 氯化亚锡溶液，混匀，放置 15min 后，各加入 5g 无砷金属锌，立即塞上装有乙酸铅棉花的导气管 B，并使管 B 的尖端插入盛有 5.0mL 吸收液 A 或吸收液 B 的吸收管 C 中，室温反应 1h，取下吸收管 C，用三氯甲烷（吸收液 A）或吡啶（吸收液 B）将吸收液体积补到 5.0mL。用 1cm 比色杯，于 515nm 波长（吸收液 A）或 540nm 波长（吸收液 B）处，用零管调节仪器零点，测吸光度，绘制标准曲线比较。若样品经处理，砷的标准系列也须同法处理，以对标准曲线进行校正。

5. 分析结果的表述

$$C = \frac{(m_1 - m_2) \times V_1 \times 1000}{m \times V_2 \times 1000} \tag{3-71}$$

式中 c——样品中砷的含量，单位为毫克每千克（或毫克每升）[mg/kg（或 mg/L）]；

m_1——试样液中砷的质量，单位为微克（μg）；

m_2——试剂空白液中砷的含量，单位为微克（μg）；

V_1——试样处理后定容体积，单位为毫升（mL）；

m——样品质量（体积），单位为克（或毫升）[g（或 mL）]；

V_2——测定时所取试样液体积，单位为毫升（mL）；

1000——换算系数。

计算结果保留 2 位有效数字。

在重复性条件下获得的两次独立测定结果的绝对差值不得超过算术平均值的 10%。

（五）重金属（以 Pb 计）的测定

复合膨松剂中重金属的测定为目视比色法限量试验（来源于 GB 1886.245—2016《食品安全国家标准 食品添加剂 复配膨松剂》）。

1. 方法原理

在弱酸性（pH 3~4）条件下，试样中的重金属离子与硫化氢作用，生成棕黑色，与同法处理的铅标准溶液比较，做限量试验。

2. 试剂和材料

（1）硝酸。

（2）硫酸。

（3）盐酸羟胺。

（4）盐酸溶液（1+1）。

（5）氨水溶液（1+3）。

（6）pH 3.5 的乙酸盐缓冲液：称取 25.0g 乙酸铵溶于 25mL 水中，加 45mL 6mol/L 盐酸溶液，用稀盐酸或稀氨水调节 pH 至 3.5，用水稀释至 100mL。

（7）硫化氢饱和溶液：硫化氢气体通入不含二氧化碳的水中至饱和为止。此溶液临用前制备。

（8）铅标准储备液（1mg/mL）：称取 0.1598g 高纯硝酸铅［$Pb(NO_3)_2$］，溶于 10mL 硝酸溶液（1%）中，定量移入 100mL 容量瓶中，用水稀释至刻度。

（9）铅标准使用液（10μg/mL）：吸取铅标准储备液（1mg/mL）1.0mL 于 100mL 容量瓶中，加硝酸溶液（1+99）定容至刻度。

3. 仪器和设备

注：所用坩埚、玻璃仪器均需以硝酸溶液（1+5）浸泡过夜，用水反复冲洗，最后用去离子水冲洗干净。

（1）石英坩埚：50mL，或硬质玻璃蒸发皿：100mL。

（2）50mL 纳氏比色管。

4. 分析步骤

称取 1.00g（精确至 0.01g）试样，置于石英坩埚或硬质玻璃蒸发皿中，加硫酸浸润试样，进行灰化，于电炉上小火炭化后，加 1mL 硝酸和 2 滴硫酸，小心加热直到白色烟雾挥尽，移入马弗炉中，于 550℃ 灰化完全，冷却后取出，加盐酸溶液湿润残渣，于水浴上慢慢蒸发至干。用 1 滴盐酸湿润残渣，并加 10mL 水，于沸水浴上再次加热 2min，将溶液过滤于 50mL 容量瓶中，洗涤，用氨水溶液调节 pH 值约为 3（用精密 pH 试纸检验），加入 0.5g 盐酸羟胺，5mL 乙酸盐缓冲液，混匀，加入 10mL 新鲜制备的硫化氢饱和溶液，并加水至 50mL 刻度，混匀。放置 10min 后，在白色背景下观察，所呈颜色不得深于标准比色溶液。

标准比色溶液的制备，用移液管移取 2.00mL 铅标准溶液置于比色管中，加水至总体积约 25mL，以下按"用氨水溶液调节 pH 值约为 3"起与试样同时同样处理。

二、酵母的检验

酵母是一种单细胞微生物，含蛋白质 50% 左右，氨基酸含量高，富含 B 族维生素，还有丰富的酶系和多种经济价值很高的生理活性物质。通常酵母包括鲜酵母和活性干酵母两类，根据面团含糖量的不同，又可分为高糖酵母、低糖酵母和无糖酵母。在焙烤食品加工生产过程中，酵母被广泛用作人类主食面包、馒头、包子、饼干、糕点等食品的优良发酵剂和营养剂。

（一）发酵力的测定

1. 原理

在 30℃ ±0.2℃ 时，测定按一定成分配制的面团，在规定的时间内，经酵母发酵产生的二氧化碳气体的体积，用 SJA 发酵仪直接测定，或用排水法测定二氧化碳体积的排水量。结果均用毫升数表示。

发酵力读数方法：要求从零点开始作为起始点，如不能以零点为起始点，假如起始点为A，终点读数为B，则最终读数为从B点向下减去“0～A”的高度后的读数值。

2. 仪器与设备

（1）SJA发酵仪（活力计）。

（2）恒温水浴：控制精度±0.2℃。

（3）天平：精度0.01g。

（4）恒温和面机。

（5）水银温度计：分度值为0.1℃～0.2℃。

（6）恒温箱。

3. 试剂与材料

（1）氯化钠。

（2）中筋小麦粉三级（应符合GB/T 1355—1986）：每包面粉使用前用快速干燥仪测定其水分。测定方法为：用称量盆在快速干燥仪上称取3.00g面粉，放入恒温干燥箱内，于110℃下干燥10min后读数，即为面粉的水分（%）。

（3）白砂糖：符合GB 317—2006的规定。

4. 操作步骤

（1）面团制备

1）使用鲜酵母时的面团制备。

①面团不含糖（低糖型酵母）：称取4.0g氯化钠，加约145mL水溶解，制成盐水溶液（以下简称盐水）。称取280.0g中筋小麦粉，倒入和面机中。另称取6.0g鲜酵母样品（若样品已冷藏，应事先在30℃下放置1h）至一50mL的小烧杯中，用少量上述盐水溶解鲜酵母，将溶解后的鲜酵母倒入和面机内，并用少量盐水洗涤小烧杯两次，洗涤液和剩下的盐水一并倒入和面机内，混合搅拌5min，面团温度应为30℃±0.2℃。

②面团含糖16%（高糖型酵母）：称取2.8g氯化钠和44.8g白砂糖，加约125mL水溶解，制成糖盐水。称取280.0g中筋小麦粉，倒入和面机中。另称取9.0g鲜酵母样品（若样品已冷藏，应事先在30℃下放置1h）至一50mL的小烧杯中，用少量上述糖盐水溶解鲜酵母，将溶解后的鲜酵母倒入和面机内，并用少量糖盐水洗涤小烧杯两次，洗涤液和剩下的糖盐水一并倒入和面机内，混合搅拌5min，面团温度应为30℃±0.2℃。

2）使用高活性干酵母时的面团制备。

①面团不含糖（低糖型酵母）：称取4.0g氯化钠，加约150mL水溶解，制成盐水。分别称取280.0g中筋小麦粉和2.8g干酵母，倒入和面机中，混合搅拌1min，然后加入盐水，继续混合搅拌5min，面团温度应为30℃±0.2℃。

②面团含糖16%（高糖型酵母）：称取2.80g氯化钠和44.8g白砂糖，加约130mL

水溶解，制成糖盐水。分别称取280.0g中筋小麦粉和4.0g干酵母，倒入和面机中，混合搅拌1min，然后加入糖盐水，继续混合搅拌5min，面团温度应为30℃ ±0.2℃。

（2）测定

将面团放入仪器的不锈钢盒中，送入活力室内。发酵温度为30℃ ±0.5℃。调节记录仪零点，关闭放气小孔。从和面到面团放入仪器内的第8min开始计时。记录第1小时面团产生的二氧化碳气体量，即为该酵母的发酵力。

三、食用香精的检验

食用香精是参照天然食品的香味，采用天然和天然等同香料、合成香料经精心调配而成具有天然风味的各种香型的香精。包括水果类水质和油质、奶类、家禽类、肉类、蔬菜类、坚果类、蜜饯类、乳化类以及酒类等各种香精，适用于饮料、饼干、糕点、冷冻食品、糖果、调味料、乳制品、罐头、酒等食品。作为一种食品添加剂，香精可使食品增香添味，为此它被广泛应用于食品工业。

（一）相对密度的测定

1. 原理

在一定温度（t℃）下先后称量密度瓶内同体积的香精和水的质量。

2. 试剂与仪器

（1）蒸馏水。

（2）玻璃密度瓶。

（3）水浴。

（4）标准温度计，温度范围在10℃ ~30℃。

（5）分析天平。

3. 操作步骤

（1）密度瓶的准备

仔细地清洗密度瓶，然后依次用乙醇、丙酮进行清洗，用干燥的空气使密度瓶的内壁干燥。当天平室和密度瓶的温度达到平衡时，如有瓶塞，称取包括瓶塞在内的密度瓶的质量，精确到0.1mg。

（2）蒸馏水的称量

密度瓶内注满蒸馏水，将密度瓶浸入到水浴中。当天平室和密度瓶的温度达到平衡时，如有瓶塞，称取包括瓶塞在内的密度瓶的质量，精确到0.1mg。

（3）香精的称量

将密度瓶倒空，清洗并干燥，用试样代替蒸馏水，按步骤（2）进行操作。

4. 结果的表述

按式（3 –72）计算相对密度 d_t^t：

$$d_t^t = \frac{m_2 - m_0}{m_1 - m_0} \times 100 \qquad (3-72)$$

式中 m_0——测得的空密度瓶的质量，单位为克（g）；

m_1——测得的装有水的密度瓶的质量，单位为克（g）；

m_2——测得的装有香精的密度瓶的质量，单位为克（g）。

测定结果计算到小数点后4位，平行试验结果允许差为0.0004。

（二）折光指数的测定

1. 原理

按照所用仪器的类型，直接测量折射角或者观察全反射的临界线，香精应保持各向同性和透明性的状态。

2. 试剂与仪器

（1）蒸馏水。

（2）标准物质

1）蒸馏水，20℃时的折光指数为1.3330。

2）对异丙基甲苯，20℃时的折光指数为1.4906。

3）苯甲酸苄酯，20℃时的折光指数为1.5685。

4）1-溴萘，20℃时的折光指数为1.6585。

（3）折光仪，可直接读出1.3000~1.7000范围内的折光指数，精密度为±0.0002。

（4）恒温器或可恒定温度的装置。

（5）光源，钠光。

3. 操作步骤

（1）折光仪的校准

通过标准物质的折光指数来校准折光仪。保持折光仪的温度恒定在规定的测定温度上。在测定过程中，该温度的波动范围应在规定的温度±0.2℃内。

（2）试样测定

打开折光仪棱镜，用脱脂棉将水拭干，加1滴~2滴试样于棱镜面中心，迅速闭合棱镜。使试样均匀布满棱镜面，无气泡并充满视野。静置数分钟，待棱镜温度恢复到规定温度上。对准光源，由目镜观察，转动螺旋使明暗两部分界限明晰，使分界线恰通过接物镜上“×”线的焦点上，读数。

4. 结果的表述

按式（3-73）计算规定温度 t 下的折光指数 n_D^t：

$$n_D^t = n_D^{t'} + 0.0004(t' - t) \qquad (3-73)$$

式中：$n_D^{t'}$ 是在t′温度下测得的读数。

结果表示至小数点后4位。平行试验结果允许差为0.0002。

(三) 过氧化值的测定

按第三章第二节大豆油中过氧化值的测定进行操作。

(四) 重金属的测定

食品添加剂中重金属的测定为目视比色法限量试验(来源于GB 5009.74—2014《食品安全国家标准 食品添加剂中重金属限量试验》)。

1. 方法原理

在弱酸性(pH 3~4)条件下,试样中的重金属离子与硫化氢作用,生成棕黑色,与同法处理的铅标准溶液比较,做限量试验。

2. 试剂和材料

注:除非另有说明,本标准所用试剂均为分析纯,水为GB/T 6682规定的一级水。

(1) 硝酸(HNO_3)。

(2) 硫酸(H_2SO_4)。

(3) 盐酸(HCl)。

(4) 氨水($NH_3 \cdot H_2O$)。

(5) 乙酸铵(CH_3COONH_4)。

(6) 酚酞($C_{20}H_{14}O_4$)。

(7) 过氧化氢(H_2O_2)。

(8) 硫化氢(H_2S)。

(9) 高氯酸($HClO_4$)。

(10) 盐酸溶液(6mol/L):量取50mL盐酸,用水稀释至100mL。

(11) 盐酸溶液(1mol/L):量取8.3mL盐酸,用水稀释至100mL。

(12) 氨溶液(6mol/L):量取40mL氨水,用水稀释至100mL。

(13) 氨溶液(1mol/L):量取6.7mL氨水,用水稀释至100mL。

(14) pH 3.5的乙酸盐缓冲液:称取25.0g乙酸铵溶于25mL水中,加45mL 6mol/L盐酸溶液,用稀盐酸或稀氨水调节pH至3.5,用水稀释至100mL。

(15) 酚酞乙醇溶液(1%):称取1.0g酚酞溶于100mL乙醇溶液中。

(16) 硫化氢饱和溶液:硫化氢气体通入不含二氧化碳的水中(如流速为80mL/min左右时,通气1h。(此溶液临用前制备)。

(17) 硝酸溶液(1%):取1mL硝酸加水稀释至100mL。

(18) 高纯硝酸铅[$Pb(NO_3)_2$],纯度为99.99%或经国家认证并授予标准物质证书的标准物质。

(19) 铅标准储备液(1mg/mL):称取0.1598g高纯硝酸铅[$Pb(NO_3)_2$],溶于

10mL 硝酸溶液（1%）中，定量移入 100mL 容量瓶中，用水稀释至刻度。

（20）铅标准使用液（10μg/mL）：吸取铅标准储备液（1mg/mL）1.0mL 于 100mL 容量瓶中，加水至刻度。

3. 仪器和设备

注：所用玻璃仪器均需以硝酸溶液（1+4）浸泡 24h 以上，用水反复冲洗，最后用去离子水冲洗干净。

（1）50mL 纳氏比色管。

（2）电热板。

（3）可调式电炉。

（4）马弗炉。

（5）电子天平：感量为 0.1mg 和 1mg。

（6）水浴锅。

（7）压力消解罐。

4. 分析步骤

（1）无机试样的制备

可按各产品质量规格的要求进行溶解或消化等前处理。试验应在无元素污染的通风柜中进行。

（2）有机试样的制备

除按各产品质量规格的要求外，一般可按下述方法进行。

1）湿法消解：称取 5.00g 试样，置于 25mL 锥形瓶中，加 10mL～15mL 硝酸浸润试样，放置片刻（或过夜）后，于电热板上加热，待反应缓和后取下放冷，沿瓶壁加入 5mL 硫酸，再继续加热至瓶中溶液开始变成棕色，不断滴加硝酸（如有必要可滴加些高氯酸）至有机质分解完全，继续加热至生成大量的二氧化硫白色烟雾，最后溶液应呈无色或微黄色。冷却后加 20mL 水，煮沸除去残余的硝酸至产生白烟为止。如此处理两次，放冷。将溶液移入 50mL 容量瓶中，用水洗涤锥形瓶，将洗涤液并入容量瓶中，加水定容至刻度，混匀。每 10mL 溶液相当于 1.0g 样品。取同样量的硝酸、硫酸，同时做试剂空白试验。

2）干法消解：称取 5.00g 试样，置于硬质玻璃蒸发皿或石英坩埚中，加入适量硫酸浸润试样，于电炉上小火炭化后，加 2mL 硝酸和 5 滴硫酸，小心加热直到白色烟雾挥尽，移入马弗炉中，于 500℃ 灰化完全，冷却后取出，加 2mL 盐酸溶液（6mol/L）湿润残渣，于水浴上慢慢蒸发至干。用 1 滴浓盐酸湿润残渣，并加 10mL 水，于沸水浴上再次加热 2min，将溶液移入 50mL 容量瓶中，如有必要应过滤，用少量水洗涤坩埚和滤器，洗滤液一并移入容量瓶中，定容后混匀，每 10mL 该溶液相当于 1.0g 试样。

在试样灰化同时，另取一坩埚，同时做试剂空白试验。

3）压力消解罐消解法：按压力消解罐使用说明书称取适量试样（精确至0.001g）于聚四氟乙烯内罐，加硝酸2mL～4mL浸泡过夜。再加过氧化氢2mL～3mL（总量不能超过罐容积的1/3）。盖好内盖，旋紧不锈钢外套，放入恒温干燥箱，120℃～140℃保持3h～4h在箱内自然冷却至室温，用滴管将消化液洗入或过滤入（视消化后试样的盐分而定）容量瓶中，用水少量多次洗涤罐，洗液合并于容量瓶中并定容至刻度，混匀备用；同时作试剂空白。

（3）测定

1）A管（标准管）：吸取含铅量相当于指定的重金属限量的铅标准使用液（不低于10μg铅）于50mL纳氏比色管中（如试样经处理，应同时吸取与试样液等量的试剂空白液），加水至25mL，混匀，加1滴酚酞指示液，用稀盐酸（6mol/L）或稀氨水（1mol/L）调节pH至中性（酚酞红色刚褪去），加入5mL pH 3.5的乙酸盐缓冲液，混匀，备用。

2）B管（样品管）：取一支与A管所配套的纳氏比色管，加入10mL～20mL（或适量）试样液，加水至25mL，混匀，加1滴1%酚酞指示液，用稀盐酸（6mol/L）或稀氨水（1mol/L）调节pH至中性（酚酞红色刚褪去），加入5mL pH 3.5的乙酸盐缓冲液，混匀，备用。

3）C管：取一支与A、B管所配套的纳氏比色管，加入与B管等量的相同的试样液，再加入与A管等量的铅标准使用液（10μg/mL），加水至25mL，混匀，加1滴1%酚酞指示液，用稀盐酸（6mol/L）或稀氨水（1mol/L）调节pH至中性（酚酞红色刚褪去），加入5mL pH 3.5的乙酸盐缓冲液，混匀，备用。

4）向各管中加入10mL新鲜制备的硫化氢饱和溶液，并加水至50mL刻度，混匀，于暗处放置5min后，在白色背景下观察B管的色度不得深于A管的色度，C管的色度应与A管的色度相当或深于A管的色度，则可判定为样品中重金属含量（以铅计）低于A管（标准管）对应的重金属含量（以铅计）。

（五）砷的测定

按第三章第八节化学膨松剂中砷的测定进行操作。

四、丙酸钙的检验

（一）鉴别试验

1. 试剂

（1）盐酸溶液：1＋3。

（2）硫酸溶液：1＋9。

（3）草酸铵溶液：40g/L。

（4）乙酸溶液：1+20。

2. 操作步骤

（1）丙酸鉴别

称取试样0.5g，置于装有5mL水的100mL小烧杯中，搅拌溶解后加5mL硫酸溶液，加热时，应有特殊臭味产生。

（2）钙盐鉴别

称取试样0.5g，置于装有5mL水的100mL小烧杯中，搅拌溶解后加草酸铵溶液，即产生白色沉淀。分离沉淀，加入乙酸溶液，沉淀不溶解；再加入盐酸溶液，可完全溶解。

用盐酸湿润后的铂丝蘸取试样，在无色火焰中呈红色。

（二）丙酸钙含量的测定

1. 原理

试样在碱性条件下，以消耗络合剂EDTA的多少来计算其含量高低，用钙试剂羧酸钠指示剂的颜色变化来判断滴定终点。

2. 试剂

（1）氢氧化钠溶液：100g/L。

（2）乙二胺四乙酸二钠（EDTA－2Na）标准滴定溶液：c（EDTA－2Na）＝0.05moL/L。

（3）钙试剂羧酸钠指示剂：称取0.5g钙试剂羧酸钠，加50g硫酸钾研磨、混匀。

3. 操作步骤

称取经120℃干燥2h的试样1g（精确至0.0002g），溶于水，移入100mL容量瓶，稀释至刻度。量取25.00mL于锥形瓶，加水75mL，用乙二胺四乙酸二钠标准滴定溶液滴定至近终点，加氢氧化钠溶液15mL，放置1min，加入钙试剂羧酸钠指示剂0.1g，用乙二胺四乙酸二钠标准滴定溶液滴定至红色完全消失呈现蓝色为终点。

4. 结果计算

丙酸钙的质量分数以%表示，按式（3－74）计算：

$$X = \frac{\frac{V}{1000} \times c \times M}{m \times \frac{25}{100}} \times 100\% \qquad (3-74)$$

式中　V——乙二胺四乙酸二钠标准滴定溶液体积的数值，单位为毫升（mL）；

c——乙二胺四乙酸二钠标准滴定溶液浓度的准确数值，单位为摩尔每升（mol/L）；

m——试料质量的数值，单位为克（g）；

M——丙酸钙的摩尔质量的数值，单位为克每摩尔（g/mol）（M＝186.2）。

取两次平行测定结果的算术平均值为报告结果。两次平行测定结果的绝对差值不大于0.2%。

（三）砷的测定

按第三章第八节化学膨松剂中砷的测定进行操作。

（四）重金属的测定

丙酸钙中重金属的测定为目视比色法限量试验（来源于GB 25548—2010《食品安全国家标准 食品添加剂 丙酸钙》）。

1. 方法原理

在弱酸性（pH 3~4）条件下，试样中的重金属离子与硫化氢作用，生成棕黑色，与同法处理的铅标准溶液比较，做限量试验。

2. 试剂和材料

（1）乙酸溶液（1+19）。

（2）硫化钠饱和溶液：称取5g硫化钠用10mL水及30mL甘油的混合溶液溶解。将一半体积的该溶液边冷却边通入硫化氢使之饱和，然后将剩下的一半加入混合。在遮光下充满小瓶，加盖密闭保存。配制后3个月内有效。

3. 分析步骤

称取2.00g（精确至0.01g）试样，置于50mL比色管中，加40mL水溶解，加2mL乙酸溶液，加水至50mL，加2滴硫化钠溶液，于暗处放置5min后，在白色背景下观察，所呈颜色不得深于标准比色溶液。

标准比色溶液的制备：用移取2.00mL铅标准溶液（0.01mg/mL），与试样同时同样处理。

（五）氟化物的测定

1. 试剂

（1）高氯酸。

（2）丙酮。

（3）高氯酸溶液：1+100。

（4）氢氧化钠溶液：40g/L。

（5）氢氧化钠溶液：4g/L。

（6）乙酸溶液：1+16。

（7）硝酸银溶液：17g/L。

（8）酚酞指示液：10g/L。

（9）茜素氨羧络合液：称取0.04g茜素氨羧络合剂，加入少量氢氧化钠溶液（4g/L）溶解，以高氯酸溶液中和至橙红色（不能生成乳浊），用水稀释至200mL。

（10）高氯酸镧液：称取氧化镧 0.04g，加高氯酸 0.25mL，温热溶解，用水稀释至 50mL。

（11）乙酸 - 乙酸钠缓冲液：称取 11.0g 无水乙酸钠，加入冰乙酸 30mL、水 170mL，摇至溶解。

（12）复合试剂：量取 60.0mL 茜素氨羧络合液及 6.0mL 高氯酸镧溶液、20.0mL 乙酸 - 乙酸钠缓冲液，用水稀释至 200mL。

（13）氟化物（F）标准溶液：0.01mg/mL。

2. 操作步骤

称取试样 5.0g（精确至 0.01g），置于 125mL 带支管蒸馏瓶中，加入几粒玻璃珠，慢慢加入高氯酸 10mL、水 10mL、硝酸银溶液 3 ~ 5 滴，蒸馏瓶装一双孔橡皮塞，一孔插入 200℃ 温度计，温度计水银球应插入试验溶液中，另一孔装一分液漏斗，下接一毛细管，毛细管插入液面。支管接冷凝器，冷凝器出口端接一玻璃弯管，玻璃弯管插入盛有水 10mL、氢氧化钠溶液（40g/L）数滴和酚酞指示液 1 滴的 100mL 容量瓶液面下。加热蒸馏，用分液漏斗滴加水控制，保持试液温度在 135℃ ~ 140℃ 之间，当馏出液约为 80mL 时停止蒸馏。馏出液用氢氧化钠溶液（40g/L）中和至浅红色，然后用乙酸溶液中和至无色，用水稀释至刻度，摇匀。量取 10mL 置于 50mL 比色管中，加入复合试剂 5mL、丙酮 6mL，加水至 50mL，摇匀，室温放置 25min。与标准比色溶液比较，所呈蓝紫色不得深于标准比色溶液。

标准比色溶液取 1.5mL ± 0.02mL 氟化物标准溶液，与试验溶液同时同样处理。

（六）铁的测定

1. 试剂和材料

（1）盐酸。

（2）过硫酸铵。

（3）硫氰酸铵溶液：250g/L。

（4）铁（Fe）标准溶液：0.01mg/mL。

2. 分析步骤

称取 0.5g 实验室样品，精确至 0.01g，溶于 40mL 水中，加 2mL 盐酸、40mg 过硫酸铵和 5mL 硫氰酸铵溶液，摇匀，此为试样溶液。

标准比色溶液的配制：取 2.5mL ± 0.02mL 铁（Fe）标准溶液，加水至 40mL，与样品同时同样处理。

试样溶液所呈红色不得深于标准比色溶液，即为通过试验。

第九节　干鲜果品的检验

干鲜果品在焙烤食品中经常使用，下面简单介绍花生、核桃、红枣等产品质量的

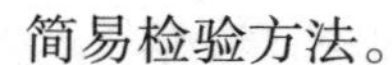

简易检验方法。

一、花生的检验

（一）纯仁率的测定

1. 仪器设备

（1）分样器。

（2）电子天平：感量0.01g。

（3）镊子、分析盘等。

（4）表面皿。

2. 实验步骤

称取去除杂质的试样200g，精确到0.1g，剥去外壳，必要时可用剪刀和钳子，以免果仁损失。从果仁中挑除无使用价值的果仁，称重，精确到0.01g。按式（3－75）计算：

$$X = \frac{m_1 - \frac{m_2}{2}}{m} \times 100 \quad (3-75)$$

式中 X——纯仁率，%；

m_1——果仁总质量，单位为克（g）；

m_2——不完善粒质量，单位为克（g）；

m——试样净质量，单位为克（g）。

在重复性条件下，获得的两次独立测试结果的绝对差值不大于1.0%，求其平均值，即为测试结果，测试结果保留到小数点后1位。

（二）水分检测

按照第三章第一节小麦粉中水分的测定进行操作。

（三）铅的测定

按第三章第一节小麦粉中铅的测定进行操作。

（四）黄曲霉毒素 B_1 的测定

测定花生中黄曲霉毒素 B_1 有高效液相色谱法、酶联免疫吸附法、薄层色谱法等，下面主要介绍酶联免疫吸附筛查法测定花生中黄曲霉毒素 B_1。

1. 原理

试样中的黄曲霉毒素 B_1 用甲醇水溶液提取，经均质、涡旋、离心（过滤）等处理获取上清液。被辣根过氧化物酶标记或固定在反应孔中的黄曲霉毒素 B_1，与试样上清液或标准品中的黄曲霉毒素 B_1 竞争性结合特异性抗体。在洗涤后加入相应显色剂显色，经无机酸终止反应，于450nm或630nm波长下检测。样品中的黄曲霉毒素 B_1 与吸光度在一定浓度范围内呈反比。

2. 试剂及仪器

（1）研磨机。

（2）微孔板酶标仪：带450nm与630nm（可选）滤光片。

（3）振荡器。

（4）电子天平：感量0.01g。

（5）离心机：转速≥6000r/min。

（6）快速定量滤纸：孔径11μm。

（7）筛网：1mm~2mm孔径。

（8）试剂盒所要求的仪器。

（9）试剂盒：所用商品化试剂盒需经实验室方法验证合格后方可使用。

3. 分析步骤

（1）样品处理

称取至少100g样品，用研磨机进行粉碎，粉碎后的样品过1mm~2mm孔径试验筛。取5.0g样品于50mL离心管中，加入试剂盒所要求提取液，按照试剂盒说明书所述方法进行检测。

（2）样品检测

按照酶联免疫试剂盒所述操作步骤对待测试样（液）进行定量检测。

4. 分析结果的表述

（1）标准工作曲线的绘制

按照试剂盒说明书提供的计算方法或者计算机软件，根据标准品浓度与吸光度变化关系绘制标准工作曲线。

（2）待测液浓度计算

按照试剂盒说明书提供的计算方法以及计算机软件，将待测液吸光度代入标准曲线，计算得待测液浓度（ρ）。

（3）结果计算

样品中黄曲霉毒素B_1的含量按式（3-76）计算：

$$X = \frac{\rho \times V \times f}{m} \tag{3-76}$$

式中 X——试样中黄曲霉毒素B_1含量，单位为微克每千克（μg/kg）；

ρ——待测液中黄曲霉毒素B_1浓度，单位为微克每升（μg/L）；

V——提取液体积，单位为升（L）；

f——在前处理过程中的稀释倍数；

m——试样的称样量，单位为千克（kg）。

计算结果保留小数点后2位。

5. 原始记录参考样式

原 始 记 录

编号：

第 页

样品名称			检验依据				
仪器名称		仪器编号			检定有效期		
电子天平							
酶标仪							
离心机							
检验项目：							

测定的基础是抗原抗体反应。称取 g（mL）试样于50mL塑料离心管中，按照标准要求，对该试样进行前处理及 倍稀释。

采用检测试剂盒，按说明书，向96孔板中加入50μL标准液或试样溶液， 酶标记物 抗体，游离抗原与酶标记物竞争抗体，同时抗体与捕获抗体连接。用（洗涤缓冲液/去离子水）清洗孔中的液体，重复清洗步骤至少3次。没有连接的酶标记物在洗涤步骤中被除去。加入 基质/发色剂（ 基质 发色剂）到孔中并且孵育。结合的酶标记物将红色的基质/发色剂转化为蓝色的产物。加入反应停止液后使颜色由蓝转变为黄色。在450nm处测量，吸收光强度与试样中的浓度成反比。

经测量，该试样在450nm处的吸光度值为

标准曲线及读数见

经由标准曲线得出，试样中 的含量为：

公式：

测定结果		标准		单项结论	□合格 □不合格 □实测
校核		检验		日期	

二、核桃的检验

（一）出仁率、空壳果率、破损果率、黑斑果率检测

1. 仪器与用具

（1）电子天平：感量0.01g。

（2）分析盘、镊子等。

2. 实验步骤

随机挑取1000g（±10g）试样，称量（精确到0.01g），记为m，逐一挑出其中的空壳果、破损果、黑斑果，分别称取其重量（精确到0.01g），记为m_1、m_2、m_3。将所有核桃逐个破壳取仁，称取仁重（精确到0.01g）记为m_4。

3. 结果计算

出仁率、空壳果率、破损果率、黑斑果率分别按公式（3－77、3－78、3－79、

3-80）进行计算。

$$X_{出仁} = \frac{m_4}{m} \times 100\% \quad (3-77)$$

$$X_{空壳果} = \frac{m_1}{m} \times 100\% \quad (3-78)$$

$$X_{破损果} = \frac{m_2}{m} \times 100\% \quad (3-79)$$

$$X_{黑斑果} = \frac{m_3}{m} \times 100\% \quad (3-80)$$

式中　m ——试样重量，单位为克（g）；

m_4 ——桃仁重量，单位为克（g）；

m_1 ——空壳果重量，单位为克（g）；

m_2 ——破损果重量，单位为克（g）；

m_3 ——黑斑果重量，单位为克（g）。

（二）含水率的测定

挑选具有代表性的试样若干，破壳取出果仁，置于研钵中粉碎均匀，小心移入带盖玻璃磨口试样瓶中。然后按照第三章第一节小麦粉中水分的测定进行操作。

（三）脂肪含量的测定

1. 原理

脂肪易溶于有机溶剂。试样直接用无水乙醚或石油醚等溶剂抽提后，蒸发除去溶剂，干燥，得到脂肪的含量。

2. 试剂

（1）乙醚（$C_4H_{10}O$）。

（2）石油醚（C_nH_{2n+2}）：沸程30℃～60℃。

3. 仪器和用具

（1）分析天平：分度值0.1mg。

（2）电热恒温箱。

（3）电热恒温水浴锅。

（4）备有变色硅胶的干燥器。

（5）滤纸筒。

（6）索氏提取器。

（7）脱脂棉。

4. 分析步骤

（1）试样处理

称取充分混匀后的试样，全部移入滤纸筒内。

（2）抽提

将滤纸筒放入索氏抽提器的抽提筒内，连接已干燥至恒重的接收瓶，由抽提器冷凝管上端加入无水醚或石油醚至瓶内容积的三分之二处，于水浴上加热，使无水乙醚或石油醚不断回流抽提（6 次/h ~ 8 次/h），一般抽提 6h ~ 10h。提取结束时，用磨砂玻璃棒接取 1 滴提取液，砂玻璃棒上无油斑表明提取完毕。

（3）称量

取下接收瓶，回收无水乙醚或石油醚，待接收瓶内溶剂剩余 1mL ~ 2mL 时在水浴上蒸干，再于 100℃ ±5℃ 干燥 1h，放干燥器内冷却 0.5h 后称量。重复以上操作直至恒重（直至两次称量的差不超过 2mg）。

5. 结果计算

$$X = \frac{m_1 - m_0}{m_2} \times 100 \tag{3-81}$$

式中　X——样品中脂肪的含量，单位为克每百克（g/100g）；

m_1——接收瓶和脂肪的质量，单位为克（g）；

m_0——接收瓶的质量，单位为克（g）；

m_2——试样的质量，单位为克（g）。

在重复性条件下测得的两次独立测试结果的绝对差值不得超过算术平均值的 10%。测定结果表示到小数点后 1 位。

（四）蛋白质的测定

挑选具有代表性的试样若干，破壳取出果仁，置于研钵中粉碎均匀，小心移入带盖玻璃磨口试样瓶中。然后按照第三章第四节乳和乳制品中蛋白质的测定进行操作。

（五）铅的测定

按第三章第一节小麦粉中铅的测定进行操作。

（六）黄曲霉毒素 B_1 检测

按本节花生中黄曲霉毒素 B_1 检测方法进行操作。

三、红枣的检验

（一）含水率测定

1. 试剂和材料

甲苯或二甲苯：取甲苯或二甲苯，先以水饱和后，分去水层，进行蒸馏，收集馏出液备用。

2. 仪器和设备

（1）水分测定器：如图 3 -8 所示（带可调电热套）。水分接收管容量 5mL，最小刻度值0.1mL，容量误差不小于0.1mL。

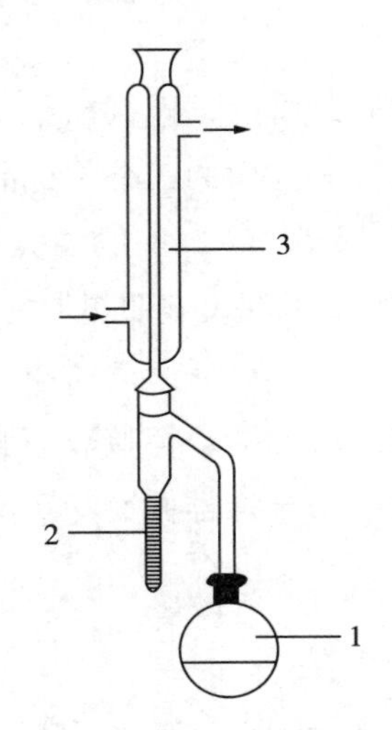

图3-8 水分测定器装置图

1-250mL蒸馏瓶；2-水分接收管，有刻度；3-冷凝管

（2）天平：感量为0.1mg。

3. 操作步骤

准确称取适量试样（应使最终蒸出的水在2mL~5mL），但最多取样量不得超过蒸馏瓶的2/3），放入250mL蒸馏瓶中，加入新蒸馏的甲苯（或二甲苯）75mL，连接冷凝管与水分接收管，从冷凝管顶端注入甲苯，装满水分接收管同时做甲苯（或二甲苯）的试剂空白。

加热慢慢蒸馏，使每秒钟的馏出液为2滴，待大部分水分蒸出后，加速蒸馏约每秒钟4滴，当水分全部蒸出后，接收管内的水分体积不再增加时，从冷凝管顶端加入甲苯冲洗。如冷凝管壁附有水滴，可用附有小橡皮头的铜丝擦下，再蒸馏片刻至接收管上部及冷凝管壁无水滴附着，接收管水平面保持10min不变为蒸馏终点，读取接收管水层的容积。

4. 结果计算

试样中水分的含量，按式3-82进行计算：

$$X = \frac{V - V_0}{m} \times 100 \qquad (3-82)$$

式中 X——试样中水分的含量，单位为毫升每百克（mL/100g）（或按水在20℃的相对密度0.99820g/mL计算质量）；

V——接收管内水的体积，单位为毫升（mL）；

V_0——做试剂空白时，接收管内水的体积，单位为毫升（mL）；

m——试样的质量，单位为克（g）；

100——单位换算系数。

以重复性条件下获得的两次独立测定结果的算术平均值表示，结果保留3位有效数字。

（二）总糖的测定

1. 原理

样品中原有的和水解后产生的糖具有还原性，它可以还原斐林氏试剂而生成红色氧化亚铜。

2. 试剂

（1）浓盐酸：体积分数为37%，密度为$1.19g/cm^3$。

（2）氢氧化钠溶液：0.3g/mL。

（3）甲基红指示剂：0.001g/mL。

（4）斐林氏试剂：甲液：溶解15g硫酸铜（化学纯）及0.05g亚甲基蓝于1000mL容量瓶中，加蒸馏水至刻度摇匀，过滤备用。乙液：溶解50g酒石酸钾钠（化学纯），75g氢氧化钠（化学纯）及4g亚铁氰化钾于蒸馏水中定容至1000mL，摇匀，过滤备用。

（5）葡萄糖标准滴定溶液：准确称取0.2g（精确至0.0001g），经过98℃～100℃干燥至恒重的葡萄糖，加水溶解后置于250mL容量瓶中，然后加入5mL盐酸，并以水稀释至250mL，摇匀，定容备用。

（6）斐林氏溶液的标定：准确吸取斐林溶液甲液、乙液各5.00mL于150mL锥形瓶，加水10mL，玻璃珠数粒，从滴定管滴加约10mL葡萄糖标准溶液，控制在2min内加热至沸，趁沸以每2秒1滴的速度滴加葡萄糖标准溶液，滴定至蓝色褪尽为终点。记录消耗葡萄糖标准溶液的体积。同时平行操作3次，取其平均值，计算每10.00mL（甲、乙液各5.00mL）斐林氏混合液相当于葡萄糖的质量。

计算方法见式（3－83）：

$$A = \frac{mV}{250} \tag{3-83}$$

式中 A——相当于10mL斐林氏甲、乙液相当于葡萄糖的质量，单位为克（g）；

m——葡萄糖的质量，单位为克（g）；

V——滴定时消耗葡萄糖溶液的体积，单位为毫升（mL）；

250——葡萄糖稀释液的总体积，单位为毫升（mL）。

3. 仪器

（1）高速组织捣碎机。

（2）恒温水浴锅。

（3）调温电炉。

4. 试样的制备

称取试样 10g（精确至 0.0001g），加水浸泡 1h～2h，放入高速组织捣碎机中，加少量水捣碎，全部转移至 250mL 容量瓶中，用水定容至刻度，摇匀，过滤，滤液备用。

5. 分析步骤

准确吸取 10.00mL 滤液于 250mL 三角瓶中，加水 30mL，加入盐酸 5mL，置于水浴锅中，待温度升至 68℃～70℃时，计算时间共转化 10min，然后用流水冷却至室温，全部转移至 250mL 容量瓶中，加 0.001g/mL 甲基红指示剂 2 滴，再用 0.3g/mL 氢氧化钠溶液中和至中性，用水稀释至刻度，摇匀，注入滴定管中备用。

预备试验：用移液管吸取斐林溶液甲液、乙液各 5.00mL 于 150mL 锥形瓶，在电炉上加热至沸，从滴定管中滴入转化好的试液至蓝色变为浅黄色，即为终点，记下滴定所消耗试液的体积。

正式试验：取斐林溶液甲液、乙液各 5.00mL 于 150mL 锥形瓶，从滴定管中滴入转化好的试液，较预备试验少 1mL，加热沸腾 1min，再以每分钟 30 滴的速度滴入试液至终点，记下所消耗液的体积，同时平行操作 2 次。

6. 结果计算

试样中总糖（以葡萄糖计）含量的计算方法见式（3－84）：

$$X = \frac{A \times 6250}{m \times V} \times 100 \quad (3-84)$$

式中 X——试样中总糖（以葡萄糖计）含量，单位为克每百克（g/100g）；

A——10mL 斐林溶液甲、乙液相当于葡萄糖的质量，单位为克（g）；

m——样品质量，单位为克（g）；

V——滴定时消耗样品溶液的量，单位为毫升（mL）；

6250——稀释倍数。

7. 允许差

在重复性条件下获得的两次独立测定结果的绝对差值不得超过算数平均值的 2%。

（三）铅的测定

按第三章第一节小麦粉中铅的测定进行操作。

（四）镉的测定

按第三章第一节小麦粉中镉的测定进行操作。

第十节　白兰地检验

一、酒精度的测定

（一）酒精计法

1. 原理

以蒸馏法去除样品中的不挥发性物质，用酒精计测得酒精体积分数示值，按酒精度计对照表进行温度校正，求得在20℃时乙醇含量的体积分数，即为酒精度。

2. 仪器和设备

（1）精密酒精计（分度值为0.1% vol）。

（2）全玻璃蒸馏器：500mL，1000mL。

3. 实验步骤

同密度瓶法进行试样制备，将试样液注入洁净、干燥的100mL量筒中，静置数分钟，待酒中气泡消失后，放入洁净、擦干的酒精计，再轻轻按一下，不应接触量筒壁，同时插入温度计，平衡约5min，水平观测，读取与弯月面相切处的刻度示值，同时记录温度。根据测得的酒精计示值和温度，查酒精度计对照表，换算成20℃时样品的酒精度。所得结果保留至小数点后1位。平行试验测定结果绝对值之差不得超过0.5% vol。

二、白兰地中甲醇的检测

白兰地中的甲醇可以按照GB 5009.266—2016《食品安全国家标准 食品中甲醇的测定》进行检测。

（一）原理

蒸馏除去发酵酒及其配制酒中不挥发性物质，加入内标（酒精、蒸馏酒及其配制酒直接加入内标），经气相色谱分离，氢火焰离子化检测器检测，以保留时间定性，外标法定量。

（二）试剂与标样

（1）乙醇溶液（40%，体积分数）：量取40mL乙醇，用水定容至100mL，混匀。

（2）甲醇（CH_4O，CAS号：67－56－1）：纯度≥99%。或经国家认证并授予标准物质证书的标准物质。

（3）叔戊醇（$C_5H_{12}O$，CAS号：75－85－4）：纯度≥99%。

（4）甲醇标准储备液（5000mg/L）：准确称取0.5g（精确至0.001g）甲醇至100mL容量瓶中，用乙醇溶液定容至刻度，混匀，0℃～4℃低温冰箱密封保存。

（5）叔戊醇标准溶液（20000mg/L）：准确称取2.0g（精确0.001g）叔戊醇至

100mL 容量瓶中，用乙醇溶液定容至 100mL，混匀，0℃ ~4℃低温冰箱密封保存。

（6）甲醇系列标准工作液：分别吸取 0.5mL、1.0mL、2.0mL、4.0mL、5.0mL 甲醇标准储备液，于 5 个 25mL 容量瓶中，用乙醇溶液定容至刻度，依次配制成甲醇含量为 100mg/L、200mg/L、400mg/L、800mg/L、1000mg/L 系列标准溶液，现配现用。

（三）仪器与设备

（1）气相色谱仪：配氢火焰离子化检测器（FID）。

（2）分析天平：感量为 0.1mg。

（四）操作步骤

1. 试样前处理

（1）发酵酒及其配制酒

吸取 100mL 试样于 500mL 蒸馏瓶中，并加入 100mL 水，加几颗沸石（或玻璃珠），连接冷凝管，用 100mL 容量瓶作为接收器（外加冰浴），并开启冷却水，缓慢加热蒸馏，收集馏出液，当接近刻度时，取下容量瓶，待溶液冷却到室温后，用水定容至刻度，混匀。吸取 10.0mL 蒸馏后的溶液于试管中，加入 0.10mL 叔戊醇标准溶液，混匀，备用。

（2）酒精、蒸馏酒及其配制酒

吸取试样 10.0mL 于试管中，加入 0.10mL 叔戊醇标准溶液，混匀，备用；当试样颜色较深时，按照发酵酒及配置酒的前处理操作。

2. 仪器参考条件

（1）色谱柱：聚乙二醇石英毛细管柱，柱长 60m，内径 0.25mm，膜厚 0.25μm，或等效柱。

（2）色谱柱温度：初温 40℃，保持 1min，以 4.0℃/min 升到 130℃，以 20℃/min 升到 200℃，保持 5min。

（3）检测器温度：250℃。

（4）进样口温度：250℃。

（5）载气流量：1.0mL/min。

（6）进样量：1.0μL。

（7）分流比：20:1。

3. 标准曲线的制作

分别吸取 10mL 甲醇系列标准工作液于 5 个试管中，然后加入 0.10mL 叔戊醇标准溶液，混匀，测定甲醇和内标叔戊醇色谱峰面积，以甲醇系列标准工作液的浓度为横坐标，以甲醇和叔戊醇色谱峰面积的比值为纵坐标，绘制标准曲线。甲醇及内标叔戊醇标准的气相色谱图见图 3 -9。

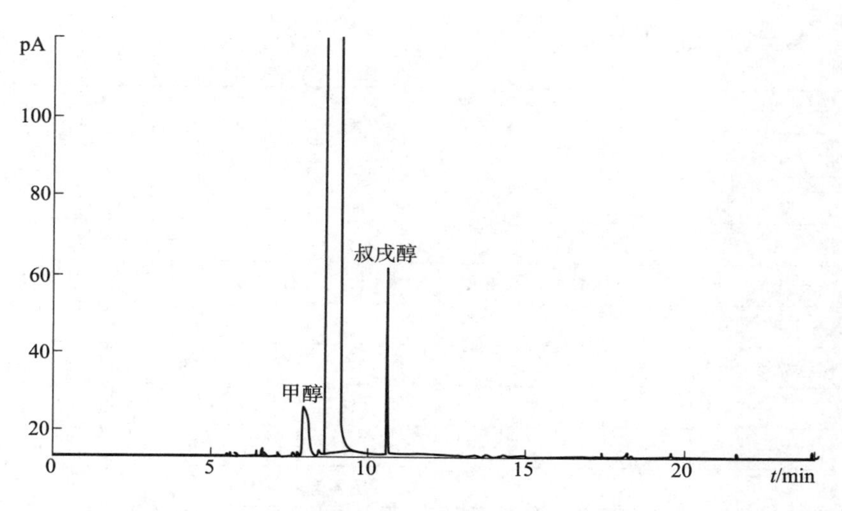

图 3-9 甲醇及内标叔戊醇标准的气相色谱图

4. 试样溶液的测定

将制备的试样溶液注入气相色谱仪中，以保留时间定性，同时记录甲醇和叔戊醇色谱峰面积的比值，根据标准曲线得到待测液中甲醇的浓度。

（五）结果计算

试样中甲醇的含量按式（3-85）计算：

$$X = \rho \tag{3-85}$$

式中 X——试样中甲醇的含量，单位为毫克每升（mg/L）；

ρ——由标准曲线得到的试样中甲醇的含量，单位为毫克每升（mg/L）。

计算结果保留 3 位有效数字。

试样中甲醇含量（测定结果需要按 100% 酒精度折算时）按式（3-86）计算：

$$X = \frac{\rho}{C \times 1000} \tag{3-86}$$

式中 X——试样中甲醇的含量，单位为毫克每升（g/L）；

ρ——由标准曲线得到的试样中甲醇的含量，单位为毫克每升（mg/L）；

C——试样的酒精度，单位为毫克每升（mg/L）；

1000——换算系数。

计算结果保留 3 位有效数字。在重复性测定条件下获得的两次独立测定结果的绝对差值不超过算术平均值的 10%。

注：试样的酒精度按照 GB 5009.225—2016 测定。

本方法的检出限为 7.5mg/L，定量限为 25mg/L。

（六）参考原始记录

原　始　记　录

编号：

第　页

样品名称		检验项目	甲醇	检验依据	
仪器名称	型号		仪器编号		检定有效期
电子天平					
气相色谱仪					
色谱柱			柱温（℃）		
载气种类			气化温度（℃）		
检测器			检测器温度（℃）		
空气流量（mL/min）			氢气流量（mL/min）		
氮气流量（mL/min）			分流比		
前处理方法					
样品取样量 w（g）					
定容体积 V（mL）					
样液浓度 C（g/L）					
实测结果 X（g/kg）					
标准值（g/kg）					
单项结论					
计算公式	$X = \frac{CV}{W}$				
备注					
校核		检验		日期	

三、铅的测定

按第三章第一节小麦粉中铅的测定进行操作。

第十一节　其他原辅料检验

一、巧克力和巧克力制品检验

（一）巧克力及巧克力制品产品质量检验项目

巧克力及巧克力制品的发证检验、监督检验和企业出厂检验按表3－47中列出的相应检验项目进行。出厂检验项目中注有“*”标记的，企业应当每年检验2次。

表 3－47　巧克力及制品产品质量检验项目表

序号	检验项目	发证	监督	出厂	备注
1	感官	√	√	√	
2	净含量	√	√	√	
3	☆可可脂（以干物质计）	√		*	代可可脂巧克力及代可可脂巧克力制品不检此项目
4	☆非脂可可固形物（以干物质计）	√		*	
5	☆总可可固形物（以干物质计）	√		*	代可可脂巧克力及代可可脂巧克力制品不检此项目
6	☆乳脂肪（以干物质计）	√		*	代可可脂巧克力及代可可脂巧克力制品不检此项目
7	☆总乳固体（以干物质计）	√		*	
8	细度	√	√	√	代可可脂巧克力及代可可脂巧克力制品不检此项目
9	制品中巧克力的比重	√	√	√	
10	干燥失重	√	√	√	代可可脂巧克力及代可可脂巧克力制品不检此项目
11	铅	√	√	*	
12	总砷	√	√	*	
13	铜	√	√	*	
14	糖精钠	√	√	*	其他甜味剂根据产品使用情况确定
15	甜蜜素	√	√	*	其他甜味剂根据产品使用情况确定
16	致病菌	√	√	*	
17	标签	√	√		

注：带☆项目的数值按企业原始配料计算，核查时查看配料记录并在抽样单上注明。

（二）细度的测定

巧克力细度的检验方法有千分尺法和刮板法，现以千分尺法加以介绍。

1. 仪器和用具

（1）数字显示式千分尺：测量范围为 0mm～25mm；精度为 0.001mm。

（2）不锈钢匙。

（3）烧杯：50mL。

2. 试剂

液状石蜡。

3. 测定步骤

（1）试样的制备

取具有代表性的试样约 20g，放入 50mL 烧杯中，加热至 40℃～50℃使其熔化，搅拌均匀，用不锈钢匙取约5g熔融的试样放入50mL烧杯中，加入15g加热至约50℃的液状石蜡，混合均匀至无聚集的团块。

制备好的试样应在5min内测定完毕。

（2）千分尺调零

1）旋转千分尺套管使两个测量平面相距约10mm，小心用软纸将测量平面擦拭干净。

2）打开千分尺开关，选择测量范围。

3）缓慢旋转棘轮，使两个测量平面接近。当两个测量平面接触时棘轮滑动一次（发出一声微弱的滑动声响）即停止旋转棘轮。

4）按“回零”键，显示屏显示“0.000mm”。

5）当重新打开千分尺开关或变动测量范围时，应重新调零。

（3）测定

取一滴上述制备好的试样滴在千分尺任意一个测量平面上，保持千分尺垂直位置，旋转棘轮（不得旋转套管），使两个测量平面缓慢接近。当两个测量平面开始接触时，继续旋转棘轮，使之滑动3次~4次（发出3声~4声微弱的滑动声响），停止旋转棘轮，读取显示屏上显示的数字。

4. 测定结果的表示

同一试样连续测定3次，相邻两次测定差不得超过2μm，最高值和最低值之差不得超过4μm，以平均值为测定结果。

（三）铅的测定

按第三章第一节小麦粉中铅的测定进行操作。

（四）总砷的测定

按第三章第一节小麦粉中总砷的测定进行操作。

二、蜜饯检验

（一）蜜饯产品质量检验项目

蜜饯的发证检验、监督检验和出厂检验项目按表3-48中列出的检验项目进行。出厂检验项目中注有“*”标记的，企业应当每年检验2次。

表3-48 蜜饯产品质量检验项目

序号	检验项目	发证	监督	出厂	备注
1	标签	√	√		
2	感官	√		√	
3	净含量	√	√	√	

续表

序号	检验项目	发证	监督	出厂	备注
4	水分	√			产品明示标准中有此规定的
5	总糖（以转化糖计）	√			产品明示标准中有此规定的
6	食盐（以氯化钠计）	√			产品明示标准中有此规定的
7	总酸	√			产品明示标准中有此规定的
8	铅（Pb）	√	√	*	
9	铜（Cu）	√	√	*	
10	总砷（以 As 计）	√	√	*	
11	二氧化硫残留量	√	√	√	
12	苯甲酸	√	√	*	
13	山梨酸	√	√	*	
14	糖精钠	√	√	*	
15	环己基氨基磺酸钠（甜蜜素）	√	√	*	
16	着色剂[1]	√	√	*	
17	汞	√	√	*	辐照果脯类
18	六六六	√	√	*	辐照果脯类
19	滴滴涕	√	√	*	辐照果脯类
20	菌落总数	√	√	√	
21	大肠菌群	√	√	√	
22	致病菌[2]	√	√	*	
23	霉菌	√	√	*	

注：[1]. 着色剂包括：柠檬黄、日落黄、胭脂红、苋菜红、亮蓝等人工合成色素，检测时应根据产品的颜色确定。
[2]. 致病菌包括：沙门氏菌、志贺氏菌、金黄色葡萄球菌。

（二）水分的测定

1. 原理

利用食品中水分的物理性质，在达到 40kPa ~ 53kPa 压力后加热至 60℃ ±5℃，采用减压烘干方法去除试样中的水分，再通过烘干前后的称量数值计算出水分的含量。

2. 仪器和设备

（1）扁形铝制称量瓶。

（2）真空干燥箱。

（3）干燥器：内附有效干燥剂。

（4）天平：感量为 0.1mg。

3. 分析步骤

将样品粉碎后，取已恒重的称量瓶称取 2g ~ 10g 试样，放入真空干燥箱内，将真空干燥箱连接真空泵，抽出真空干燥箱内空气（所需压力一般为 40kPa ~ 53kPa），并同时加热至所需温度60℃ ±5℃。关闭真空泵上的活塞，停止抽气，使真空干燥箱内保持一定的温度和压力，经4h后，打开活塞，使空气经干燥装置缓缓通入至真空干燥箱内，待压力恢复正常后再打开。取出称量瓶，放入干燥器中0.5h后称量，并重复以上操作至前后两次质量差不超过2mg，即为恒重。

4. 结果计算

$$X = \frac{m_1 - m_2}{m_1 - m_3} \times 100 \quad (3-87)$$

式中 X——试样中水分的含量，单位为克每百克（g/100g）；

m_1——称量瓶和试样的质量，单位为克（g）；

m_2——称量瓶和试样干燥后的质量，单位为克（g）；

m_3——称量瓶的质量，单位为克（g）；

100——单位换算系数。

在重复性条件下获得的两次独立测定结果的绝对差值不得超过算术平均值的10%。

（三）总糖的测定

按第三章第九节红枣中总糖的测定进行操作。

（四）二氧化硫残留量的测定

按第三章第三节白砂糖中二氧化硫的测定进行操作。

（五）铅的测定

按第三章第一节小麦粉中铅的测定进行操作。

（六）甜蜜素的测定

根据GB 5009.97—2016《食品安全国家标准 食品中环己基氨基磺酸钠》，环己基氨基磺酸钠的检测可分为气相色谱法（第一法）、液相色谱法（第二法）、液相色谱-质谱/质谱法（第三法），其中气相色谱法适用于饮料类、蜜饯凉果、果丹类、话化类、带壳及脱壳熟制坚果与籽类、水果罐头、果酱、糕点、面包、饼干、冷冻饮品、果冻、复合调味料、腌制的蔬菜、腐乳食品中环己基氨基磺酸钠的测定，气相色谱法不适用于白酒中该类化合物的测定。液相法适用于饮料类、蜜饯凉果、果丹类、话化类、带壳及脱壳熟制坚果与籽类、配制酒、水果罐头、果酱、糕点、面包、饼干、冷冻饮品、果冻、复合调味料、腌制的蔬菜、腐乳食品中环己基氨基磺酸钠的测定。液相色谱-质谱/质谱法适用于白酒、葡萄酒、黄酒、料酒中的环己基氨基磺酸钠的测定，这里主要介绍气相色谱法。

1. 方法原理

在硫酸介质中环己基氨基磺酸钠与亚硝酸反应，生成环己醇亚硝酸酯，利用气相色谱氢火焰离子化检测器进行分离及分析，保留时间定性，外标法定量。

2. 试剂和材料

注：除非另有规定，本方法所使用的试剂均为优级纯，水为 GB/T 6682 规定的一级水。

（1）正庚烷［$CH_3(CH_2)_5CH_3$］。

（2）氯化钠（NaCl）。

（3）石油醚：沸程为 30℃ ~60℃。

（4）氢氧化钠（NaOH）。

（5）硫酸（H_2SO_4）。

（6）亚铁氰化钾｛$K_4[Fe(CN)_6] \cdot 3H_2O$｝。

（7）硫酸锌（$ZnSO_4 \cdot 7H_2O$）。

（8）亚硝酸钠（$NaNO_2$）。

（9）氢氧化钠溶液（40g/L）：称取 20g 氢氧化钠，溶于水并稀释至 500mL，混匀。

（10）硫酸溶液（200g/L）：量取 54mL 硫酸小心缓缓加入 400mL 水中，后加水至 500mL，混匀。

（11）亚铁氰化钾溶液（150g/L）：称取折合 15g 亚铁氰化钾，溶于水稀释至 100mL，混匀。

（12）硫酸锌溶液（300g/L）：称取折合 30g 硫酸锌的试剂，溶于水并稀释至 100mL，混匀。

（13）亚硝酸钠溶液（50g/L）：称取 25g 亚硝酸钠，溶于水并稀释至 500mL，混匀。

（14）环己基氨基磺酸钠标准品（$C_6H_{12}NSO_3Na$）：纯度≥99%。

（15）环己基氨基磺酸标准储备液（5.00mg/mL）：精确称取 0.5612g 环己基氨基磺酸钠标准品，用水溶解并定容至 100mL，混匀，此溶液 1.00mL 相当于环己基氨基磺酸 5.00mg（环己基氨基磺酸钠与环己基氨基磺酸的换算系数为 0.8909）。置于 1℃ ~4℃冰箱保存，可保存 12 个月。

（16）环己基氨基磺酸标准使用液（1.00mg/mL）：准确移取 20.0mL 环己基氨基磺酸标准储备液用水稀释并定容至 100mL，混匀。置于 1℃ ~4℃冰箱保存，可保存 6 个月。

3. 仪器设备

（1）气相色谱仪：附氢火焰离子化检测器。

（2）旋涡混合器。

（3）离心机：转速≥400r/min。

（4）超声波振荡器。

（5）样品粉碎机。

（6）10μL 微量注射器。

（7）恒温水浴锅。

（8）天平：感量 1mg、0.1mg。

4. 分析步骤

（1）试样制备

1）液体试样处理。

普通液体试样：摇匀后称取 25.0g 试样（如需要可过滤），用水定容至 50mL 备用。

含二氧化碳的试样：称取 25.0g 试样于烧杯中，60℃水浴加热 30min 以除二氧化碳，放冷，用水定容至 50mL 备用。

含酒精的试样：称取 25.0g 试样于烧杯中，用氢氧化钠溶液（40g/L）调至弱碱性 pH 7～8，60℃水浴加热 30min 以除酒精，放冷，用水定容至 50mL 备用。

2）固体、半固体试样处理。

低脂、低蛋白样品（果酱、果冻、水果罐头、果丹类、蜜饯凉果、浓缩果汁、面包糕点、饼干、复合调味料、带壳熟制坚果和籽类、腌渍的蔬菜等）：取打碎、混匀的样品 3.00g～5.00g 于 50mL 离心管中，加 30mL 水，振摇，超声提取 20min，混匀，离心（3000r/min）10min，过滤，用水分次洗涤残渣，收集滤液并定容至 50mL，混匀备用。

高蛋白样品（酸乳、雪糕、冰淇淋等奶制品及豆制品、腐乳等）：冰棒、雪糕、冰淇淋等分别放置于 250mL 烧杯中，待融化后搅匀称取；称取样品 3.00g～5.00g 于 50mL 离心管中，加 30mL 水，超声提取 20min，加 2mL 亚铁氰化钾溶液，混匀，再加入 2mL 硫酸锌溶液，混匀，离心（3000r/min）10min，过滤，用水分次洗涤残渣，收集滤液并定容至 50mL，混匀备用。

高脂样品（奶油制品、海鱼罐头、熟肉制品等）：称取打碎、混匀的样品 3.00g～5.00g 于 50mL 离心管中，加入 25mL 石油醚，振摇，超声提取 3min，再混匀，离心（1000r/min 以上）10min，弃石油醚，再用 25mL 石油醚提取一次，弃石油醚，60℃水浴挥发去除石油醚，残渣加 30mL 水，混匀，超声提取 20min，加 2mL 亚铁氰化钾溶液，混匀，再加入 2mL 硫酸锌溶液，混匀，离心（3000r/min）10min，过滤，用水洗涤残渣，收集滤液并定容至 50mL，混匀备用。

（2）衍生化

准确移取液体试样溶液 10.0mL 于 50mL 带盖离心管中。离心管置试管架上冰浴中 5min 后，准确加入 5.00mL 正庚烷，加入 2.5mL 亚硝酸钠溶液，2.5mL 硫酸溶液，盖紧离心管盖，摇匀，在冰浴中放置 30min，其间振摇 3 次～5 次；加入 2.5g 氯化钠，盖上盖后置旋涡混合器上振动1min（或振摇60次~80次），低温离心（3000r/min）10min分层或低温静置20min至澄清分层后取上清液放置1℃~4℃冰箱冷藏保存以备进样用。

（3）色谱条件

色谱柱：弱极性石英毛细管柱（内涂5%苯基甲基聚硅氧烷，30m×0.53mm×1.0μm或等效柱。

柱温升温程序：初温55℃保持3min，10℃/min升温至90℃保持0.5min，20℃/min升温至200℃保持3min。进样口温度：150℃；检测温度：260℃。流速：氮气40mL/min；氢气30mL/min；空气300mL/min。

（4）标准溶液制备

准确移取1.00mg/mL环己基氨基磺酸标准溶液0.50mL、1.00mL、2.50mL、5.00mL、10.0mL、25.0mL于50mL容量瓶中，加水定容。配成标准溶液系列浓度为：0.01mg/mL、0.02mg/mL、0.05mg/mL、0.10mg/mL、0.20mg/mL、0.50mg/mL。临用时配制以备衍生化用。准确移取标准系列溶液10.0mL同上述试样衍生化。

（5）色谱测定

分别吸取1μL经衍生化处理的标准系列各浓度溶液上清液，注入气相色谱仪中，可测得不同浓度被测物的响应值峰面积，以浓度为横坐标，以环己醇亚硝酸酯和环己醇两峰面积之和为纵坐标，绘制标准曲线。在完全相同的条件下进样1μL经衍生化处理的试样待测液上清液，保留时间定性，测得峰面积，根据标准曲线得到样液中的组分浓度；试样上清液响应值若超出线性范围，应用正庚烷稀释后再进样分析。平行测定次数不少于2次。

5. 分析结果的表述

$$X=\frac{c}{m}\times V \tag{3-88}$$

式中　X——试样中环己基氨基磺酸的含量，单位为克每千克（g/kg）；

c——由标准曲线计算出定容样液中环己基氨基磺酸的浓度，单位为毫克每毫升（mg/mL）；

m——试样质量，单位为克（g）；

V——试样的最后定容体积，单位为毫升（mL）。

计算结果以重复性条件下获得的两次独立测定结果的算术平均值表示，结果保留3位有效数字。

在重复性条件下获得的两次独立测定结果的绝对差值不得超过算术平均值的10%。

取样量为5g时，本方法的检出限为0.010g/kg，定量限为0.030g/kg。

6. 原始记录格式

原 始 记 录

编号：

第 页

<table>
<tr><td>样品名称</td><td></td><td>检验项目</td><td>甜蜜素</td><td>检验依据</td><td></td></tr>
<tr><td colspan="2">仪器名称</td><td colspan="2">型 号</td><td>仪器编号</td><td>检定有效期</td></tr>
<tr><td colspan="2">电子天平</td><td colspan="2"></td><td></td><td></td></tr>
<tr><td colspan="2">气相色谱仪</td><td colspan="2"></td><td></td><td></td></tr>
<tr><td colspan="2">色谱柱</td><td></td><td colspan="2">柱温（℃）</td><td></td></tr>
<tr><td colspan="2">载气种类</td><td></td><td colspan="2">气化温度（℃）</td><td></td></tr>
<tr><td colspan="2">检测器</td><td></td><td colspan="2">检测器温度（℃）</td><td></td></tr>
<tr><td colspan="2">空气流量（mL/min）</td><td></td><td colspan="2">氢气流量（mL/min）</td><td></td></tr>
<tr><td colspan="2">氮气流量（mL/min）</td><td></td><td colspan="2">分流比</td><td></td></tr>
<tr><td colspan="6">前处理方法</td></tr>
<tr><td colspan="6"></td></tr>
<tr><td colspan="2">样品取样量 w（g）</td><td colspan="2"></td><td colspan="2"></td></tr>
<tr><td colspan="2">定容体积 V（mL）</td><td colspan="2"></td><td colspan="2"></td></tr>
<tr><td colspan="2">样液浓度 C（g/L）</td><td colspan="2"></td><td colspan="2"></td></tr>
<tr><td colspan="2">实测结果 X（g/kg）</td><td colspan="2"></td><td colspan="2"></td></tr>
<tr><td colspan="2">标准值（g/kg）</td><td colspan="2"></td><td colspan="2"></td></tr>
<tr><td colspan="2">单项结论</td><td colspan="2"></td><td colspan="2"></td></tr>
<tr><td>计算公式</td><td colspan="5">$X = \frac{CV}{W}$</td></tr>
<tr><td>备注</td><td colspan="5"></td></tr>
<tr><td>校核</td><td></td><td>检验</td><td></td><td>日期</td><td></td></tr>
</table>

（七）六六六、滴滴涕的测定

按第三章第一节小麦粉中六六六、滴滴涕的测定进行操作。

三、可可粉检验

（一）可可粉质量检验项目

可可制品的发证检验、监督检验和出厂检验项目按表 3－49 中列出的检验项目进行。出厂检验项目中注有“＊”标记的，企业应当每年检验 4 次。

表 3－49 可可制品质量检验项目表

序号	检验项目	发证	监督	出厂	备注
1	感官	√	√	√	

续表

序号	检验项目	发证	监督	出厂	备注
2	可可脂	√	√	√	仅可可粉、可可液块和可可饼块需检测此项目
3	水分	√	√	√	仅可可粉需检测此项目
4	灰分	√	√	√	仅可可粉和可可饼块需检测此项目
5	细度	√	√	√	仅可可粉和可可液块需检测此项目
6	pH 值	√	√	√	仅可可粉和可可饼块需检测此项目
7	色价	√	√	√	仅可可脂需检测此项目
8	折光指数	√	√	√	仅可可脂需检测此项目
9	水分及挥发物	√	√	√	仅可可脂、可可液块和可可饼块需检测此项目
10	游离脂肪酸（以油酸计）	√	√	√	仅可可脂需检测此项目
11	碘价	√	√	√	仅可可脂需检测此项目
12	皂化价	√	√	√	仅可可脂需检测此项目
13	不皂化物	√	√	√	仅可可脂需检测此项目
14	滑动熔点	√	√	√	仅可可脂需检测此项目
15	总砷（以 As 计）	√	√	*	仅可可粉、可可脂、可可液块和可可饼块需检测此项目
16	菌落总数	√	√	√	仅可可粉、可可液块和可可饼块需检测此项目
17	酵母菌	√	√	√	仅可可粉、可可液块和可可饼块需检测此项目
18	霉菌	√	√	√	仅可可粉、可可液块和可可饼块需检测此项目
19	大肠菌群	√	√	*	仅可可粉、可可液块和可可饼块需检测此项目
20	致病菌	√	√	*	仅可可粉、可可液块和可可饼块需检测此项目
21	标签	√	√		
22	企业执行标准及标签明示的其他项目	√	√	*	

注：可可粉需每批必检出厂检验项目中的大肠菌群和致病菌。

（二）可可脂的测定

1. 原理

将粉碎、分散且干燥的试样用有机溶剂回流提取，使试样中的脂肪被溶剂抽提出来，回收溶剂后所得到的残留物，即为粗脂肪。

2. 试剂

无水乙醚：分析纯。

3. 仪器和用具

（1）分析天平：分度值0.1mg。

（2）电热恒温箱。

（3）电热恒温水浴锅。

（4）粉碎机、研钵。

（5）备有变色硅胶的干燥器。

（6）滤纸筒。

（7）索氏提取器。

（8）圆孔筛。

（9）广口瓶。

（10）脱脂线、脱脂细沙。

4. 试样制备

取试样30g～50g磨碎，通过孔径为1mm的圆孔筛，然后装入广口瓶中备用。试样应研磨至适当的粒度，保证连续测定10次，测定的相对标准偏差RSD≤2.0%。

5. 操作步骤

（1）试样包扎

从备用的试样中，用烘盒称取2g～5g试样，在105℃温度下烘30min，趁热倒入研钵中，加入约2g脱脂细沙一同研磨。将试样和细沙研磨到出油状，完全转入滤纸筒内（筒底塞一层脱脂棉，并在105℃温度下烘30min），用脱脂棉蘸少量乙醚揩净研钵上的试样和脂肪，并入滤纸筒，最后再用脱脂棉塞入上部，压住试样。

（2）抽提与烘干

将抽提器安装妥当，然后将装有试样的滤纸筒置于抽提筒内，同时注入乙醚至虹吸管高度以上，待乙醚流净后，再加入乙醚至虹吸管高度的三分之二处，用一小块脱脂棉轻轻地塞入冷凝管上口，打开冷凝管进水管，开始加热抽提，控制加热的温度，使冷凝的乙醚为每分钟120滴～150滴，抽提的乙醚每小时回流7次以上。抽提时间须视试样含油量而定，一般在8小时以上，抽提至抽提管内的乙醚用玻璃片检查（点滴试验）无油迹为止。

抽净脂肪后，用长柄镊子取出滤纸筒。再加热使乙醚回流2次。然后回收乙醚，取下冷凝管和抽提筒，加热除尽抽提瓶中残余的乙醚，用脱脂棉蘸乙醚揩净抽提瓶外部，然后将抽提瓶在105℃温度下烘90min，再烘20min。烘至恒重为止（前后两次质量差在0.2mg以内视为恒重），抽提瓶增加的质量即为粗脂肪的质量。

6. 结果计算

粗脂肪湿基含量、干基含量分别按式（3－89）、式（3－90）计算：

$$X_s = \frac{m_1}{m} \times 100 \tag{3-89}$$

$$X_g = \frac{m_1}{m \times (100 - M)} \times 10000 \tag{3-90}$$

式中 X_s——湿基粗脂肪含量（以质量分数计），%；

X_g——干基粗脂肪含量（以质量分数计），%；

m_1——粗脂肪质量，单位为克（g）；

m——试样质量，单位为克（g）；

M——试样水分含量（以质量分数计），%。

两次试验结果允许差不超过0.4%，求其算术平均值作为测定结果，测定结果保留小数点后1位。

（三）水分的测定

按第三章第一节小麦粉中水分的测定进行操作。

（四）灰分的测定

按第三章第一节小麦粉中灰分的测定进行操作。

（五）细度的测定

1. 试剂

石油醚：分析纯，沸程60℃～90℃。

2. 仪器

（1）电热恒温干燥箱。

（2）烧杯：500mL。

（3）标准筛：φ50mm，高50mm，筛孔0.075mm（200目/英寸）。

（4）分析天平：感量±0.0001g。

（5）干燥器。

（6）玻璃棒。

3. 分析步骤

称取10g试样（精确至0.0001g），置于已称量的标准筛中，在通风橱中将标准筛依次放入4只盛有250mL石油醚的烧杯中，并使石油醚完全浸没试样，然后用玻璃棒轻轻搅拌，直至洗净为止，取出标准筛放入通风橱中，将溶剂挥发后，移入103℃±2℃的电热恒温干燥箱内，1h后取出，放入干燥器内冷却至室温，称量筛网上残留物的质量，按照实际水分和脂肪折算细度百分率。

4. 结果计算

$$X = \frac{m_0 - m_1/(1 - c_1 - c_2)}{m_0} \times 100 \tag{3-91}$$

式中 X——细度,%;

m_0——试样的质量。单位为克（g）;

m_1——筛网上残留物的质量，单位为克（g）;

c_1——试样的脂肪含量,%;

c_2——试样的水分含量,%。

同一试样的两次测定值之差，不得超过平均值的0.5%。

（六）pH值的测定

1. 仪器

（1）pH计：量程范围pH 1～14，最小分度值0.01。

（2）天平：感量±0.1g。

（3）刻度烧杯：50mL、150mL。

（4）定性滤纸：φ 15cm。

（5）玻璃漏斗：内径9cm。

2. 分析步骤

称取10g试样，置于150mL烧杯中，加90mL煮沸蒸馏水，搅拌至悬浮液无结块，即倒入放有滤纸的漏斗内进行过滤，待滤液冷却至室温，即用pH计测定其pH值。测定前先按pH说明书按测定需求选用pH标准缓冲溶液进行仪器校正。

3. 允许差

同一试样两次pH测定值之差不得超过0.1。

（七）总砷的测定

按第三章第一节小麦粉中总砷的测定进行操作。

四、植脂奶油检验

（一）打发倍数的测定

取已解冻摇匀的植脂奶油试样800g于5L的搅拌机容器中，在室温20℃±2℃、试样温度7℃～10℃、打发速度180r/min～210r/min的条件下，将试样打发至光泽消失，软尖峰出现，此试样用于测定打发倍数。

取一干燥的平口烧杯称量。用称量纸作筒将打发好的植脂奶油试样小心挤入烧杯中（挤的过程中注意不要混入气泡），挤满并用刮刀刮去超出杯口的部分后称量。将同一烧杯洗净、擦干，注满已完全化冻未打发的植脂奶油试样称量，按式（3-92）计算打发倍数：

$$X = \frac{m_2 - m_0}{m_1 - m_0} \tag{3-92}$$

式中　X——打发倍数，单位为倍；

m_0——空烧杯质量，单位为克（g）；

m_1——打发后试样和烧杯的总质量，单位为克（g）；

m_2——未打发试样和烧杯的总质量，单位为克（g）。

（二）脂肪的测定

按照第三章第二节人造奶油脂肪测定方法进行操作。

（三）水分的测定

按第三章第一节小麦粉中水分的测定进行操作。加糖植脂奶油水分的测定按第三章第十一节蜜饯中水分的测定进行操作。

（四）酸价、过氧化值的测定

将植脂奶油试样在室温解冻后，混合均匀，按四分法取样250g～300g于500mL具塞锥形瓶中加入适量石油醚（沸程30℃～60℃）浸泡试样，放置若干小时，用快速滤纸过滤后，减压蒸馏回收溶剂，得到的大豆油按照第三章第二节大豆油中酸价、过氧化值测定方法分别进行操作。

（五）总砷的测定

按第三章第一节小麦粉中总砷的测定进行操作。

（六）铅的测定

按第三章第一节小麦粉中铅的测定进行操作。

第四章　面包成品检验

第一节　面包的感官检验

面包是以小麦粉、酵母、食盐、水为主要原料，加入适量辅料，经搅拌面团、发酵、整形、醒发、烘烤或油炸等工艺制作而成的松软多孔的食品，以及在烤制成熟前或后在面包坯表面或内部添加奶油、人造黄油、蛋白、可可、果酱等的制品。

按面包的物理性质和食用口感分为软式面包、硬式面包、起酥面包、调理面包和其他面包等五类，其中调理面包又分为热加工和冷加工两类。

面包的感官要求，主要是以下几个方面，即形态、表面色泽、组织、滋味与口感、杂质（见表4－1）。检验时，将样品放置于一洁净、干燥的白瓷盘中，用目测检查形态、表面色泽；然后用餐刀按四分法则切开，观察组织、杂质；然后品尝滋味与口感，并按表4－1给出评价。

表4－1　感官要求

项目	软式面包	硬式面包	起酥面包	调理面包	其他面包
形态	完整，丰满，无黑泡或明显焦斑，形状应与品种造型相符	表皮有裂口，完整，丰满，无黑泡或明显焦斑，形状应与品种造型相符	丰满，多层，无黑泡或明显焦斑，光洁，形状应与品种造型相符	完整，丰满，无黑泡或明显焦斑，形状应与品种造型相符	符合产品应有的形态
表面色泽	金黄色、淡棕色或棕灰色，色泽均匀、正常				
组织	细腻，有弹性，气孔均匀，纹理清晰，呈海绵状，切片后不断裂	紧密，有弹性	有弹性，多孔，纹理清晰，层次分明	细腻，有弹性，气孔均匀，纹理清晰，呈海绵状	符合产品应有的组织
滋味与口感	具有发酵和烘烤后的面包香味，松软适口，无异味	耐咀嚼，无异味	表皮酥脆，内质松软，口感酥香，无异味	具有品种应有的滋味与口感，无异味。	符合产品应有的滋味与口感，无异味
杂质	正常视力无可见的外来异物				

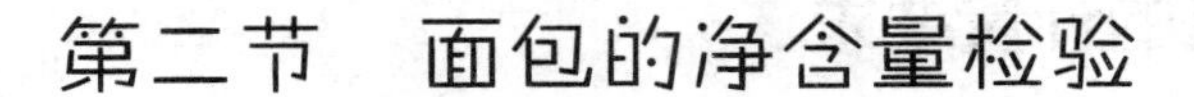

第二节 面包的净含量检验

一、面包外包装上净含量的标注要求

（一）单件产品的标注

1. 在定量包装产品包装的显著位置应有正确、清晰的净含量标注

净含量标注由“净含量”（中文）、数字和法定计量单位（或者用中文表示的计数单位）三部分组成，例如：净含量200g。

2. 净含量法定计量单位的选择和检查方法

表4-2 面包净含量法定计量单位和检查方法

检查要求		检查方法
标注净含量的量限	计量单位	目测
Q_n <1000克	g（克）	
Q_n ≥1000克	kg（千克）	

3. 净含量标注字符高度的要求和检查方法

表4-3 净含量标注字符高度的要求和检查方法

标注净含量 Q_n	字符的最小高度（mm）	检查方法
$Q_n \leq 50g$	2	使用钢直尺或游标卡尺测量字符高度。
$50g < Q_n \leq 200g$	3	
$200g < Q_n \leq 1kg$	4	
$Q_n > 1kg$	6	

（二）多件产品的标注

同一包装产品有多件定量包装产品的，其标注除了应符合单件产品的标注要求之外，还应符合以下规定。

（1）同一包装产品内含有多件同种定量包装产品的，应当标注单件定量包装产品的净含量和总件数，或者标注总净含量。

（2）同一包装产品内含有多件不同种类定量包装产品的，应当标注各种不同种定量包装产品的单件净含量和各种不同种定量包装产品的件数，或者分别标注各种不同种定量包装产品的总净含量。

二、净含量的计量要求

（一）单件实际含量的计量要求

单件定量包装产品的实际含量应当准确反映其标注净含量。标注净含量与实际净含量之差不得大于表4－4规定的允许短缺量。

表4－4 单件定量包装允许短缺量

质量定量包装产品标注净含量（Q_n），g	允许短缺量（T）[a]，g	
	Q_n 的百分比	g
0～50	9	—
50～100	—	4.5
100～200	4.5	—
200～300	—	9
300～500	3	—
500～1000	—	15
1000～10 000	1.5	—
10 000～15 000	—	150
15 000～50 000	1	—

注：a. 对于允许短缺量（T），当 $Q_n \leq 1$kg 时，T 值的0.01g位修约至0.1g；当 $Q_n > 1$kg 时，T 值的0.1g位修约至g。

（二）检验批实际含量的计量要求

批量定量包装产品的平均实际含量应当大于或等于其标注净含量。

用抽样的方法评定一个检验批的定量包装产品，应当按表4－5规定的抽样方案进行抽样检验，并符合计量要求：即样本平均实际含量应当大于或等于标注净含量减去样本平均实际含量修正值 λs，见式4－1。

$$\bar{q} \geq (Q_n - \lambda s) \quad (4-1)$$

$$\bar{q} = \frac{1}{n}\sum_{i=1}^{n} q_i \quad (4-2)$$

$$s = \sqrt{\frac{1}{n-1}\sum_{i=1}^{n}(q_i - \bar{q})^2} \quad (4-3)$$

式中 $\bar{q}$——样本平均实际含量；

Q_n——标注净含量；

λ——修正因子；

s——样本实际含量标准偏差。

表 4-5　计量检验抽样方案

第一栏	第二栏	第三栏		第四栏	
		样本平均实际含量修正值（λs）			
检验批量（N）	抽取样本量（n）	修正因子 $\lambda = t_{0.995} \times \frac{1}{\sqrt{n}}$	样本实际含量标准偏差（s）	允许大于 1 倍小于或者等于 2 倍允许短缺量（T_1 类短缺）的件数	允许大于 2 倍允许短缺量（T_2 类短缺）的件数
1～10	N	/	/	0	0
11～50	10	1.028	s	0	0
51～99	13	0.848	s	1	0
100～500	50	0.379	s	3	0
501～3200	80	0.295	s	5	0
大于 3200	125	0.234	s	7	0

注 1：本抽样方案的置信度为 99.5%。
注 2：一个检验批的批量小于或等于 10 件时，只对每个单件定量包装商品的实际含量进行检验和评定，不作平均实际含量的计算。

三、焙烤类食品净含量的检验方法

（一）检验用设备

电子天平或秤：经检定合格，准确度等级和检定分度值应符合要求。

（二）检验步骤

1. 皮重一致性较好的产品

（1）首先在电子天平或秤上逐个称量每个样品的实际总重（GW_i），并记录结果。

（2）平均皮重（ATW）的测定

在检验的样本中，至少随机抽取 10 件样品；然后将皮与产品内容物分离，逐个称出皮的重量。测量皮重前，应将皮上的残留物清除干净并擦干。

如果是在产品包装现场进行抽样，可直接随机抽取不少于 10 件待包装的皮，然后逐个称出皮的重量。

根据测得的单件皮重，计算皮重平均值和皮重标准偏差。其计算公式为：

$$\bar{p} = \frac{1}{n_t}\sum_{i=1}^{nt} p_i \tag{4-4}$$

$$s_p = \sqrt{\frac{1}{n_t - 1}\sum_{i=1}^{nt}(p_i - \bar{p})^2} \tag{4-5}$$

式中　$\bar{p}$——平均皮重；

p_i——单件皮重；

s_p——皮重标准偏差；

ATW——平均皮重；

n_t——皮重抽样数。

(3) 计算产品的标称总重（CGW）和实际含量（q）

标称总重（CGW）=标注净含量（Q_n）+平均皮重（ATW）　(4-6)

产品的实际含量（q_i）=实际总重（GW_i）-平均皮重（ATW）　(4-7)

(4) 计算净含量的偏差（D）

单件产品的净含量偏差（D）=实际总重（GW_i）-标称总重（CGW）　(4-8)

单件产品的净含量偏差（D）=实际含量（q_i）-标注净含量（Q_n）　(4-9)

注：净含量偏差D为正值时说明该件产品不短缺。净含量偏差D为负值时说明该件产品为短缺商品，偏差D数值的大小为产品的短缺量（下同）。

2. 其他产品

(1) 测定总重（GW）

在电子天平或秤上按顺序逐个称量每个样品的实际总重（GW_i），并记录结果。

(2) 测定皮重（TW）

在电子天平或秤上按顺序称量每个已打开包装样品的皮重（TW_i），记录结果并与总重结果对应。

(3) 产品实际含量（q）计算

产品的实际含量（q_i）=实际总重（GW_i）-皮重（TW_i）　(4-10)

(4) 净含量偏差（D）计算

单件产品的净含量偏差（D）=实际含量（q_i）-标注净含量（Q_n）　(4-11)

3. 实际应用

实际上，在现代焙烤类食品的生产中，食品的独立包装物都是均匀一致的，其实际重量小于净含量的10%，因此，在测量净含量的时候，即可将单件样品总重减去10件以上的包装物的平均重量即为该样品的净含量。

(三) 原始记录与数据处理

1. 原始记录

每份检验的原始记录应包含足够的信息，记录中列出的项目应准确填写。观测结果、数据和计算应在工作时予以记录，并按规定的期限保存（检验原始记录格式见表4-6）。

2. 数据处理

应按本文规定的要求计算单件实际含量和样本平均实际含量等有关数据。

(四) 结果评定

1. 标注评定准则

定量包装产品净含量标注出现下列情况之一的，评定为标注有缺陷；有2项以上

（含2项）缺陷的，评定为标注不合格。

（1）没有在产品包装的显著位置用正确的方法标注产品净含量的。

（2）没有按规定要求正确使用法定计量单位的。

（3）标注净含量字符的高度小于规定要求的。

（4）同一预包装产品内含有多件同种定量包装产品的，如果没有标注单件定量包装产品的净含量和总件数，或者没有标注定量包装产品的总净含量。

（5）同一预包装产品内，含有多件不同种定量包装产品的，如果没有标注各不同种定量包装产品的单件净含量和件数，或者没有标注各种不同种定量包装产品的总净含量。

2. 净含量评定准则

（1）评定依据

如果定量包装产品的强制性国家标准或强制性行业标准中对定量包装产品净含量的允许短缺量有规定的，按其规定做出评定；如没有规定，则按以下评定准则执行。

（2）评定准则

检验批出现下列情况之一的，评定为不合格批次。

样本平均实际含量小于标注净含量，并按表4第三栏修正后仍然小于标注净含量。

单件定量包装产品实际含量的短缺量大于1倍、小于或者等于2倍允许短缺量的件数超过表4第四栏规定的数量。

有一件或一件以上的定量包装产品实际含量的短缺量大于规定的允许短缺量的2倍。

四、原始记录参考格式

原始记录参考格式（以批量为51～99为例，其余类推）如下。

<table>
<tr><td colspan="2">样品名称</td><td colspan="2"></td><td>检验依据</td><td></td></tr>
<tr><td colspan="2">测量设备名称及规格</td><td colspan="3">设备编号</td><td>设备检定有效期</td></tr>
<tr><td colspan="2"></td><td colspan="3"></td><td></td></tr>
<tr><td colspan="2"></td><td colspan="3"></td><td></td></tr>
<tr><td rowspan="3">净含量标注检验</td><td>标注正确</td><td></td><td colspan="2">计量单位</td><td></td></tr>
<tr><td>字符高度</td><td></td><td colspan="2">多件包装标注</td><td></td></tr>
<tr><td>单项结论</td><td></td><td colspan="2"></td><td></td></tr>
<tr><td>皮重</td><td>10件总皮重</td><td>g</td><td colspan="2">单件皮重（平均值）</td><td>W_2 g</td></tr>
</table>

<table>
<tr><td rowspan="8">实际含量检验</td><td>序号 n</td><td>实际总重 W_1（g）</td><td colspan="2">实际含量 q（g）</td><td colspan="2">偏差 $q_i-\bar{q}$（g）</td></tr>
<tr><td>1</td><td></td><td colspan="2"></td><td colspan="2"></td></tr>
<tr><td>2</td><td></td><td colspan="2"></td><td colspan="2"></td></tr>
<tr><td>3</td><td></td><td colspan="2"></td><td colspan="2"></td></tr>
<tr><td>4</td><td></td><td colspan="2"></td><td colspan="2"></td></tr>
<tr><td>5</td><td></td><td colspan="2"></td><td colspan="2"></td></tr>
<tr><td></td><td></td><td colspan="2"></td><td colspan="2"></td></tr>
<tr><td></td><td></td><td colspan="2"></td><td colspan="2"></td></tr>
<tr><td rowspan="6">评定</td><td>样本实际含量标准偏差 s</td><td></td><td colspan="2">修正因子</td><td colspan="2">$\lambda=0.848$</td></tr>
<tr><td rowspan="2">大于1倍，小于或者等于2倍允许短缺量件数</td><td rowspan="2"></td><td rowspan="5">标准值</td><td>允许1件</td><td rowspan="5">单项结论</td><td></td></tr>
<tr><td rowspan="2">不允许</td><td rowspan="2"></td></tr>
<tr><td>大于2倍允许短缺量件数</td><td></td></tr>
<tr><td>$\bar{q}$值（g）</td><td></td><td rowspan="2">$\bar{q}\geq Q_n-\lambda s$</td><td rowspan="2"></td></tr>
<tr><td>$Q_n-\lambda s$</td><td></td></tr>
<tr><td>综合判定</td><td colspan="6">□合格　　□不合格</td></tr>
<tr><td>计算公式</td><td colspan="6">$q=W_1-W_2$　$\bar{q}=\frac{1}{n}\sum_{i=1}^{n}q_i$　$s=\sqrt{\frac{1}{n-1}\sum_{i=1}^{n}(q_i-\bar{q})^2}$</td></tr>
<tr><td>检验</td><td></td><td>校核</td><td></td><td>日期</td><td colspan="2"></td></tr>
</table>

第三节　面包的理化检验

一、水分测定

取样时面包应以中心部位为准，调理面包取面包部分的中心部位。按第三章第一节小麦粉中水分的测定进行操作。

二、酸度测定

（一）仪器及试剂

（1）氢氧化钠标准溶液（0.1mol/L）：按 GB/T 601 规定的方法配制与标定。

（2）酚酞指示液（1%）：称取酚酞 1g，溶于 60mL 乙醇（95%）中，用水稀释至 100mL。

（3）25mL 碱式滴定管。

（二）实验步骤

称取面包中心部分样品 25.00g，加入 60mL 经煮沸并冷却的蒸馏水，用玻棒搅碎，

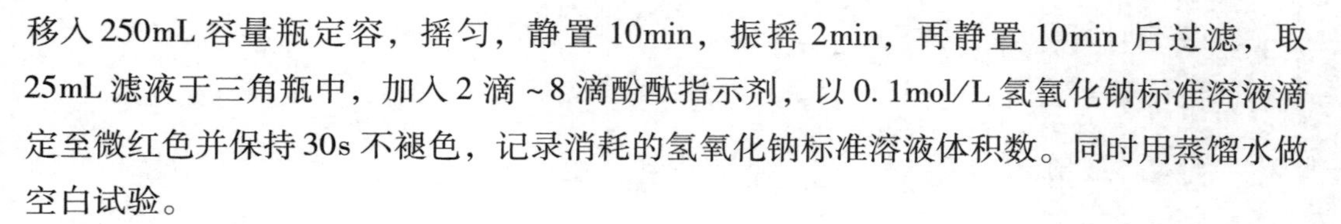

移入250mL容量瓶定容，摇匀，静置10min，振摇2min，再静置10min后过滤，取25mL滤液于三角瓶中，加入2滴~8滴酚酞指示剂，以0.1mol/L氢氧化钠标准溶液滴定至微红色并保持30s不褪色，记录消耗的氢氧化钠标准溶液体积数。同时用蒸馏水做空白试验。

（三）结果计算

酸度按式（4-12）计算：

$$T = \frac{c \times (V_1 - V_2)}{m} \times 1000 \tag{4-12}$$

式中 T —— 样品酸度，单位为酸度（°T）；

c ——氢氧化钠标准溶液的实际浓度，单位为摩尔每升（mol/L）；

V_1 —— 滴定样品溶液消耗的氢氧化钠标准溶液的体积，单位为毫升（mL）；

V_2 ——空白试验消耗的氢氧化钠标准溶液的体积，单位为毫升（mL）；

m ——样品的质量，单位为克（g）。

在重复性条件下测得的两次独立测试结果的绝对差值，应不超过0.10°T。

（四）注意事项

样液的颜色过深，可加入等量蒸馏水再滴定，亦可用pH电位测定法。

三、比容测定

1. 仪器及装置

（1）天平，感量0.1g。

（2）面包体积测定仪，测量范围0mL~1000mL。

2. 实验步骤

（1）称量待测面包重量。

（2）待测面包体积不大于400mL时，先把面包体积测定仪的底箱盖好，然后从顶箱放入填充物至标尺零线，盖好顶盖，反复颠倒几次，以调整填充物的加入量至标尺零线。开始测量，先把填充物倒置于顶箱，关闭插板开关，打开底箱盖，放入待测面包，盖好底盖，拉开插板，使填充物自然落下，在标尺上读出填充物的刻度，即为面包的实测体积。

（3）待测面包体积大于400mL时，先把面包体积测定仪的底箱打开，放入400mL的标准模块，盖好底箱，打开顶箱盖和插板，从顶箱放入填充物至标尺零线，盖好顶盖，反复颠倒几次，以消除死角，调整填充物的加入量至标尺零线。开始测量，先把填充物倒置于顶箱，关闭插板开关，打开底箱盖，取出标准模块，放入待测面包，盖好底盖，拉开插板，使填充物自然落下，在标尺上读出填充物的刻度，即为面包的实测体积。

3. 结果计算

面包比容 P 按式（4－13）计算：

$$P = \frac{V}{m} \tag{4-13}$$

式中 P——面包比容，单位为毫升每克（mL/g）；

V——面包体积，单位为毫升（mL）；

m——面包质量，单位为克（g）。

在重复性条件下测得的两次独立测试结果的绝对差值，应不超过0.1mL/g。

4. 原始记录参考样式

面包比容原始记录

编号：

第　页

样品简称		检验依据			
仪器设备名称和仪器编号		电子天平			
		面包体积测定仪			
平行测定次数		1	2	3	
样品重 m（g）					
末读数 V_2（mL）					
初读数 V_1（mL）					
面包的实测体积 V（mL）					
实测结果（mL/g）					
平均值（mL/g）					
标准值（mL/g）					
单项结论					
计算公式	$P = \frac{V}{m}$				
校核		检验		日期	

四、酸价、过氧化值测定

取0.5kg含油脂较多的试样，如起酥面包，软式面包、硬式面包、调理面包等；含脂肪少的试样取1kg试样，然后用对角线取四分之二或六分之二或者根据情况取有代表性的试样，将试样分割成小块，再放入食品粉碎机中粉碎成粉末。取混合均匀后的试样置于广口瓶中，加入适量石油醚（沸程30℃～60℃）浸泡试样，静置浸提12h以上，用滤纸过滤后，置于水浴温度不高于40℃的旋转蒸发仪内，将石油醚彻底旋转蒸干，取残留的液体油脂作为试样进行酸价和过氧化值的测定。按第三章第二节大豆油中酸价、过氧化值测定方法分别进行操作。

注意：蒸发有机溶剂时，水浴温度不要过高，应以提取溶剂沸点为最佳，当溶剂完全挥发后，应立即取出测定。另外，油脂提取后应立即测定。否则，脂肪长时间暴露于空气中易被氧化，导致过氧化值测定结果偏高。

五、铅的测定

按第三章第一节小麦粉中铅的测定进行操作。

六、铝的测定

食品中铝的测定主要方法有四元胶束分光光度法、电感耦合等离子体质谱法、电感耦合等离子体发射光谱法和石墨炉原子吸收光谱法（第一法适用于检测使用含铝食品添加剂的食品中的铝，第二、三、四法适用于检测食品中的铝）来源于 GB 5009.182—2017《食品安全国家标准 食品中铝的测定》)，本文主要介绍四元胶束分光光度法和电感耦合等离子体质谱法。

（一）分光光度法

1. 方法原理

试样经处理后，在乙二胺－盐酸缓冲介质中（pH 6.7 ~ 7.0），聚乙二醇辛基苯醚（Trition X－100）和溴代十六烷基吡啶（CPB）的存在下，三价铝离子与铬天青 S 反应生成蓝绿色的四元胶束，于 620nm 波长处测定吸光度值并与标准系列比较定量。

2. 试剂和材料

注：除非另有说明，本方法所用试剂均为分析纯，水为 GB/T 6682 规定的三级水。

（1）硝酸（HNO_3）：优级纯。

（2）硫酸（H_2SO_4）：优级纯。

（3）盐酸（HCl）：优级纯。

（4）氨水（$NH_3 \cdot H_2O$）。

（5）无水乙醇（C_2H_6O）：优级纯。

（6）对硝基苯酚（$C_6H_5NO_3$）。

（7）铬天青 S（$C_{23}H_{13}O_9SCL_2Na_3$）。

（8）乙二胺（$C_2H_8N_2$）。

（9）聚乙二醇辛基苯醚（Trition X－100）。

（10）溴代十六烷基吡啶（$C_{21}H_{38}BrN$），简称 CPB。

（11）抗坏血酸（$C_6H_8O_6$）。

（12）盐酸溶液（1＋1）：量取 100mL 盐酸，缓缓倒入 100mL 水中，混匀。

（13）硫酸溶液（1%体积分数）：量取硫酸1mL置于约80mL水中，放冷后再稀释至100mL。

（14）对硝基苯酚乙醇溶液（1.0g/L）：称取0.10g对硝基苯酚，溶于100mL无水乙醇中。

（15）氨水溶液（1+1）：取10mL氨水加入10mL水中，混匀。

（16）硝酸溶液（2+98）：取2mL硝酸，缓慢加入98mL水中，混匀。

（17）乙醇溶液（1+1）：量取50mL乙醇溶于50mL水中，混匀。

（18）铬天青S溶液（1.0g/L）：称取0.10g铬天青S溶于100mL乙醇溶液中，混匀。

（19）聚乙二醇辛基苯醚溶液（3+100）：吸取3.0mL Trition X-100溶于100mL水中。

（20）溴代十六烷基吡啶溶液（3.0g/L）：称取0.30g CPB溶于15mL无水乙醇中，加水稀释至100mL。

（21）乙二胺溶液（1+2）：量取10mL乙二胺，加入20mL水中。

（22）乙二胺-盐酸缓冲溶液（pH 6.7~7.0）：取无水乙二胺100mL沿玻璃棒缓慢加入200mL水中，待冷却后，再用玻璃棒缓缓加入190mL盐酸，混匀，若pH>7.0或pH<6.7时可分别添加盐酸溶液或乙二胺溶液（1+2）调节pH。

（23）抗坏血酸溶液（10g/L）：称取1.0g抗坏血酸，用水溶解并定容至100mL。临用时现配。

（24）铝标准溶液：1000mg/L。或经国家认证并授予标准物质证书的一定浓度的铝标准溶液。

（25）铝标准中间液（100mg/L）：准确吸取1.00mL铝标准溶液于10mL容量瓶中，加硝酸溶液（5%）定容至刻度，混匀。

（26）铝标准使用液（1.00mg/L）：准确吸取1.00mL铝标准中间溶液于100mL容量瓶中，加硝酸溶液（5%）定容至刻度，混匀。

3. 仪器设备

注：所有玻璃器皿均需以硝酸（1+5）浸泡24h以上，用自来水反复冲洗，最后用水冲洗干净，晾干后使用。

（1）分光光度计。

（2）天平，感量1mg。

（3）可调式控温电热炉或电热板。

（4）酸度计（±0.1pH）。

（5）恒温干燥箱。

4. 分析步骤

（1）试样预处理

面制品、豆制品、虾味片、烘焙食品等样品，样品粉碎均匀后，取约 30g 置 85℃ 恒温干燥箱中干燥 4h。在采样和制备过程中，应注意不使试样污染，应避免使用含铝器具。

（2）试样消解

称取试样 0.2g ~ 3g（精确到 0.001g），液体样品移取 0.500mL ~ 5.00mL 于硬质玻璃消化管或锥形瓶中，加 10mL 硝酸，0.5mL 硫酸，在可调式电热炉或电热板上消解（参考条件：100℃/1h；升至 150℃/1h；升至 180℃/2h，再升至 200℃），若消化液变棕黑色，再加少量硝酸，直至冒白烟，消化液呈无色透明或略带黄色，取出消化管，冷却后用水定容至 50mL，混匀备用；同时作试剂空白试验。

（3）显色反应及比色测定

分别吸取 1.00mL（ V_2 ）试样消化液、空白溶液分别置于 25mL 具塞比色管中，加水至 10mL 刻度。另取 25mL 具塞比色管 7 支，分别加入铝标准使用溶液 0mL、0.500mL、1.00mL、2.00mL、3.00mL、4.00mL 和 5.00mL（该系列标准溶液中铝的质量分别为 0μg、0.500μg、1.00μg、2.00μg、3.00μg、4.00μg、5.00μg），并依次向各管中加入硫酸溶液（1%）1mL，加水至 10mL 刻度。

向标准管、试样管、试剂空白管中滴加 1 滴对硝基苯酚乙醇溶液（1g/L），混匀，滴加氨水溶液（1 + 1）至浅黄色，滴加硝酸溶液（2.5%）至黄色刚刚消失，再多加 1mL，加入 1mL 抗坏血酸溶液（10g/L），混匀后加 3mL 铬天青 S 溶液（1.0g/L），混匀后加 1mL Trition X – 100 溶液（3%），3mL CPB 溶液（3g/L），3mL 乙二胺 – 盐酸缓冲溶液，加水定容至 25.0mL，混匀，放置 40min。

于 620nm 波长处，用 1cm 比色皿以空白溶液为参比测定吸光度值。以标准系列溶液中铝的质量为横坐标，以相应的吸光度值为纵坐标，并绘制标准曲线。根据试样消化液的吸光度值与标准曲线比较定量。

5. 分析结果的表述

试样中铝含量按式（4 – 14）计算：

$$X = \frac{(m_1 - m_0) \times V_1}{m \times V_2} \tag{4-14}$$

式中　X ——试样中铝的含量，单位为毫克每千克或毫克每升（mg/kg 或 mg/L）；

m_1 ——测定用试样消化液中铝的质量，单位为微克（μg）；

m_0 ——空白溶液中铝的质量，单位为微克（μg）；

V_1 ——试样消化液总体积，单位为毫升（mL）；

V_2 ——测定用试样消化液体积，单位为毫升（mL）；

m ——试样称取质量或移取体积，单位为克或毫升（g 或 mL）。

计算结果保留 3 位有效数字。在重复性条件下获得的两次独立测定结果的绝对差值不得超过算术平均值的10%。

以称样量 1g（1mL），定容体积 50mL 计算，方法检出限（LOD）为 8mg/kg（或 8mg/L），定量限（LOQ）为 25mg/kg（或 25mg/L）。

（二）电感耦合等离子体质谱法

1. 方法原理

试样经消解后，由电感耦合等离子体质谱仪测定，以元素特定质量数（质荷比，m/z）定性，采用外标法，以待测元素质谱信号与内标元素质谱信号的强度比与待测元素的浓度成正比进行定量分析。

2. 试剂和材料

注：除非另有说明，本方法所用试剂均为优级纯，水为 GB/T 6682 规定的一级水。

（1）硝酸（HNO_3）：优级纯或更高纯度。

（2）氩气（Ar）：氩气（≥99.995%）或液氩。

（3）氦气（He）：氦气（≥99.995%）。

（4）硝酸溶液（5 +95）：取 50mL 硝酸，缓慢加入 950mL 水中，混匀。

（5）铝标准储备液（1000mg/L 或 100mg/L），采用国家认证并授予标准物质证书的标准溶液。

（6）钪、锗元素贮备液（1000mg/L）：采用国家认证并授予标准物质证书的标准溶液。

（7）铝标准系列溶液：精确吸取适量单元素标准贮备液，用硝酸溶液（5 +95）逐级稀释配成混合标准溶液系列溶液，质量浓度分别为 0mg/L、0. 100mg/L、0. 500mg/L、1. 00mg/L、3. 00mg/L、5. 00mg/L。

注：可根据仪器的灵敏度及样品中被测元素的实际含量确定标准溶液系列中元素的具体浓度。

（8）内标使用液：由于不同仪器采用的蠕动泵内径有所不同，在线加入内标时需考虑使内标溶液在样品中的浓度，样液混合后的内标元素参考浓度范围为 25μg/L ~ 100μg/L，低质量元素可适量提高使用液浓度。

注：内标溶液即可在配制标准工作溶液和样品消化液中手动定量加入，亦可由仪器在线加入。

3. 仪器设备

（1）电感耦合等离子体质谱仪（ICP – MS）。

（2）天平：感量为0.1mg和1mg。

（3）微波消解仪：配有聚四氟乙烯消解内罐。

（4）压力消解罐：配有聚四氟乙烯消解内罐。

（5）恒温干燥箱。

（6）控温电热板。

（7）超声水浴箱。

（8）样品粉碎设备：匀浆机、高速粉碎机。

4. 分析步骤

（1）试样预处理

样品除去杂物后经磨碎混匀，含水量较高的样品制成匀浆，液体样品直接摇匀，储于塑料瓶中，保存备用。在采样和制备过程中，应注意不使试样污染。

（2）试样消解

微波消解法：称取样品0.2g~0.5g（精确至0.001g，含水分较多的样品可适当增加取样量至1g），或准确吸取液体试样1.00mL~3.00mL于微波消解内罐中，加入5mL~10mL硝酸，加盖放置1h或过夜，旋紧罐盖，按照微波消解仪标准操作步骤进行消解，消解参考条件为一阶段120℃，升温5min，恒温5min，二阶段150℃，升温5min，恒温10min，三阶段190℃，升温5min，恒温20min。冷却后取出，缓慢打开罐盖排气，用少量水冲洗内盖，将消解罐放在控温电热板上或超声水浴箱中，于100℃加热30min或超声脱气2min~5min，用水定容至25mL或50mL，混匀备用，同时做空白试验。

压力罐消解法：称取样品0.2g~1g（精确至0.001g，含水分较多的样品可适当增加取样量至2g），或准确吸取液体试样1.00mL~5.00mL于消解内罐中，加入5mL硝酸，放置1h或过夜，旋紧不锈钢外套，放入恒温干燥箱消解，消解参考条件为一阶段80℃，恒温2h，二阶段120℃，恒温2h，三阶段160℃~170℃，恒温4h，冷却后，缓慢旋松不锈钢外套，将消解内罐取出，在控温电热板上或超声水浴箱中，于100℃加热30min或超声脱气2min~5min，用水定容至25mL或50mL，混匀备用，同时做空白试验。

（3）仪器参考条件

选择质量数m/z=27，内标元素^{45}Sc或^{72}Ge，元素分析模式：普通/碰撞反应池，仪器操作条件如表4-6。

表4-6 仪器操作条件

参数名称	参数	参数名称	参数
射频功率	1500W	雾化器	高盐/同心雾化器
等离子体气流量	15L/min	采样锥/截取锥	镍/铂锥

续表

参数名称	参数	参数名称	参数
载气流量	0.80L/min	采样深度	8mm～10mm
辅助气流量	0.40L/min	采集模式	跳峰（Spectrum）
氦气流量	4mL/min～5mL/min	检测方式	自动
雾化室温度	2℃	每峰测定点数	1～3
样品提升速率	0.3r/s	重复次数	2～3

注：对没有合适消除干扰模式的仪器，需采用干扰校正方程对测定结果进行校正干扰。

（4）标准曲线的制作

将铝标准溶液注入电感耦合等离子体质谱仪中，测定待测元素和内标元素的信号响应值，以待测元素的浓度为横坐标，待测元素与所选内标元素响应信号值的比值为纵坐标，绘制标准曲线。

（5）试样溶液的测定

将空白溶液和试样溶液分别注入电感耦合等离子体质谱仪中，测定待测元素和内标元素的信号响应值，根据标准曲线得到消解液中待测元素的浓度。

5. 分析结果的表述

试样中铝含量按式（4－15）计算：

$$X = \frac{(\rho - \rho_0) \times V \times f}{m \times 1000} \tag{4-15}$$

式中 X——试样中铝含量，单位为毫克每千克或毫克每升（mg/kg 或 mg/L）；

ρ——试样溶液中铝质量浓度，单位为微克每升（μg/L）；

ρ_0——试样空白液中铝质量浓度，单位为微克每升（μg/L）；

V——试样消化液定容体积，单位为毫升（mL）；

f——试样稀释倍数；

m——试样称取质量或移取体积，单位为克或毫升（g 或 mL）；

1000——换算系数。

计算结果保留 3 位有效数字。

样品含量大于 1mg/kg 时，在重复性条件下获得的两次独立测定结果的绝对差值不得超过算术平均值的 10%；小于或等于 1mg/kg 且大于 0.1mg/kg 时，在重复性条件下获得的两次独立测定结果的绝对差值不得超过算术平均值的 15%；小于或等于 0.1mg/kg 时，在重复性条件下获得的两次独立测定结果的绝对差值不得超过算术平均值的 20%。

以称样量 0.5g（或 2.0mL），定容至 50mL 计算，方法检出限（LOD）为 0.5mg/kg（或 0.2mg/L），定量限（LOQ）为 2mg/kg（或 0.5mg/L）。

第四节 面包中食品添加剂的检验

一、面包中溴酸钾的测定

（一）原理

用纯水提取样品中溴酸根离子（BrO_3^-），经 Ag/H 柱除去样品提取液中干扰氯离子（Cl^-）、超滤法除去样品提取液中水溶性大分子，采用离子交换色谱－电导检测器测定，外标法定量。

（二）仪器与设备

（1）离子色谱仪：配电导检测器。

（2）超声波清洗器。

（3）振荡器。

（4）离心机：4000r/min（50mL 离心管）；10000r/min（1.5mL 离心管）。

（5）0.2μm 水性样品过滤器。

（6）超滤器：截留相对分子量 10000（MWCO 10000），样品杯容量 0.5mL，进样量为 200μL 时使用容量为 4mL 样品杯。

（7）分析天平：感量 0.1mg。

（8）移液器：0.1mL～1mL。

（三）试剂

（1）硫酸溶液（50g/L）。

（2）硝酸银溶液（50g/L）。

（3）氯化钠溶液（0.5%，质量分数）。

（4）强酸型阳离子交换树脂（H 型）：732#强酸型阳离子交换树脂（总交换容量≥4.5mmol/g）用水浸泡，用 5 倍体积去离子水洗涤 3 次、用 1 倍体积甲醇洗涤、再用 5 倍～10 倍体积高纯水分数次洗涤，至清洗水无色澄清后，尽量倾出清洗水，加入 2 倍体积的硫酸溶液，用玻璃棒搅拌 1h，使树脂转为 H 型，先用去离子水洗至接近中性，然后用高纯水洗，至清洗水的 pH 值约为6，将树脂转入广口瓶中覆盖高纯水备用。

（5）强酸型阳离子交换树脂（Ag 型）：取一定量处理好的 H 型阳离子交换树脂，加入 2 倍体积的硝酸银溶液（50g/L），用玻璃棒搅拌 1h，使树脂转成 Ag 型，先用5 倍体积去离子水分数次洗涤，然后用5 倍～10 倍体积的高纯水分数次洗涤树脂，用0.5%氯化钠溶液检验清洗水，直至不出现白色浑浊为止，将树脂转入广口瓶中覆盖高纯水备用。

（6）层析柱：0.8cm（内径）×10cm（高）层析管。

（7）BrO_3^-标准储备溶液（1000μg/mL）：准确称取 $KBrO_3$基准试剂（相对分子质量167.00，含量≥99.9%）0.1310g，用高纯水溶解并定容至100mL，配成含 BrO_3^- 1000μg/mL 标准储备液，置于棕色瓶中4℃下保存，可稳定2个月。

（8）BrO_3^-标准稀释液（100μg/mL）：吸取 BrO_3^-标准储备液10.0mL，用高纯水定容至100mL，BrO_3^-浓度为100μg/mL。

（9）BrO_3^-标准工作曲线溶液：分别取 BrO_3^-标准稀释液0mL、0.5mL、1.0mL、1.5mL、2.0mL、2.5mL、3.0mL，用高纯水定容至50mL，该标准工作曲线浓度为：0μg/mL、1.0μg/mL、2.0μg/mL、3.0μg/mL、4.0μg/mL、5.0μg/mL、6.0μg/mL。若采用200μL大体积进样时，标准工作曲线溶液需进行适当稀释。

（10）相关阴离子标准储备溶液：配制与小麦粉基底相关的阴离子储备液（见表4-7）。

表4-7　相关离子标准储备液的配制

序号	1	2	3	4	5	6
名称	NaF	KNO_3	KBr	NaCl	$NaNO_2$	Na_2SO_4
称量/g	0.221	0.163	0.149	0.165	0.150	0.148
定容体积/mL	100					
阴离子浓度/（μg/mL）	1000					

序号	7	8	9	10	11
名称	甲酸钠 $HCOONa \cdot 2H_2O$	乙酸钠 CH_3COONa	磷酸氢二钠 $Na_2HPO_4 \cdot 12H_2O$	草酸 $C_2H_2O_4 \cdot 2H_2O$	柠檬酸 $C_6H_8O_7 \cdot H_2O$
称量/g	0.231	0.139	0.373	0.143	0.111
定容体积/mL	100				
阴离子浓度/（μg/mL）	1000				

（11）相关阴离子标准混合工作溶液：配制与小麦粉基底相关的阴离子标准混合工作溶液（见表4-8）。

表4-8　相关离子标准混合工作液的浓度

序号	1	2	3	4	5	6	7	8	9	10	11	12
离子种类	F^-	BrO_3^-	Cl^-	NO_2	NO_3^-	Br^-	SO_4^{2-}	HPO_4^{2-}	乙酸根	甲酸根	草酸根	柠檬酸根
吸取储备液/mL	0.6	2.0	2.5	2.0	2.0	2.0	2.0	2.0	2.0	1.0	2.0	3.0
定容/mL	100											
阴离子浓度（μg/mL）	6	20	25	20	20	20	20	20	20	10	20	30

（12）石油醚：分析纯，沸程30℃～60℃。

（13）除另有说明外，所用试剂为分析纯，所用高纯水质量为 18.2MΩ·cm。

（四）操作步骤

1. 提取

准确称取 10g（精确至 0.1g）样品于 100mL 烧杯中，加入 30mL×3 次石油醚洗去油脂，倾去石油醚，样品经室温干燥后，加入 100.0mL 高纯水，迅速摇匀后置振荡器上振荡 20min（或在间歇搅拌下于超声波中提取 20min），静置，转移 20mL 上层液于 50mL 离心管中，3000r/min 离心 20min，上清液备用。

2. 净化

（1）Ag/H 柱去除样品提取液中的 Cl^-：将 H 型树脂慢慢倒入关闭了出水口的层析柱中，用玻璃棒搅动树脂赶出气泡，并使树脂均匀地自然沉降，装入 2mL 树脂后（约 3cm 高），再慢慢装入 2mL Ag 型树脂，不要冲击已沉降的 H 型树脂，尽量保持两层树脂界面清晰，待 Ag 型树脂完全沉降后，打开出水口，控制流速为 2mL/min，加 10mL 高纯水冲洗，待柱中的水自然流尽后，立即将提取的样品上清液沿柱内壁加入，不要冲击树脂表面，弃去前 5mL 流出液，收集其后 2mL 流出液进行下一步净化。

（2）超滤法去除样品提取液中的水溶性大分子：将净化（1）中收集液经 0.2μm 的水性样品滤膜过滤后注入超滤器样品杯中，于 10000r/min 下离心 30min 进行超滤，超滤液直接进行色谱分析。

按以上的提取、净化操作同时进行空白小麦粉实验。

3. 离子色谱测定条件

（1）梯度色谱条件

色谱柱：DIONEX lonPac®，AS19 4mm×250mm（带 lonPac®，AG19 4mm×50mm 保护柱）。

流动相：DIONEX EG50 自动淋洗液发生器，OH^- 型。

抑制器：DIONEX ASRS 4mm 阴离子抑制器；外加水抑制模式，抑制电流 100mA。

检测器：电导检测器，检测池温度：30℃。

进样量：根据样液中 BrO_3^- 含量选择进样 20μL～200μL。

淋洗液 OH^- 浓度：见表 4－9。

表 4－9 淋洗液 OH^- 浓度表

时间/min	流速/（mL/min）	OH^- 浓度/（mmol/L）	梯度曲线/（curve）
0	1	5	5
15	1	5	5
25	1	30	5
30	1	40	5

续表

时间/min	流速/（mL/min）	OH^-浓度/（mmol/L）	梯度曲线/（curve）
42	1	40	5
46	1	5	5
48	1	5	5

（2）等度色谱条件

色谱柱：shodex IC SI－52 4E 4mm×250mm（带 shodex IC SI－90G 4mm×50mm 保护柱）。

流动相：3.6mmol/L Na_2CO_3，流速：0.7mL/min。

抑制器：自动再生抑制器（具有去除 CO_2 功能）。

检测器：电导检测器，检测池温度：室温。

进样量：根据样液中 BrO_3^- 含量选择进样 20μL～200μL。

4. 测定

使用配制好的与小麦粉本底相关的阴离子标准混合工作溶液调整柱分离条件并观察柱清洗情况，保证 BrO_3^- 和 Cl^- 的分离度达到要求，注入空白小麦粉提取液，确认在 BrO_3^- 出峰处没有小麦粉本底干扰峰时，才可进行校准曲线和样品的测定，使用外标法定量。

（五）结果计算

$$X = \frac{C \times V}{m} \tag{4-16}$$

式中 X——试样中 BrO_3^- 的含量，单位为毫克每千克（mg/kg）；

C——由标准曲线得到样品溶液中 BrO_3^- 的含量，单位为微克每毫升（μg/mL）；

V——样品溶液定容体积，单位为毫升（mL）；

m——样品质量，单位为克（g）。

若结果以 $KBrO_3$ 计时，乘以系数 1.31。

（六）原始记录参考样式

<table>
<tr><td colspan="6">原始记录
编号：
第　　页</td></tr>
<tr><td>样品简称（必要时）</td><td></td><td>检验项目</td><td></td><td>检验依据</td><td>□ GB/T 20188－2006</td></tr>
<tr><td colspan="2">仪器名称及型号</td><td colspan="2">仪器编号</td><td colspan="2">仪器有效期</td></tr>
<tr><td>电子天平</td><td></td><td colspan="2"></td><td colspan="2"></td></tr>
<tr><td>高效液相色谱仪</td><td></td><td colspan="2"></td><td colspan="2"></td></tr>
<tr><td>色谱柱</td><td>C18</td><td colspan="2">定量方法</td><td colspan="2">外标法</td></tr>
</table>

检验项目										
平行测定次数	1	2	1	2	1	2	1	2	1	2
取样量 m（g）										
样液定容体积 V（mL）										
样液浓度 C										
样品含量 X（g/kg）										
平均值（g/kg）										
标准值（g/kg）										
单项结论										
计算公式	$X = \frac{C \times V}{m}$									
备注										
校核		检验		日期						

二、面包中山梨酸的测定

（一）原理

样品经水提取，高脂肪样品经正己烷脱脂、高蛋白样品经蛋白沉淀剂沉淀蛋白，采用液相色谱分离、紫外检测器检测，外标法定量。

（二）仪器与设备

（1）高效液相色谱仪：配有紫外检测器。

（2）分析天平：感量为0.001g和0.0001g。

（3）涡旋振荡器。

（4）离心机：转速不低于8000r/min。

（5）匀浆机。

（6）恒温水浴锅。

（7）超声波发生器。

（三）试剂

（1）氨水溶液（1+99）：取氨水1mL，加到99mL水中，混匀。

（2）亚铁氰化钾溶液（92g/L）：称取106g亚铁氰化钾［$K_4Fe(CN)_6 \cdot 3H_2O$］加水至1000mL。

（3）乙酸锌溶液（183g/L）：称取220g乙酸锌［$Zn(CH_3COO)_2 \cdot H_2O$］溶于少量水中，加入30mL冰乙酸，加水稀释至1000mL。

（4）乙酸铵溶液（20mmol/L）：称取1.54g乙酸铵，加水溶解并稀释至1000mL，经微孔滤膜（0.45μm，水相）过滤。

（5）甲酸－乙酸铵溶液（2mmol/L甲酸＋20mmol/L乙酸铵）：称取1.54g乙酸铵，加入适量水溶解，再加入75.2μL甲酸，用水定容至1000mL，经0.22μm水相微孔滤膜过滤后备用。

（6）标准溶液的配制

苯甲酸标准储备液：准确称取0.118g苯甲酸钠（C_6H_5COONa，CAS号：532－32－1，纯度≥99.0%），加水溶解并定容至100mL。此溶液每毫升相当于含苯甲酸1.00mg。于4℃贮存，保存期为6个月。

山梨酸标准储备液：准确称取0.134g山梨酸钾（$C_6H_7KO_2$，CAS号：590－00－1，纯度≥99.0%），加水溶解并定容至100mL。此溶液每毫升相当于含山梨酸1.00mg。于4℃贮存，保存期为6个月。

糖精钠标准储备液：准确称取0.117g经120℃烘4h的糖精钠（$C_6H_4CONNaSO_2$，CAS号：128－44－9，纯度≥99%），加水溶解并定容至100mL。此溶液中糖精钠的含量为1.00mg/mL。于4℃贮存，保存期为6个月。

混合标准使用液：分别准确吸取不同体积苯甲酸、山梨酸和糖精钠标准储备溶液，将其稀释成苯甲酸、山梨酸和糖精钠（以糖精计）含量分别为0mg/L、1.00mg/100、5.00mg/L、10.0mg/L、20.0mg/L、50.0mg/L、100mg/L和200mg/L的混合标准使用液。临用现配。

（四）操作步骤

1. 样品处理

准确称取约2g（精确到0.001g）试样于50mL具塞离心管中，加水约25mL，涡旋混匀，于50℃水浴超声20min，冷却至室温后加亚铁氰化钾溶液2mL和乙酸锌溶液2mL，混匀，于8000r/min离心5min，将水相转移至50mL容量瓶中，于残渣中加水20mL，涡旋混匀后超声5min，于8000r/min离心5min，将水相转移到同一50mL容量瓶中，并用水定容至刻度，混匀。取适量上清液过0.22μm滤膜，待液相色谱测定。

2. 色谱条件

（1）色谱柱：C_{18}柱，柱长250mm，内径4.6mm，粒径5μm，或等效色谱柱。

（2）流动相：甲醇＋乙酸铵溶液（5＋95）。

（3）流速：1mL/min。

（4）检测波长：230nm。

（5）进样量：10μL。

注：当存在干扰峰或需要辅助定性时，可以采用加入甲酸的流动相来测定，如流动相：甲醇＋甲酸－乙酸铵溶液＝8＋92。

3. 测定

（1）标准曲线的制作

将混合标准系列工作溶液分别注入液相色谱仪中，测定相应的峰面积，以混合标准系列工作溶液的质量浓度为横坐标，以峰面积为纵坐标，绘制标准曲线。

（2）试样溶液的测定

将试样溶液注入液相色谱仪中，得到峰面积，根据标准曲线得到待测液中苯甲酸、山梨酸和糖精钠（以糖精计）的质量浓度。

（五）结果计算

试样中山梨酸的含量按式（4-17）计算：

$$X = \frac{c \times V}{m \times 1000} \quad (4-17)$$

式中　X——试样中待测组分含量，单位为克每千克（g/kg）；

c——由标准曲线得出的样液中待测物的浓度，单位为毫克每毫升（mg/L）；

V——试样定容体积，单位为毫升（mL）；

m——试样质量，单位为克（g）；

1000——由 mg/kg 转换为 g/kg 的换算因子。

（六）原始记录参考样式

参见溴酸盐的原始记录。

三、面包中苯甲酸的测定

按第四章第四节面包中山梨酸的测定进行操作。

四、面包中丙酸钙（钠）的测定

食品中的丙酸钠、丙酸钙的测定主要方法有液相色谱法（第一法）、气相色谱法（第二法）（来源于 GB 5009.120-2017《食品安全国家标准 食品中丙酸钠、丙酸钙的测定》），本文主要介绍液相色谱法。

1. 方法原理

试样中的丙酸盐通过酸化转化为丙酸，经超声波水浴提取或水蒸气蒸馏，收集后调 pH，经高效液相色谱测定，外标法定量其中丙酸的含量。样品中的丙酸钠和丙酸钙以丙酸计，需要时可根据相应参数分别计算丙酸钠和丙酸钙的含量。

2. 试剂和材料

注：除非另有说明，本方法所用试剂均为分析纯，水为 GB/T 6682 规定的一级水。

（1）磷酸（H_3PO_4）。

（2）磷酸氢二铵［$(NH_4)_2HPO_4$］。

（3）硅油。

（4）磷酸溶液（1mol/L）：在50mL水中加入53.5mL磷酸，混匀后，加水定容至1000mL。

（5）磷酸氢二铵溶液（1.5g/L）：称取磷酸氢二铵1.5g，加水溶解定容至1000mL。

（6）丙酸标准品（$C_3H_6O_2$），CAS：79-09-4，纯度≥97.0%。

（7）丙酸标准贮备液（10mg/mL）：精确称取250.0mg丙酸标准品于25mL容量瓶中，加水至刻度，冰箱中保存，有效期为6个月。

3. 仪器设备

（1）高效液相色谱（HPLC）仪：配有紫外检测器或二极管阵列检测器。

（2）天平：感量0.0001g和0.01g。

（3）超声波水浴。

（4）离心机：转速不低于4000r/min。

（5）组织捣碎机。

（6）具塞塑料离心管：50mL。

（7）水蒸气蒸馏装置：50mL。

（8）鼓风干燥箱。

（9）pH计。

4. 分析步骤

（1）样品制备

固体样品经组织捣碎机捣碎混匀后备用（面包样品需运用鼓风干燥箱，37℃下干燥2h～3h进行风干，置于组织捣碎机中磨碎）；液体样品摇匀后备用。

（2）试样处理

蒸馏法（适用于豆类制品、生湿面制品、醋、酱油等样品）：样品均质后，准确称取25g（精确至0.01g），置于500mL蒸馏瓶中，加入100mL水，再用50mL水冲洗容器，转移到蒸馏瓶中，加1mol/L磷酸溶液20mL，2滴～3滴硅油，进行水蒸气蒸馏，将250mL容量瓶置于冰浴中作为吸收液装置，待蒸馏至约240mL时取出，在室温下放置30min，用1mol/L磷酸溶液调pH为3左右，加水定容至刻度，摇匀，经0.45μm微孔滤膜过滤后，待液相色谱测定。

直接浸提法（适用于面包、糕点）：准确称取5g（精确至0.01g）试样至100mL烧杯中，加水20mL，加入1mol/L磷酸溶液0.5mL，混匀，经超声浸提10min后，用1mol/L磷酸溶液调pH为3左右，转移试样至50mL容量瓶中，用水定容至刻度，摇匀。将试样全部转移至50mL具塞塑料离心管中，以不低于4000r/min离心10min，取上清液，经0.45μm微孔滤膜过滤后，待液相色谱测定。

（3）色谱条件

色谱柱：C_{18}柱，4.6mm×250mm，5μm或等效色谱柱。

流动相：1.5g/L磷酸氢二铵溶液，用1mol/L磷酸溶液调pH为2.7～3.5（使用时配制）；经0.45μm微孔滤膜过滤。

流速：1.0mL/min。

柱温：25℃。

进样量：20μL。

波长：214nm。

色谱柱清洗参考条件：实验结束后，用10%甲醇清洗1h，再用100%甲醇清洗1h。

（4）标准曲线绘制

蒸馏法：准确吸取丙酸标准贮备液0.5mL、1.0mL、2.5mL、5.0mL、7.5mL、10.0mL、12.5mL置于500mL蒸馏瓶中，其他操作同试样处理，其丙酸标准溶液的最终浓度分别为0.02mg/mL、0.04mg/mL、0.1mg/mL、0.2mg/mL、0.3mg/mL、0.4mg/mL、0.5mg/mL，经0.45μm微孔滤膜过滤，浓度由低到高进样，以浓度为横坐标，以峰面积为纵坐标，绘制标准曲线。

直接浸提法：准确吸取5.0mL丙酸标准贮备液于50mL容量瓶中，用水稀释至刻度，配制成浓度为试样溶液的测定1.0mg/mL标准工作液。再准确吸取标准工作液0.2mL、0.5mL、1.0mL、2.0mL、3.0mL、4.0mL、5.0mL至10mL容量瓶中，分别加入1mol/L磷酸0.2mL，用水定容至10mL，混匀。其丙酸标准溶液的最终浓度分别为0.02mg/mL、0.05mg/mL、0.1mg/mL、0.2mg/mL、0.3mg/mL、0.4mg/mL、0.5mg/mL，经0.45μm微孔滤膜过滤，浓度由低到高进样，以浓度为横坐标，以峰面积为纵坐标，绘制标准曲线。

（5）试样溶液的测定

处理后的样液同标准系列同样进机测试。根据标准曲线计算样品中的丙酸浓度。

待测样液中丙酸响应值应在标准曲线线性范围内，超出浓度线性范围则应稀释后再进样分析。

5. 分析结果的表述

试样中丙酸钠（钙）含量按（4－18）计算：

$$X = \frac{c \times V \times 1000}{m \times 1000} \times f \tag{4-18}$$

式中 X——样品中丙酸钠（钙）含量（以丙酸计），单位为克每千克（g/kg）；

c——由标准曲线得出的样液中丙酸的浓度，单位为毫克每毫升（mg/mL）；

V——样液最后定容体积，单位为毫升（mL）；

m——样品质量，单位为克（g）；

f——稀释倍数。

试样中测得的丙酸含量乘以换算系数 1.2967，即得丙酸钠的含量。

试样中测得的丙酸含量乘以换算系数 1.2569，即得丙酸钙含量。

计算结果保留 3 位有效数字。

取样为 25g，定容体积为 250mL 时，丙酸的检出限为 0.03g/kg，定量限为 0.10g/kg。

6. 参考原始记录

原 始 记 录

编号：

第 页

样品名称		检验依据	
仪器设备名称	设备规格型号	仪器编号	检定有效期
电子天平			
液相色谱仪			
色谱柱		定量方法	
标准物质编号		洗脱条件	
检测器		进样体积（μL）	
流速（mL/min）		柱温℃	
流动相			
前处理过程			
检测项目	□ 丙酸及其钠盐、钙盐（以丙酸计）□ 丙酸钙 □ 丙酸钠		
样品取样量 w（g）			
定容体积 V（mL）			
样液浓度 C（g/L）			
实测结果 X（g/kg）			
标准值（g/kg）			
单项结论			
计算公式	$X = \frac{CV}{W}$ □ 丙酸钠含量 = 1.2967X □丙酸钙含量 = 1.2569X		
备注			
校 核		检 验	日 期

五、面包中甜蜜素的测定

同第三章第十一节蜜饯中甜蜜素的测定进行操作。

六、面包中糖精钠的测定

按本节面包中山梨酸的检验方法进行操作。

七、面包中胭脂红、苋菜红、柠檬黄、日落黄、赤藓红、亮蓝的测定

（一）原理

食品中人工合成着色剂用聚酰胺吸附法提取，制成水溶液，注入高效液相色谱仪，经反相色谱分离，根据保留时间定性和与峰面积比较进行定量。

（二）仪器与设备

（1）高效液相色谱仪，带二极管阵列或紫外检测器。

（2）天平：感量为0.001g和0.0001g。

（3）恒温水浴锅。

（4）G3垂融漏斗。

（三）试剂

（1）甲醇：色谱纯。

（2）聚酰胺粉（尼龙6）：过200μm（目）筛。

（3）0.02mol/L乙酸铵溶液：称取1.54g乙酸铵，加水至1000mL，溶解，经0.45μm滤膜过滤。

（4）氨水溶液：量取氨水2mL，加水至100mL，混匀。

（5）甲醇－甲酸（6+4）溶液：量取甲醇60mL，甲酸40mL，混匀。

（6）柠檬酸溶液：称取20g柠檬酸（$C_6H_8O_7 \cdot H_2O$），加水至100mL，溶解混匀。

（7）无水乙醇－氨水－水（7+2+1）溶液：量取无水乙醇70mL、氨水20mL、水10mL，混匀。

（8）三正辛胺－正丁醇溶液（5%）：量取三正辛胺5mL，加正丁醇至100mL，混匀。

（9）饱和硫酸钠溶液。

（10）pH 6的水：水加柠檬酸溶液调pH到6。

（11）pH 4的水：水加柠檬酸溶液调pH到4。

（12）合成着色剂标准溶液（1mg/mL）：准确称取按其纯度折算为100%质量的胭脂红、苋菜红、柠檬黄、日落黄、亮蓝各0.100g，置100mL容量瓶中，加pH 6水到刻

度，配制水溶液（1.00mg/mL）。

（13）合成着色剂标准使用液（50μg/mL）：临用时将合成着色剂标准溶液加水稀释20倍，经0.45μm滤膜过滤，配制成每毫升相当于50.0μg的合成着色剂。

（四）操作步骤

1. 试样处理

称取5g～10g（精确至0.001g）粉碎试样，放入100mL小烧杯中，加水30mL，温热溶解，若试样溶液pH值较高，用柠檬酸溶液调pH值到6左右。

2. 色素提取

（1）聚酰胺吸附法

样品溶液加柠檬酸溶液调pH到6，加热至60℃，将1g聚酰胺粉加少许水调成粥状，倒入样品溶液中，搅拌片刻，以G3垂融漏斗抽滤，用60℃ pH为4的水洗涤3次～5次，然后用甲醇－甲酸混合溶液洗涤3次～5次，再用水洗至中性，用乙醇－氨水－水混合溶液解吸3次～5次，直至色素完全解吸，收集解吸液，加乙酸中和，蒸发至近干，加水溶解，定容至5mL。经0.45μm微孔滤膜过滤，进高效液相色谱仪分析。

（2）液－液分配法（适用于含赤藓红的样品）

将制备好的样品溶液放入分液漏斗中，加2mL盐酸、三正辛胺－正丁醇溶液（5%）10mL～20mL，振摇提取，分取有机相，重复提取，直至有机相无色，合并有机相，用饱和硫酸钠溶液洗2次，每次10mL，分取有机相，放蒸发皿中，水浴加热浓缩至10mL，转移至分液漏斗中，加10mL正己烷，混匀，加氨水溶液提取2次～3次，每次5mL，合并氨水溶液层（含水溶性酸性色素），用正己烷洗2次，氨水层加乙酸调成中性，水浴加热蒸发至近干，加水定容至5mL。经0.45μm微孔滤膜过滤，进高效液相色谱仪分析。

3. 高效液相色谱参考条件

色谱柱：C_{18}柱，4.6mm×250mm，5μm。进样量：10μL。柱温：35℃。二极管阵列检测器波长范围：400nm～800nm，或紫外检测器检测波长：254nm。梯度洗脱表见表4－10。

表4－10 梯度洗脱表

时间 min	流速 mL/min	0.02mol/L 乙酸铵溶液%	甲醇%
0	1.0	95	5
3	1.0	65	35
7	1.0	0	100
10	1.0	0	100
10.1	1.0	95	5
21	1.0	95	5

4. 测定

取相同体积样液和合成着色剂标准使用液分别注入高效液相色谱仪，根据保留时间定性，外标峰面积法定量。

（五）结果计算

$$X = \frac{c \times V \times 1000}{m \times 1000 \times 1000} \tag{4-19}$$

式中　X——试样中着色剂的含量，单位为克每千克（g/kg）；

c——进样液中着色剂的浓度，单位为微克每毫升（μg/mL）；

V——试样稀释总体积，单位为毫升（mL）；

m——试样质量，单位为克（g）；

1000——换算系数。

计算结果以重复性条件下获得的两次独立测定结果的算术平均值表示，结果保留2位有效数字。

（六）原始记录参考样式

参见溴酸盐的原始记录。

（七）注意事项

（1）聚酰胺粉的用量：试验发现，1g 聚酰胺粉能够完全吸附样品中溶液的色素。判断色素是否吸附完全，则通过观察烧杯底部是否有未吸附色素的白色颗粒。

（2）甲醇－甲酸混合溶液洗涤是为了洗脱被聚酰胺粉吸附的天然色素类。

（3）样品溶液应用柠檬酸调节 pH 至6，这样色素容易被聚酰胺粉完全吸附。

第五节　面包的微生物检验

一、菌落总数

如为原包装，用灭菌镊子夹下包装纸，采取外部及中心部位。如为带馅面包，取外皮及内馅25g；裱花面包，采取奶花及面包部分各一半共25g，加入225mL 灭菌生理盐水中，制成混悬液。按第二章第五节菌落总数的测定方法进行操作。参考原始记录如下。

原始记录 编号： 第　　页			
样品名称		样品批次	
检验项目	□菌落总数	□大肠菌群	□霉菌
检验依据	□GB 4789. 2—2016	□GB 4789. 3—2016	□GB 4789. 15—2016

<table>
<tr><td colspan="2">使用仪器、型号及编号</td><td colspan="8">□电子天平 型号 编号 有效期
□电热恒温培养箱 型号 编号 有效期
□恒温恒湿培养箱 型号 编号 有效期</td></tr>
<tr><td colspan="10">菌落总数 CFU/g（mL）</td></tr>
<tr><td colspan="8">取样量 g（mL）</td><td colspan="2" rowspan="2">培养条件： ℃ h</td></tr>
<tr><td colspan="8">不同稀释度菌落数</td></tr>
<tr><td colspan="2">10^{-1}</td><td colspan="2">10^{-2}</td><td colspan="2">10^{-3}</td><td></td><td></td><td>空白对照</td><td>实测结果</td></tr>
<tr><td colspan="2"></td><td colspan="2"></td><td colspan="2"></td><td></td><td></td><td rowspan="5"></td><td></td></tr>
<tr><td colspan="2"></td><td colspan="2"></td><td colspan="2"></td><td></td><td></td><td></td></tr>
<tr><td colspan="2"></td><td colspan="2"></td><td colspan="2"></td><td></td><td></td><td></td></tr>
<tr><td colspan="2"></td><td colspan="2"></td><td colspan="2"></td><td></td><td></td><td></td></tr>
<tr><td colspan="2"></td><td colspan="2"></td><td colspan="2"></td><td></td><td></td><td></td></tr>
<tr><td colspan="10">大肠菌群 CFU/g（mL）</td></tr>
<tr><td colspan="8">取样量 g（mL）</td><td colspan="2">培养条件 ℃ h</td></tr>
<tr><td colspan="8">不同稀释度菌落数（A）</td><td rowspan="2">证实试验阳性个数（B）</td><td rowspan="2">实测结果（T）</td></tr>
<tr><td colspan="2">10^{-1}</td><td colspan="2">10^{-2}</td><td colspan="2">10^{-3}</td><td colspan="2"></td></tr>
<tr><td></td><td></td><td></td><td></td><td></td><td></td><td></td><td></td><td></td><td></td></tr>
<tr><td></td><td></td><td></td><td></td><td></td><td></td><td></td><td></td><td></td><td></td></tr>
<tr><td></td><td></td><td></td><td></td><td></td><td></td><td></td><td></td><td></td><td></td></tr>
<tr><td></td><td></td><td></td><td></td><td></td><td></td><td></td><td></td><td></td><td></td></tr>
<tr><td></td><td></td><td></td><td></td><td></td><td></td><td></td><td></td><td></td><td></td></tr>
<tr><td colspan="10">公式：T = AB/Cd　C =（某一稀释度用于鉴定试验的菌落数）</td></tr>
<tr><td colspan="10">霉菌计数 CFU/g（mL）</td></tr>
<tr><td colspan="8">取样量 g（mL）</td><td colspan="2">培养条件 ℃ h</td></tr>
<tr><td colspan="2">10^{-1}</td><td colspan="2">10^{-2}</td><td colspan="2">10^{-3}</td><td colspan="2"></td><td>空白对照</td><td>实测结果</td></tr>
<tr><td colspan="2"></td><td colspan="2"></td><td colspan="2"></td><td colspan="2"></td><td rowspan="2"></td><td rowspan="2"></td></tr>
<tr><td colspan="2"></td><td colspan="2"></td><td colspan="2"></td><td colspan="2"></td></tr>
<tr><td colspan="4">检验日期</td><td colspan="4"></td><td>检验</td><td></td></tr>
<tr><td colspan="4">验讫日期</td><td colspan="4"></td><td>复核</td><td></td></tr>
</table>

二、大肠菌群

如为原包装，用灭菌镊子夹下包装纸，采取外部及中心部位。如为带馅面包，取外皮及内馅25g；裱花面包，采取奶花及面包部分各一半共25g，加入225mL灭菌生理盐水中，制成混悬液；按第二章第五节大肠菌群的测定方法进行操作。

三、霉菌计数

如为原包装，用灭菌镊子夹下包装纸，采取外部及中心部位。如为带馅面包，取外皮及内馅25g；裱花面包，采取奶花及面包部分各一半共25g，加入225mL灭菌生理盐水中，制成混悬液；按第二章第五节焙烤食品中霉菌和酵母菌的检验方法进行操作。

四、致病菌（沙门氏菌、金黄色葡萄球菌）

如为原包装，用灭菌镊子夹下包装纸，采取外部及中心部位。如为带馅面包，取外皮及内馅25g；裱花面包，采取奶花及面包部分各一半共25g，按第二章第五节焙烤食品的病原菌检验相关方法进行操作。

第五章　糕点成品检验

第一节　糕点的感官检验

糕点是以谷类、豆类、薯类、油脂、糖、蛋等的一种或几种为主要原料，添加或不添加其他原料，经调制、成型、熟制等工序制成的食品，以及熟制前或熟制后在产品表面或熟制后内部添加奶油、蛋白、可可、果酱等的食品。

糕点按热加工和冷加工进行分类。热加工糕点分为：烘烤糕点、油炸糕点、水蒸糕点、熟粉糕点、其他；冷加工糕点分为：冷调韧糕类、冷调松糕类、蛋糕类、油炸上糖浆类、萨其马类、其他。

糕点的感官检验，取包装完好的样品一份，去除包装，置于清洁、干燥的白瓷盘中，在自然光线下，用目测检查形态、色泽，然后用餐刀按四分法切开，观察组织、杂质，品尝滋味与口感，按标准（表5－1～表5－5）要求进行检验。

表5－1　烘烤类糕点感官要求

项目	要求
形态	外形整齐，底部平整，无霉变，无变形，具有该品种应有的形态特征
色泽	表面色泽均匀，具有该品种应有的色泽特征
组织	无不规则大空洞。无糖粒，无粉块。带馅类饼皮厚薄均匀，皮馅比例适当，馅料分布均匀，馅料细腻，具有该品种应有的组织特征
滋味与口感	味纯正，无异味，具有该品种应有的风味和口感特征
杂质	无可见杂质

表5－2　油炸类糕点感官要求

项目	要求
形态	外形整齐，表面油润，挂浆类除特殊要求外不应返砂，炸酥类层次分明，具有该品种应有的形态特征
色泽	颜色均匀，挂浆类有光泽，具有该品种应有的色泽特征
组织	组织疏松，无糖粒，不干心，不夹生，具有该品种应有的组织特征
滋味与口感	味纯正，无异味，具有该品种应有的风味和口感特征
杂质	无可见杂质

表 5－3　水蒸类糕点感官要求

项目	要求
形态	外形整齐，表面细腻，具有该品种应有的形态特征
色泽	颜色均匀，具有该品种应有的色泽特征
组织	粉质细腻，粉油均匀，不黏，不松散，不掉渣，无糖粒，无粉块，组织松软，有弹性，具有该品种应有的组织特征
滋味与口感	味纯正，无异味，具有该品种应有的风味和口感特征
杂质	正常视力无可见杂质

表 5－4　熟粉类糕点感官要求

项目	要求
形态	外形整齐，具有该品种应有的形态特征
色泽	颜色均匀，具有该品种应有的色泽特征
组织	粉料细腻，紧密不松散，黏结适宜，不黏片，具有该品种应有的组织特征
滋味与口感	味纯正，无异味，具有该品种应有的风味和口感特征
杂质	无可见杂质

表 5－5　冷加工类和其他类糕点感官要求

项目	要求
形态	具有该品种应有的形态特征
色泽	具有该品种应有的色泽的特征
组织	具有该品种应有的组织特征
滋味与口感	味纯正，无异味，具有该品种应有的风味和口感特征
杂质	无可见杂质

第二节　糕点的理化检验

一、净含量的测定

按第四章第二节面包的净含量检验方法进行操作。

二、干燥失重的测定

将混合均匀的样品磨细或尽可能切碎，按第三章第一节小麦粉中水分的测定进行操作。

三、蛋白质的测定

按第三章第四节乳和乳制品中蛋白质的测定进行操作。

四、粗脂肪的测定

按第三章第九节核桃中脂肪的测定进行操作。

五、总糖的测定

（一）原理

斐林溶液甲、乙液混合时，生成的酒石酸钾钠铜被还原性的单糖还原，生成红色的氧化亚铜沉淀。达到终点时，稍微过量的还原性单糖将蓝色的亚甲基蓝染色体还原为无色的隐色体而显出氧化亚铜的鲜红色。

（二）试剂

（1）斐林溶液甲液：称取69.3g化学纯硫酸铜，加蒸馏水溶解，配成1000mL。

（2）斐林溶液乙液：称取346g化学纯酒石酸钾钠和100g氢氧化钠，加蒸馏水溶解，配成1000mL。

（3）1%亚甲基蓝指示剂。

（4）20%氢氧化钠溶液。

（5）6mol/L盐酸。

（6）斐林溶液的标定：在分析天平上精确称取经烘干冷却的分析纯葡萄糖0.4g，用蒸馏水溶解并转入250mL容量瓶中，加水至刻度，摇匀备用。

准确吸取斐林溶液甲液、乙液各2.5mL于150mL锥形瓶，加入20mL蒸馏水，置电炉上快速加热至沸，在保持微沸状态下，用配好的葡萄糖溶液滴定至溶液变红色时，加入1滴亚甲基蓝指示剂，继续滴定至蓝色消失呈鲜红色即为终点。正式滴定时，先加入比预滴定时少0.5mL～1mL的葡萄糖溶液，置电炉上煮沸2min，加入1滴亚甲基蓝指示剂，继续用葡萄糖溶液滴定至终点。按式（5－1）计算其浓度：

$$A = \frac{mV}{250} \tag{5-1}$$

式中 A——5mL斐林溶液甲、乙液相当于葡萄糖的克数；

m——葡萄糖的质量，单位为克（g）；

V——滴定时消耗葡萄糖溶液的体积，单位为毫升（mL）；

250——葡萄糖稀释液的总体积，单位为毫升（mL）。

（三）仪器

（1）三角烧瓶：150mL、250mL。

（2）容量瓶：250mL。

（3）烧杯：100mL。

（4）离心机：0r/min～4000r/min。

（5）天平：感量0.001g，最大称量200g。

（6）电炉：300W。

（四）操作方法

在天平上准确称取样品1.5g～2.5g，放入100mL烧杯中，用50mL蒸馏水浸泡30min（浸泡时多次搅拌）。转入离心试管，用20mL蒸馏水冲洗烧杯，洗液一并转入离心试管中。置离心机上以3000r/min离心10min，上层清液经快速滤纸滤入250mL三角烧瓶，用30mL蒸馏水分2次～3次冲洗原烧杯，再转入离心试管搅洗样渣。再以3000r/min离心10min，上清液经滤纸滤入250mL三角烧瓶。浸泡后的试样溶液也可直接用快速滤纸过滤（必要时加沉淀剂）。在滤液中加6mol/L盐酸10mL，置70℃水浴中水解10min。取出迅速冷却后加酚酞指示剂1滴，用20%氢氧化钠溶液中和至溶液呈微红色，转入250mL容量瓶，加水至刻度，摇匀备用。

用标定斐林溶液甲、乙液的方法，测定样品中总糖。

（五）计算

总糖含量X（以转化糖计,%）按式（5－2）计算：

$$X = \frac{A}{m \times V/250} \times 100 \qquad (5-2)$$

式中 A——5mL斐林溶液甲、乙液相当于葡萄糖的克数；

m——样品质量，单位为克（g）；

V——滴定时消耗样品溶液的量，单位为毫升（mL）。

平行测定两个结果间的差数不得大于0.4%。

六、酸价、过氧化值的测定

将试样分割成小块，再放入食品粉碎机中粉碎成粉末。取混合均匀后的试样置于广口瓶中，加入适量石油醚（沸程30℃～60℃）浸泡试样，静置浸提12h以上，用滤纸过滤后，置于水浴温度不高于40℃的旋转蒸发仪内，将石油醚彻底旋转蒸干，取残留的液体油脂作为试样进行酸价和过氧化值的测定。按第三章第二节大豆油中酸价、过氧化值测定方法分别进行操作。

七、铅的测定

按第三章第一节小麦粉中铅的测定进行操作。

八、铝的测定

按第四章第三节面包中铝的测定进行操作。

第三节 糕点中食品添加剂的检验

一、糕点中山梨酸的测定

按第四章第四节面包中山梨酸的测定方法进行操作。

二、糕点中苯甲酸的测定

按第四章第四节面包中苯甲酸的测定方法进行操作。

三、糕点中丙酸钙（钠）的测定

按第四章第四节面包中丙酸钙（钠）的测定进行操作。

四、糕点中糖精钠的测定

按四章第四节面包中糖精钠的测定进行操作。

五、糕点中甜蜜素的测定

按第三章第十一节蜜饯中甜蜜素的测定进行操作。

六、糕点中胭脂红、苋菜红、柠檬黄、日落黄、亮蓝的测定

按四章第四节面包中胭脂红、苋菜红、柠檬黄、日落黄、亮蓝的测定方法进行操作。

第四节 糕点的微生物检验

一、菌落总数

如为原包装，用灭菌镊子夹下包装纸，采取外部及中心部位。如为带馅糕点，取外皮及内馅25g，裱花糕点，采取奶花及糕点部分各一半共25g，加入225mL灭菌生理盐水中，制成混悬液；按第二章第五节菌落总数的测定方法进行操作。

二、大肠菌群

如为原包装，用灭菌镊子夹下包装纸，采取外部及中心部位。如为带馅糕点，取外皮及内馅25g，裱花糕点，采取奶花及糕点部分各一半共25g，加入225mL灭菌生理盐水中，制成混悬液；按第二章第五节大肠菌群的测定方法进行操作。

三、霉菌计数

如为原包装，用灭菌镊子夹下包装纸，采取外部及中心部位。如为带馅糕点，取外皮及内馅25g，裱花糕点，采取奶花及糕点部分各一半共25g，加入225mL灭菌生理

盐水中，制成混悬液；按第二章第五节焙烤食品中霉菌和酵母菌的检验方法进行操作。

四、致病菌（沙门氏菌、金黄色葡萄球菌）

如为原包装，用灭菌镊子夹下包装纸，采取外部及中心部位。如为带馅糕点，取外皮及内馅25g，裱花糕点，采取奶花及糕点部分各一半共25g，按第二章第五节焙烤食品的病原菌检验相关方法进行操作。

第六章　饼干成品检验

第一节　饼干的感官检验

饼干是以小麦粉（可添加糯米粉、淀粉等）为主要原料，加入（或不加入）糖、油脂以及其他原料，经调粉（或调浆）、成型、烘烤（或煎烤）等工艺制成的口感酥松或松脆的食品。

饼干按加工工艺分为13类：酥性饼干、韧性饼干、发酵饼干、压缩饼干、曲奇饼干、夹心（或注心）饼干、威化饼干、蛋圆饼干、蛋卷、煎饼、装饰饼干、水泡饼干、其他饼干。

饼干的感官检验，取50g以上试样观察其色泽、气味、滋味与组织状态是否正常，不得有异味、霉变及其他外来的污染物，并根据表6－1将观察结果作出评价。

表6－1　饼干感官要求

种类	形态	色泽	滋味与口感	组织	冲调性	杂质
酥性饼干	外形完整，花纹清晰，厚薄基本均匀，不收缩，不变形，不起泡，无裂痕，不应有较大或较多的凹底。特殊加工品种表面或中间允许有可食颗粒存在（如椰蓉、芝麻、砂糖、巧克力、燕麦等）	呈棕黄色或金黄色或品种应有的色泽，色泽基本均匀，表面略带光泽，无白粉，不应有过焦、过白的现象	具有品种应有的香味，无异味，口感酥松或松脆，不黏牙	断面结构呈多孔状，细密，无大孔洞		正常视力无可见外来异物
韧性饼干	外形完整，花纹清晰或无花纹，一般有针孔，厚薄基本均匀，不收缩，不变形，无裂痕，可以有均匀泡点，不应有较大或较多的凹底。特殊加工品种表面或中间允许有可食颗粒存在（如椰蓉、芝麻、砂糖、巧克力、燕麦等）	呈棕黄色、金黄色或品种应有的色泽，色泽基本均匀，表面有光泽，无白粉，不应有过焦、过白的现象	具有品种应有的香味，无异味，口感松脆细腻，不黏牙	断面结构有层次或呈多孔状	10g冲泡型韧性饼干在50mL 70℃温开水中应充分吸水，用小勺搅拌后应呈糊状	正常视力无可见外来异物

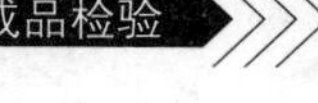

续表

种类	形态	色泽	滋味与口感	组织	冲调性	杂质
发酵饼干	外形完整，厚薄大致均匀，表面有较均匀的泡点，无裂缝，不收缩，不变形，不应有凹底。特殊加工品种表面允许有工艺要求添加的原料颗粒（如果仁、芝麻、砂糖、食盐、巧克力、椰丝、蔬菜等颗粒存在）	呈浅黄色、谷黄色或品种应有的色泽，饼边及泡点允许褐黄色，色泽基本均匀，表面略有光泽，无白粉，不应有过焦的现象	咸味或甜味适中，具有发酵制品应有的香味及品种特有的香味，无异味，口感酥松或松脆，不黏牙	断面结构层次分明或呈多孔状		正常视力无可见外来异物
压缩饼干	块形完整，无严重缺角、缺边	呈谷黄色、深谷黄色或品种应有的色泽	具有品种应有的香味，无异味，不黏牙	断面结构呈紧密状，无孔洞		正常视力无可见外来异物
曲奇饼干	外形完整，花纹或波纹清楚，同一造型大小基本均匀，饼体摊散适度，无连边。花色曲奇饼干添加的辅料应颗粒大小基本均匀	表面呈金黄色、棕黄色或品种应有的色泽，色泽基本均匀，花纹与饼体边缘允许有较深的颜色，但不应有过焦、过白的现象。花色曲奇饼干允许有添加辅料的色泽	有明显的奶香味及品种特有的香味，无异味，口感酥松或松软	断面结构呈细密的多孔状，无较大孔洞。花色曲奇饼干应具有品种添加辅料的颗粒		正常视力无可见外来异物
夹心（或注心）饼干	外形完整，边缘整齐，夹心饼干不错位，不脱片，饼干表面应符合饼干单片要求，夹心层厚薄基本均匀，夹心或注心料无外溢	饼干单片呈棕黄色或品种应有的色泽，色泽基本均匀。夹心或注心料呈该料应有的色泽，色泽基本均匀	应符合品种所调制的香味，无异味，口感疏松或松脆，夹心料细腻，无糖粒感	饼干单片断面应具有其相应品种的结构，夹心或注心层次分明		正常视力无可见外来异物
威化饼干	外形完整，块形端正，花纹清晰，厚薄基本均匀，无分离及夹心料溢出现象	具有品种应有的色泽，色泽基本均匀	具有品种应有的口味，无异味，口感松脆或酥化，夹心料细腻，无糖粒感	断面结构呈多孔状，夹心料均匀，夹心层次分明		正常视力无可见外来异物

续表

种类	形态	色泽	滋味与口感	组织	冲调性	杂质
蛋圆饼干	呈冠圆形或多冠圆形，外形完整，大小、厚薄基本均匀	呈金黄色、棕黄色或品种应有的色泽，色泽基本均匀	味甜，具有蛋香味及品种应有的香味，无异味，口感松脆	断面结构呈细密的多孔状，无较大孔洞		正常视力无可见外来异物
蛋卷	呈多层卷筒形态或品种特有的形态，断面层次分明，外形基本完整，表面光滑或呈花纹状。特殊加工品种表面允许有可食颗粒存在	表面呈浅黄色、金黄色、浅棕黄色或品种应有的色泽，色泽基本均匀	味甜，具有蛋香味及品种应有的香味，无异味，口感松脆或酥松			正常视力无可见外来异物
煎饼	外形基本完整，特殊加工品种表面允许有可食颗粒存在	表面呈浅黄色、金黄色、浅棕黄色或品种应有的色泽，色泽基本均匀	味甜，具有品种应有的香味，无异味，口感硬脆、松脆或酥松			正常视力无可见外来异物
装饰饼干	外形完整，大小基本均匀，涂层或黏花与饼干基片不应分离。涂层饼干的涂层均匀，涂层覆盖之处无饼干基片露出或线条、图案基本一致。黏花饼干应在饼干基片表面黏有糖花，且较为端正，糖花清晰，大小基本均匀。喷撒调味料的饼干，其表面的调味料应较均匀	具有饼干基片及涂层或糖花应有的色泽，且色泽基本均匀	具有品种应有的香味，无异味，饼干基片口感松脆或酥松。涂层和糖花无粗粒感，涂层幼滑	饼干基片断面应具有其相应品种的结构，涂层和糖花组织均匀，无孔洞		正常视力无可见外来异物
水泡饼干	外形完整，块形大致均匀，不得起泡，不得有皱纹、黏连痕迹及明显的豁口	呈浅黄色、金黄色或品种应有的颜色，色泽基本均匀，表面有光泽，不应有过焦、过白的现象	味略甜，具有浓郁的蛋香味或品种应有的香味，无异味，口感脆、疏松	断面组织微细、均匀，无孔洞		正常视力无可见外来异物

第二节　饼干的理化检验

一、净含量的测定

按第四章第二节面包的净含量检验方法进行操作。

二、水分测定

按第三章第一节小麦粉中水分测定方法进行操作。

三、酸度和碱度测定

（一）酸度测定

1. 仪器及试剂

（1）0.1mol/L 氢氧化钠标准溶液：按 GB/T 601 规定方法配制及标定。

（2）1% 酚酞指示液：称取 1g 酚酞溶于 60mL 95% 的乙醇中，以水稀释定容至 100mL。

（3）25mL 碱式滴定管。

（4）天平：精度 0.01g。

2. 实验步骤

取有代表性的样品约 200g，置于研钵或捣碎机中，用研钵研碎，或用捣碎机捣碎均匀。准确称取试样约 25g（准确至 0.01g），加入新煮沸并冷却的蒸馏水浸泡半小时以上，并定容至 250mL，过滤，吸取试液 50mL 于 250mL 三角瓶中，加两滴酚酞指示液，用氢氧化钠标准溶液滴定至微红色并保持 30s 不褪色，记录消耗的氢氧化钠标准溶液体积。同时用蒸馏水做空白试验。

3. 结果计算

$$X = \frac{c \times (V_1 - V_2) \times 0.090}{m \times \frac{50}{250}} \times 100 \tag{6-1}$$

式中　X——酸度，单位为克每百克（g/100g）；

c——氢氧化钠标准溶液的浓度，单位为摩尔每升（mol/L）；

V_1——滴定试样时消耗的氢氧化钠标准溶液的体积，单位为毫升（mL）；

V_2——空白试验消耗的氢氧化钠标准溶液的体积，单位为毫升（mL）；

0.090——酸的换算系数，以乳酸计；

m——样品质量，单位为克（g）。

计算结果精确到小数点后第 2 位。

同一样品的两次测定值之差，不得超过算术平均值的 2%。

4. 注意事项

样液的颜色过深，可加入等量蒸馏水再滴定，亦可用 pH 电位测定法。

（二）碱度测定

1. 仪器及试剂

（1）0.05mol/L 盐酸标准溶液：按 GB/T 601 规定方法配制及标定。

（2）0.1% 甲基橙指示液：称取 0.1g 甲基橙溶于 70℃ 蒸馏水中，冷却后稀释至 100mL。

（3）25mL 酸式滴定管。

（4）天平：精度 0.01g。

2. 实验步骤

取有代表性的样品约 200g，置于研钵或捣碎机中，用研钵研碎，或用捣碎机捣碎均匀。准确称取试样约 25g（准确至 0.01g），加入新煮沸并冷却的蒸馏水浸泡半小时以上，并定容至 250mL，过滤，吸取试液 50mL 于 250mL 三角瓶中，加两滴甲基橙指示液，用盐酸标准溶液滴定至微红色出现，记录消耗的盐酸标准溶液体积。同时以蒸馏水作空白试验。

3. 结果计算

$$X = \frac{c \times (V_1 - V_2) \times 0.053}{m \times \frac{50}{250}} \times 100 \tag{6-2}$$

式中 X——碱度，单位为克每百克（g/100g）；

c——盐酸标准溶液的浓度，单位为摩尔每升（mol/L）；

V_1——滴定试样时消耗的盐酸标准溶液的体积，单位为毫升（mL）；

V_2——空白试验消耗的盐酸标准溶液的体积，单位为毫升（mL）；

0.053——碱的换算系数，以碳酸钠计；

m——样品质量，单位为克（g）。

计算结果精确到小数点后第 2 位。同一样品的两次测定值之差，不得超过算术平均值的 2%。

4. 注意事项

样液的颜色过深，可加入等量蒸馏水再滴定，亦可用 pH 电位测定法。

四、pH 的测定

1. 仪器

（1）pH 计：量程范围 pH 1～14，最小分度值 0.01。

（2）天平：感量 ±0.01g。

（3）刻度烧杯：150mL。

2. 分析步骤

称取有代表性的样品 200g，置于捣碎机中，捣碎混匀，然后称取试样 10g，精确至

0.01g，用蒸馏水稀释到100mL，搅拌均匀，即用pH计测定其pH值。测定前先按pH说明书按测定需求选用pH标准缓冲溶液进行仪器校正。

同一个制备试样至少要进行2次测定。

3. 精密度

在重复性条件下获得的两次独立测定结果的绝对差值应不超过0.1pH。

五、脂肪的测定

按第三章第九节核桃中脂肪的测定方法进行操作。

六、酸价、过氧化值的测定

按第三章第五节肉制品中酸价、过氧化值的测定进行操作。

七、铅的测定

按第三章第一节小麦粉中铅的测定进行操作。

八、铝的测定

按第四章第三节面包中铝的测定进行操作。

第三节 饼干中食品添加剂的检验

一、饼干中糖精钠的测定

按第四章第四节面包中糖精钠的检验方法进行操作。

二、饼干中甜蜜素的测定

按第三章第十一节蜜饯中甜蜜素的测定进行操作。

第四节 饼干的微生物检验

一、菌落总数

如为原包装，用灭菌镊子夹下包装纸，采取外部及中心部位；如为带馅饼干，取外皮及内馅25g，加入225mL灭菌生理盐水中，制成混悬液；按第二章第五节菌落总数的测定方法进行操作。

二、大肠菌群

如为原包装，用灭菌镊子夹下包装纸，采取外部及中心部位；如为带馅饼干，取外皮及内馅25g，加入225mL灭菌生理盐水中，制成混悬液；按第二章第五节大肠菌群的测定方法进行操作。

三、霉菌计数

如为原包装，用灭菌镊子夹下包装纸，采取外部及中心部位；如为带馅饼干，取外皮及内馅25g，加入225mL灭菌生理盐水中，制成混悬液；按第二章第五节焙烤食品中霉菌和酵母菌的检验方法进行操作。

四、致病菌（沙门氏菌、金黄色葡萄球菌）

如为原包装，用灭菌镊子夹下包装纸，采取外部及中心部位；如为带馅饼干，取外皮及内馅25g，按第二章第五节焙烤食品的病原菌检验相关方法进行操作。

第七章　月饼成品检验

第一节　月饼的感官检验

月饼是使用小麦粉等谷物粉或植物粉、油、糖（或不加糖）等为主要原料制成饼皮，包裹各种馅料，经加工而成，在中秋节食用为主的传统节日食品。

月饼按加工工艺分为热加工类和冷加工类。其中热加工类：烘烤类、油炸类、其他类；冷加工类：熟粉类、其他类。按地方派式特色分类：广式月饼、京式月饼、苏式月饼、潮式月饼、滇式月饼、晋式月饼、琼式月饼、台式月饼、哈式月饼、其他类月饼。

月饼的感官检验，取包装完好的样品一份，去除包装，置于清洁、干燥的白瓷盘中，在自然光线下，用目测检查形态、色泽，然后取两块用刀按四分法切开，观察内部组织、杂质、品尝滋味与口感，广式月饼、京式月饼、苏式月饼与标准规定（见表7－1至表7－14）对照，并作出评价。

表7－1　广式月饼感官要求

项目		要求
形态		外形饱满，轮廓分明，花纹清晰，不坍塌、无跑糖及露馅现象
色泽		具有该品种应有色泽
组织	蓉沙类	饼皮厚薄均匀，馅料细腻无僵粒，无夹生
	果仁类	饼皮厚薄均匀，果仁颗粒大小适宜，拌和均匀，无夹生
	水果类	饼皮厚薄均匀，馅芯有该品种应有的色泽，拌和均匀，无夹生
	蔬菜类	饼皮厚薄均匀，馅芯有该品种应有的色泽，拌和均匀，无夹生
	肉与肉制品类	饼皮厚薄均匀，肉与肉制品大小适中，拌和均匀，无夹生
	水产制品类	饼皮厚薄均匀，水产制品大小适中，拌和均匀，无夹生
	蛋黄类	饼皮厚薄均匀，蛋黄居中，无夹生
	冰皮类	饼皮厚薄均匀，皮馅无脱壳现象，馅芯细腻无僵粒，无夹生
	水晶皮类	饼皮厚薄均匀，皮馅无脱壳现象，无夹生
	奶酥皮类	饼皮厚薄均匀，皮馅无脱壳现象，无夹生
滋味与口感		饼皮绵软，具有该品种应有的风味，无异味
杂质		正常视力无可见杂质

表7-2 京式提浆月饼感官要求

项目		要求
形态		块形整齐，花纹清晰，无破裂、露馅、凹缩、塌斜现象。不崩顶，不拔腰，不凹底
色泽		表面光润，饼面花纹呈麦黄色，腰部呈乳黄色，饼底部呈金黄色，不青墙，无污染
组织	果仁类	饼皮细密，皮馅厚薄均匀，果料分布均匀，无大空隙，无夹生
	蓉沙类	饼皮细密，皮馅厚薄均匀，皮馅无脱壳现象，无夹生
滋味与口感	果仁类	饼皮松酥，有该品种应有的口味，无异味
	蓉沙类	饼皮松酥，有该品种应有的口味，无异味
杂质		正常视力无可见杂质

表7-3 京式自来白月饼感官要求

项目	要求
形态	圆形鼓状，块形整齐，不拔腰，不青墙，不露馅
色泽	表面呈乳白色，底呈麦黄色
组织	皮松软，皮馅比例均匀，不空腔，不偏皮
滋味与口感	松软，有该品种应有的口味，无异味
杂质	正常视力无可见杂质

表7-4 京式自来红月饼感官要求

项目	要求
形态	圆形鼓状，面印深棕红磨水戳，不青墙，不露馅，无黑泡，块形整齐
色泽	表面呈深棕黄色，底呈棕褐色，腰部呈麦黄色
组织	皮酥松不艮，馅料利口不黏，无大空洞，不偏皮
滋味与口感	疏松绵润，有该品种应有的口味，无异味
杂质	正常视力无可见杂质

表7-5 京式大酥皮（翻毛月饼）感官要求

项目		要求
形态		外形圆整，饼面微凹，底部收口居中，不跑糖、不露馅
色泽		表面呈乳白色，饼底部呈金黄色，不沾染杂色，品名钤记清晰
组织	果仁类	酥皮层次分明，包芯厚薄均匀，不偏皮，无夹生
	蓉沙类	酥皮层次分明，包芯厚薄均匀，皮馅无脱壳现象，无夹生
滋味与口感	果仁类	酥松绵软，有该品种应有的口味，无异味
	蓉沙类	酥松绵软，馅细腻油润，有该品种应有的口味，无异味
杂质		正常视力无可见杂质

表7-6 苏式月饼感官要求

项目		要求
形态		外形圆整，面底平整，略呈扁鼓形；底部收口居中不漏底，无僵缩、露酥、塌斜、跑糖、露馅现象，无大片碎皮；品名戳记清晰
色泽		具有该品种应有色泽，不沾染杂色，无污染现象
组织	蓉沙类	酥层分明，皮馅厚薄均匀，馅软油润，无夹生、僵粒
	果仁类	酥层分明，皮馅厚薄均匀，馅松不韧，果仁分布均匀，无夹生、大空隙
	肉与肉制品类	酥层分明，皮馅厚薄均匀，肉与肉制品分布均匀，无夹生、大空隙
	果蔬类	皮馅厚薄均匀，馅软油润，无夹生、大空隙
滋味与口感		酥皮爽口，具有该品种应有的风味，无异味
杂质		正常视力无可见杂质

表7-7 潮式月饼感官要求

项目	酥皮类	水晶皮类	奶油皮类
形态	呈扁圆形：外形完整、饱满、无明显凹缩、爆裂及露馅现象	外形饱满、轮廓分明、花纹清晰不露馅、饼皮呈透明状、不坍塌	呈扁圆形或方形：外形完整、饱满、无明显凹缩、爆裂及露馅现象
色泽	酥皮类饼面及底部呈棕黄色，腰部黄中泛白，不焦	饼皮具有该品种应有的色泽	饼面呈微黄泛白，饼底浅棕黄色，不焦
组织	酥层分明，皮馅厚薄均匀无夹生、糖块	饼皮厚薄基本均匀，馅料大小无粗粒感，无夹生	饼皮厚薄均匀，馅料大小无粗粒感，无夹生
口味与口感	酥皮饼皮酥化可口，内馅具有该品种应有风味、无异味	饼皮嫩滑柔软有弹性，具有该品种应有的风味和滋味	酥饼皮入口松化，留香持久，内馅具有该品种应有风味、无异味
杂质	正常视力无可见杂质		

表7-8 滇式云腿月饼感官要求

项目	要求
形态	有该品种典型特征，外形圆整，无露馅现象，底部无明显焦斑
色泽	具有该品种应有色泽，无污染杂色
组织	饼皮厚薄均匀，断面皮心分明，火腿丁分布均匀，肥瘦比例适当，无夹生、糖块
滋味与口感	饼皮酥软，具有该品种应有的风味、无异味
杂质	正常视力无可见杂质

表7-9 滇式云腿果蔬食用花卉类月饼感官要求

项目	要求
形态	有该产品应有形态，外形圆整，无露馅，底部无明显焦斑，无正常视力可见杂质
色泽	饼面褐黄，不焦糊
组织	断面皮心分明，云腿肉丁肥瘦比例适当
滋味与口感	饼皮酥软，具有云腿和相应辅料的味道，无异味
杂质	正常视力无可见杂质

表 7-10 晋式月饼感官要求

项目		要求
形态		块形整齐，无明显凹缩、塌斜和爆裂，无露馅现象
色泽	蛋月烧类	色泽均匀，腰、底部为棕红，表面为棕黄而不焦，不沾染杂色
	郭杜林类	色泽红棕色，表面有条纹状花纹，不沾染杂色
	夯月饼类	色泽红棕色，表面有星型花纹，不沾染杂色
	提浆类	表面花纹清晰，色泽麦黄色，腰部为乳黄色，不青墙，不沾染杂色
组织	蛋月烧类	饼皮气孔均匀、松软绵软，皮馅厚薄均匀，无夹生
	郭杜林类	饼皮松酥不良，皮馅厚薄均匀，无大空洞，无杂质，无夹生
	夯月饼类	饼皮松酥不良，皮馅厚薄均匀，无大空洞，无杂质，无夹生
	提浆类	饼皮细密，皮馅厚薄均匀，无夹生，果仁分布均匀，无大空隙，无杂质，无夹生
滋味与口感	蛋月烧类	蛋香味浓郁，口感绵软
	郭杜林类	口感酥松，具有胡麻油特有的香味
	夯月饼类	口感酥松，具有红糖和果仁的香味
	提浆类	口感绵软、香味浓郁
杂质		正常视力无可见杂质

表 7-11 琼式月饼感官要求

项目		要求
形态		外形饱满，表面微凸，轮廓分明，花纹清晰，无明显凹缩、爆裂、坍斜、坍塌和露馅现象
色泽		饼面浅黄或浅棕黄色，色泽均匀，腰部呈浅黄或黄白色，底部棕黄不焦，无污染杂色
色泽组织	果蔬类	酥层明显，饼皮厚薄均匀，椰丝、椰蓉切条均匀，油润，馅心色泽淡黄
	蓉沙类	酥层明显，饼皮厚薄均匀，馅料细腻油润绵软，无夹生，无僵粒等现象
	果仁类	酥层明显，饼皮厚薄均匀，果仁大小适中、分布均匀，切面润泽，无夹生，无松散现象
	肉与肉制品类	酥层明显，饼皮厚薄均匀，肉与肉制品大小适中、拌和均匀，无夹生
	蛋黄类	酥层明显，饼皮厚薄均匀，无夹生
	水产制品类	酥层明显，饼皮厚薄均匀，馅料分布均匀，无空心、无夹生、无松散现象
滋味与口感		饼皮酥香松软、不腻。具有该品种应有的口感及风味，无异味
杂质		正常视力无可见杂质

表 7-12 台式桃山皮月饼感官要求

项目	要求
形态	外形饱满，轮廓分明，花纹清晰，没有明显凹缩和爆裂、塌斜、露馅现象
色泽	具有该品种应有色泽，不沾染杂色
组织	饼皮厚薄均匀，皮馅无脱壳现象，馅芯细腻无僵粒，无夹生现象

续表

项目	要求
滋味与口感	饼皮松软，具有该品种应有风味，无异味
杂质	正常视力无可见杂质

表7－13 哈式月饼感官要求

项目		要求
形态		形态整齐，品名和花纹清晰，腰部呈微鼓状，底部收口居中部不漏底，无露馅、塌斜现象
色泽	川酥类	花纹表面金黄色或棕黄色，花纹底部乳黄色，饼底棕黄不焦，腰部乳黄泛白
	提浆类	花纹表面金黄色或棕黄色，花纹底部乳黄色，饼底棕黄不焦，腰部乳黄泛白
	奶酥类	花纹表面浅黄色，花纹底部乳黄色泛白，饼底棕黄不焦
组织	川酥类	酥层分明，皮馅厚薄均匀，馅料颜色分明、分布均匀，无夹生，具有该品种应有的组织
	提浆类	皮馅厚薄均匀，无夹生，具有该品种应有的组织
	奶酥类	皮馅厚薄均匀，馅心细腻无颗粒，无夹生、具有该品种应有的组织
滋味与口感	川酥类	松酥爽口，具有该品种应有的风味、无异味
	提浆类	口感香甜，具有该品种应有的风味、无异味
	奶酥类	饼皮奶香浓郁，酥松爽口，具有该品种应有的风味、无异味
杂质		正常视力无可见杂质

表7－14 其他类月饼感官要求

项目	要求
形态	外形饱满，轮廓分明，无明显凹缩、爆裂、塌斜、坍塌及跑糖露馅的现象
色泽	具有该品种应有色泽
组织	饼皮薄厚均匀，无夹生
滋味与口感	具有本品种应有的滋味和口感，无异味
杂　质	正常视力无可见杂质

第二节 月饼的理化检验

一、干燥失重的测定

按照按第三章第一节小麦粉中水分的测定方法进行操作。

二、馅料含量的测定

（一）仪器及设备

电子天平：感量0.1g。

（二）实验步骤

取样品 3 块，分别称量净重后，分离糕饼皮与馅芯，称取馅芯质量。

（三）结果计算

月饼馅料含量按式（7－1）计算：

$$X = \frac{m}{M} \times 100 \tag{7-1}$$

式中 X——月饼馅料含量，单位为克每百克（g/100g）；

m——馅芯质量，单位为克（g）；

M——月饼总质量，单位为克（g）。

馅料含量以 3 块样品的算术平均值计。

三、包装空隙率的测定

（一）仪器

（1）天平（感应量 0.1 克）。

（2）直尺（最小刻度 mm）。

（二）测定方法

1. 月饼质量测定

将销售包装中的月饼分别从单粒包装中取出，用天平称量月饼的总质量。

2. 月饼销售包装容积测定

先将月饼取出，再将内置和底托等所有包装附属物从销售包装中取出。

长方体销售包装：沿内壁测量长、宽、高，计算出该销售包装的容积。

圆柱体销售包装：沿内壁测量直径、高，计算出该销售包装的容积。

其他形状销售包装参照此方法计算该销售包装的容积。

3. 每千克月饼的销售包装容积

每千克月饼的销售包装容积按式（7－2）计算：

$$y = \frac{V}{m} \tag{7-2}$$

式中 y——每千克月饼的销售包装容积，单位为立方厘米每千克（cm^3/kg）；

m——月饼总质量，单位为千克（kg）；

V——月饼销售包装容积，单位为立方厘米（cm^3）。

四、蛋白质的测定

按第三章第四节乳和乳制品中蛋白质的测定方法进行操作。

五、脂肪的测定

（一）原理

试样经酸水解后用乙醚提取，除去溶剂即得总脂肪含量。酸水解法测得的为游离及结合脂肪的总量。

（二）仪器及试剂

（1）盐酸：分析纯。

（2）乙醇（95%）。

（3）无水乙醚。

（4）石油醚（沸程30℃～60℃）。

（三）实验步骤

试样经粉碎机粉碎后，称取约2.00g于50mL试管内，加8mL水混合均匀，加入10mL盐酸。将试管于70℃～80℃水浴加热，间隔5min～10min用玻棒搅拌一次，约40min～50min，直至试样消化完全。取出试管加入10mL乙醇，待冷却后将混合物转移入100mL具塞量筒，用25mL乙醚分次洗涤试管，一并转移入量筒，加塞振摇1min，放气后加塞静置12min，小心打开塞子，用石油醚－乙醚（1+1）冲洗塞和筒口附着的脂肪，静置10min～20min待液体分层后，吸出上层清液于已恒重的锥形瓶，再加5mL乙醚于具塞量筒内，振摇，静置，吸出上层乙醚于原锥形瓶内，水浴蒸干，100℃±5℃干燥2h，再转移至干燥器中放冷称重，重复上述操作直至恒重。

（四）结果计算

$$X = \frac{m_1 - m_0}{m_2} \times 100 \tag{7-3}$$

式中 X——样品中脂肪的含量，单位为克每百克（g/100g）；

m_1——接收瓶和脂肪的质量，单位为克（g）；

m_0——接收瓶的质量，单位为克（g）；

m_2——试样的质量，单位为克（g）。

在重复性条件下测得的两次独立测试结果的绝对差值不得超过算术平均值的10%。

测定结果表示到小数点后1位。

（五）注意事项

（1）本法适用于各类食品中的脂肪的测定，特别是由于样品易吸湿、不易烘干，不能使用索氏提取法时，本法效果较好。

（2）固体样品必须充分磨细，以便充分水解。

（3）样品加热、加酸水解，可使结合脂肪游离。故本法测定食品中的总脂肪，包括结合脂肪和游离脂肪。

（4）水解时，注意防止水分大量损失，以免使酸度过高。

（5）石油醚可使水层和醚层分离清晰。

（6）水解后加入乙醇可使蛋白质沉淀，降低表面张力，促进脂肪球聚合，还可以使碳水化合物、有机酸等溶解。后面用乙醚提取脂肪时，由于乙醇可溶于乙醚，所以需要加入石油醚，以降低乙醇在乙醚中的溶解度，使乙醇溶解物残留在水层，使分层清晰。

（7）挥干溶剂后，残留物中如有黑色焦油状杂质，是分解物与水混入所致，将使测定值增大，造成误差，可用等量乙醚及石油醚溶解后过滤，再次进行挥干溶剂的操作。

六、总糖的测定

按第五章第二节糕点中总糖的测定进行操作。

七、酸价、过氧化值的测定

按照第三章第五节肉制品中酸价、过氧化值的测定进行操作。

八、铅的测定

按第三章第一节小麦粉中铅的测定进行操作。

九、铝的测定

按第四章第三节面包中铝的测定进行操作。

第三节　月饼中食品添加剂的检验

一、月饼中山梨酸的测定

按第四章第四节面包中山梨酸的测定方法进行操作。

二、月饼中苯甲酸的测定

按第四章第四节面包中苯甲酸的测定方法进行操作。

三、月饼中糖精钠的测定

按第四章第四节面包中糖精钠的测定方法进行操作。

四、月饼中丙酸钙（钠）的测定

按第四章第四节面包中丙酸钙（钠）的测定进行操作。

五、月饼中脱氢乙酸的测定

（一）原理

用氢氧化钠溶液提取试样中的脱氢乙酸，经脱脂、去蛋白处理，过膜，用配紫外或二极管阵列检测器的高效液相色谱仪测定，以色谱峰的保留时间定性，外标法定量。

（二）仪器与设备

（1）高效液相色谱仪：配有紫外检测器或二极管阵列检测器。

（2）分析天平：感量为0.1mg和1mg。

（3）粉碎机。

（4）不锈钢高速均质器。

（5）超声波清洗器：功率35kW。

（6）涡旋混合器。

（7）离心机：转速≥4000r/min。

（8）pH计。

（9）C_{18}固相萃取柱：500mg，6mL（使用前用5mL甲醇、10mL水活化，使柱子保持湿润状态）。

（三）试剂

（1）甲醇（CH_4O）：色谱纯。

（2）乙酸铵溶液（0.02mol/L）：称取1.54g乙酸铵（$C_2H_6O_2N$），溶于水并稀释至1L。

（3）氢氧化钠溶液（20g/L）：称取20g氢氧化钠，溶于水并稀释至1L。

（4）甲醇溶液（70%）：量取70mL甲醇（CH_4O），加水30mL，混匀。

（5）正己烷（C_6H_{14}）。

（6）甲酸溶液（10%）：量取10mL甲酸，加水90mL，混匀。

（7）硫酸锌溶液（120g/L）：称取120g硫酸锌（$ZnSO_4 \cdot 7H_2O$），溶于水并稀释至1L。

（8）脱氢乙酸标准贮备液（1.0mg/mL）：准确称取脱氢乙酸（Dehydroacetic Acid，$C_8H_8O_4$，CAS：520-45-6，纯度≥99.5%）标准品0.1000g（精确至0.0001g）于100mL容量瓶中，用10mL氢氧化钠溶液溶解，用水定容。4℃保存，有效期为3个月。

（9）脱氢乙酸标准工作液：分别吸取脱氢乙酸贮备液0.1mL、1.0mL、5.0mL、10mL、20mL于100mL容量瓶中，用水定容。配制成浓度为1.00μg/mL、10.0μg/mL、50.0μg/mL、100μg/mL、200μg/mL标准工作液。4℃保存，有效期为1个月。

（四）操作步骤

1. 提取

样品用粉碎机粉碎或不锈钢高速均质器均质。称取样品2g~5g（精确至0.001g），置于25mL离心管（如需过固相萃取柱则用50mL离心管）中，加入约10mL水、5mL硫酸锌溶液，用氢氧化钠溶液调pH至7.5，转移至25mL容量瓶（如需过固相萃取柱则用50mL容量瓶）中，加水稀释至刻度，摇匀。置于离心管中，超声提取10min，转移到分液漏斗中，加入 10mL 正己烷，振摇 1min，静置分层，弃去正己烷层，加入 10mL 正己烷重复进行一次，取下层水相置于离心管中，4000r/min 离心 10min。取上清液过 0.45μm 有机滤膜，供高效液相色谱测定。若高效液相色谱分离效果不理想，取 20mL 上清液，用 10% 的甲酸调 pH 至 5，定容到 25mL，取 5mL 过已活化的固相萃取柱，用 5mL 水淋洗，2mL 70% 的甲醇溶液洗脱，收集洗脱液 2mL，涡旋混合，过 0.45μm 有机滤膜，供高效液相色谱测定。

2. 色谱条件

（1）色谱柱：C_{18} 柱，5μm，250mm×4.6mm（内径）或相当者。

（2）流动相：甲醇+0.02mol/L 乙酸铵（10+90，体积比）。

（3）流速：1.0mL/min。

（4）柱温：30℃。

（5）进样量：10μL。

（6）检测波长：293nm。

3. 测定

（1）标准曲线的制作

将脱氢乙酸标准工作液分别注入液相色谱仪中，测定相应的峰面积，以标准工作液的浓度为横坐标，峰面积为纵坐标，绘制标准曲线。

（2）待测试样的测定

将测定溶液注入液相色谱仪中，测得相应峰面积，根据标准曲线得到测定溶液中的脱氢乙酸浓度。

（五）结果计算

$$X = \frac{(c - c_0) \times V \times f}{m \times 1000} \tag{7-4}$$

式中 X——试样中脱氢乙酸含量，单位为克每千克（g/kg）；

c——试样溶液中脱氢乙酸的质量浓度，单位为微克每毫升（μg/mL）；

c_0——空白试样溶液中脱氢乙酸的质量浓度，单位为微克每毫升（μg/mL）；

V——待测试样定容后体积，单位为毫升（mL）；

f——过固相萃取柱换算系数（$f=0.5$）；

m——试样质量，单位为克（g）。

计算结果以重复性条件下获得的两次独立测定结果的算术平均值表示，结果保留 3 位有效数字。

（六）原始记录参考样式

参见第四章第四节面包中溴酸钾的检验原始记录。

六、月饼中胭脂红、苋菜红、柠檬黄、日落黄、亮蓝的测定

按第四章第四节面包中胭脂红、苋菜红、柠檬黄、日落黄、亮蓝的测定方法进行操作。

七、月饼中甜蜜素的测定

按第三章第十一节蜜饯中甜蜜素的测定进行操作。

第四节 月饼的微生物检验

一、菌落总数

用灭菌镊子夹下包装纸，取外皮及内馅25g，加入225mL灭菌生理盐水中，制成混悬液，按第二章第五节菌落总数的测定方法进行操作。

二、大肠菌群

用灭菌镊子夹下包装纸，采取外部及中心部位，取外皮及内馅25g，加入225mL灭菌生理盐水中，制成混悬液，按第二章第五节大肠菌群的测定方法进行操作。

三、霉菌计数

用灭菌镊子夹下包装纸，取外皮及内馅25g，加入225mL灭菌生理盐水中，制成混悬液，按第二章第五节焙烤食品中霉菌和酵母菌的检验方法进行操作。

四、致病菌（沙门氏菌、金黄色葡萄球菌）

用灭菌镊子夹下包装纸，取外皮及内馅25g，按第二章第五节焙烤食品的病原菌检验相关方法进行操作。

第八章　裱花蛋糕成品检验

第一节　裱花蛋糕的感官检验

裱花蛋糕是在清蛋糕、海绵蛋糕、戚风蛋糕、慕斯蛋糕、乳酪（奶酪/干酪）蛋糕坯的表面、夹层或内部组织装饰的蛋糕。根据制作裱花蛋糕时所使用的不同蛋糕坯可将其分为以下五类：传统蛋糕、乳酪蛋糕、慕斯蛋糕、复合型裱花蛋糕和其他裱花蛋糕；根据制作裱花蛋糕时所使用的不同装饰料可将其分为以下七类：蛋白裱花蛋糕、奶油裱花蛋糕、植脂奶油裱花蛋糕、人造奶油裱花蛋糕、巧克力裱花蛋糕、水果裱花蛋糕、其他。

裱花蛋糕的感官要求，主要是以下几个方面，即色泽、形态、组织、口感与口味、杂质。检验时，在光线充足的室内，将样品放置于一洁净、干燥的白瓷盘中，用目测检查色泽、形态；用餐刀按四分法则切开，观察组织、杂质；然后闻其气味是否新鲜、品尝各部位的滋味，并根据表 8－1 作出评价。

表 8－1　感官要求

项目	要求				
	传统蛋糕	慕斯蛋糕	乳酪（干酪）蛋糕	复合型蛋糕	其他类
色泽	色泽均匀正常，装饰料色泽正常	色泽均匀正常，装饰料色泽正常	色泽均匀，颜色为乳白色或浅黄色	色泽均匀正常，装饰料色泽正常	色泽均匀正常，装饰料色泽正常
形态	完整、不变形、不析水、表面无裂纹	完整、不变形、不析水、表面无裂纹	完整、不变形、不析水、表面无裂纹	完整、不变形、不析水、表面无裂纹	完整、不变形、不析水、表面无裂纹
组织	组织内部蜂窝均匀，有弹性	组织细腻、均匀	细腻均匀，软硬适度	组织细腻、均匀	组织细腻均匀
口感与口味	糕坯松软，有蛋香味。装饰料符合其应有的风味，无异味	口感细腻凉爽、装饰料符合其应有的风味，无异味	乳香纯正，装饰料符合应有的风味，无异味	具有该产品应有的口感与口味，装饰料符合其应有的风味，无异味	具有该产品应有的口感与口味，装饰料符合其应有的风味，无异味
杂质	无正常视力可见杂质				

第二节 裱花蛋糕的理化检验

一、净含量的测定

按第四章第二节面包中净含量的测定方法进行操作。

二、装饰料占蛋糕总质量的比率的测定

取样品1只，剔除装饰料和非可食部分，用感量为1g的秤称量。取剩余糕坯用刀将夹馅料与糕坯分开，分别称取馅料和糕坯后，按式（8-1）计算。

$$X = \frac{m_1 + m_2}{m} \times 100 \qquad (8-1)$$

式中 X——装饰料占蛋糕总量的比率,%；

m——蛋糕总量的质量，单位为克（g）；

m_1——装饰料总量的质量，单位为克（g）；

m_2——夹馅料总量的质量，单位为克（g）。

三、水分测定

按第三章第一节小麦粉中水分的测定进行操作。

四、脂肪含量测定

按第三章第九节核桃中脂肪的测定进行操作。

五、蛋白质含量的测定

按第三章第四节乳和乳制品中蛋白质的测定进行操作。

六、总糖测定

按第五章第二节糕点中总糖的测定进行操作。

七、酸价、过氧化值的测定

（一）过氧化值

按第三章第五节肉制品中过氧化值的测定进行操作。

（二）酸价

先将样品切割或分割小片或小块。再将其放入食品粉碎机中粉碎成粉末。并通过圆孔筛（若粉碎后样品粉末无法完全通过圆孔筛，可用研钵进一步研磨研细再过筛）。取筛下物进行油脂的提取。

再按第三章第五节肉制品中酸价的测定进行操作。

八、铅的测定

按第三章第一节小麦粉中铅的测定进行操作。

九、铝的测定

按第四章第三节面包中铝的测定进行操作。

十、反式脂肪酸的测定

（一）原理

动植物油脂试样或经酸水解法提取的食品试样中的脂肪，在碱性条件下与甲醇进行酯交换反应生成脂肪酸甲酯，并在强极性固定相毛细管色谱柱上分离，用配有氢火焰离子化检测器的气相色谱仪进行测定，面积归一化法定量。

（二）试剂与标样

（1）盐酸（HCl，$\rho_{20}=1.19$）：含量36%～38%。

（2）乙醚（$C_4H_{10}O$）。

（3）石油醚：沸程30℃～60℃。

（4）无水乙醇：（C_2H_6O）色谱纯。

（5）无水硫酸钠：使用前于650℃灼烧4h，贮于干燥器中备用。

（6）异辛烷（C_8H_{18}）：色谱纯。

（7）甲醇（CH_3OH）：色谱纯。

（8）氢氧化钾（KOH）：含量85%。

（9）硫酸氢钠（$NaHSO_4$）。

（10）氢氧化钾－甲醇溶液（2mol/L）：称取13.2g氢氧化钾，溶于80mL甲醇中，冷却至室温，用甲醇定容至100mL。

（11）石油醚－乙醚溶液（1＋1）：量取500mL石油醚与500mL乙醚混合均匀后备用。

（12）脂肪酸甲酯标准品：纯度均＞99%。

（13）脂肪酸甲酯标准储备液：分别准确称取反式脂肪酸甲酯标准品各100mg（精确至0.1mg）于25mL烧杯中，分别用异辛烷溶解并转移入10mL容量瓶中，准确定容至10mL，此标准储备液的浓度为10mg/mL。在－18℃±4℃下保存。

（14）脂肪酸甲酯混合标准中间液（0.4mg/mL）准确吸取标准储备液各1mL于25mL容量瓶中，用异辛烷定容，此混合标准中间液的浓度为0.4mg/mL，在－18℃±4℃下保存。

（15）脂肪酸甲酯混合标准工作液：准确吸取标准中间液5mL于25mL容量瓶中，用异辛烷定容，此标准工作溶液的浓度为80μg/mL。

（三）仪器与设备

（1）气相色谱仪：配氢火焰离子化检测器。

（2）恒温水浴锅。

（3）涡旋振荡器。

（4）离心机：转速在 0r/min ~ 4000r/min 之间。

（5）具塞试管：10mL、50mL。

（6）分液漏斗：125mL。

（7）圆底烧瓶：200mL，使用前于 100℃ 烘箱中恒重。

（8）旋转蒸发仪。

（9）天平：感量为 0.1g、0.1mg。

（四）操作步骤

1. 试样制备

（1）动植物油脂

称取 60mg 油脂，置于 10mL 具塞试管中，加入 4mL 异辛烷充分溶解，加入 0.2mL 氢氧化钾 - 甲醇溶液，涡旋混匀 1min，放至试管内混合液澄清。加入 1g 硫酸氢钠中和过量的氢氧化钾，涡旋混匀 30s，于 4000r/min 下离心 5min，上清液经 0.45μm 滤膜过滤，滤液作为试样待测液。

（2）含油脂食品（除动植物油脂外）

1）食品中脂肪的提取　固体和半固态脂类试样：称取均匀的试样 2.0g（精确至 0.01g，对于不同的食品称样量可适当调整，保证食品中脂肪量不小于 0.125g）置于 50mL 试管中，加入 8mL 水充分混合，再加入 10mL 盐酸混匀。

液态试样：称取均匀的试样 10.00g 置于 50mL 试管中，加入 10mL 盐酸混匀。将上述试管放入 60℃ ~70℃ 水浴中，每隔 5min ~10min 振荡一次，约 40min ~50min 至试样完全水解。取出试管，加入 10mL 乙醇充分混合，冷却至室温。将混合物移入 125mL 分液漏斗中，以 25mL 乙醚分两次润洗试管，洗液一并倒入分液漏斗中。待乙醚全部倒入后，加塞振摇 1min，小心开塞，放出气体，并用适量的石油醚 - 乙醚溶液（1 +1）冲洗瓶塞及瓶口附着的脂肪，静置 10min ~20min 至上层醚液清澈。将下层水相放入 100mL 烧杯中，上层有机相放入另一干净的分液漏斗中，用少量石油醚 - 乙醚溶液（1 +1）洗萃取用分液漏斗，收集有机相合并于分液漏斗中。将烧杯中的水相倒回分液漏斗，再用 2 5mL 乙醚分两次润洗烧杯，洗液一并倒入分液漏斗中，按前述萃取步骤重复提取两次，合并有机相于分液漏斗中，将全部有机相过适量的无水硫酸钠柱，用少量石油醚 - 乙醚溶液（1 +1）淋洗柱子，收集全部流出液于 100mL 具塞量筒中，用乙醚定容并混匀。

精准移取 50mL 有机相至已恒重的圆底烧瓶内，50℃ 水浴下旋转蒸去溶剂后，置 100℃ ±5℃ 下恒重，计算食品中脂肪含量；另 50mL 有机相于 50℃ 水浴下旋转蒸去溶剂后，用于反式脂肪酸甲酯的测定。

2）脂肪酸甲酯的制备　准确称取60mg经食品中脂肪步骤提取的脂肪（未经100℃±5℃干燥箱加热），置于10mL具塞试管中，按动植物油中规定的步骤操作，得到试样待测液。

2. 仪器条件

（1）毛细管气相色谱柱：SP－2560聚二氰丙基硅氧烷；柱长100m×0.25mm，膜厚0.2μm，或性能相当者。

（2）检测器：氢火焰离子化检测器。

（3）载气：高纯氦气99.999%。

（4）载气流速：1.3mL/min。

（5）进样口温度：250℃。

（6）检测器温度：250℃。

（7）程序升温：初始温度140℃，保持5min，以1.8℃/min的速率升至220℃，保持20min。

（8）进样量：1μL。

（9）分流比：30∶1。

3. 测定

（1）定量测定

将标准工作溶液和试样待测液分别注入气相色谱仪中，根据标准溶液色谱峰响应面积，采用归一化法定量测定。

（2）定性确证

测定条件下，样液中反式脂肪酸的保留时间应在标准溶液保留时间的±0.5%范围内，标准品的气相色谱图参见图8－1，各反式脂肪酸的参考保留时间如表8－2所示。

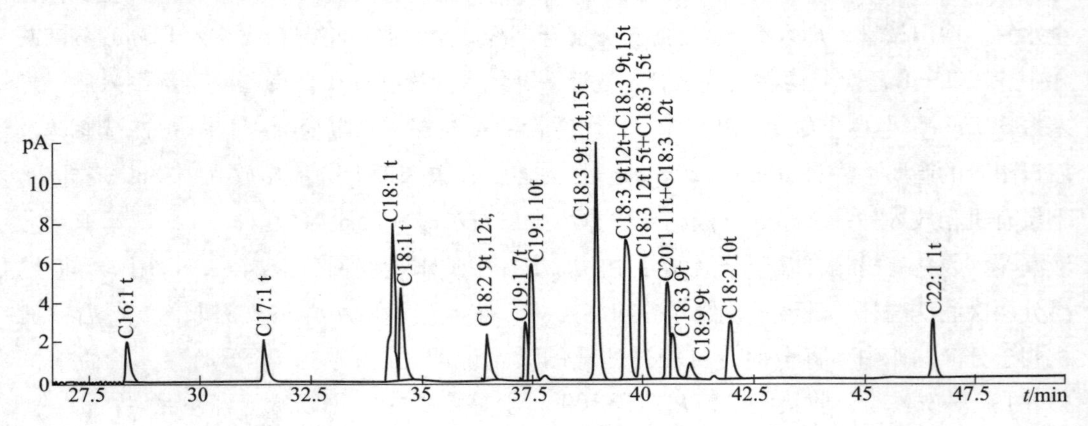

图8－1　反式脂肪酸甲酯混合标准溶液气相色谱图

表 8-2 反式脂肪酸的参考保留时间

反式脂肪酸甲酯	参考保留时间/min
C16:1 9t	28.402
C18:1 6t	34.165
C18:1 9t	34.384
C16:1 11t	34.567
C18:2 9t，12t	36.535
C18:2 10t，12c	42.091
C18:3 9t，12t，15t	38.773
C18:3 9t，12t，15t + C18:3 9t，15t，15t	39.459
C18:3 9c，12t，15t + C18:3 9c，12c，15t	39.883
C18:3 9c，12t，15c	40.400
C18:3 9t，12c，15c	40.518
C20:1 11t	40.400
C22:1 13t	46.571

（3）空白试验

空白试验指除不加试验样品外，其他采用与样品分析完全相同的试验步骤、试剂和用量进行操作。

（五）结果计算

反式脂肪酸含量是以反式脂肪（%，质量分数）报告，反式脂肪含量是以反式脂肪酸甲酯百分比含量的形式进行计算。

（1）食品中脂肪的质量分数按式（8-2）计算：

$$w_z = \frac{m_1 - m_0}{m_2} \times 100\% \tag{8-2}$$

式中 w_z——试样中脂肪的质量分数，%；

m_1——圆底烧瓶和脂肪的质量，单位为克（g）；

m_0——圆底烧瓶的质量，单位为克（g）；

m_2——试样的质量，单位为克（g）。

（2）各组分的相对质量分数按式（8-3）计算：

$$w_x = \frac{A_x \times f_x}{A_t} \times 100\% \tag{8-3}$$

式中 w_x——归一化法计算的反式脂肪酸组分 X 脂肪酸甲酯相对质量分数，%；

A_x——组分 X 脂肪酸甲酯峰面积；

f_x——组分 X 脂肪酸甲酯的校准因子，化合物的校正因子见表 8-3；

A_t——所有峰校准面积的总和，除去溶剂峰。

（3）脂肪中反式脂肪酸的质量分数按式（8－4）计算：

$$w_t = \sum w_x \quad (8-4)$$

式中 w_t——脂肪中反式脂肪酸的质量分数，%；

w_x——归一化法计算的组分 X 脂肪酸甲酯相对质量分数，%。

（4）食品中反式脂肪酸的质量分数按式（8－5）计算：

$$w = w_t \times w_z \quad (8-5)$$

式中 w——食品中反式脂肪酸的质量分数，%；

w_t——脂肪中反式脂肪酸的质量分数，%；

w_z——食品中脂肪的质量分数，%。

计算结果以重复性条件下获得的两次独立测定结果的算术平均值表示，大于 1.0% 的结果保留 3 位有效数字，小于等于 1.0% 的结果保留 2 位有效数字。

在重复性条件下获得的两次独立测定结果的绝对差值不得超过算术平均值的 15%。

本方法的检出限为 0.012%（以脂肪计），定量限为 0.024%。

表 8－3 FID 响应因子和 FID 校准因子

脂肪酸碳原子数	M_X	n_X-1	F_X	f_X
C4:0	102.13	4	2.126	1.51
C6:0	130.19	6	1.807	1.28
C8:0	158.24	8	1.647	1.17
C9:0	172.27	9	1.594	1.13
C10:0	186.30	10	1.551	1.10
C11:0	200.32	11	1.516	1.08
C12:0	214.35	12	1.487	1.06
C13:0	228.37	13	1.463	1.04
C14:0	242.40	14	1.442	1.02
C15:0	256.42	15	1.423	1.01
C16:0	270.46	16	1.407	1.00（参比）
C17:0	284.49	17	1.393	0.99
C18:0	298.52	18	1.381	0.98
C20:0	326.57	20	1.360	0.97
C21:0	340.57	21	1.350	0.96
C22:0	354.62	22	1.342	0.95
C23:0	368.62	23	1.334	0.95

续表

脂肪酸碳原子数	M_X	n_X-1	F_X	f_X
C24:0	382.68	24	1.328	0.94
C14:1	240.40	14	1.430	1.02
C16:1	268.43	16	1.397	0.99
C18:1	296.48	18	1.371	0.97
C20:1	324.53	20	1.351	0.96
C22:1	352.58	22	1.334	0.95
C24:1	380.68	24	1.321	0.94
C18:2	294.46	18	1.302	0.97
C20:2	322.57	20	1.343	0.95
C22:2	350.62	22	1.327	0.94
C18:3	292.15	18	1.333	0.96
C20:3	320.57	20	1.335	0.95
C20:4	318.57	20	1.326	0.94
C20:5	316.57	20	1.318	0.94
C22:6	346.62	22	1.312	0.93

注：M_X为组分 X 脂肪酸甲酯的相对摩尔质量；
n_X为组分 X 脂肪酸甲酯所含碳原子数；
F_X为组分 X 脂肪酸甲酯的 FID 响应因子；
f_X为组分 X 脂肪酸甲酯的校准因子。

（六）原始记录参考样式

原始记录

编号：

第　页

样品名称			检测项目			检验依据		
仪器设备名称和仪器编号		电子天平						
		气相色谱						
色谱柱		检测器		载气种类	N_2	载气流量		氢气流量
检测器温度		气化温度		空气流量		取样量 W	（g）	定容体积 V	（mL）
柱温								
检验项目		组份峰面积 A_2	组份含量（　）		标准值（　）		结　论	
月桂酸 C12:0								
十二碳一烯酸　C12:1								
十四碳以下脂肪酸								
豆蔻酸　C14:0								
棕榈酸　C16:0								

<table>
<tr><td>棕榈一烯酸　C16:1</td><td></td><td></td><td></td><td></td></tr>
<tr><td>十七烷酸　C17:0</td><td></td><td></td><td></td><td></td></tr>
<tr><td>十七碳一烯酸　C17:1</td><td></td><td></td><td></td><td></td></tr>
<tr><td>硬脂酸　C18:0</td><td></td><td></td><td></td><td></td></tr>
<tr><td>油酸　C18:1</td><td></td><td></td><td></td><td></td></tr>
<tr><td>亚油酸　C18:2</td><td></td><td></td><td></td><td></td></tr>
<tr><td>亚麻酸　C18:3</td><td></td><td></td><td></td><td></td></tr>
<tr><td>花生酸　C20:0</td><td></td><td></td><td></td><td></td></tr>
<tr><td>花生一烯酸　C20:1</td><td></td><td></td><td></td><td></td></tr>
<tr><td>花生二烯酸　C20:2</td><td></td><td></td><td></td><td></td></tr>
<tr><td>山嵛酸　C22:0</td><td></td><td></td><td></td><td></td></tr>
<tr><td>芥酸 C22:1</td><td></td><td></td><td></td><td></td></tr>
<tr><td>二十二碳二烯酸 C22:2</td><td></td><td></td><td></td><td></td></tr>
<tr><td>木焦油酸　C24:0</td><td></td><td></td><td></td><td></td></tr>
<tr><td>二十四碳一烯酸 C24:1</td><td></td><td></td><td></td><td></td></tr>
<tr><td>总面积　A_1</td><td colspan="4"></td></tr>
<tr><td>计算公式</td><td colspan="4">$X = A_2/A_1 \times 100$</td></tr>
<tr><td>备注</td><td colspan="4"></td></tr>
</table>

<table>
<tr><td>校核</td><td></td><td>检验</td><td></td><td>检验日期</td><td></td></tr>
</table>

第三节　裱花蛋糕中食品添加剂的检验

一、裱花蛋糕中山梨酸的测定

按第四章第四节面包中山梨酸的测定进行操作。

二、裱花蛋糕中苯甲酸的测定

按第四章第四节面包中苯甲酸的测定进行操作。

三、裱花蛋糕中糖精钠的测定

按第四章第四节面包中糖精钠的测定进行操作。

四、裱花蛋糕中脱氢乙酸的测定

按第七章第三节月饼中脱氢乙酸的测定方法进行操作。

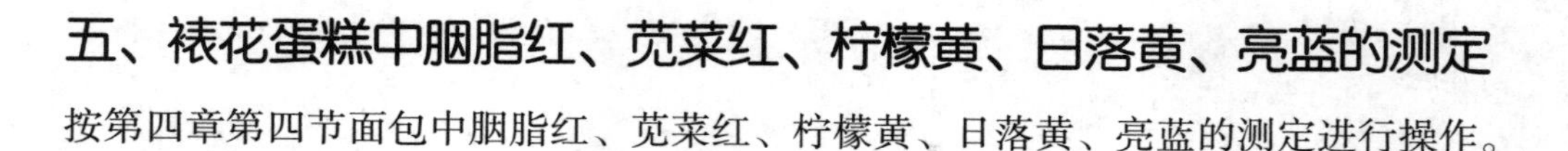

五、裱花蛋糕中胭脂红、苋菜红、柠檬黄、日落黄、亮蓝的测定

按第四章第四节面包中胭脂红、苋菜红、柠檬黄、日落黄、亮蓝的测定进行操作。

第四节　裱花蛋糕的微生物检验

一、菌落总数

用灭菌镊子夹下包装纸，采取奶花及糕点部分各一半共25g，加入225mL灭菌生理盐水中，制成混悬液，按第二章第五节焙烤食品中菌落总数的测定进行操作。

二、大肠菌群

用灭菌镊子夹下包装纸，采取奶花及糕点部分各一半共25g，加入225mL灭菌生理盐水中，制成混悬液，按第二章第五节焙烤食品中大肠菌群的测定进行操作。

三、霉菌计数

用灭菌镊子夹下包装纸，采取奶花及糕点部分各一半共25g，加入225mL灭菌生理盐水中，制成混悬液，按第二章第五节焙烤食品中霉菌和酵母菌的检验方法进行操作。

四、致病菌（沙门氏菌、金黄色葡萄球菌）

用灭菌镊子夹下包装纸，采取奶花及糕点部分各一半共25g，按第二章第五节焙烤食品中病原菌相关检验方法进行操作。

第九章　焙烤食品馅料检验

第一节　食品馅料的感官检验

食品馅料是以植物的果实或块茎、畜禽肉制品、水产制品等为原料，加糖或不加糖，添加或不添加其他辅料，经加热、杀菌、包装的产品。其中，焙烤食品用馅料主要用于制作糕点、面包、月饼等焙烤食品。

食品馅料的感官要求，主要是以下几个方面，即组织形态、色泽、滋味与口感、杂质。检验时，将样品放置于一洁净、干燥的白瓷盘中，用目测检查组织形态、色泽；用餐刀按四分法则切开，观察杂质；然后品尝滋味与口感，并按表 9－1 作出评价。

表 9－1　食品馅料感官要求

项目	要求
组织形态	组织细腻、油润
色泽	正常
滋味与口感	口感好、无异味
杂质	正常视力无可见杂质

第二节　食品馅料的理化检验

一、干燥失重测定

按第三章第一节小麦粉中水分的测定进行操作。

二、脂肪的测定

按第七章第二节月饼中脂肪的测定进行操作。

三、总糖的测定

按第五章第二节糕点中总糖的测定进行操作。

四、酸价、过氧化值测定

（一）过氧化值

按第三章第五节肉制品中过氧化值的测定进行操作。

（二）酸价

先将样品切割或分割小片或小块，再将其放入研钵中，然后不断研磨，使样品充分的捣碎、捣烂和混合。也可使用食品捣碎机将样品捣碎、捣烂和混合。

再按第三章第五节肉制品中酸价的测定进行操作。

五、铅的测定

按第三章第一节小麦粉中铅的测定进行操作。

第三节 食品馅料中食品添加剂的检验

一、食品馅料中丙酸钙（钠）的测定

按第四章第四节面包中丙酸钙（钠）的测定进行操作。

二、食品馅料中甜蜜素的测定

按第三章第十一节蜜饯中甜蜜素的测定进行操作。

三、食品馅料中山梨酸的测定

按第四章第四节面包中山梨酸的测定进行操作。

四、食品馅料中苯甲酸的测定

按第四章第四节面包中苯甲酸的测定进行操作。

五、食品馅料中糖精钠的测定

按第四章第四节面包中糖精钠的测定进行操作。

六、食品馅料中胭脂红、苋菜红、柠檬黄、日落黄、亮蓝的测定

按第四章第四节面包中胭脂红、苋菜红、柠檬黄、日落黄、亮蓝的测定进行操作。

第四节 食品馅料的微生物检验

一、菌落总数

如为原包装，用灭菌镊子夹下包装纸，采取外部及中心部位25g，加入225mL灭菌生理盐水中，制成混悬液；按第二章第五节焙烤食品中菌落总数的测定进行操作。

二、大肠菌群

如为原包装，用灭菌镊子夹下包装纸，采取外部及中心部位25g，加入225mL灭菌生理盐水中，制成混悬液；按第二章第五节焙烤食品中大肠菌群的测定进行操作。

三、霉菌计数

如为原包装，用灭菌镊子夹下包装纸，采取外部及中心部位25g，加入225mL灭菌生理盐水中，制成混悬液；按第二章第五节焙烤食品中霉菌和酵母菌的检验方法进行操作。

四、致病菌（沙门氏菌、金黄色葡萄球菌）

如为原包装，用灭菌镊子夹下包装纸，采取外部及中心部位25g，按第二章第五节焙烤食品中病原菌检验相关方法进行操作。

第十章　蛋类芯饼（蛋黄派）成品检验

第一节　蛋类芯饼（蛋黄派）的感官检验

蛋类芯饼是以小麦粉、鸡蛋、糖等为主要原料，添加油脂、乳化剂等辅料，经搅打充气（或不充气）、挤浆（或注模）等工序加工而成的糕点，俗称蛋黄派。蛋类芯饼按其加工方式和工艺的不同分为三大类：夹心蛋类芯饼（俗称夹心蛋黄派）、注心蛋类芯饼（俗称注心蛋黄派）和涂饰蛋类芯饼（俗称涂饰蛋黄派）。

蛋类芯饼的感官要求，主要是以下几个方面，即形态、色泽、组织、滋味与口感、杂质。检验时，将样品放置于一洁净、干燥的白瓷盘中，用目测检查形态、色泽；用餐刀按四分法则切开，观察组织、杂质；然后品尝滋味与口感，并按表 10－1 作出评价。

表 10－1　蛋类芯饼的感官要求

项目	要求		
	夹心蛋类芯饼	注心蛋类芯饼	涂饰蛋类芯饼
形态	产品由上下两片糕坯，中间夹心合成。糕坯片为拱圆形或其他整齐的形状，边缘对接整齐，外形完整，无明显变形、收缩和明显焦泡点，夹心无明显外溢	产品外形完整，边缘整齐，表面拱顶，无塌陷，无明显焦泡和化裂，表面或底面或侧面允许留有注心后的针孔，底面平整，无破损。注心无明显外溢	产品外形完整，边缘整齐，外形与涂饰前的夹心或注心蛋类芯饼相仿。涂层均匀，糕坯无明显露出（半涂层、裱花除外）
色泽	外表面呈淡谷黄色或该品种应有的颜色，色泽基本均匀，不生不焦。糕坯断面为淡黄色或该品种应有的颜色，夹心呈该品种应有的色泽。保质期内允许糕坯表面有糖的重结晶	外表面呈黄色至淡谷黄色或该品种应有的颜色，色泽基本均匀，不生不焦，糕坯断面为淡黄色或该品种应有的颜色，注心呈该品种应有的色泽。保质期内允许糕坯表面有糖的重结晶	外表面呈巧克力或该制品应有的色泽，色泽基本均匀。黑巧克力及其制品表面无发花发白现象
组织	糕坯细腻松软，有弹性，断面呈海绵状组织，气孔均匀无明显大气孔，糕坯与夹心层次分明，夹心结构均匀、不僵硬	细腻松软，有弹性，糕坯断面呈海绵状组织，气孔均匀且无明显大气孔。注心在糕坯中央，结构均匀、不僵硬	涂层组织均匀无空洞，与糕坯搭配硬脆度适中；糕坯组织均匀且无明显大气孔；馅料结构均匀、不僵硬

续表

项目	要求		
	夹心蛋类芯饼	注心蛋类芯饼	涂饰蛋类芯饼
滋味与口感	符合该品种特有的风味和滋味，无异味。口感松软滋润，夹心口感细腻润滑，无明显砂粒感	符合该品种特有的风味和滋味，无异味。口感松软滋润，注心口感细腻润滑，无明显砂粒感	具有巧克力的风味或该制品应有的滋味，无异味；涂层及馅料口感细腻润滑，无明显砂粒感
杂质	食品内外不得有霉变、虫害及其他肉眼可见外来污染物		

第二节　蛋类芯饼的理化检验

一、水分的测定

按第三章第一节小麦粉中水分测定方法进行操作。

二、蛋白质含量的测定

按第三章第四节乳和乳制品中蛋白质的测定方法进行操作。

三、酸价、过氧化值的测定

按第三章第二节大豆油中酸价、过氧化值的测定方法进行操作。

四、铅的测定

按第三章第一节小麦粉中铅的测定进行操作。

五、铝的测定

按第四章第三节面包中铝的测定进行操作。

第三节　蛋类芯饼中食品添加剂的检验

一、蛋类芯饼中山梨酸的测定

按第四章第四节面包中山梨酸的测定方法进行操作。

二、蛋类芯饼中苯甲酸的测定

按第四章第四节面包中苯甲酸的测定方法进行操作。

三、蛋类芯饼中糖精钠的测定

按第四章第四节面包中糖精钠的测定方法进行操作。

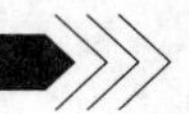

四、蛋类芯饼中脱氢乙酸的测定

按第七章第三节月饼中脱氢乙酸的测定方法进行操作。

五、蛋类芯饼中胭脂红、苋菜红、柠檬黄、日落黄、亮蓝的测定

按第四章第四节面包中胭脂红、苋菜红、柠檬黄、日落黄、亮蓝的测定方法进行操作。

第四节　蛋类芯饼的微生物检验

一、菌落总数

用灭菌镊子夹下包装纸，取外皮及内馅25g，加入225mL灭菌生理盐水中，制成混悬液，按第二章第五节菌落总数的测定方法进行操作。

二、大肠菌群

用灭菌镊子夹下包装纸，取外皮及内馅25g，加入225mL灭菌生理盐水中，制成混悬液，按第二章第五节大肠菌群的测定方法进行操作。

三、霉菌计数

用灭菌镊子夹下包装纸，取外皮及内馅25g，加入225mL灭菌生理盐水中，制成混悬液，按第二章第五节焙烤食品中霉菌和酵母菌的检验方法进行操作。

四、致病菌（沙门氏菌、金黄色葡萄球菌）

用灭菌镊子夹下包装纸，取外皮及内馅25g，按第二章第五节焙烤食品的病原菌检验相关方法进行操作。

第十一章 焙烤食品标签检验

第一节 食品标签的法律要求

什么是食品标签？GB 7718—2011《食品安全国家标准 预包装食品标签通则》中这样定义：食品标签是预包装食品容器上的文字、图形、符号以及一切说明物。凡在市场上销售给最终消费者的本国生产和进口的预包装食品，都应具有食品标签。

食品标签作为沟通食品生产者、销售者和消费者的一种信息传播手段，能够使消费者通过食品标签标注的内容来识别食品，保护自我安全卫生和指导自己的消费。根据食品标签上提供的专门信息，有关行政管理部门可以据此确认该食品是否符合有关法律、法规的要求，保护广大消费者的健康和利益，维护食品生产者、经销者的合法权益，保障正当竞争的促销手段。

一、主要法律

2009 年 6 月开始实施的《中华人民共和国食品安全法》第二十条规定“食品安全标准应当包括对与食品安全、营养有关的标签、标识、说明书的要求”，第四十二条规定了预包装食品标签应当标明的内容，2015 年 10 月开始实施的《中华人民共和国食品安全法》（修订版）对预包装食品标签要求延续 2009 年 6 月实施的《中华人民共和国食品安全法》，其中第六十七条“预包装食品的包装上应当有标签。标签应当标明下列事项：（一）名称、规格、净含量、生产日期；（二）成分或者配料表；（三）生产者的名称、地址、联系方式；（四）保质期；（五）产品标准代号；（六）贮存条件；（七）所使用的食品添加剂在国家标准中的通用名称；（八）生产许可证编号；（九）法律、法规或者食品安全标准规定必须标明的其他事项。专供婴幼儿和其他特定人群的主辅食品，其标签还应当标明主要营养成分及其含量。食品安全国家标准对标签标注事项另有规定的，从其规定。”

二、我国主要技术法规和强制性标准

目前，我国与食品标签相关的技术法规和强制性标准主要有：GB 7718—2011《食品安全国家标准 预包装食品标签通则》及其问答；GB 28050—2011《食品安全国家标准 预包装食品营养标签通则》及其问答；GB 13432—2013《食品安全国家标准 预包装特殊膳食用食品标签》及其问答。

三、其他

此外，我国还实行食品生产许可管理制度。我国现已形成一套食品标签法律、法规与标准体系，它比较有效地保证了食品标签法制化监督管理工作的进行，对于规范市场、保护消费者和生产及经营者权益，引导食品标签科学化、标准化，建立科学的食品标签全民意识，都起到了巨大作用。

第二节　焙烤食品标签标示的判定

本节以《中华人民共和国食品安全法》、国家强制性标准 GB 7718—2011《食品安全国家标准　预包装食品标签通则》及其问答、GB 28050—2011《食品安全国家标准　预包装食品营养标签通则》及其问答、GB 13432—2013《食品安全国家标准　预包装特殊膳食用食品标签》及其问答等为基础讲述焙烤食品标签标示的相关内容。

一、焙烤食品标签的内容

（一）标准适用范围

普通食品类别的焙烤食品标签内容按照 GB 7718—2011《食品安全国家标准　预包装食品标签通则》的要求标示，预包装食品指“预先定量包装或者制作在包装材料和容器中的食品，包括预先定量包装以及预先定量制作在包装材料和容器中并且在一定量限范围内具有统一的质量或体积标识的食品”。预包装食品首先应当预先包装，此外包装上要有统一的质量或体积的标示。运输过程中提供保护的输运包装标签、散装计量称重产品、现制现售食品标签不属于预包装食品，这些产品标签可以参照 GB 7718—2011 的要求标示标签。

（二）食品标签标示要求

1. 基本要求

食品标签应符合法律、法规的规定，并符合相应食品安全标准的规定。标示内容应清晰、醒目、持久，应使消费者购买时易于辨认和识读，通俗易懂、有科学依据，不得标示封建迷信、色情、贬低其他食品或违背营养科学常识的内容。应真实、准确，不得以虚假、夸大、使消费者误解或欺骗性的文字、图形等方式介绍食品，也不得利用字号大小或色差误导消费者。不应直接或以暗示性的语言、图形、符号，误导消费者将购买的食品或食品的某一性质与另一产品混淆。不应标注或者暗示具有预防、治疗疾病作用的内容，非保健食品不得明示或者暗示具有保健作用。应使用规范的汉字（商标除外），可以同时使用拼音、少数民族文字或外文，但应与中文有对应关系（商标、进口食品的制造者和地址、国外经销者的名称和地址、网址除外），所有拼音、少数民族文字或外文不得大于相应的汉字（商标除外）。预包装食品包装物或包装容器最大表面面积大于35cm^2时，强制标示内容的文字、符号、数字的高度不得小于1.8mm。一个销售单元的包装中含有不同品种、多个独立包装可单独销售的食品，每件独立包装的食品标识应当分别标注。若外包装易于开启识别或透过外包装物能清晰地识别内包装物（容器）上的所有强制标示内容或部分强制标示内容，可不在外包装物上重复标示相应的内容；否则应在外包装物上按要求标示所有强制标示内容。

2. 强制标示内容

（1）食品名称

食品名称是食品的名字，一方面食品名称一定要反映食品的真实属性，通过食品名称，消费者能够了解食品的真实属性，不会产生误解；另一方面食品名称一定要与食品的其他要素相一致。GB 7718—2011 对食品名称的规定重点强调食品名称要反映食品的真实属性。所谓“真实属性”即食品本身固有的性质、特性、特征。反映食品真实属性的专用名称通常是指：国家标准、行业标准、地方标准中规定的食品名称，若上述名称有多个时，可选择其中的任意一个，或不引起歧义的等效的名称；在没有标准规定的情况下，应使用能够帮助消费者理解食品真实属性的常用名称或通俗名称。如：面包、夹心饼干、蛋黄肉粽、凤梨馅料等都是反映产品真实属性的食品名称。

（2）配料表

1）预包装食品的标签上应标示配料表，单一成分的食品也要标示配料表，并以“配料”或“配料表”为引导词。配料表中的各种配料应按食品名称的要求标示具体名称。各种配料应按制造或加工食品时加入量的递减顺序一一排列，加入量不超过2%的配料可以不按递减顺序排列。

2）复合配料的标示方法。

①如果直接加入食品中的复合配料已有国家标准、行业标准或地方标准，并且其加入量小于食品总量的25%，则不需要标示复合配料的原始配料，只需标示复合配料的名称。如：加入量小于25%的酱油、食醋等。

②如果直接加入食品中的复合配料没有国家标准、行业标准或地方标准，或者该复合配料已有国家标准、行业标准或地方标准但加入量大于食品总量的25%，则应在配料表中标示复合配料的名称，并在其后加括号，按加入量的递减顺序一一标示复合配料的原始配料，其中加入量不超过食品总量2%的配料可以不按递减顺序排列。

3）食品添加剂的标示方法。应标示食品添加剂在GB 2760 中的通用名称。

①按加入量递减全部标示食品添加剂的具体名称。

②按加入量递减标示功能类别名称＋国际编码。

③按加入量递减标示功能类别名称＋具体名称。

配料表应当如实标示产品所使用的食品添加剂，但不强制要求建立“食品添加剂

项”。食品生产经营企业应选择上述任意一种形式标示。如食品添加剂“柠檬黄”，可以选择标示：A. 柠檬黄；B. 着色剂：102（102为柠檬黄的国际编码）；C. 着色剂（柠檬黄），但是不能只标“着色剂”。同时，预包装食品中食品添加剂的使用范围和使用量应当按照国家标准的规定执行，即应符合GB 2760中各类产品可以使用的食品添加剂。此外加工助剂、酶制剂（最终产品中失去活力）不需要在标签中标示具体名称。

4）在食品制造或加工过程中，加入的水应在配料表中标示。可食用的包装物也应在配料表中标示原始配料，国家另有法律法规规定的除外。

5）植物油或精炼植物油、淀粉、香辛料、胶基糖果的各种胶基物质、食用香精香料、添加量不超过10%的果脯蜜饯水果可以直接标示，不用标示具体名称。

表11-1 举例

品名	奶香面包（热加工）
净含量	80克
主要成分	小麦粉、水、白砂糖、乳清粉、人造奶油、鸡蛋全蛋液、葡萄糖浆、酵母、食用盐、食品添加剂［面包改良剂、乳化剂］、食用香精
生产许可证号	SC＊＊＊＊＊＊＊＊
产品标准代码	GB/T 20981
产地	上海市嘉定区
生产日期	2017年03月13日
保质期	12个月
储存条件	请置于干燥凉爽处、避免阳光直射。开袋后请即食用，以免受潮。
生产商	上海××食品有限公司
地址	上海市嘉定区××镇××路××号
联系方式	021-××××××××

营养成分表

项目	每100克	营养素参考值%
能量	1522千焦	18%
蛋白质	10.2克	17%
脂肪	27.5克	46%
——反式脂肪酸	0克	
碳水化合物	41.1克	14%
钠	552毫克	28%

在表11-1的示例中，配料表引导词使用了“主要成分”，未按标准要求标示配料表的标题名称，正确的引导词应为“配料”或“配料表”。食品添加剂名称（面包改良剂、乳化剂）标示不规范，应标示食品添加剂在GB 2760中的通用名称（三种形式

可以选择)。

(3) 配料的定量标示

1) 如果在食品标签或食品说明书上特别强调添加了或含有一种或多种有价值、有特性的配料或成分，应标示所强调配料或成分的添加量或在成品中的含量。

2) 如果在食品的标签上特别强调一种或多种配料或成分的含量较低或无时，应标示其在成品中的含量。

关于不要求定量标示配料或成分的情形：只在食品名称中出于反映食品真实属性需要，提及某种配料或成分而未在标签上特别强调时，不需要标示该种配料或成分的添加量或在成品中的含量。只强调食品的口味时也不需要定量标示。如牛奶味 * *。

(4) 净含量和规格

1) 净含量的标示应由净含量、数字和法定计量单位组成。

2) 使用法定计量单位（表 11 –2)。

表 11 –2　法定计量单位

计量方式	净含量（Q）的范围	计量单位
体积	Q < 1000mL	毫升（mL)（mL)
	Q≥1000mL	升（L)（1)
质量	Q < 1000g	克（g)
	Q≥1000g	千克（kg)

3) 净含量字符的最小高度如表 11 –3 所示。

表 11 –3　净含量字符要求

净含量（Q）的范围	字符的最小高度/mm
Q≤50mL；Q≤50g	2
50mL < Q≤200mL；50g < Q≤200g	3
200mL < Q≤1L；200g < Q≤1kg	4
Q > 1kg；Q > 1L	6

4) 净含量应与食品名称在包装物或容器的同一展示版面标示。容器中含有固、液两相物质的食品，且固相物质为主要食品配料时，除标示净含量外，还应以质量或质量分数的形式标示沥干物（固形物）的含量。同一预包装内含有多个单件预包装食品时，大包装在标示净含量的同时还应标示规格。规格的标示应由单件预包装食品净含量和件数组成，或只标示件数，可不标示“规格”二字。单件预包装食品的规格即指净含量。

举例：净含量 2500g，0. 250kg，2 公斤，4700mL 均为错误。

对应正确的标注方式如下。

2.5kg（质量≥1000g，应当使用的计量单位是千克或 kg）。

250g（质量 <1000g，应当使用的计量单位是克或 g）。

2 千克（应使用法定计量单位千克或 kg）。

4.7L（体积≥1000mL，应当使用的计量单位是升或 L）。

（5）生产者、经销者的名称、地址和联系方式

1）应当标注生产者的名称、地址和联系方式。生产者名称和地址应当是依法登记注册、能够承担产品安全质量责任的生产者的名称、地址。有下列情形之一的，应按下列要求予以标示。

①依法独立承担法律责任的集团公司、集团公司的子公司，应标示各自的名称和地址。

②不能依法独立承担法律责任的集团公司的分公司或集团公司的生产基地，应标示集团公司和分公司（生产基地）的名称、地址；或仅标示集团公司的名称、地址及产地，产地应当按照行政区划标注到地市级地域。

③受其他单位委托加工预包装食品的，应标示委托单位和受委托单位的名称和地址；或仅标示委托单位的名称和地址及产地，产地应当按照行政区划标注到地市级地域。

2）依法承担法律责任的生产者或经销者的联系方式应标示以下至少一项内容：电话、传真、网络联系方式等，或与地址一并标示的邮政地址。

3）进口预包装食品应标示原产国国名或地区区名，以及在中国依法登记注册的代理商、进口商或经销者的名称、地址和联系方式，可不标示生产者的名称、地址和联系方式。

（6）日期标示和贮存条件

1）应清晰标示预包装食品的生产日期和保质期。如日期标示采用“见包装物某部位”的形式，应标示所在包装物的具体部位。日期标示不得另外加贴、补印或篡改。应按年、月、日的顺序标示日期，如果不按此顺序标示，应注明日期标示顺序。

2）当同一预包装内含有多个标示了生产日期及保质期的单件预包装食品时，外包装上标示的保质期应按最早到期的单件食品的保质期计算。外包装上标示的生产日期应为最早生产的单件食品的生产日期，或外包装形成销售单元的日期；也可在外包装上分别标示各单件装食品的生产日期和保质期。

3）预包装食品标签应标示贮存条件。

（7）食品生产许可证编号

应标示食品生产许可证编号（即 SC 证号）。

（8）产品标准代号

在国内生产并在国内销售的预包装食品（不包括进口预包装食品）应标示产品所

执行的标准代号和顺序号。产品标准可以是食品安全国家标准、食品安全地方标准、食品安全企业标准或其他国家标准、行业标准、地方标准和企业标准。

"标准代号"指"GB 7099—2015《食品安全国家标准 糕点、面包》"、"SB/T 10377—2004《行业标准 粽子》"中的"GB""SB/T ";"顺序号"指"7099"、"10377";"年代号""2015"、"2004"可以不标示。

(9) 其他标示内容

1) 辐照食品。

①经电离辐射线或电离能量处理过的食品，应在食品名称附近标示"辐照食品"。

②经电离辐射线或电离能量处理过的任何配料，应在配料表中标明。

2) 转基因食品　转基因食品的标示应符合相关法律、法规的规定。如转基因大豆等。

3) 营养标签。

①特殊膳食类食品和专供婴幼儿的主辅类食品，应当标示主要营养成分及其含量，标示方式按照 GB 13432 执行。

②其他预包装食品营养标签标示方式按照 GB 28050 标准执行。关于营养标签的具体内容在下一小节单独介绍。

4) 质量（品质）等级　食品所执行的相应产品标准已明确规定质量（品质）等级的，应标示质量（品质）等级。

3. 非直接提供给消费者的预包装食品标签标示内容

"非直接"是指：生产者提供给其他食品生产者的预包装食品；生产者提供给餐饮业作为原料、辅料使用的预包装食品；进口商经营的此类进口预包装食品也应按照上述规定执行。

非直接提供给消费者的预包装食品标签应按照强制标示内容相应要求标示食品名称、规格、净含量、生产日期、保质期和贮存条件，其他内容如未在标签上标注，则应在说明书或合同中注明。

4. 强制标示内容的豁免

当预包装食品包装物或包装容器的最大表面面积小于 $10cm^2$ 时，可以只标示产品名称、净含量、生产者（或经销商）的名称和地址。

二、焙烤食品营养标签标示

（一）营养标签总体情况

1. 营养标签概述

食品营养标签是向消费者提供食品营养信息和特性的说明，也是消费者直观了

解食品营养组分、特征的有效方式。2009 年 6 月实施的《中华人民共和国食品安全法》第二十条规定“食品安全标准应当包括对与食品安全、营养有关的标签、标识、说明书的要求”，2015 年 10 月实施的《中华人民共和国食品安全法（修订版）》第二十六条“对与卫生、营养等食品安全要求有关的标签、标志、说明书的要求”。《GB 28050—2011 食品安全国家标准 预包装食品营养标签通则》于 2011 年 10 月 12 日发布，并于 2013 年 1 月 1 日开始实施，适用于预先定量包装、直接提供给消费者的食品包装上向消费者提供食品营养信息和特征性的说明，食品营养标签包括营养成分表、营养声称和营养成分功能声称。营养标签是预包装食品标签的一部分。

强制标示营养标签的目的：帮助了解食品营养特点；提供选购食品指南；膳食平衡参考；营养健康知识的来源；引导企业生产更多符合营养要求的食品。

2. 世界各国、地区食品营养标签情况

美国是对食品标签要求极为严格并且管理完善的国家，其在 1994 年强制要求标示营养标签，内容为能量 + 14 项核心营养素，1 + 14（能量、由脂肪提供的能量百分比、脂肪、饱和脂肪、胆固醇、总碳水化合物、糖、膳食纤维、蛋白质、维生素 A、维生素 C、钠、钙、铁、反式脂肪酸）；加拿大 2003 年开始强制标示营养标签，内容为 1 + 13（能量、脂肪、饱和脂肪、反式脂肪（同时标出饱和脂肪与反式脂肪之和）、胆固醇、钠、总碳水化合物、膳食纤维、糖、蛋白质、维生素 A、维生素 C、钙、铁）。

3. GB 28050—2011 的适用范围

GB 28050—2011 适用于直接提供消费者的普通预包装食品的营养标签。预包装食品是预先有一定质量或体积的包装好的食品，散装称重、计量称重的食品不属于 GB 28050—2011 的适用范围。普通食品不包括特殊膳食用食品和保健食品，特殊膳食用食品指为满足特定人群的生理需要，按特殊配方专门加工的食品，其营养成分和含量与普通食品有明显区别，包括婴幼儿食品等。GB 7718—2011《食品安全国家标准 预包装食品标签通则》中首次提出“非直接提供消费者的预包装食品”的概念，即提供给餐饮企业或其他食品企业进行再加工的半成品或食品原料，非直接提供消费者的预包装食品的营养成分，可以参照此标准执行，但不是强制标示在标签上。

（二）食品营养标签标示要求

1. 基本要求

一切标示的准则要求标示内容真实、客观、使用中文，并且营养成分表应以方框表形式展现（特殊情况除外），表题为“营养成分表”。成分含量应标示具体数值，不能使用范围标示，如：“≥XX，≤XX，XX—XX”。营养标签要标示在向消费者提供的最小销售单元包装上。

2. 强制标示内容

（1）1 +4，必须标

即能量和蛋白质、脂肪、碳水化合物、钠四项核心营养素必须标示含量和 NRV%，并且在同时标示其他营养成分时，1 +4 应更显著。

（2）声称时，要标注

若标签进行任何形式的声称，包括营养素含量声称、比较声称、功能声称要标注声称营养成分的含量和 NRV%。

（3）若强化，须标注

若使用营养强化剂，要标注强化的营养成分的含量和 NRV%，其中食品营养强化剂的使用范围和使用量要符合 GB 14880—2012《食品安全国家标准 食品营养强化剂使用标准》中的规定，但 GB 14880 中的限量指标是规定该强化剂的使用量，由于食品本底中营养成分含量不确定，营养成分表中标注的是该强化的营养成分在食物中的含量。当营养强化剂又是食品添加剂时，如仅作为食品添加剂，在食物成品中不起到强化作用时，可以不标示。

（4）用反式，标反式

反式脂肪酸是油脂加工过程中产生的含 1 个或 1 个以上非共轭反式双键的不饱和脂肪酸的总和，不包括天然反式脂肪酸。在食品配料中含有或生产过程中使用了氢化和部分氢化油脂，如人造奶油、起酥油、代可可脂（未使用氢化油的除外）、植脂末等，应标示反式脂肪（酸）的含量。

3. 营养声称和营养成分功能声称

一切形式的营养声称都属于营养标签的一部分，根据声称方式不同分为含量声称和比较声称。声称的能量和营养成分要求、条件和同义语在 GB 28050 附录 C 中有明确的规定，必须满足附录 C（表 11 -4、表 11 -5）的要求才可以进行营养声称。如满足了营养声称的条件后，还可以根据 GB 28050 中附录 D 进行能量和营养成分功能声称，即使用营养成分功能声称标准用语，不可以对标准用语进行任何形式的删改、添加和合并，更不能任意编写。

表 11 -4 能量和营养成分含量声称的要求和条件

项目	含量声称方式	含量要求 a	限制性条件
能量	无能量	≤17kJ/100g（固体）或 100mL（液体）	其中脂肪提供的能量≤总能量的 50%
	低能量	≤170kJ/100g 固体≤80kJ/100mL 液体	

续表

项目	含量声称方式	含量要求 a	限制性条件
蛋白质	低蛋白质	来自蛋白质的能量≤总能量的 5%	总能量指每 100g/mL 或每份
	蛋白质来源，或含有蛋白质	每 100g 的含量≥10% NRV 每 100mL 的含量≥5% NRV 每 420kJ 的含量≥5% NRV	
	高，或富含蛋白质	每 100g 的含量≥20% NRV 每 100mL 的含量≥10% NRV 每 420kJ 的含量≥10% NRV	
脂肪	无或不含脂肪	≤0.5g/100g（固体）或 100mL（液体）	
	低脂肪	≤3g/100g 固体；≤1.5g/100mL 液体	
	瘦	脂肪含量≤10%	仅指畜肉类和禽肉类
	脱脂	液态奶和酸奶：脂肪含量≤0.5% 乳粉：脂肪含量≤1.5%	仅指乳品类
	无或不含饱和脂肪	≤0.1g/100g（固体）或 100mL（液体）	指饱和脂肪及反式脂肪的总和
	低饱和脂肪	≤1.5g/100g 固体 ≤0.75g/100mL 液体	1. 指饱和脂肪及反式脂肪的总和 2. 其提供的能量占食品总能量的 10% 以下
	无或不含反式脂肪酸	≤0.3g/100g（固体）或 100mL（液体）	
胆固醇	无或不含胆固醇	≤5mg/100g（固体）或 100mL（液体）	应同时符合低饱和脂肪的声称含量要求和限制性条件
	低胆固醇	≤20mg/100g 固体 ≤10mg/100mL 液体	
碳水化合物（糖）	无或不含糖	≤0.5g/100g（固体）或 100mL（液体）	
	低糖	≤5g/100g（固体）或 100mL（液体）	
	低乳糖	乳糖含量≤2g/100g（mL）	仅指乳品类
	无乳糖	乳糖含量≤0.5g/100g（mL）	
膳食纤维	膳食纤维来源或含有膳食纤维	≥3g/100g（固体） ≥1.5g/100mL（液体） ≥1.5g/420kJ	膳食纤维总量符合其含量要求；或者可溶性膳食纤维、不溶性膳食纤维或单体成分任一项符合含量要求
	高或富含膳食纤维或良好来源	≥6g/100g（固体） ≥3g/100mL（液体） ≥3g/420kJ	
钠	无或不含钠	≤5mg/100g 或 100mL	符合"钠"声称的声称时，也可用"盐"字代替"钠"字，如"低盐"、"减少盐"等
	极低钠	≤40mg/100g 或 100mL	
	低钠	≤120mg/100g 或 100mL	

续表

项目	含量声称方式	含量要求 a	限制性条件
维生素	维生素×来源或含有维生素×	每100g中≥15%NRV 每100mL中≥7.5%NRV 每420kJ中≥5%NRV	含有"多种维生素"指3种和(或)3种以上维生素含量符合"含有"的声称要求
	高或富含维生素×	每100g中≥30%NRV 每100mL中≥15%NRV 每420kJ中≥10%NRV	富含"多种维生素"指3种和(或)3种以上维生素含量符合"富含"的声称要求
矿物质(不包括钠)	×来源，或含有×	每100g中≥15%NRV 每100mL中≥7.5%NRV 每420kJ中≥5%NRV	含有"多种矿物质"指3种和(或)3种以上矿物质含量符合"含有"的声称要求
	高，或富含×	每100g中≥30%NRV 每100mL中≥15%NRV 每420kJ中≥10%NRV	富含"多种矿物质"指3种和(或)3种以上矿物质含量符合"富含"的声称要求

表11-5　能量和营养成分比较声称的要求和条件

比较声称方式	要求	条件
减少能量	与参考食品比较，能量值减少25%以上	参考食品(基准食品)应为消费者熟知、容易理解的同类或同一属类食品
增加或减少蛋白质	与参考食品比较，蛋白质含量增加或减少25%以上	
减少脂肪	与参考食品比较，脂肪含量减少25%以上	
减少胆固醇	与参考食品比较，胆固醇含量减少25%以上	
增加或减少碳水化合物	与参考食品比较，碳水化合物含量增加或减少25%以上	
减少糖	与参考食品比较，糖含量减少25%以上	
增加或减少膳食纤维	与参考食品比较，膳食纤维含量增加或减少25%以上	
减少钠	与参考食品比较，钠含量减少25%以上	
增加或减少矿物质(不包括钠)	与参考食品比较，矿物质含量增加或减少25%以上	
增加或减少维生素	与参考食品比较，维生素含量增加或减少25%以上	

4. 营养成分的表达方式

GB 28050中表1(表11-6)对能量和一些重要的营养成分名称、顺序、标示单位、修约间隔和"0"界限值做了详细明确的规定，即标签中所标示的一切营养信息都应对照标准中进行标示，含量在"0"界限值以下的都标示"0"，不再标示具体数值。表中没有规定的其他营养成分，排列在表中所列营养素之后。

表11-6　能量和营养成分名称、顺序、表达单位、修约间隔和"0"界限值

能量和营养成分的名称和顺序	表达单位[a]	修约间隔	"0"界限值(每100g或100mL)[b]
能量	千焦(kJ)	1	≤17 kJ
蛋白质	克(g)	0.1	≤0.5g
脂肪	克(g)	0.1	≤0.5g

续表

能量和营养成分的名称和顺序	表达单位[a]	修约间隔	"0"界限值（每100g或100mL）[b]
饱和脂肪（酸）	克（g）	0.1	≤0.1g
反式脂肪（酸）	克（g）	0.1	≤0.3g
单不饱和脂肪（酸）	克（g）	0.1	≤0.1g
多不饱和脂肪（酸）	克（g）	0.1	≤0.1g
胆固醇	毫克（mg）	1	≤5mg
碳水化合物	克（g）	0.1	≤0.5g
糖（乳糖[c]）	克（g）	0.1	≤0.5g
膳食纤维（或单体成分，或可溶性、不可溶性膳食纤维）	克（g）	0.1	≤0.5g
钠	毫克（mg）	1	≤5mg
维生素A	微克视黄醇当量（μg RE）	1	≤8μg RE
维生素D	微克（μg）	0.1	≤0.1μg
维生素E	毫克α-生育酚当量（mg α-TE）	0.01	≤0.28mg α-TE
维生素K	微克（μg）	0.1	≤1.6μg
维生素B1（硫胺素）	毫克（mg）	0.01	≤0.03mg
维生素B2（核黄素）	毫克（mg）	0.01	≤0.03mg
维生素B6	毫克（mg）	0.01	≤0.03mg
维生素B12	微克（μg）	0.01	≤0.05μg
维生素C（抗坏血酸）	毫克（mg）	0.1	≤2.0mg
烟酸（烟酰胺）	毫克（mg）	0.01	≤0.28mg
叶酸	微克（μg）或微克叶酸当量（μg DFE）	1	≤8μg
泛酸	毫克（mg）	0.01	≤0.10mg
生物素	微克（μg）	0.1	≤0.6μg
胆碱	毫克（mg）	0.1	≤9.0mg
磷	毫克（mg）	1	≤14mg
钾	毫克（mg）	1	≤20mg
镁	毫克（mg）	1	≤6mg
钙	毫克（mg）	1	≤8mg
铁	毫克（mg）	0.1	≤0.3mg
锌	毫克（mg）	0.01	≤0.30mg
碘	微克（μg）	0.1	≤3.0μg
硒	微克（μg）	0.1	≤1.0μg
铜	毫克（mg）	0.01	≤0.03mg

续表

能量和营养成分的名称和顺序	表达单位[a]	修约间隔	"0"界限值（每100g或100mL）[b]
氟	毫克（mg）	0.01	≤0.02mg
锰	毫克（mg）	0.01	≤0.06mg

[a]营养成分的表达单位可选择表格中的中文或英文，也可以两者都使用。

[b]当某营养成分含量数值≤"0"界限值时，其含量应标示为"0"；使用"份"的计量单位时，也要同时符合每100g或100mL的"0"界限值的规定。

[c]在乳及乳制品的营养标签中可直接标示乳糖。

5. 能量和成分含量的允许误差范围

由于样品的差异性，导致差异性的原因可能是原料、工艺、时间、地域等，每一个样品的能量和营养成分含量不可能100%相同，实物含量和标签标示的具体数值是允许有一定的误差范围的，其可以是实物满足标识值的下限、上限或一定的范围，如表11-7所示。

表11-7 能量和营养成分含量的允许误差范围

能量和营养成分	允许误差范围
食品的蛋白质，多不饱和及单不饱和脂肪（酸），碳水化合物、糖（仅限乳糖），总的、可溶性或不溶性膳食纤维及其单体，维生素（不包括维生素D、维生素A），矿物质（不包括钠），强化的其他营养成分	≥80%标示值
食品中的能量以及脂肪、饱和脂肪（酸）、反式脂肪（酸），胆固醇，钠，糖（除外乳糖）	≤120%标示值
食品中的维生素A和维生素D	80%~180%标示值

6. 豁免

根据国际上实施营养标签制度的经验，GB 28050规定了可以豁免标示营养标签的预包装食品范围，具体的解释在原卫生部发布的《〈预包装食品营养标签通则〉（GB 28050—2011）问答》（修订版）中有详细的介绍。但如豁免的预包装食品标示了营养信息，应按照GB 28050要求执行。

对于焙烤食品可以豁免标示营养标签的情况有以下几种。

（1）包装总表面积≤100cm^{2}或最大表面面积≤20cm^{2}的食品：这类产品可以豁免强制标示营养标签，但允许自愿标示营养信息，自愿标示营养信息时，可以使用文字格式，并可以省略营养素参考值（NRV）标示，但标示名称、顺序、表达单位、修约间隔和"0"界限值要满足表11-6的规定。包装总表面积计算可在包装未放置产品时平铺测定，但应除去封边所占尺寸。包装最大表面面积的计算方式同《预包装食品标签通则》（GB 7718—2011）的附录A。

（2）现制现售的食品：指现场制作、销售并可即时食用的食品。但是食品加工企

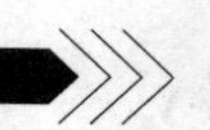

业集中生产加工、配送到商场、超市、连锁店、零售店等销售的预包装食品，应当按照标准规定标示营养标签。

7. 一些特殊情况的标示

组合商品的营养标签可以分别标示各个食品的营养成分含量，也可以通过比例计算标示包装内食品营养成分的平均含量。用“份”为单位标示能量和营养成分含量的情况，能量和成分含量“0”界值和进行声称的条件都要满足100g（mL）的含量要求，并且需在营养成分表周围清晰标示“份”的含量。

第十二章　焙烤食品接触材料及制品中有害物质检验

第一节　焙烤塑料材质食品接触材料及制品的检验

一、已实施市场准入制度管理的食品用塑料包装、容器、工具等制品

食品用塑料包装、容器、工具等制品是我国第一批实施市场准入制度管理目录的产品，国家质量监督检验检疫总局（以下简称国家质检总局）于2006年7月正式发文，针对食品用塑料包装、容器、工具等制品实施生产许可审查制度，并组织制定了《食品用包装、容器、工具等制品生产许可通则》和《食品用塑料包装、容器、工具等制品生产许可审查细则》，生产许可审查细则自印发之日起实施。

同时被列入我国市场准入制度管理目录的食品包装产品还有食品用纸包装、容器等制品。在2007年6月，国家质检总局正式发文，将食品用纸包装、容器等制品纳入市场准入制度，并同时颁布《食品用纸包装、容器等制品生产许可审查细则》。目前为止，我国被纳入市场准入制度的食品接触材料及制品仅仅包括这两大类。

对于塑料包装、容器、工具等制品以及纸包装、容器等制品的市场准入的制定主要源于国家质检总局为落实《国务院关于进一步加强食品安全工作的决定》（国发［2004］23号）和《国务院办公厅关于印发2006年全国食品安全专项整治行动方案的通知》（国办发［2006］24号）的相关精神。在2009年6月1日起施行的《中华人民共和国食品安全法》正式将用于食品的包装材料、容器正式列入其法律范畴内，进一步确立了食品包装材料的重要地位和其与食品安全密不可分的联系。

食品用塑料包装、容器、工具等制品主要通过对生产企业进行实地核查，考察生产企业在质量安全管理职责、企业环境与场所要求、生产资源提供、采购质量控制、生产过程控制、产品质量检验、生产安全防护方面是否符合《食品用塑料包装、容器、工具等制品生产许可审查细则》的相关要求，符合要求的生产企业则可获得食品用塑料包装、容器、工具等制品生产许可证。在多年来生产许可市场准入制度管理下，淘汰了一部分技术能力有限、生产环境恶劣、产品质量不过关的作坊及小型生产企业，提高了一批中型、大型生产企业的生产管理规范质量。相比未被列入生产许可证管理

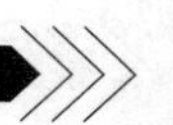

制度的产品，食品用塑料包装、容器、工具等制品生产企业一般具有更为良好的生产管理规范，产品质量也一般比较好。

近几年来，随着对食品安全的日益重视，食品包装材料的质量安全也逐步被消费者所关注，自三聚氰胺毒奶粉事件发生以来，消费者们开始关注于作为密胺餐具的生产原料“三聚氰胺”在食品包装材料中的使用。酒鬼酒被爆出塑化剂超标 2.6 倍，白酒中含有的塑化剂是源自于装卸、储运等过程中使用 PVC 材质的管道或容器，导致 PVC 中的塑化剂析出，含量超标。食品接触材料的安全作为食品安全不可分割的部分，一经发生相关质量事件，便被各大网络、媒体渲染，被广大消费者所津津乐道。消费者成了产品质量的监督者，在社会监督中扮演着越来越重要的角色。

二、焙烤非复合膜袋产品卫生标准

（一）非复合膜袋产品在焙烤食品包装中的应用

常见的非复合膜袋类的产品主要有：聚乙烯自黏保鲜膜、商品零售包装袋、液体包装用聚乙烯吹塑薄膜、双向拉伸聚丙烯珠光薄膜、高密度聚乙烯吹塑薄膜、包装用聚乙烯吹塑薄膜、夹链自封袋、包装用镀铝膜等。

用于焙烤食品包装的非复合膜袋产品类别常见的有：保鲜膜、保鲜袋、夹链自封袋等。其产品材质主要以聚乙烯和聚丙烯为主，主要用于焙烤食品的零售包装。

（二）非复合膜袋标准情况

表 12－1 非复合膜袋产品卫生标准

序号	标准号	标准名称
1	GB 4806.7—2016	食品安全国家标准 食品接触用塑料材料及制品
2	GB 31604.1—2015	食品安全国家标准 食品接触材料及制品迁移试验通则
3	GB 5009.156—2016	食品安全国家标准 食品接触材料及制品迁移试验预处理方法通则
4	GB 31604.2—2016	食品安全国家标准 食品接触材料及制品 高锰酸钾消耗量的测定
5	GB 31604.7—2016	食品安全国家标准 食品接触材料及制品 脱色试验
6	GB 31604.8—2016	食品安全国家标准 食品接触材料及制品 总迁移量的测定
7	GB 31604.9—2016	食品安全国家标准 食品接触材料及制品 食品模拟物中重金属的测定

GB 4806.7—2016《食品安全国家标准 食品接触用塑料材料及制品》标准中除了规定了其理化指标总迁移量、高锰酸钾消耗量、重金属以铅计之外，规定了其单体及起始物的特定迁移量、特定迁移总量限量、最大残留量等理化指标应符合 GB 4806.6—2016《食品安全国家标准 食品接触用塑料树脂》附录 A 及国家卫生和计划生育委员会相关公告的规定。除此之外，卫生标准要求塑料材料及制品在生产过程中所使用的添加剂必须符合 GB 9685—2016《食品安全国家标准 食品接触材料及制品用添加剂使用标准》的要求。

（三）常见的焙烤非复合膜袋产品迁移试验条件的选择

非复合膜袋产品一般用于直接包装食品或者作为复合膜袋产品的原料，用于面包、糕点等食品的包装。其迁移试验条件的选择主要根据 GB 31604.1—2015《食品安全国家标准 食品接触材料及制品迁移试验通则》进行选择。

由于焙烤类食品一般均表面含有油脂，本身所含水分少，焙烤类食品用非复合膜袋几乎不使用水性食品模拟物（10%乙醇，水，4%乙酸），一般仅选择油脂类模拟物。非复合膜袋由于不具备阻隔性能，主要用于较短时间的包装，常温使用，所以选择迁移条件为油脂类模拟物，40℃，24 小时，或者使用异辛烷或95%乙醇替代实验，迁移条件为 40℃，24h。

三、焙烤复合膜袋产品标准和相关标准

（一）复合膜袋产品在焙烤食品包装中的应用

常见的非复合膜袋类的产品主要有：耐蒸煮复合膜、袋，双向拉伸聚丙烯（BOPP），低密度聚乙烯（LDPE）复合膜、袋，双向拉伸尼龙（BOPA）/低密度聚乙烯（LDPE）复合膜、袋等。

复合膜袋由多层塑料复合而成，其阻隔性能较强，尤其是一些含铝高阻隔塑料薄膜包装材料，在食品包装中被大量用于食品包装，大大延长了食品的货架期。一些焙烤类食品，如饼干等，需要对水分含量进行严格控制，故一般使用镀铝或者铝塑复合膜作为食品外包装，以控制水分的渗入，做到食品保质和保鲜。

（二）复合膜袋标准情况

由于目前为止新的复合材料国家卫生标准仍然在制修订过程中，复合膜袋卫生标准 GB 9683—1988 并没有被替代，其仍然现行有效。复合膜袋产品卫生标准见表 12 –2。

表 12 –2　复合膜袋产品卫生标准

序号	标准号	标准名称
1	GB 9683—1988	复合食品包装袋卫生标准
2	GB 31604.23—2016	复合食品接触材料中二氨基甲苯的测定
3	GB/T 5009.60—2003	食品包装用聚乙烯、聚苯乙烯、聚丙烯成型品卫生标准的分析方法

四、塑料一次性餐饮具产品标准和相关标准

（一）塑料一次性餐饮具产品在焙烤食品包装中的应用

塑料一次性餐饮具的产品主要有：一次性使用的饭盒、碗、盘、碟、杯、筷子、刀、叉、勺、托、吸管、果冻杯、酸奶杯等。

用于焙烤食品包装的一次性餐饮具产品类别常见的有：用于盛装饼干、面包、蛋糕等食品的一次性塑托、餐盒等。主要用于焙烤类食品的短期或长期的包装。

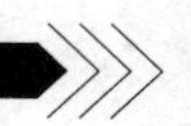

（二）塑料一次性餐饮具标准情况

产品标准主要根据 GB/T 18006.1—2009《塑料一次性餐饮具通用技术要求》和 GB 4806.7—2016《食品安全国家标准 食品接触用塑料材料及制品》。GB 4806.7—2016 规定了塑料一次性餐饮具产品的卫生性能指标，而 GB/T 18006.1—2009《塑料一次性餐饮具通用技术要求》规定了产品物理机械性能指标和微生物指标。

（三）常见的焙烤食品用一次性餐饮具产品迁移试验条件的选择

常见的焙烤食品为蛋糕、饼干、面包等，一般按照保质期可以分为短期和长期。保质期短的焙烤食品一般可存放 3 天左右；保质期长的一般可以存放超过 30 天。所以对于保质期短的焙烤食品，一般选择迁移条件 40℃，3 天。保质期长的焙烤食品（保质期≥30 天），一般选择迁移条件 40℃，10 天。

五、食品包装用塑料成型品的有害物质来源和对食品安全性的影响

（一）食品包装用塑料成型品有害物质的来源及危害

1. 单体起始物

食品包装单体起始物主要是指塑料合成的主体物质，是指使用起始单体加上反应助剂一次合成的聚合材质，如被允许用于食品接触用塑料树脂的 PS 材质的单体起始物有：苯乙烯均聚物与丁二烯的共聚物，苯乙烯与 2 - 甲基 - 1，3 - 丁二烯及丁二烯的共聚物。

原则上说，单体起始物参与聚合反应，成为更为稳定的聚合物，但是在聚合反应中由于部分单体起始物未参加聚合反应，而残留在了最终的塑料产品中，这些残留的反应单体在某种程度上可能对人体造成危害，尤其当这些塑料产品在接触高温、酸性食品、油脂性时则更易析出。另外，一些聚合产物本身不够稳定，在遭遇严苛的使用条件如接触高温、酸性食品、高油脂时，发生化学键的断裂，也可能会导致单体化合物的析出。

聚合物可以分为均聚物和共聚物。均聚物是由一种单体聚合而成的聚合物称为均聚物。两种或两种以上的单体或单体与聚合物间进行的聚合称为共聚，共聚得到的产物即为共聚物。聚丙烯和聚乙烯的均聚物由聚丙烯或聚乙烯一种物质聚合而成，其结构相对简单，且聚乙烯、聚丙烯本身对人体无害，其材质相对安全无害。

共聚物的聚丙烯和聚乙烯及其他材质在生产过程中与丙烯酸酯类、顺丁烯二酸等起始物共聚产生，如反应不够完全，则丙烯酸酯类、顺丁烯二酸等残留的起始物会残留在最终的材料中，其安全性相对均聚物要差。

2. 添加剂

食品接触材料用添加剂指的是：在食品接触材料及制品的生产过程中，为满足预

期用途，所添加的有助于改善其品质、特性，或辅助改善品质、特性的东西；也包括在食品接触材料及制品的生产过程中，所添加的为保证生产过程顺利进行，而不是为了改善最终产品品质、特性的加工助剂，也就是从树脂加工成为最终成型品中，所添加的加工助剂，如着色剂、增塑剂、脱模剂、发泡剂、黏合剂、油墨等。

食品接触材料中添加剂产生的有害物质有的是属于有意添加，而有些却是非有意添加。有意添加主要是生产者预期添加的，用于改善产品品质、特性引入的有害物质。而非有意添加指的是食品接触材料及制品中含有的非认为添加的物质，包括原辅材料带入的杂质，生产、经营、使用过程中的分解产物、污染物及残留的反应中间产物。

有意添加的有害物质，例如二苯甲酮和4－甲基二苯甲酮，是光固油墨以及光固胶黏剂中的最常用的光引发剂，被允许用于复合膜袋、非复合膜袋的表面印刷。在2010年，德国召回了上百箱冷冻面条，主要原因是，该产品包装印刷油墨材料内二苯甲酮的迁移量超出欧盟法规限量近3倍。欧盟（EC）No. 1935/2004规定食品包装材料与食品接触部分中的4－甲基二苯甲酮和二苯甲酮总的迁移极限量须低于0.6mg/kg，而且德国已采纳该项规定。在此次事件发生之前，德国发现从意大利进口的15000多箱粗麦粉二苯甲酮超标。因此，欧盟成员国鼓励食品生产商尽量少使用含有二苯甲酮和4－甲基二苯甲酮的油墨，或者选择使用油墨不能渗透的包装。毒理学实验表明：二苯甲酮对试验动物有致癌作用，而且还有皮肤接触毒性和生殖毒性。国家标准GB 9685—2016《食品安全国家标准 食品接触材料及制品用添加剂使用标准》中规定了可以用于食品接触材料及制品中添加剂的种类，以及添加的最大使用量、特定迁移量的指标要求。

不同的是，非有意添加的物质则往往不在GB 9685—2016之列，这些非有意添加的有害物质产生的原因也比较多。如复合膜袋产生的有害物质初级芳香胺。首先，复合包装材料是在复合过程不可避免地需要使用黏合剂。而黏合剂多为聚氨酯，它是由多羟基化合物和芳香族异氰酸酯聚合而成的，残留的芳香族异氰酸酯单体水解后可生成芳香胺。欧盟允许8种常见芳香族异氰酸酯用于食品接触用塑料制品中，但其水解产生的芳香胺总量应符合欧盟指令（EU）No. 10/2011附录Ⅱ的要求，即塑料材料和制品释放到食品或食品模拟物中的芳香族伯胺为不得检出，检测限为0.01mg/kg。

食品接触材料及制品中的有害物质的来源是多元化的，对食品接触材料及制品中的有害物质的控制需要通过其生产原材料、添加剂、工艺等各个环节的质量把控。

六、食品包装用塑料制品中有害物质的检测

（一）总迁移量

总迁移量主要是考察食品接触材料及制品在接触酸性、含酒精、水性、油脂类食品模拟物时，迁移出不挥发物质的总量。一般在食品接触材料中添加了过多的填料如

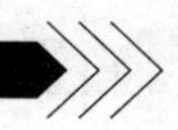

矿物油、碳酸钙等物质，则容易导致总迁移量超标。

1. 检测方法

取各食品模拟物浸泡液200mL，分次置于预先在100℃ ± 5℃干燥箱中干燥2h的50mL玻璃蒸发皿中，在各浸泡液沸点温度的水浴上蒸干，擦去皿底的水滴，置于100℃ ±5℃干燥箱中干燥2h后取出，在干燥器中冷却0.5h后称量。同时进行空白试验。

2. 结果表出

总迁移量一般以单位mg/dm^2表出，如为婴幼儿专用食品接触材料则以mg/kg表出。

mg/dm^2表出公式见式（12－1）：

$$X = \frac{(m_1 - m_2) \times V}{V_1 \times S} \tag{12-1}$$

式中 X：总迁移量，mg/dm^2；

m_1：测定用试液残渣质量，mg；

m_2：空白浸泡液残渣质量，mg；

S：与浸泡液接触的试样面积，dm^2；

V：试样浸泡液总体积，mL；

V_1：测定用浸泡液体积，mL。

总迁移量mg/kg表出公式见式（12－2）：

$$X = \frac{(m_1 - m_2) \times V}{V_1 \times S} \times \frac{S_2}{V_2} \times 1000 \tag{12-2}$$

式中 X：总迁移量，mg/kg；

m_1：测定用试液残渣质量，mg；

m_2：空白浸泡液残渣质量，mg；

S：与浸泡液接触的试样面积，dm^2；

V：试样浸泡液总体积，mL；

V_1：测定用浸泡液体积，mL；

V_2：试样实际包装的接触体积或质量，mL；

S_2：试样实际包装接触面积，dm^2。

（二）高锰酸钾消耗量

高锰酸钾消耗量反映了产品受有机物污染的程度。是食品接触材料及制品标准中的主要理化指标之一。

1. 检测方法

取100mL水浸泡液（可根据实际情况调整取样量）于经高锰酸钾处理过的锥形瓶

中，加入5mL（1+2）硫酸溶液、10.0mL高锰酸钾标准滴定溶液（0.01mol/L），再加玻璃珠两粒，准确煮沸5min，趁热加入10.0mL草酸标准滴定溶液（0.01mol/L），再以高锰酸钾标准滴定溶液（0.01mol/L）滴定至微红色，并在0.5min内不褪色，记录最后滴定高锰酸钾的消耗体积，并另取100mL水做空白测试。

2. 结果表出

高锰酸钾消耗量计算结果见式（12－3）：

$$X=\frac{(V_1-V_2)\times C\times 31.6\times V}{V_3\times S}\times\frac{S_2}{V_4}\times 1000 \tag{12-3}$$

式中 X：高锰酸钾消耗量，mg/kg；

V_1：试样消耗高锰酸钾体积，mL；

V_2：空白消耗高锰酸钾体积，mL；

V_3：测定用浸泡液体积，mL；

C：高锰酸钾溶液浓度，mol/L；

31.6：1.00mL高锰酸钾滴定溶液相当的高锰酸钾质量换算系数；

V：浸泡液总体积，mL；

S：与浸泡液接触的试样面积，dm^2；

S_2：试样实际包装接触面积，dm^2；

V_4：试样实际包装接触体积或质量，mL。

（三）重金属以铅计

重金属（以Pb计）是反映产品在使用过程中析出有害重金属的可能性。

1. 检测方法

取20mL迁移后的4%乙酸模拟试液于50mL比色管中，加水至刻度；另取2mL铅标准使用液（10μg/mL）于50mL比色管中，加20mL 4%乙酸，加水至刻度混匀。分别于两个溶液中加2滴硫化钠溶液，混匀后，放置5min，以白色为背景，从上方或侧面观察比较模拟物试液及标准溶液的呈色。

2. 结果表出

当试样呈色深于标准溶液呈色时，食品接触材料及制品中重金属迁移量（以铅计）大于1mg/L；当试样呈色浅于标准溶液呈色时，食品接触材料及制品中重金属迁移量（以铅计）小于1mg/L。

（四）脱色实验

脱色实验主要用以考察添加有着色剂的食品接触塑料制品在接触含水、酸性食品、含酒精食品及油脂食品时脱色的可能性。

1. 检测方法

取试样一个，用沾有植物油的脱脂棉，在接触食品的部位约4cm×2cm小面积内，

用力往返擦拭100次，另取试样一个，用沾无水乙醇或乙醇溶液（65+35）的脱脂棉，在接触食品的部位约4cm×2cm小面积内，用力往返擦拭100次，观察脱脂棉染色情况。并且观察实验迁移试液是否染有颜色。

2. 结果报出

脱色实验结果以植物油、无水乙醇或乙醇溶液（65+35）擦拭食品接触材料及制品表面的染色情况，及食品接触材料迁移试验中的迁移液的染色情况进行结果的判定。

（五）特定迁移量的测定

特定迁移量（SML）指的是食品接触材料在接触食品或者食品模拟物时，迁移到食品或者食品模拟物中某类物质或者某类添加剂的含量，国家标准GB 9685—2016中，特定迁移量一般以mg/kg表出，少数物质或添加剂以mg/dm^2表出。

1. 检测方法

特定迁移量主要是按照GB 31604.1—2015《食品安全国家标准 食品接触材料及制品迁移试验通则》以及GB 5009.156—2016《食品安全国家标准 食品接触材料及制品迁移试验预处理方法通则》先对食品接触材料及制品按照产品的预期接触食品的类别，实际使用的温度、时间选择迁移模拟物的类型、迁移试验的温度、迁移试验的时间，塑料食品接触材料在经模拟物浸泡后，测定其迁移模拟物中的某类物质或添加剂的含量。

2. 结果表出

特定迁移量的表出方式有两种，大部分物质或添加剂的特定迁移量mg/kg表出，少数以mg/dm^2表出。

当特定迁移量迁移试验以产品实际的S/V（面积/体积比）或$6dm^2/1L$面积体积比浸泡时，经仪器测定其迁移试验中物质或添加剂的浓度即等于特定迁移量，特定迁移量计算结果见式（12-4）：

$$X = C \tag{12-4}$$

X——特定迁移量，mg/kg；

C——仪器测定迁移试液中物质或添加剂的含量，mg/kg或mg/L（液态食物的密度以1kg/L计）。

未按照产品实际的S/V（面积/体积比）或$6dm^2/1L$面积体积比浸泡时，需要将实验结果换算到实际使用情况，其计算结果见式（12-5）：

$$X = \frac{C \times V}{1000 \times S} \tag{12-5}$$

X——特定迁移量，mg/dm^2；

C——浸泡实验后测得样品溶液的浓度，mg/L；

V——试样浸泡体积，mL；

S——试样浸泡面积，dm^2。

第二节　焙烤食品接触纸制品的检验

一、食品接触纸制品中有害物质的来源及对人体的危害

纸质食品包装材料是四大食品包装材料之一，纸以原料可以生、产品可回收、可降解等优势成为大力推广的环保型食品包装材料，随着人们对白色污染问题的日益关注，纸质包装材料在食品包装领域的需求和优势也越来越明显，自我国推行“限塑令”来，纸质的包装材料成为最重要的食品包装材料之一，有预计，到了2015年，我国的纸质包装材料制品产量将达到3600万吨。

纸质的包装材料可以被制成袋、盒、罐、箱等容器，在食品行业被广泛应用。纸杯、纸餐盒、纸饮料包装、牛奶利乐包等，在我们的生活中随处可见。尤其是一些纸塑复合的食品包装材料，还具有防潮、保鲜、感温、感水、杀菌、防腐耐水、耐酸、耐油等优点。

随着2011年以来爆米花纸筒和方便面纸碗相继被报道含有荧光性物质以来，人们对纸质食品包装材料存在的安全性问题有了更深的思考。

纸质食品包装材料的安全性是与纸产品的生产过程中所使用的原料以及其生产工艺密切相关的，纯净的纸和纸板是无害、无毒的，但由于生产包装纸的原材料受到污染，纸在纸浆和加工过程中为了改变纸张的特性会加入许多助剂和化学原料，其后续处理过程中如黏合、涂布和印刷也涉及各种添加剂和助剂等成分的使用涉及各种添加剂和助剂，再生纸又会受到二次污染，各种污染物都会存在于纸质的材料中，这些污染物会随着纸质包装材料与食品接触的过程中迁移到食品中被人体摄入，从而对人体造成危害。

二、食品接触纸制品中有害物质的检测

（一）铅

食品接触纸制品中重金属的检测按照GB 31604.34—2016《食品安全国家标准 食品接触材料及制品 铅的测定和迁移量的测定》。

1. 实验原理

纸制品、软木塞等经粉碎后，采用干法消解，消解液经石墨炉原子化，在283.3nm处测定的吸收值在一定浓度范围内与铅含量成正比，与标准系列比较定量。

2. 检测方法

试样的消解：取适量样品，粉碎混匀。称取试样1g～5g（精确至0.0001g）于坩

埚中，先小火在可调式电加热板上炭化至无烟，移入马弗炉500℃灰化6h～8h，冷却。若个别试样灰化不彻底，则加1mL硝酸在可调式电加热板上小火加热，反复多次直到消化完全，放冷，用硝酸溶液（1+1）将灰分溶解，并转移入25mL容量瓶中，用水多次少量洗涤坩埚，洗液合并于容量瓶中并定容至刻度，混匀备用。同时做试剂空白。

试剂空白及试样溶液于石墨炉原子吸收光谱法测定，仪器检测方法在此不作详述。

（二）砷

食品接触纸制品中砷的检测按照GB 31604.38—2016《食品安全国家标准 食品接触材料及制品 砷的测定和迁移量的测定》。

1. 实验原理

纸制品经粉碎后，采用干法消解，消解液加入硫脲使五价砷预还原为三价砷，再与还原态氢生成砷化氢，由氩气载入石英原子化器中分解成原子态砷，在砷空心阴极灯的发射光激发下产生原子荧光，其荧光强度与被测液中的砷浓度成正比，与标准系列比较定量。

2. 检测方法

试样的消解：取适量样品，粉碎混匀。称取试样1g～3g（精确至0.0001g）于坩埚中，先小火在可调式电加热板上炭化至无烟，移入马弗炉500℃灰化6h～8h，冷却。若个别试样灰化不彻底，则加1mL硝酸在可调式电加热板上小火加热，反复多次直到消化完全，放冷，用硝酸溶液（1+1）将灰分溶解，并转移入25mL容量瓶中，用水多次少量洗涤坩埚，洗液合并于容量瓶中并定容至刻度，混匀备用。同时做试剂空白。

试剂空白及试样溶液于氢化物原子荧光、电感耦合等离子体质谱法、电感耦合等离子发射光谱法测定，仪器检测方法在此不作详述。

（三）荧光增白剂

1. 实验原理

由于荧光增白剂在吸收近紫外光（波长范围在300nm～400nm之间）后，分子中的电子会从基态跃迁，然后在极短时间内又回到基态，同时发射出蓝色或紫色荧光（波长范围在420nm～480nm之间）。因此，分别在波长365nm和254nm紫外灯照射下，通过观察试样是否有荧光现象来定性测定试样中是否含有荧光增白剂。如果出现多处不连续小斑点状荧光或试样有荧光现象但不明显时，可用碱性提取液提取，然后将提取液调节为酸性，再用纱布吸附提取液中的荧光增白剂，在波长365nm和254nm紫外灯下，分别观察纱布是否有明显荧光现象，来确证试样中是否含有荧光增白剂。

2. 检测方法

对于食品用纸或纸板，如食品包装纸、糖果纸、冰棍纸等，从试样中随机取5张，用剪刀和直角板裁剪成100cm^{2}大小。对于食品用纸制品，如纸杯、纸碗、纸筒、纸盒、纸碟、纸袋等，从试样中随机取 2 个同批次的产品，用剪刀和直角三角板将待测纸层裁剪成 100cm^2。于暗箱内，打开紫外灯的开关，检测波长选择 365nm 和 254nm。将制好的 100cm^{2}试样置于紫外灯灯源下约 20cm 处，观察试样是否有明显的蓝色或紫色荧光。如试样出现多处不连续小斑点状荧光，或试样有荧光现象但不明显时，则需进行荧光增白剂的确证。

对需要确证实验的试样，称取 10g，剪成约 5mm×5mm 的纸屑，再用高速粉碎机粉碎至棉絮状。称取粉碎均匀的絮状试样 2.0g 于 250mL 锥形瓶中，加入 40.0μg/mL，C.I.220 标准溶液 0.5mL，相当于纸样中 C.I.220 含量为 10mg/kg，于避光状态下（要求照度小于 20 Lux）加入 100mL 碱性提取液（乙腈、水和三乙胺的体积比为 40:60: 1），于 50℃下超声提取 40min。提取结束后冷却至室温，将提取液通过装有少许玻璃棉（要求不含荧光物质）的玻璃漏斗过滤到鸡心瓶中，或者采用离心的方式（3500r/min 的转速离心 5min）获得澄清的提取液。将提取液在 50℃下减压浓缩至约 40mL～50mL，将浓缩液转移至 250mL 烧杯中，用 10% 盐酸溶液（体积分数），调 pH 为 3～5，并加水定容至 100mL，然后将一块规格为 5cm×5cm 的纱布浸没于提取液中，在 40℃水浴吸附 30min。用镊子取出纱布后，用手挤去大部分液体后，将纱布叠成四层，每层面积约为 2.5cm×2.5cm，放于玻璃表面皿中。

如果试样的两个平行试验均无明显荧光增白剂，则判定该试样中荧光增白剂为阴性，如两个平行试验均有明显荧光现象，则判定该试样中荧光增白剂为阳性，如只有一个试样纱布有明显荧光现象，需要重新进行两个平行试验，如重新试验后两个试验均无明显荧光，则判定该试样中荧光增白剂为阴性，否则判定该试样中荧光增白剂为阳性。

（四）甲醛

甲醛的测定主要按照 GB 31604.48—2016《食品安全国家标准 食品接触材料及制品 甲醛迁移量的测定》进行测定，以第一法的乙酰丙酮分光光度法为例。

1. 实验原理

食品模拟物与试样接触后，试样中的残留甲醛迁移至模拟物中，试液中的甲醛与乙酰丙酮反应生成黄色化合物。试液颜色深浅与甲醛浓度成正比。用分光光度计在 410nm 处测定试液的吸光度，与标准系列比较定量，得出食品模拟物中的甲醛含量。

2. 检测方法

取 5.0mL 的空白溶液加入 5.0mL 乙酰丙酮空白溶液为参比溶液，并在每支盛有空白溶液、试液或标准溶液的比色管中各加入 5.0mL 乙酰丙酮溶液，盖上塞子后摇匀，在 40℃水浴下放置 30min，取出室温冷却 45min 后，在 410nm 处，用 10mm 比色管比色测定。

第三节　焙烤食品接触金属制品的检验

一、食品接触金属制品中有害物质的来源及对人体的危害

焙烤类食品接触金属材质及制品主要有不锈钢制品和铝制品。常见用于焙烤食品的不锈钢制品有：不锈钢食品加工机械，不锈钢食品烘焙模具，不锈钢烤盘等。常见用于焙烤食品的铝制品有：铝箔、铝制烤托等，主要用于蛋糕、饼干、糕点等食品的烘焙。

食品接触金属制品中有害物质主要来源于金属基材和加工添加，如不锈钢中基本合金元素是铁、铬和镍，同时含有镉、锰、铜等多种元素。铝制品生产过程中会添加锌等金属元素，另外受工艺条件限制，铅、镉、砷等元素也可能会在生产过程中以杂质形式引入。这些元素溶出量超标后可能被人体摄入，危害人体健康。

金属制品与食物接触，特别是酸性的食物长时间接触，重金属元素铅、铬、镍、镉等析出，被人体摄入后，会慢慢积累，达到一定程度时，会不同程度危害人体健康。镍虽是人体不可缺少的微量元素，但摄入过量会使细胞恶变，有致癌作用。铬、镉以及铅都对生物有机体有很强的毒性作用，而镉由于其对有机腺体有很强的亲和力，使得其成为一种毒性很强的重金属，如肾功能衰竭就是镉中毒的一种表现。铅，尤其是有机铅类，会对中枢神经系统产生严重的危害。镉、铅、铬等重金属会在人体内不断积累，从而引起人体免疫功能下降。

二、食品接触金属制品中有害物质的检测

（一）迁移实验

食品接触金属制品的测定主要以4%乙酸作为食品模拟物，考察金属制品在酸性严苛的条件下迁移出重金属的可能性。与食品接触塑料制品、纸制品等标准不同的是，GB 4806.9—2016《食品安全国家标准 食品接触用金属材料及制品》标准附录A中规定了食品接触金属制品的迁移条件。

与旧标准不同的是，GB 31604系列新标准可以使用电感耦合等离子体质谱仪以及电感耦合等离子体发射光谱法测定金属制品中的有害元素的迁移，同时也可以使用原子吸收火焰光谱法和原子吸收石墨炉法测定。仪器检测方法在此不作详述。

（二）实验结果的表出

食品接触金属制品结果的表出均以其实际使用情况的测试结果表出，单位为mg/kg。

参考文献

1. 中国标准出版社第一编辑室．中华食品工业标准汇编：焙烤食品、糖制品及相关食品卷（上）[M]（第二版）．北京：中国标准出版社，2004.
2. 杨惠芬．食品卫生检验方法 [M]．北京：中国标准出版社，2003.
3. 王竹天．食品卫生检验方法（理化部分）注解 [M]．北京：中国标准出版社，2008.
4. 国家质量监督检验检疫总局职业技能鉴定指导中心．化学基础检验 [M]．北京：中国计量出版社，2003.
5. 国家质量监督检验检疫总局职业技能鉴定指导中心．质量技术监督基础 [M]．北京：中国计量出版社，2004.
6. 国家质量监督检验检疫总局职业技能鉴定指导中心．食品质量检验：粮油及制品类 [M]．北京：中国计量出版社，2005.
7. 国家质量监督检验检疫总局职业技能鉴定指导中心．食品质量检验：乳及乳制品类 [M]．北京：中国计量出版社，2005.
8. 国家质量监督检验检疫总局职业技能鉴定指导中心．食品微生物检验 [M]．北京：中国计量出版社，2003.
9. 杨惠芬．食品卫生理化检验标准手册 [M]．北京：中国标准出版社，1998.
10. 刘福岭．食品物理与化学分析方法 [M]．北京：中国轻工业出版社，1987.
11. 刘珍．化验员读本 [M]．第四版．北京：化学工业出版社，2006.
12. 李攻科，胡玉玲，阮桂华等．样品前处理仪器与装置 [M]．北京：化学工业出版社，2007.
13. [美] S. SUZANNE. 食品分析 [M]．第二版．北京：中国轻工业出版社，2002.
14. 李斯．化验室常用分析测试技术操作技术标准应用手册 [M]．北京：万方数据电子出版社，2002.
15. 武汉大学．分析化学 [M]．第五版．北京：高等教育出版社，2007.
16. 张小康．化学分析基本操作 [M]．第二版．北京：化学工业出版社，2006.
17. 吴良性．分析化学原理 [M]．上海：复旦大学出版社，2005.
18. 李克安．分析化学教程 [M]．北京：北京大学出版社，2006.
19. 王叔淳．食品卫生检验技术手册 [M]．第三版．北京：化学工业出版社，2006.

20. 日本食品卫生协会．食品卫生检验手册：理化检验手册［M］．天津：天津科技翻译出版公司，1993.
21. 许牡丹，毛跟年．食品安全性与分析检测［M］．北京：化学工业出版社，2003.
22. 王喜萍．食品分析［M］．北京：中国农业出版社，2008.
23. 谢音．食品分析［M］．北京：科学技术文献出版社，2006.
24. 高向阳．食品分析与检验［M］．北京：中国计量出版社，2006.
25. 徐春．食品检验工（初级）［M］．北京：机械工业出版社，2005.
26. 黄高明．食品检验工（中级）［M］．北京：机械工业出版社，2005.
27. 黄伟坤等．食品检验与分析［M］．北京：中国轻工业出版社，1989.
28. 无锡轻工业学院等．食品分析［M］．北京：中国轻工业出版社，1983.
29. 夏玉宇．化学实验室手册［M］．北京：化学工业出版社，2004.
30. 陈福生，高志贤．食品安全检测与现代化生物技术［M］．北京：化学工业出版社，2004.
31. 张水华．食品分析［M］．北京：中国轻工业出版社，2004.
32. 孟昭赫．食品卫生检验方法注解［M］．北京：人民卫生出版社，1990.
33. 牛天贵．食品微生物检验［M］．北京：中国计量出版社，2003.
34. 日本食品卫生协会．食品卫生检验手册：微生物检验分册［M］．天津：天津科技翻译出版公司，1993.
35. 苏世彦．食品微生物检验手册［M］．北京：中国轻工业出版社，1998.
36. 彭亚锋等．焙烤食品检验技术［M］．北京：中国计量出版社，2010.